Reise in die Aequinoctial-Gegenden des neuen Continents. Band 1.

Alexander von Humboldt

(Translator: Hermann Hauff)

Alpha Editions

This edition published in 2022

ISBN : 9789356711532

Design and Setting By
Alpha Editions
www.alphaedis.com
Email - info@alphaedis.com

Contents

Vorwort

Einem wissenschaftlichen Reisenden kann es wohl nicht verargt werden, wenn er eine vollständige Uebersetzung seiner Arbeiten jeder auch noch so geschmackvollen Abkürzung derselben vorzieht. Bouquer´s und La Condamine´s mehr als hundertjährige Quartbände werden noch heute mit großer Theilnahme gelesen; und da jeder Reisende gewissermaßen den Zustand der Wissenschaften seiner Zeit, oder vielmehr die Gesichtpunkte darstellt, welche von dem Zustande des Wissens seiner Zeit abhangen, so ist das wissenschaftliche Interesse um so lebendiger, als die Epoche der Darstellung der Jetztzeit näher liegt. Damit aber die lebendige Darstellung des Geschehenen weniger unterbrochen werde, habe ich das Material, durch welches allgemeine kosmische Resultate begründet werden, in besonderen Zugaben über stündliche Barometer-Veränderungen, Neigung der Magnetnadel und Intensität der magnetischen Erdkraft zusammengedrängt. Die Absonderung solcher und anderer Zugaben hat allerdings, und ohne großen Nachtheil, zu Abkürzungen in der Uebersetzung des Originaltextes der Reise Anlaß geben können. Diese Betrachtung war auch geeignet mich bald mit dem Unternehmen zu versöhnen, einem größeren Kreise gebildeter Leser, die bisher mehr mit der Natur als mit scientifischen Wissen befreundet waren, einen etwas **abgekürzten Text der Reise in die Tropen-Gegenden des Neuen Continents** darzubieten. Die Buchhandlung, welche aus edler, ich setze gern hinzu angeerbter Freundschaft meinen Arbeiten eine so lange und sorgfältige Pflege geschenkt hat, hat mich aufgefordert diese neue Ausgabe, welche einem vielseitig unterrichteten Gelehrten, Herrn Bibliothekar Professor *Dr.* **Hauff** anvertraut ist, nicht bloß, so viel mein Uralter und meine gesunkenen Kräfte es erlauben, zu revidiren, sondern auch mit Zusätzen und Berichtigungen zu bereichern. Die Naturwissenschaft ist, wie die Natur selbst, in ewigem **Werden** und Wechsel begriffen. Seit der Herausgabe des ersten Bandes der Reise sind jetzt 45 Jahre verflossen. Die Berichtigungen müßten also zahlreich seyn: in geognostischer Hinsicht wegen Bezeichnung der Gebirgs-Formationen und der metamorphosirten Gebirge, des wohlthätigen Einflusses der Chemie auf die Geognosie, wie in allem, was anbetrifft die Vertheilung der Wärme auf dem Erdkörper und die Ursach der verschiedenen Krümmung monatlicher Isothermen (nach Dove´s meisterhaften Arbeiten). Die durch die neue Ausgabe veranlaßte Erweiterung des Kreises wissenschaftlicher Anregung kann ich nur freudig begrüßen; denn in dem Entwickelungsgange physischer Forschungen wie in dem der politischen Institutionen ist Stillstand durch unvermeidliches Verhängnis an den Anfang eines verderblichen **Rückschrittes** geknüpft.

Es würde mir dazu eine innige Freude seyn noch zu erleben, wie die Unternehmer es hoffen, daß meine in den Jahren freudig aufstrebender Jugend ausgeführte Reise, deren einer Genosse, mein theurer Freund, **Aimé Bonpland**, bereits, im hohen Alter, dahingegangen ist, in unserer eigenen schönen Sprache von demselben deutschen Volke mit einigem Vergnügen gelesen werde, welches mehr denn zwei Menschenalter hindurch mich in meinen wissenschaftlichen Bestrebungen und meiner Laufbahn durch ein eifriges Wohlwollen beglückt und selbst meinen spätesten Arbeiten durch seine partheiische Theilnahme eine Rechtfertigung gewährt hat.

Berlin, 26. März 1859.

Alexander v. Humboldt.

Erstes Kapitel

Vorbereitungen — Abreise von Spanien — Aufenthalt auf den Kanarischen Inseln

Wenn eine Regierung eine jener Fahrten auf dem Weltmeer anordnet, durch welche die Kenntniß des Erdballes erweitert und die physischen Wissenschaften gefördert werden, so stellt sich ihrem Vorhaben keinerlei Hinderniß entgegen. Der Zeitpunkt der Abfahrt und der Plan der Reise können eingehalten werden, sobald die Schiffe ausgerüstet und die Astronomen und Naturforscher, welche unbekannte Meere befahren sollen, gewählt sind. Die Inseln und Küsten, deren Produkte die Seefahrer kennen lernen sollen, liegen außerhalb des Bereiches der staatlichen Bewegungen Europas. Wenn längere Kriege die Freiheit zur See beschränken, so stellen die kriegführenden Mächte gegenseitig Pässe aus; der Haß zwischen Volk und Volk tritt zurück, wenn es sich von der Förderung des Wissens handelt, das die gemeine Sache der Völker ist.

Anders, wenn nur ein Privatmann auf seine Kosten eine Reise in das Innere eines Festlandes unternimmt, das Europa in sein System von Kolonien gezogen hat. Wohl mag sich der Reisende einen Plan entwerfen, wie er ihm für seine wissenschaftlichen Zwecke und bei den staatlichen Verhältnissen der zu bereisenden Länder die angemessenste scheint; er mag sich die Mittel verschaffen, die ihm fern vom Heimathland auf Jahre die Unabhängigkeit sicher, aber gar oft widersetzen sich unvorhergesehene Hindernisse seinem Vorhaben, wenn er eben meint, es ausführen zu können. Nicht leicht hat aber ein Reisender mit so vielen Schwierigkeiten zu kämpfen gehabt als ich vor meiner Abreise nach dem spanischen Amerika. Gern wäre ich darüber weggegangen und hätte meine Reisebeschreibungen mit der Besteigung des Pic von Tenerifa begonnen, wenn nicht das Fehlschlagen meiner ersten Pläne auf die Richtung meiner Reise nach der Rückkehr vom Orinoko bedeutenden Einfluß geäußert hätte. Ich gebe daher eine flüchtige Schilderung dieser Vorgänge, die für die Wissenschaft von keinem Belang sind, von denen ich aber wünschen muß, daß sie richtig beurteilt werden. Da nun einmal die Neugier des Publikums sich häufig mehr an die Person des Reisenden als an seine Werke heftet, so sind auch die Umstände, unter denen ich meine ersten Reisepläne entworfen, ganz schief aufgefaßt worden.[1]

Von früher Jugend auf lebte in mir der sehnliche Wunsch, ferne, von Europäern wenig besuchte Länder bereisen zu dürfen. Dieser Drang ist bezeichnend für einen Zeitpunkt im Leben, wo dieses vor uns liegt wie ein schrankenloser Horizont, wo uns nichts so sehr anzieht als starke

Gemüthsbewegung und Bilder physischer Fährlichkeiten. In einem Lande aufgewachsen, das in keinem unmittelbaren Verkehr mit den Kolonien in beiden Indien steht, später in einem fern von der Meeresküste gelegenen, durch starken Bergbau berühmten Gebirge lebend, fühlte ich den Trieb zur See und zu weiten Fahrten immer mächtiger in mir werden. Dinge, die wir nur aus den lebendigen Schilderungen der Reisenden kennen, haben ganz besonderen Reiz für uns; Alles in Entlegenheit undeutlich Umrissene besticht unsere Einbildungskraft; Genüsse, die uns nicht erreichbar sind, scheinen uns weit lockender, als was uns im engen Kreise des bürgerlichen Lebens bietet. Die Lust am Botanisiren, das Studium der Geologie, ein Ausflug nach Holland, England und Frankreich in Gesellschaft eines berühmten Mannes, Georg Forsters, dem das Glück geworden war, Capitän Cook auf seiner zweiten Reise um die Welt zu begleiten, trugen dazu bei, den Reiseplänen, die ich schon mit achtzehn Jahren gehegt, Gestalt und Ziel zu geben. Wenn es mich noch immer in die schönen Länder des heißen Erdgürtels zog, so war es jetzt nicht mehr der Drang nach einem aufregenden Wanderleben, es war der Trieb, eine wilde, großartige, an mannichfaltigen Naturprodukten reiche Natur zu sehen, die Aussicht, Erfahrungen zu sammeln, welche die Wissenschaften förderten. Meine Verhältnisse gestatteten mir damals nicht, Gedanken zu verwirklichen, die mich so lebhaft beschäftigten, und ich hatte sechs Jahre Zeit, mich zu den Beobachtungen, die ich in der Neuen Welt anzustellen gedachte, vorzubereiten, mehrere Länder Europas zu bereisen und die Kette der Hochalpen zu untersuchen, deren Bau ich in der Folge mit den Anden von Quito und Peru vergleichen konnte. Da ich zu verschiedenen Zeiten mit Instrumenten von verschiedener Construction arbeitete, wählte ich am Ende diejenigen, die mir als die genauesten und dabei auf dem Transport dauerhaftesten erschienen; ich fand Gelegenheit, Messungen, die nach den strengsten Methoden vor genommen wurden, zu wiederholen, und lernte so selbstständig die Grenzen der Irrthümer kennen, auf die ich gefaßt seyn mußte.

Im Jahre 1795 hatte ich einen Teil von Italien bereist, aber die vulkanischen Striche in Neapel und Sizilien nicht besuchen können. Ungern hätte ich Europa verlassen, ohne Vesuv, Stromboli und Aetna gesehen zu haben; ich sah ein, um zahlreiche geologische Erscheinungen, namentlich in der Trappformation, richtig aufzufassen, mußte ich mich mit den Erscheinungen, wie noch tätige Vulkane sie bieten, näher bekannt gemacht haben. Ich entschloß mich daher im November 1797, wieder nach Italien zu gehen. Ich hielt mich lange in Wien auf, wo die ausgezeichneten Sammlungen und die Freundlichkeit Jacquins und Josephs van der Schott mich in meinen vorbereitenden Studien ausnehmend förderten; ich durchzog mit Leopold von Buch, von dem seitdem ein treffliches Werk über Lappland erschienen ist, mehrere Teile des Salzburger Landes und Steiermark, Länder, die für den Geologen und Landschaftsmaler gleich viel Anziehendes haben; als ich aber über die Tiroler Alpen gehen wollte, sah ich mich durch den in ganz Italien ausgebrochenen Krieg genötigt, den Plan der Reise nach Neapel aufzugeben.

Kurz zuvor hatte ein leidenschaftlicher Kunstfreund, der bereits die Küsten Illyriens und Griechenlands als Alter thumsforscher besucht hatte, mir den Vorschlag gemacht, ihn auf einer Reise nach Oberegypten zu begleiten. Der Ausflug sollte nur acht Monate dauern; geschickte Zeichner und astronomische Werkzeuge sollten uns begleiten, und so wollten wir den Nil bis Assuan hinaufgehen und den zwischen Tentyris und den Cataracten gelegenen Teil des Saïd genau untersuchen. Ich hatte bis jetzt bei meinen Planen nie ein außertropisches Land im Auge gehabt, dennoch konnte ich der Versuchung nicht widerstehen, Länder zu besuchen, die in der Geschichte der Kultur eine so bedeutende Rolle spielen. Ich nahm den Vorschlag an, aber unter der ausdrücklichen Bedingung, daß ich bei der Rückkehr nach Alexandrien allein durch Syrien und Palästina weiter reisen dürfte. Sofort richtete ich meine Studien nach dem neuen Plane ein, was mir später zu gute kam, als es sich davon handelte, die rohen Denkmale der Mexicaner mit denen der Völker der Alten Welt zu vergleichen. Ich hatte die nahe Aussicht, mich nach Egypten einzuschiffen, da nöthigten mich die eingetretenen politischen Verhältnisse, eine Reise aufzugeben, die mir so großen Genuß versprach. Im Orient standen die Dinge so, daß ein einzelner Reisender gar keine Aussicht hatte, dort Studien machen zu können, welche selbst in den ruhigsten Zeiten von den Regierungen mit mißtrauischen Augen angesehen werden.

Zur selben Zeit war in Frankreich eine Entdeckungsreise in die Südsee unter dem Befehl des Kapitäns Baudin im Werk. Der ursprüngliche Plan war großartig, kühn und hätte verdient, unter umsichtiger Leitung ausgeführt zu werden. Man wollte die spanischen Besitzungen in Südamerika von der Mündung des Rio de la Plata bis zum Königreich Quito und der Landenge von Panama besuchen. Die zwei Corvetten sollten sofort über die Inselwelt des Stillen Meeres nach Neuholland gelangen, die Küsten desselben von Vandiemensland bis Nuytsland untersuchen, bei Madagaskar anlegen und über das Kap der guten Hoffnung zurückkehren. Ich war nach Paris gekommen, als man sich eben zu dieser Reise zu rüsten begann. Der Charakter des Kapitäns Baudin war eben nicht geeignet, mir Vertrauen einzuflößen; der Mann hatte meinen Freund, den jungen Botaniker van der Schott, nach Brasilien gebracht, und der Wiener Hof war dabei schlecht mit ihm zufrieden gewesen; da ich aber mit eigenen Mitteln nie eine so weite Reise unternehmen und ein so schönes Stück der Welt hätte kennen lernen können, so entschloß ich mich, auf gutes Glück die Expedition mitzumachen. Ich erhielt Erlaubniß, mich mit meinen Instrumenten auf einer der Corvetten, die nach der Südsee gehen sollten, einzuschiffen, und machte nur zur Bedingung, daß ich mich von Kapitän Baudin trennen dürfte, wo und wann es mir beliebte. Michaux, der bereits Persien und einen Teil von Nordamerika besucht hatte, und Bonpland, dem ich mich anschloß, und der mir seitdem aufs innigste befreundet geblieben, sollten die Reise als Naturforscher mitmachen.

Ich hatte mich einige Monate lang darauf gefreut, an einer so großen und ehrenvollen Unternehmung Theil nehmen zu dürfen, da brach der Krieg in Deutschland und Italien von neuen aus, so daß die französische Regierung die Geldmittel, die sie zu der Entdeckungsreise angewiesen, zurückzog und dieselbe auf unbestimmte Zeit verschob. Mit Kummer sah ich alle meine Aussichten vernichtet, ein einziger Tag hatte dem Plane, den ich für mehrere Lebensjahre entworfen, ein Ende gemacht; da beschloß ich nur so bald als möglich, wie es auch sey, von Europa wegzukommen, irgend etwas zu unternehmen, das meinen Unmuth zerstreuen könnte.

Ich wurde mit einen schwedischen Konsul, Skiöldebrand, bekannt, der dem Dey von Algier Geschenke von seiten seines Hofes zu überbringen hatte und durch Paris kam, um sich in Marseille einzuschiffen. Dieser achtenswerthe Mann war lange auf der afrikanischen Küste angestellt gewesen, und da er bei der algerischen Regierung gut angeschrieben war, konnte er für mich auswirken, daß ich den Theil der Atlaskette bereisen durfte, auf den sich die bedeutenden Untersuchungen Desfontaines nicht erstreckt hatten. Er schickte jedes Jahr ein Fahrzeug nach Tunis, auf dem die Pilger nach Mekka gingen, und er versprach mir, mich auf diesem Wege nach Egypten zu befördern. Ich besann mich keinen Augenblick, eine so gute Gelegenheit zu benutzen, und ich meinte nunmehr den Plan, den ich vor meiner Reise nach Frankreich entworfen, sofort ausführen zu können. Bis jetzt hatte kein Mineralog die hohe Bergkette untersucht, die in Marokko bis zur Grenze des ewigen Schnees aufsteigt. Ich konnte darauf rechnen, daß ich, nachdem ich in den Alpenstrichen der Berberei einiges für die Wissenschaft gethan, in Egypten bei den bedeutenden Gelehrten, die seit einigen Monaten zum Institut von Cairo zusammengetreten waren, dasselbe Entgegenkommen fand, das mir in Paris in so reichem Maße zu Theil geworden. Ich ergänzte rasch meine Sammlung von Instrumenten und verschaffte mir die Werke über die zu bereisenden Länder. Ich nahm Abschied von meinem Bruder, der durch Rath und Beispiel meine Geistesrichtung hatte bestimmen helfen. Er billigte die Beweggründe meines Entschlusses, Europa zu verlassen; eine geheime Stimme sagte uns, daß wir uns wieder sehen würden. Diese Hoffnung hat uns nicht betrogen, und sie linderte den Schmerz einer langen Trennung. Ich verließ Paris mit den Entschluß, mich nach Algier und Egypten einzuschiffen, und wie nun einmal der Zufall in allen Menschenleben regiert, ich sah bei der Rückkehr vom Amazonenstrom und aus Peru meinen Bruder wieder, ohne das Festland von Afrika betreten zu haben.

Die schwedische Fregatte, welche Skiöldebrand nach Algier überführen sollte, wurde zu Marseille in den letzten Tagen Oktobers erwartet. Bonpland und ich begaben uns um diese Zeit dahin, und eilten um so mehr, da wir während der Reise immer besorgten, zu spät zu kommen und das Schiff zu versäumen. Wir ahnten nicht, welche neuen Widerwärtigkeiten uns zunächst bevorstanden.

Skiöldebrand war so ungeduldig als wir, seinen Bestimmungsort zu erreichen. Wir bestiegen mehrmals am Tage den Berg Notre Dame de la Garde, von dem man weit ins Mittelmeer hinausblickt. Jedes Segel, das am Horizont sichtbar wurde, setzte uns in Aufregung; aber nachdem wir zwei Monate in großer Unruhe vergeblich geharrt, ersahen wir aus den Zeitungen, daß die schwedische Fregatte, die uns überführen sollte, in einem Sturm an den Küsten von Portugal stark gelitten und in den Hafen von Cadiz habe einlaufen müssen, um ausgebessert zu werden. Privatbriefe bestätigten die Nachricht, und es war gewiß, daß der Jaramas — so hieß die Fregatte — vor dem Frühjahr nicht nach Marseille kommen konnte.

Wir konnten es nicht über uns gewinnen, bis dahin in der Provence zu bleiben. Das Land, zumal das Klima, fanden wir herrlich; aber der Anblick des Meeres mahnte uns fortwährend an unsere zertrümmerten Hoffnungen. Auf einem Ausflug nach Hyères und Toulon fanden wir in letzterem Hafen die Fregatte Boudeuse, die Bougainville auf seiner Reise um die Welt befehligt hatte. Ich hatte mich zu Paris, als ich mich rüstete, die Expedititon des Kapitäns Baudin mitzumachen, des besonderen Wohlwollens des berühmten Seefahrers zu erfreuen gehabt. Nur schwer vermochte ich zu schildern, was ich beim Anblick des Schiffes empfand, das Commerson auf die Inseln der Südsee gebracht. Es gibt Stimmungen, in denen sich ein Schmerzgefühl in alle unsere Empfindungen mischt.

Wir hielten immer noch am Gedanken fest, uns an die afrikanische Küste zu begeben, und dieser zähe Entschluß wäre uns beinahe verderblich geworden. Im Hafen von Marseille lag zur Zeit ein kleines ragusanisches Fahrzeug, bereit nach Tunis unter Segel zu gehen. Dies schien uns eine günstige Gelegenheit; wir kamen ja auf diese Weise in die Nähe von Egypten und Syrien. Wir wurden mit dem Kapitän wegen der Ueberfahrtspreises einig; am folgenden Tage sollten wir unter Segel gehen, aber die Abreise verzögerte sich glücklicherweise durch einen an sich ganz unbedeutenden Umstand. Das Vieh, das uns als Proviant auf der Ueberfahrt dienen sollte, war in der großen Kajüte untergebracht. Wir verlangten, daß zur Bequemlichkeit der Reisenden und zur sicheren Unterbringung unserer Instrumente das Notwendigste vorgekehrt werde. Allermittelst erfuhr man in Marseille, daß die tunesische Regierung die in der Berberei niedergelassenen Franzosen verfolge, und daß alle aus französischen Häfen ankommenden Personen ins Gefängnis geworfen würden. Durch diese Kunde entgingen wir einer großen Gefahr;

wir mußten die Ausführung unserer Pläne verschieben und entschlossen uns, den Winter in Spanien zuzubringen, in der Hoffnung, uns im nächsten Frühjahr, wenn anders die politischen Zustände im Orient es gestatteten, in Cartagena oder in Cadiz einschiffen zu können.

Wir reisten durch Katalonien und das Königreich Valencia nach Madrid. Wir besuchten auf dem Wege die Trümmer Tarragonas und des alten Sagunt, machten von Barcelona aus einen Ausflug auf den Montserrat, dessen hoch aufragende Gipfel von Einsiedlern bewohnt sind, und der durch die Contraste eines kräftigen Pflanzenwuchses und nackter, öder Felsmassen ein eigenthümliches Landschaftsbild bietet. Ich fand Gelegenheit, durch astronomische Rechnung die Lage mehrerer für die Geographie Spaniens wichtiger Punkte zu bestimmen; ich maß mittels des Barometers die Höhe des Centralplateaus und stellte einige Beobachtungen über die Inclination der Magnetnadel und die Intensität der magnetischen Kraft an. Die Ergebnisse dieser Beobachtungen sind die sich erschienen, und ich verbreite mich hier nicht weiter über die Naturbeschaffenheit eines Landes, in dem ich mich nur ein halbes Jahr aufhielt, und das in neuerer Zeit von so vielen unterrichteten Männern bereist worden ist.

Zu Madrid angelangt, fand ich bald Ursache, mir Glück dazu zu wünschen, daß wir uns entschlossen, die Halbinsel zu besuchen. Der Baron Forell, sächsischer Gesandter am spanischen Hofe, kam mir auf eine Weise entgegen, die meinen Zwecken sehr förderlich wurde. Er verband mit ausgebreiteten mineralogischen Kenntnissen das regste Interesse für Unternehmungen zur Förderung der Wissenschaft. Er bedeutete mir, daß ich unter der Verwaltung eines aufgeklärten Ministers, des Ritters Don Mariano Luis de Urquijo, Aussicht habe, auf meine Kosten im Inneren des spanischen Amerika reisen zu dürfen. Nach all den Widerwärtigkeiten, die ich erfahren, besann ich mich keinen Augenblick, diesen Gedanken zu ergreifen.

Im März 1799 wurde ich dem Hofe von Aranjuez vorgestellt. Der König nahm mich äußerst wohlwollend auf. Ich entwickelte die Gründe, die mich bewogen, eine Reise in den neuen Kontinent und auf die Philippinen zu unternehmen, und reichte dem Staatssecretär eine darauf bezügliche Denkschrift ein. Der Ritter d'Urquijo unterstützte mein Gesuch und räumte alle Schwierigkeiten aus dem Wege. Der Minister handelte hierbei desto großmüthiger, da ich in gar keiner persönlichen Beziehung zu ihn stand. Der Eifer, mit dem er fortwährend meine Absichten unterstützte, hatte keinen anderen Beweggrund als seine Liebe zu den Wissenschaften. Es wird mir zu angenehmen Pflicht, in diesem Werke der Dienste, die er mir erwiesen, dankbar zu gedenken.

Ich erhielt zwei Pässe, den einen vom ersten Staatsecretär, den anderen vom Rath von Indien. Nie war einem Reisenden mit der Erlaubniß, die man ihm ertheilte, mehr zugestanden worden, nie hatte die spanische Regierung einem Fremden größeres Vertrauen bewiesen. Um alle Bedenken zu beseitigen, welche die Vicekönige oder Generalcapitäne, als Vertreter der königlichen Gewalt in Amerika, hinsichtlich des Zweckes und Wesens meiner Beschäftigungen erheben könnten, hieß es im Paß der *primera secretaria de estado:* »ich sey ermächtigt, mich meiner physikalischen und geodätischen Instrumente mit voller Freiheit zu bedienen; ich dürfe in allen spanischen Besitzungen astronomische Beobachtungen anstellen, die Höhen der Berge messen, die Erzeugnisse des Bodens sammeln und alle Operationen ausführen, die ich zur Förderung der Wissenschaft gut finde«. Diese Befehle von Seiten des Hofes wurden genau befolgt, auch nachdem infolge der Ereignisse Don D´Urquijo vom Ministerium hatte abtreten müssen. Ich meinerseits war bemüht, diese sich nie verleugnende Freundlichkeit zu erwidern. Ich übergab während meines Aufenthaltes in Amerika den Statthaltern der Provinzen Abschriften des von mir gesammelten Materials über die Geographie und Statistik der Colonien, das dem Mutterlande von einigen Werth seyn konnte. Dem von mir vor meiner Abreise gegebenen Versprechen gemäß übermachte ich dem naturhistorischen Cabinet zu Madrid mehrere geologische Sammlungen. Da der Zweck unserer Reise ein rein wissenschaftlicher war, so hatten Bonpland und ich das Glück, uns das Wohlwollen der Colonisten wie der mit der Verwaltung dieser weiten Landstriche betrauten Europäer zu erwerben. In den fünf Jahren, während wir den neuen Continent durchzogen, sind wir niemals einer Spur von Mißtrauen begegnet. Mit Freude spreche ich es hier aus; unter den härtesten Entbehrungen, im Kampfe mit einer wilden Natur, haben wir uns nie über menschliche Ungerechtigkeit zu beklagen gehabt.

Verschiedene Gründe hätten uns eigentlich bewegen sollen, noch länger in Spanien zu verweilen. Abbé Cavanilles, ein Mann gleich geistreich wie mannigfaltig unterrichtet; Née, der mit Hänke die Expedition Malaspinas als Botaniker mitgemacht und allein eine der größten Kräutersammlungen, die man je in Europa gesehen, zusammengebracht hat; Don Casimir Ortega, Abbé Pourret und die gelehrten Verfasser der Flora von Peru, Ruiz und Pavon, stellten uns ihre reichen Sammlungen zur unbeschränkten Verfügung. Wir untersuchten zum Theil die mexicanischen Pflanzen, die von Sesse, Mociño und Cervantes entdeckt worden, und von denen Abbildungen an das naturhistorische Museum zu Madrid gelangt waren. In dieser großen Anstalt, die unter der Leitung Clavijos stand, des Herausgebers einer gefälligen Uebersetzung der Werke Buffons, fanden wir allerdings keine geologischen Suiten aus den Cordilleren; aber Proust, der sich durch die große Genauigkeit seiner chemischen Arbeiten bekannt gemacht hat, und ein ausgezeichneter Mineralog, Hergen, gaben uns interessante Nachweisungen über verschiedene mineralische Substanzen Amerikas. Mit bedeutendem Nutzen hätten wir uns wohl noch länger mit den Naturprodukten der Länder beschäftigt, die das Ziel unserer Forschungen waren, aber es drängte uns zu sehr, von der Vergünstigung, die der Hof uns gewährt, Gebrauch zu machen, als daß wir unsere Abreise hätten verschieben können. Seit einen Jahr war ich so vielen Hindernissen begegnet, daß ich es kaum glauben konnte, daß mein sehnlichster Wunsch endlich in Erfüllung gehen sollte.

Wir verließen Madrid gegen die Mitte Mais. Wir reisten durch einen Theil von Altcastilien, durch das Königreich Leon und Galizien nach Corunna, wo wir uns nach der Insel Cuba einschiffen sollten. Der Winter war streng und lang gewesen, und jetzt genossen wir auf der Reise der milden Frühlingstemperatur, die schon so weit gegen Süd gewöhnlich nur den Monaten Mai und April eigen ist. Schnee bedeckte noch die hohen Granitgipfel der Guadarama; aber in den tiefen Thälern Galiziens, welche an die malerischen Landschaften der Schweiz und Tirols erinnern, waren alle Felsen mit Cistus in voller Blüthe und baumartigem Heidekraut überzogen. Man ist froh, wenn man die castilische Hochebene hinter sich hat, welche fast ganz von Pflanzenwuchs entblöst und wo es im Winter empfindlich kalt, im Sommer drückend heiß ist. Nach den wenigen Beobachtungen, die ich selbst anstellen konnte, besteht das Innere Spaniens aus einer weiten Ebene, die 300 Toisen (584 Meter) über dem Spiegel des Meeres mit secundären Gebirgsbildungen, Sandstein, Gips, Steinsalz, Jurakalk bedeckt ist; das Klima von Castilien ist weit kälter als das von Toulon oder Genua; die mittlere Temperatur errecht kaum 15 Grad der hundertheiligen Scale. Man wundert sich, daß unter der Breite von Calabrien, Thessalien und Kleinasien die Orangenbäume im Freien nicht mehr fortkommen. Die Hochebene in der Mitte des Landes ist umgeben von einer tiefgelegenen, schmalen Zone, wo an mehreren Punkten Chamärops, der Dattelbaum, das Zuckerrohr, die Banane und viele Spanien und dem nördlichen Afrika gemeinsame Pflanzen vorkommen, ohne vom Winterfrost zu leiden. Unter dem 36 – 40. Grad der Breite beträgt die mittlere Temperatur 17 – 20 Grad, und durch den Verein von Verhältnissen, die hier nicht aufgezählt werden können, ist dieser glückliche Landstrich der vornehmste Sitz des Gewerbfleißes und der Geistesbildung geworden.

Kommt man im Königreich Valencia von der Küste des Mittelmeeres gegen die Hochebene von Mancha und Castilien herauf, so meint man, tief im Land, in weithin gestreckten schroffen Abhängen die alte Küste der Halbinsel vor sich zu haben. Dieses merkwürdige Phänomen erinnert an die Sagen der Samothracier und andere geschichtliche Zeugnisse, welche darauf hinzuweisen scheinen, daß durch den Ausbruch der Wasser aus den Dardanellen das Becken des Mittelmeeres erweitert und der südliche Theil Europas zerrissen und vom Mittelmeer verschlungen worden ist. Nimmt man an, diese Sagen seyen keine geologischen Träume, sondern beruhen wirklich auf der Erinnerung an eine uralte Umwälzung, so hätte die spanische

Centralebene dem Anprall der gewaltigen Fluthen widerstanden, bis die Wasser durch die zwischen den Säulen des Hercules sich bildende Meerende abfloßen, so daß der Spiegel des Mittelmeeres allmählig sank und einerseits Niederegypten, andererseits die fruchtbaren Ebenen von Tarragena, Valencia und Murcia trocken gelegt wurden. Was mit der Bildung dieses Meeres zusammenhängt, dessen Daseyn von so bedeutendem Einfluß auf die frühesten Culturbewegungen der Menschheit war, ist von ganz besonderem Interesse. Man könnte denken, Spanien, das sich als ein Vorgebirge inmitten der Meere darstellt, verdanke seine Erhaltung seinem hochgelegenen Boden; ehe man aber auf solche theoretische Vorstellungen Gewicht legt, müßte man erst die Bedenken beseitigen, die sich gegen die Durchbrechung so vieler Dämme erheben, müßte man wahrscheinlich zu machen suchen, daß das Mittelmeer einst in mehrere abgeschlossene Becken getheilt gewesen, dere alte Grenzen durch Sicilien und die Insel Candia angedeutet scheinen. Die Lösung dieser Probleme soll uns hier nicht beschäftigen, wir beschränken uns darauf, auf den auffallenden Contrast in der Gestaltung des Landes am östlichen und am westlichen Ende Europas aufmerksam zu machen. Zwischen den baltischen und dem schwarzen Meer erhebt sich das Land gegenwärtig kaum fünfzig Toisen über den Spiegel des Oceans, während die Hochebene von Mancha, wenn sie zwischen den Quellen des Niemen und des Dnieper läge, sich als eine Gebirgsgruppe von bedeutender Höhe darstellen würde. Es ist höchst anziehend, auf die Ursachen zurückzugehen, durch welche die Oberfläche unseres Planeten umgestaltet worden seyn man; sicherer ist es aber, sich an diejenigen Seiten der Erscheinungen zu halten, welche der Beobachtung und Messung des Forschers zugänglich sind.

Zwischen Astorga und Corunna, besonders von Lugo an, werden die Berge allmählich höher. Die secundären Gebirgsbildungen verschwinden mehr und mehr, und die Uebergangsgebirgsarten, die sie ablösen, verkünden die Nähe des Urgebirgs. Wir sahen ansehnliche Berge aufgebaut aus altem Sandstein, den die Mineralogen der Freiberger Schule als Grauwacke und Grauwackenschiefer aufführen. Ich weiß nicht, ob diese Formation, die im südlichen Europa nicht häufig vorkommt, auch in andern Strichen Spaniens aufgefunden worden ist. Eckige Bruchstücke von lydischem Stein, die in den Thälern am Boden liegen, schienen uns darauf zu deuten, daß die Grauwacke dem Uebergangsschiefer aufgelagert ist. Bei Corunna selbst erheben sich Granitgipfel, die bis zum Cap Ortegal fortstreichen. Diese Granite, welche einst mit denen in Bretagne und Wales in Zusammenhang gestanden haben mögen, sind vielleicht die Trümmer einer von den Fluthen zertrümmerten und verschlungenen Bergkette. Schöne große Feldspathkrystalle sind für dieses Gestein charakteristisch, Zinnstein ist darin eingesprengt, und von den Galiciern wird darauf ein mühsamer, wenig ergiebiger Bergbau betrieben.

In Corunna angelangt, fanden wir den Hafen von zwei englischen Fregatten und einem Linienschiff blokirt. Diese Fahrzeuge sollten den Verkehr zwischen dem Mutterland und den Colonien in Amerika unterbrechen; den von Corunna, nicht von Cadiz lief damals jeden Monat ein Paketboot *(Correo maritimo)* nach der Havana aus und alle zwei Monate ein anderes nach Buenos Aires oder der Mündung des la Plata. Ich werde später den Zustand der Posten auf dem neuen Continent genau beschreiben; hier nur so viel, daß seit dem Ministerium des Grafen Florida Blanca der Dienst der »Landcouriere« so gut eingerichtet ist, daß Einer in Paraquay oder in der Provinz Jaen de Bracamoros nur durch sie ziemlich regelmäßig mit Einem in Neumexiko oder an der Küste von Neukalifornien correspondiren kann, also so weit, als es von Paris nach Siam oder von Wien an das Cap der Guten Hoffnung ist. Ebenso gelangt ein Brief, den man in einer kleinen Stadt in Aragonien zur Post gibt, nach Chili oder in die Missionen am Orinoko, wenn nur der Name des Coregimiento oder Bezirks, in dem das betreffende indianische Dorf liegt, genau angegeben ist. Mit Vergnügen verweilt der Gedanke bei Einrichtungen, die für eine der größten Wohlthaten der Cultur der neueren Zeit gelten können. Die Einrichtung der Curiere zur See und im inneren Lande hat das Band zwischen den Kolonien unter sich und mit dem Mutterlande enger geknüpft. Der Gedankenaustausch wurde dadurch beschleunigt, die Beschwerden der Colonisten drangen leichter nach Europa und die Staatsgewelt konnte hin und wieder Bedrückungen ein Ende machen, die sonst aus so weiter Ferne nie zu ihrer Kenntniß gelangt wären.

Der Minister hatte uns ganz besonders dem Brigadier Don Rafael Clavijo empfohlen, der seit kurzem die Oberaufsicht über den Seeposten hatte. Dieser Officier, bekannt als ausgezeichneter Schiffsbauer, war in Corunna mit der Einrichtung neuer Werfte beschäftigt. Er bot Allem auf, um uns den Aufenthalt im Hafen angenehm zu machen, und gab uns den Rat, uns auf der Corvette **Pizarro** [Nach dem spanischen Sprachgebrauch war der Pizarro eine leichte Fregatte *(Fregata lijera)*.] einzuschiffen, die nach der Havana und Mexico ging. Dieses Fahrzeug, das die Post für Juni an Bord hatte, sollte mit der Alcudia segeln, dem Paketboot für den Mai, das wegen der Blokade seit drei Wochen nicht hatte auslaufen können. Der Pizarro galt für keinen guten Segler, aber durch einen glücklichen Zufall war er vor kurzem auf seiner langen Fahrt von Rio de la Plata nach Corunna den kreuzenden englischen Fahrzeugen entgangen. Clavijo ließ an Bord der Korvette Einrichtungen treffen, daß wir unsere Instrumente aufstellen und während der Ueberfahrt unsere chemischen Versuche über die atmosphärische Luft vornehmen konnten. Der Capitän des Pizarro erhielt Befehl, bei Tenerifa so lange anzulegen, daß wir den Hafen von Orotava besuchen und den Gipfel des Pic besteigen könnten.

Die Einschiffung verzögerte sich nur zehn Tage, dennoch kam uns der Aufenthalt gewaltig lang vor. Wir benutzten die Zeit, die Pflanzen einzulegen, die wir in den schönen, noch von keinem Naturforscher betretenen Thälern Galiciens gesammelt; wir untersuchten die Tange und Weichthiere, welche die Fluth von Nordwest her in Menge an den Fuß des steilen Felsen wirft, auf dem der Wachtturm des Herkules steht. Dieser Thurm, auch »der eiserne Thurm« genannt, wurde im Jahre 1788 restauriert. Er ist 92 Fuß [30 m] hoch, seine Mauern sind 4 und einen halben Fuß [1,46 m] dick, und nach seiner Bauart ist er unzweifelhaft ein Werk der Römer. Eine in der Nähe der Fundamente gefundene Inschrift, von der ich durch Herrn de Labordes Gefälligkeit eine Abschrift besitze, besagt, der Thurm sey von Cajus Servius Lupus, Architekten der Stadt **Aqua Flavia** (Chaves), erbaut und dem Mars geweiht. Warum heißt der eiserne Thurm der Herkulesthurm? Sollten ihn die Römer auf den Trümmern eines griechischen oder phönicischen Bauwerkes errichtet haben? Wirklich behauptet Strabo, Galizien, das Land der Galläci, sey von griechischen Colonien bevölkert gewesen. Nach einer Angabe des Asklepiades von Myrläa in seiner Geographie von Spanien hätten sich nach einer alten Sage die Gefährten des Herkules in diesen Landstrichen niedergelassen. [Die Phönicier und die Griechen besuchten die Küsten von Galizien *(Gallaecia)* wegen des Handels mit Zinn, das sie von hier wie von den Cassiteridischen Inseln bezogen.]

Die Höhen von Ferrol und Corunna sind an derselben Bai gelegen, so daß ein Schiff, das bei schlimmem Wetter gegen das Land getrieben wird, je nach der Richtung des Windes, im einen oder im anderen Hafen vor Anker gehen kann. Ein solcher Vortheil ist unschätzbar in Strichen, wo die See fast beständig hoch geht, wie zwischen den Vorgebirgen Ortegal und Finisterre, den Vorgebirgen Trileucum und Artabrum der algen Geographen. Ein enger, von steilen Granitfelsen gebildeter Canal führt in das weite Becken von Ferrol. In ganz Europa findet sich kein zweiter Ankerplatz, der so merkwürdig weit ins Land hineinschnitte. Dieser enge, geschlängelte Paß, durch den die Schiffe in den Hafen gelangen, sieht aus, als wäre er durch eine Fluth oder durch wiederholte Stöße heftiger Erdbeben eingerissen. In der Neuen Welt, an der Küste von Neuandalusien, hat die *Laguna des Opisco*, der »Bischofsee«, genau dieselbe Gestalt wie der Hafen von Ferrol. Die auffallendsten geologischen Erscheinungen wiederholen sich auf den Festländern an weit entlegenen Punkten, und der Forscher, der Gelegenheit gehabt, verschiedene Welttheile zu sehen, erstaunt über die durchgehende Gleichförmigkeit im Ausschnitt der Küsten, im krummen Zug der Thäler, im Anblick der Berge und ihrer Gruppirung. Das zufällige Zusammentreffen derselben Ursachen mußte allerorten dieselben Wirkungen hervorbringen, und mitten aus der Mannigfaltigkeit der Natur tritt uns in der Anordnung der todten Stoffe, wie in der Organisation der Pflanzen und Thiere, eine gewisse Uebereinstimmung in Bau und Gestaltung eingegen.

Auf der Ueberfahrt von Corunna nach Ferrol machten wir über einer Untiefe beim »weißen Signal,« in der Bai, die nach d'Anville der *portus magnus* der Alten war, mittels einer Thermometersonde mit Ventilen einige Beobachtungen über die Temperatur der See und über die Abnahme der Wärme in den über einander gelagerten Wasserschichten. Ueber der Bank zeigte das Instrument an der Meeresfläche 12°5 bis 13°3 Grad der hunderttheiligen Scale, während ringsumher, wo das Meer sehr tief war, der Thermometer bei 12°8 Lufttemperatur auf 15° – 15°3 stand. Der berühmte Franklin und Jonathan Williams, der Verfasser des zu Philadelphia erschienenen Werkes »*thermometric Navigation,*« haben zuerst die Physiker darauf aufmerksam gemacht, wie abweichend sich die Temperaturverhältnisse der See über Untiefen gestalten, sowie in der Zone warmer Wasserströme, die aus dem Meerbusen von Mexico zur Bank von Neufoundland und hinüber an die Nordküsten von Europa sich erstreckt. Die Beobachtung, daß sich die Nähe einer Sandbank durch ein rasches Sinken der Temperatur an der Meeresflüche verkündet, ist nicht nur für die Physik von Wichtigkeit, sie kann auch für Sicherheit der Schiffahrt von großer Bedeutung werden. Allerdings wird man über dem Thermometer das Senkblei nicht aus der Hand legen; aber Beobachtungen, wie ich sie im Verlauf dieser Reisebeschreibung anführen werde, thun zur Genüge dar, daß ein Temperaturwechsel, den die unvollkommensten Instrumente anzeigen, die Gefahr verkündet, lange bevor das Schiff über der Untiefe anlangt. In solchen Fällen mag die Abnahme der Meerestemperatur den Schiffer veranlassen, zum Senkblei zu greifen in Strichen, wo er sich vollkommen sicher dünkte. Auf die physischen Ursachen dieser verwickelten Erscheinungen kommen wir anderswo zurück. Hier sey nur erwähnt, daß die niedrigere Temperatur des Wassers über den Untiefen großentheils daher rührt, daß es sich mit tieferen Wasserschichten mischt, welche längs der Abhänge der Bank zur Meeresoberfläche aufsteigen.

Eine Aufregung des Meeres von Nordwest her unterbrach unsere Versuche über die Meerestemperatur in der Bai von Ferrol. Die Wellen gingen so hoch, weil auf offener See ein heftiger Wind geweht hatte, in dessen Folge die englischen Schiffe sich hatten von der Küste entfernen müssen. Man wollte die Gelegenheit zum Auslaufen benutzen; man schiffte alsbald unsere Instrumente, unsere Bücher, unser ganzes Gepäcke ein; aber der Westwind wurde immer stärker und man konnte die Anker nicht lichten. Wir benutzten den Aufschub, um an unsere Freunde in Deutschland und Frankreich zu schreiben. Der Augenblick, wo man zum erstenmal von Europa scheidet, hat etwas Ergreifendes. Wenn man sich noch so bestimmt vergegenwärtigt, wie stark der Verkehr zwischen den beiden Welten ist, wie leicht man bei den großen Fortschritten der Schifffahrt über den atlantischen Ocean gelangt, der, der Südsee gegenüber, ein nicht sehr breiter Meeresarm ist, das Gefühl, mit dem man zum erstenmal eine weite Seereise antritt, hat immer etwas tief

Aufregendes. Es gleicht keiner der Empfindungen, die uns von früher Jugend auf bewegt haben. Getrennt von den Wesen, an denen unser Herz hängt, im Begriff, gleichsam den Schritt in ein neues Leben zu thun, ziehen wir uns unwillkührlich in uns selbst zusammen und über uns kommt ein Gefühl des Alleinseyns, wie wir es nie empfunden.

Unter den Briefen, die ich kurz vor unserer Einschiffung schrieb, befand sich einer, der für die Richtung unserer Reise und den Verlauf unserer späteren Forschungen sehr folgereich wurde. Als ich Paris verließ, um die Küste von Afrika zu besuchen, schien die Entdeckungsreise in die Südsee auf mehrere Jahre verschoben. Ich hatte mit Kapitän Baudin die Verabredung getroffen, daß ich, wenn er wider Vermuthen die Reise früher antreten könnte und ich davon Kenntniß bekäme, von Algier aus in einen französischen oder spanischen Hafen eilen wolle, um die Expedition mitzumachen. Im Begriff, in die Neue Welt abzugehen, wiederholte ich jetzt dieses Versprechen. Ich schrieb Kapitän Baudin, wenn die Regierung in auch jetzt noch den Weg um Cap Horn nehmen lassen wolle, so werde ich mich bemühen, mit ihm zusammenzutreffen, in Montevideo, in Chili, in Lima, wo immer er in den spanischen Kolonien anlegen möchte. Treu dieser Zusage, änderte ich meinen Reiseplan, sobald die amerikanischen Blätter im Jahre 1801 die Nachricht brachten, die französische Expedition sey von Havre abgegangen, um von Ost nach West die Welt zu umsegeln. Ich miethete ein kleines Fahrzeug und ging von Batabano auf der Insel Cuba nach Portobelo und von da über die Landenge an die Küste der Südsee. In Folge einer falschen Zeitungsnachricht haben Bonpland und ich über 800 Meilen [Unter Meilen ohne Beisatz sind immer französische Lieues zu verstehen.] [3600 km] in einem Lande gemacht, das wir gar nicht hatten bereisen wollen. Erst in Quito erfuhren wir durch einen Brief Delambres, des beständigen Secretärs der ersten Classe des Institutes, daß Kapitän Baudin um das Kap der Guten Hoffnung gegangen und die West- und Ostküste Amerikas gar nicht berührt habe. Nicht ohne ein Gefühl von Wehmut gedenke ich einer Expedition, die mehrfach in mein Leben eingreift, und die kürzlich von einem Gelehrten [Peron, der nach langen schmerzlichen Leiden im 35. Jahre der Wissenschaft entrissen wurde.] beschrieben worden ist, den die Menge der Entdeckungen, welche die Wissenschaft ihm dankt, und der aufopfernde Muth, den er auf seiner Laufbahn unter den härtesten Entbehrungen und Leiden bewiesen, gleich hoch stellen.

Ich hatte auf die Reise nach Spanien nicht meine ganze Sammlung physikalischer, geodätischer und astronomischer Werzeuge mitnehmen können; ich hatte die Doubletten in Marselle in Verwahrung gegeben und wollte sie, sobald ich Gelegenheit gefunden hätte, an die Küste der Berberei zu gelangen, nach Algier oder Tunis nachkommen lassen. In ruhigen Zeiten ist Reisenden sehr zu rathen, daß sie sich nicht mit allen ihren Instrumenten beladen; man läßt sie besser nachkommen, um nach einigen Jahren diejenigen, zu ersetzen, die durch den Gebrauch oder auf dem Transport gelitten haben. Diese Vorsicht erscheint besonders dann geboten, wenn man zahlreiche Punkte durch rein chronometrische Mittel zu bestimmen hat. Aber während eines Seekriegs thut man klug, seine Instrumente, Handschriften und Sammlungen fortwährend bei sich zu haben. Wie wichtig dies ist, haben traurige Erfahrungen mir bewiesen. Unser Aufenthalt zu Madrid und Corunna war zu kurz, als daß ich den meteorologischen Apparat, den ich in Marseille gelassen, hätte von dort kommen lassen können. Nach unserer Rückkehr vom Orinoko gab ich Auftrag, mir denselben nach der Havana zu schicken, aber ohne Erfolg; weder diese Apparat, noch die achromatischen Fernröhren und der Thermometer von Arnold, die ich in London bestellt, sind mir in Amerika zugekommen.

Getrennt von unseren Instrumenten, die sich an Bord der Corvette befanden, brachten wir noch zwei Tage in Corunna zu. Ein dichter Nebel, der den Horizont bedeckte verkündete endlich die sehnlich erwartete Aenderung des Wetters. Am 4. Juni abends drehte sich der Wind nach Nordost, welche Windrichtung an der Küste von Galizien in der schönen Jahreszeit für sehr beständig gilt. Am fünften ging der Pizarro wirklich unter Segel, obgleich wenige Stunden zuvor die Nachricht angelangt war, eine englische Escadre sey vom Wachtposten Sisarga signalisirt worden und scheine nach der Mündung des Tajo zu segeln. Die Leute, welche unsere Corvette die Anker lichten sahen, äußerten laut, ehe drei Tage vergehen, seyen wir aufgebracht und mit dem Schiffe, dessen Los wir teilen müßten, auf dem Wege nach Lissabon. Diese Prophezeiung beunruhigte uns um so mehr, als wir in Madrid Mexicaner kennengelernt hatten, die sich dreimal in Cadiz nach Veracruz eingeschifft hatten, jedesmal aber fast unmittelbar vor dem Hafen aufgebracht worden und über Portugal nach Spanien zurückgekehrt waren.

Um zwei Uhr nachmittags war der Pizarro unter Segel. Der Canal, durch den man aus dem Hafen von Corunna fährt, ist lang und schmal; da er sich gegen Nord öffnet und der Wind uns entgegen war, mußten wir acht kleine Schläge machen, von denen drei so gut wie verloren waren. Gewendet wurde immer äußerst langsam, und einmal, unter dem Fort St. Amarro, schwebten wir in Gefahr, da uns die Strömung sehr nahe an die Klippen trieb, an denen sich das Meer mit Ungestüm bricht. Unsere Blicke hingen am Schloß St. Antonio, wo damals der unglückliche Malaspina als Staatsgefangener saß. Im Augenblick, da wir Europa verließen, um Länder zu besuchen, welche dieser bedeutende Forscher mit so vielem Erfolg bereist hat, hätte ich mit meinen Gefährten gern bei einem minder traurigen Gegenstande verweilt.

Um sechs ein halb Uhr kamen wir am Thurm des Herkules vorüber, von dem oben die Rege war, der Corunna als Leuchtthurm dient, und auf dem man seit ältesten Zeiten ein Steinkohlenfeuer unterhält. Der Schein dieses Feuers steht in schlechtem Verhältnis mit dem schönen stattlichen Bauwerk; es ist so schwach, daß die Schiffe es erst gewahr werden, wenn sie bereits Gefahr laufen zu stranden. Bei Einbruch der Nacht wurde die See sehr unruhig und der Wind bedeutend frischer. Wir steuerten gegen Nordwest, um nicht den englischen Fregatten zu begegnen, die, wie man glaubte, in diesen Strichen kreuzten. Gegen neun Uhr sahen wir das Licht in einer Fischerhütte von Sisarga, das letzte, was uns von der Küste von Europa zu Gesicht kam. Mit der zunehmenden Entfernung verschmolz der schwache Schimmer mit dem Licht der Sterne, die am Horizont aufgingen, und unwillkürlich blieben unsere Blicke daran hängen. Dergleichen Eindrücke vergißt einer nie, der in einem Alter, wo die Empfindung noch ihre volle Tiefe und Kraft besitzt, eine weite Seereise angetreten hat. Welche Erinnerungen werden in der Einbildungskraft wach, wenn so ein leuchtender Punkt in finsterer Nacht, der von Zeit zu Zeit aus den bewegten Wellen aufblitzt, die Küste des Heimatlandes bezeichnet!

Wir mußten die Segel einziehen. Wir segelten zehn Knoten in der Stunde, obgleich die Corvette nicht zum Schnellsegeln gebaut war. Um sechs Uhr morgens wurde das Schlingern so heftig, daß die kleine Bramstange brach. Der Unfall hatte indessen keine schlimmen Folgen. Wir brauchten zu Ueberfahrt von Corunna nach den Canarien dreizehn Tage, und dies war lang genug, um uns in so stark befahrenen Strichen wie die Küsten von Portugal der Gefahr auszusetzen, auf englische Schiffe zu stoßen. Die ersten drei Tage zeigte sich kein Segel am Horizont, und dies beruhigte nachgerade unsere Mannschaft, die sich auf kein Gefecht einlassen konnte.

Am 7. liefen wir über den Parallelkreis von Cap Finisterre. Die Gruppe von Granitfelsen, die dieses Vorgebirge, wie das Vorgebirge Torianes und den Berg Corcubion bilden, heißt Sierra de Toriñona. Das Cap Finisterre ist niedriger als das Land umher, aber die Toriñona ist auf hoher See 76,5 km weit sichtbar, woraus folgt, daß die höchsten Gipfel derselben nicht unter 582 m hoch seyn können.

Am 8. bei Sonnenuntergang wurde von den Masten ein englisches Convoi signalisiert, das gegen Südost an der Küste hinsteuerte. Ihm zu entgehen, wichen wir die Nacht hindurch aus unserem Curs. Damit durften wir in der großen Cajüte kein Licht mehr haben, um nicht von weitem bemerkt zu werden. Diese Vorsicht, die an Bord aller Kauffahrer beobachtet wird und in dem Reglement für die Paketboote der königlichen Marine vorgeschrieben ist, brachte uns tödtliche Langeweile auf den vielen Ueberfahrten, die wir in fünf Jahren gemacht hatten. Wir mußten uns fortwährend der Blendlaternen bedienen, um die Temperatur des Meerwassers zu beobachten oder an der Theilung der astronomischen Instrumente die Zahlen abzulesen. In der heißen Zone, wo die Dämmerung nur einige Minuten dauert, ist man unter diesen Umständen schon um sechs Uhr abends außer Thätigkeit gesetzt. Dies war für mich um so verdrießlicher, als ich vermöge meiner Constitution nie seekrank wurde, und so oft ich an Bord eines Schiffes war, immer großen Trieb zur Arbeit fühlte.

Eine Fahrt von der spanischen Küste nach den Canarien und von da nach Südamerika bietet wenig Bemerkenswerthes, zumal in der guten Jahreszeit. Es ist weniger Gefahr dabei, als oft bei der Ueberfahrt über die großen Schweizer Seen. Ich theile daher hier nur die allgemeinen Ergebnisse meiner magnetischen und meteorologischen Versuche in diesem Meeresstriche mit.

Am 9. Juni, unter 39° 50' der Breite und 16° 10' westlicher Länge vom Meridian der Pariser Sternwarte, fingen wir an die Wirkung der großen Strömung zu spüren, welche von den azorischen Inseln nach der Meerenge von Gibraltar und nach den canarischen Inseln geht. Indem ich den Punkt, den mir der Gang der Berthoud´schen Seeuhr angab, mit des Steuermanns Schätzung verglich, konnte ich die kleinsten Aenderungen in der Richtung und Geschwindigkeit der Strömungen bemerken. Zwischen dem 37. und 30. Breitengrade wurde das Schiff in vierundzwanzig Stunden zuweilen 18 bis 26 Meilen nach Ost getrieben. Anfänglich war die Richtung des Stromes Ost ¼ Südost, aber in der Nähe der Meerenge wurde sie genau Ost. Capitan Macintosh und einer der gebildetsten Seefahrer unserer Zeit, Sir Erasmus Gower, haben die Veränderungen beobachtet, welche in diese Bewegung des Wassers zu verschiedenen Zeiten des Jahres eintreten. Es kommt nicht selten vor, daß Schiffer, welche die canarischen Inseln besuchen, sich an der Küste von Lancerota befinden, während sie meinten an Teneriffa landen zu können. Baugainville befand sich auf seiner Ueberfahrt vom Cap Finisterre nach den Canarien im Angesicht der Insel Ferro um 4 Grade weiter nach Ost, als seine Rechnung ihm ergab.

Gemeinhin erklärt man die Strömung, die sich zwischen den azorischen Inseln, der Südküste von Portugal und den Canarien merkbar macht, daraus, daß das Wasser des atlantischen Oceans durch die Meerenge von Gibraltar einen Zug nach Osten erhalte. De Fleurieu behauptet sogar in den Anmerkungen zur Reise des Capitän Marchand, der Umstand, daß das Mittelmeer durch die Verdunstung mehr Wasser verliere, als die Flüsse einwerfen, bringe im benachbarten Weltmeer eine Bewegung hervor, und der Einfluß der Meerenge sey sechshundert Meilen [2700 km] weit auf offener See zu spüren. Bei aller Hochachtung, die ich einem Seefahrer schuldig bin, dessen mit Recht sehr geschätzten Werken ich viel zu danken habe, muß es mir gestattet seyn, diesen wichtigen Gegenstand aus einem weit allgemeineren Gesichtspunkte zu betrachten.

Wirft man einen Blick auf das atlantische Meer oder das tiefe Thal, das die Westküsten von Europa und Afrika von den Ostküsten des neuen Continent trennt, so bemerkt man in der Bewegung der Wasser entgegengesetzte Richtungen. Zwischen den Wendekreisen, namentlich zwischen der afrikanischen Küste am Senegal und dem Meere der Antillen, geht die allgemeine, den Seefahrern am längsten bekannte Strömung fortwährend von Morgen nach Abend. Dieselbe wird mit dem Namen **Aequinoctialstrom** bezeichnet. Die mittlere Geschwindigkeit derselben unter verschiedenen Breiten ist sich im Atlantischen Ozean und in der Südsee ungefähr gleich. Man kann sie auf 9 bis 10 Meilen [40 bis 45 km] in 24 Stunden, somit auf 0,59 bis 0,65 Fuß [0,18 bis 0,21 m] in der Secunde schätzen[2]. Die Geschwindigkeit, mit der die Wasser in diesen Strichen nach Westen strömen, ist etwa ein Viertheil von der der meisten großen europäischen Flüsse. Diese der Umdrehung des Erdballes entgegengesetzte Bewegung des Oceans hängt mit jenem Phänomen wahrscheinlich nur insofern zusammen, als durch die Umdrehung der Erde die Polarwinde, welche in den unteren Luftschichten die kalte Luft aus den hohen Breiten dem Aequator zuführen, in Passatwinde umgewandelt werden. Der Aequinoctialstrom ist die Folge der allgemeinen Bewegung, in welche die Meeresfläche durch die Passatwinde versetzt wird, und lokale Schwankungen im Zustande der Luft bleiben ohne merkbaren Einfluß auf die Stärke und die Geschwindigkeit der Strömung.

Im Canal, den der atlantische Ocean zwischen Guyana und Guinea auf 20 bis 23 Längengrade, vom 8. oder 9. bis zum 2. oder 3. Grad nördlicher Breite gegraben hat, wo die Passatwinde häufig durch Winde aus Süd ode Süd-Süd-West unterbrochen werden, ist die Richtung des Aequinoctialstroms weniger constant. Der afrikanischen Küste zu werden die Schiffe nach Südost fortgetrieben, während der Allerheiligenbai und dem Vorgebirge St. Augustin zu, denen die Schiffe, die nach der Mündung des La Plata steuern, nicht gerne nahe kommen, der allgemeine Zug der Wasser durch eine besondere Strömung maskirt ist. Letztere Strömung ist vom Cap St. Roch bis zur Insel Trinidad fühlbar, sie ist gegen Nordwest gerichtet mit einer Geschwindigkeit von einem bis anderthalb Fuß in der Secunde.

Der Aequinoctialstrom ist, wenn auch schwach, sogar jenseits des Wendekreises des Krebses unter 26 und 28 Grad der Breite fühlbar. Im weiten Becken des atlantischen Oceans, sieben- bis achthundert Meilen von der afrikanischen Küste, beschleunigt sich der Lauf der europäischen Schiffe, welche nach den Antillen gehen, ehe sie in die heiße Zone gelangen. Weiter gegen Nord, unter dem 28. bis 35. Grad, zwischen den Parallelkreisen von Teneriffe und Ceuta, unter 46 bis 48 Grad der Länge, bemerkt man keine constante Bewegung; denn eine 140 Meilen breite Zone trennt den Aequinoktialstrom, der nach West geht, von der großen Wassermasse, die nach Ost strömt und sich durch auffallend hohe Temperatur auszeichnet. Auf diese Wassermasse, bekannt unter dem Namen **Golfstrom** (*Golfstream*), sind die Physiker seit 1776 durch Franklins und Sir Charles Blagdens schöne Beobachtungen aufmerksam geworden. Da in neuerer Zeit amerikanische und englsiche Seefahrer eifrig bemüht sind, die Richtung desselben zu ermitteln, so müssen wir weiter ausholen, um ienen allgemeinen Gesichtspunkt für das Phänomen zugewinnen.

Der Aequinoctialstrom treibt die Wasser des atlantischen Oceans an die Küsten der Moskito-Indianer und von Honduras. Der von Süd nach Nord gestreckte neue Continent hält diese Strömung auf wie ein Damm. Die Gewässer erhalten zuerst die Richtung nach Nordwest, gelangen durch die Meerenge zwischen Cap Catoche und Cap. St. Antonio in den Meerbusen von Mexico, und folgen den Krümmungen der mexicanischen Küste von Vera-Cruz zur Mündung des Rio del Norte, und von da zur Mündung des Mississippi und denUntiefen westwärts von der Ostspitze von Florida. Nach dieser großen Drehung nach West, Nord, Ost und Süd nimmt die Strömung wieder die Richtung nach Nord und drängt sich mit Ungestüm in den Canal von Bahama. Dort habe ich im Mai 1804, unter 26 und 27 Grad der Breite, eine Geschwindigkeit von 80 Meilen in 24 Stunden, also von 5 Fuß in der Secunde beobachtet, obgleich gerade ein sehr starker Nordwind wehte. Beim Ausgang des Canals von Bahama, unter dem Parallel von Cap Cañaveral, kehr sich der Golfstrom oder Strom von Florida nach Nordost. Er gleicht hier einem reißenden Strome und erreicht zuweilen die Geschwindigkeit von fünf Meilen in der Stunde. Der Steuermann kann, sobald er den Rand der Strömung erreicht, mit ziemlicher Sicherheit annehmen, um was er sich in seiner Schätzung geirrt, und wie weit er noch nach New-York, Philadelphia oder Charlestown hat; die hohe Temperatur des Wassers, sein starker Salzgehalt, die indigoblaue Farbe und die schwimmenden Massen Tang, endlich die im Winter sehr merkbare Erhöhung der Lufttemperatur geben den Golfstrom zu erkennen. Gegen Norden nimmt seine Geschwindigkeit ab, während seine Breite zunimmt und die Gewässer sich abkühlen. Zwischen Cayo Biscaino und der Bank von Bahama ist er nur 15 Meilen, unter 28½ Grad Breite schon 17, und unter dem Parallel von Charlestown, Cap Henlopen gegenüber, 40 bis 50 Meilen breit. Wo die Strömung am schmalsten ist, erreicht sie eine Geschwindigkeit von 3 bis 4 Meilen in der Stunde, weiter nach Norden zu beträgt dieselbe nur noch eine Meile. Die Gewässer des mexicanischen Meerbusens behalten auf ihrem gewaltigen Zuge nach Nordost ihre hohe Temperatur dermaßen, daß ich unter 40 und 41 Grad der Breite noch 22° 5 (18° Reaumur) beobachtete, während außerhalb des Stroms das Wasser an der Oberfläche kaum 17° 5 (14° R.) warm war. Unter der Breite von New-York und Oporto zeigt somit der Golfstrom dieselbe Temperatur wie die tropischen Meere unter 18 Grad Breite, also unter der Breite von Portorico und der Inseln des grünen Vorgebirgs.

Vom Hafen von Boston an und unter dem Meridian von Halifax, unter 14° 25' der Breite und 67° der Länge, erreicht der Strom gegen 80 Seemeilen Breite. Hier kehrt er sich auf einmal nach Ost, so daß sein westlicher Rand bei der Umbiegung zur nördlichen Grenze der bewegten Wasser wird und er an der Spitze der großen Bank von Neufoundland wegstreicht, die Bolney sinnreich die Barre an der Mündung dieses ungeheurn Meerstroms nennt. Höchst auffallend ist der Abstand zwischen der Temperatur des kalten Wassers über dieser Bank und der Wärme der Gewässer der heißen Zone, die durch den Golfstrom nach Norden getrieben werden; jene betrug nach meinen Beobachtungen 8°7 – 10 (7 – 8° R.), diese 21 – 22°5 (17 – 18° R.). In diesen Strichen ist die Wärme im Meere höchst sonderbar vertheilt: die Gewässer der Bank sind um 9°4 kälter als das benachbarte Meer, und dieses ist um 3° kälter als der Strom. Diese Zonen können ihre Temperaturen nicht ausgleichen, weil jede ihre eigene Wärmequelle oder einen Grund der Wärmeerniedrigung hat, und beide Momente beständig fortwirken.[3]

Von der Bank von Neufoundland, oder vom 52. Grad der Breite bis zu den Azoren bleibt der Golfstrom nach Ost oder Ost-Süd-Ost gerichtet. Noch immer wirkt hier in den Gewässern der Stoß nach, den sie tausend Meilen von da in der Meerende von Florida, zwischen der Insel Cuba und den Untiefen der Schildkröteninseln, erhalten haben. Diese Entfernung ist das Doppelte von der Länge des Laufs des Amazonenstromes von Jaen oder dem Paß von Manseriche zum Gran-Para. Im Meridian der Inseln Corvo und Flores, der westlichsten der Gruppe der Azoren, nimmt die Strömung eine Meeresstrecke von 160 Meilen in der Breite ein. Wenn die Schiffe auf der Rückreise aus Südamerika nach Europa diese beiden Inseln aufsuchen, um ihre Länge zu berichtigen, so gewahren sie immer deutlich den Zug des Wassers nach Südost. Umter 33 Grad der Breite rückt der tropische Aequinoctialstrom dem Golfstrom sehr nahe. In diesem Striche des Weltmeeres kann man an Einem Tage aus den Gewässern, die nach West laufen, in diejenigen gelangen, die nach Südost oder Ost-Süd-Ost strömen.

Von den Azoren an nimmt der Strom von Florida seine Richtung gegen die Meerenge von Gibraltar, die Insel Madera und die Gruppe der Canarien. Die Pforte bei den Säulen des Herkules beschleunigt ohne Zweifel den Zug des Wassers gegen Ost. Und in diesem Sinne mag man mit Recht behaupten, die Meerenge, durch welche Mittelmeer und Atlantischer Ozean zusammenhängen, äußere ihren Einfluß auf sehr weite Ferne; sehr wahrscheinlich würden aber, auch wenn die Meerenge nicht bestände, Fahrzeuge, die nach Teneriffa segeln, dennoch nach Südost getrieben, und zwar infolge eines Anstoßes, dessen Ursprung man an den Küsten der neuen Welt zu suchen hat. Im weiten Meeresbecken pflanzen sich alle Bewegungen fort, gerade wie im Luftmeer. Verfolgt man die Strömungen rückwärts zu ihren fernen Quellen, gibt man sich Rechenschaft von dem Wechsel in ihrer

Geschwindigkeit, warum sie bald abnimmt, wie zwischen dem Canal von Bahama und der Bank von Neufoundland, bald wieder wächst, wie in der Nähe der Meerenge von Gibraltar und bei den canarischen Inseln, so kann man nicht darüber im Zweifel seyn, daß dieselbe Ursache, welche die Gewässer im Meerbusen von Mexiko herumdreht, sie auch bei der Insel Madera in Bewegung setzt.

Südlich von letztgenannter Insel läßt sich die Strömung in ihrer Richtung nach Südost und Süd-Süd-Ost gegen die Küste von Afrika zwischen Cap Cantin und Cap Bojador verfolgen. In diesen Strichen sieht sich ein Schiff bei stillem Wetter nahe an der Küste, wenn es sich nach der nicht berichtigten Schätzung noch weit davon entfernt glaubt. Ist die Oeffnung bei Gibraltar die Ursache der Bewegung des Wassers, warum hat dann die Strömung südlich von der Meerenge nicht die entgegengesetzte Richtung? Im Gegentheil aber geht sie unter dem 25. und 26. Grad der Breite erst grade nach Süd und dann nach Südwest. Cap Blanc, nach Cap Verd das am weitesten sich hinausstreckende Vorgebirge, scheint Einfluß auf diese Richtung zu äußern, und unter der Breite desselben mischen sich die Wasser, deren Bewegung wir von der Küste von Honduras bis zur afrikanischen verfolgt haben, mit dem großen tropischen Strom, um den Lauf von Morgen nach Abend von neuem zu beginnen. Wir haben oben bemerkt, daß mehrere hundert Kilometer westwärts von den Canarien der eigenthümliche Zug der Aequinoktialgewässer schon in der gemäßigten Zone, von 28. und 29. Breitengrad an, bemerklich wird; aber im Meridian der Insel Ferro kommen sie Schiffe südwärts bis zum Wendekreis des Krebses, ehe sie sich nach Schätzung ostwärts von ihrer wahren Länge befinden.

Wie nun aber die nördliche Grenze des tropischen Stroms und der Passatwinde nach den Jahreszeiten sich verschiebt, so zeigt sich auch der Golfstrom nach Stellung und Richtung veränderlich. Diese Schwankungen sind besonders auffallend vom 28. Breitegrad bis zur großen Band von Neufoundland, ebenso zwischen dem 48. Grad westlicher Länge von Paris und dem Meridian der Azoren. Die wechselnden Winde in der gemäßigten Zone und das Schmelzen des Eises am Nordpol von wo in den Monaten Juli und August eine bedeutende Masse süßen Wassers nach Süden abfließt, erscheinen als die vornehmsten Ursachen, aus welchen sich in diesen hohen Breiten Stärke und Richtung des Golfstoms verändern.

Wir haben gesehen, daß zwischen dem 11. und 43. Grad der Breite die Gewässer des atlantischen Oceans mittelst Strömungen fortwährend im Kreise umhergeführt werden. Angenommen, ein Wassertheilchen gelange zu derselben Stelle zurück, von der es ausgegangen, so läßt sich, nach dem, was wir bis jetzt von der Geschwindigkeit der Strömungen wissen, berechnen, daß es zu seinem 3800 Meilen langen Umlauf zwei Jahre und zehn Monate brauchte. Ein Fahrzeug, bei dem man von der Wirkung des Windes absähe, gelangte in dreizehn Monaten von den canarischen Inseln an die Küste von Caracas. Es brauchte zehn Monate, um im Meerbusen von Mexico herum zu kommen und um zu den Untiefen der Schildkröteninseln gegenüber vom Hafen von Havana zu gelangen, aber nur vierzig bis fünfzig Tage vom Eingang der Meerenge von Florida bis Neufoundland. Die Geschwindigkeit der rückläufigen Strömung von jener Bank bis an die Küste von Afrika ist schwer zu schätzen; nimmt man sie im Mittel auf 7 oder 8 Meilen in vierundzwanzig Stunden an, so ergeben sich für diese letzte Strecke zehn bis elf Monate. Solches sind die Wirkungen des langsamen, aber regelmäßigen Zuges, der die Gewässer des Oceans herumführt. Das Wasser des Amazonenstroms braucht von Tomependa bis zum Gran-Para etwa fünfundvierzig Tage.

Kurz vor meiner Ankunft auf Teneriffa hatte das Meer auf der Rhede von Santa Cruz einen Stamm der *Cedrela odorata*, noch mit der Rinde, ausgeworfen. Dieser amerikanischen Baum wächst nur unter den Tropen oder in den zunächst angrenzenden Ländern. Er war ohne Zweifel an der Küste von Terra Firma oder Honduras abgerissen worden. Die Beschaffenheit des Holzes und der Flechten auf der Rinde zeigte augenscheinlich, daß der Stamm nicht etwa von einem der unterseeischen Wälder herrührte, welche durch alte Erdumwälzungen in die Flötzgebilde nördlicher Länder eingebettet worden sind. Wäre der Cedrelastamm, statt bei Teneriffa ans Land geworfen zu werden, weiter nach Süden gelangt, so wäre er wahrscheinlich rings um den ganzen atlantischen Ocean geführt worden und mittels des allgemeinen tropischen Stroms wieder in sein Heimathland gelangt. Diese Vermuthung wird durch einen älteren Fall unterstützt, dessen Abbé Viera in seiner allgemeinen Geschichte der Canarien erwähnt. Im Jahre 1770 wurde ein mit Getreide beladenes Fahrzeug, das von der Insel Lancerota nach Santa Cruz auf Teneriffa gehen sollte, auf die hohe See getrieben, als sich niemand von der Mannschaft an Bord befand. Der Zug der Gewässer von Morgen nach Abend führte es nach Amerika, wo es an der Küste von Guyana bei Caracas strandete.

Zu einer Zeit, wo die Schifffahrtskunst noch wenig entwickelt war, bot der Golfstrom dem Geiste eines Christoph Columbus sichere Anzeichen vom Daseyn westwärts gelegener Länder. Zwei Leichname, die nach ihrer Körperlichkeit einem unbekannten Menschenstamme angehörten, wurden gegen Ende des 15. Jahrhunderts bei den azorischen Inseln ans Land geworfen. Ungefähr um dieselbe Zeit fand Columbus Schwager, Peter Borrea, Statthalter von Porto Santo, am Strande dieser Insel mächtige Stücke Bambusrohr, die von der Strömung und den Westwinden angeschwemmt worden waren. Diese Leichname und diese Rohre machten den genuesischen Seemann aufmerksam; er errieth, daß beide von einem gegen West gelegenen Festlande herrühren mußten. Wir wissen jetzt, daß in der heißen Zone die Passatwinde und der tropische Strom sich jeder Wellenbewegung in der Richtung der Umdrehung der Erde widersetzen. Erzeugnisse der neuen Welt können in die alte Welt nur in hohen Breiten und in der Richtung des Stroms von Florida gelangen. Häufig werden Früchte verschiedener Bäume der Antillen an den Küsten der Inseln Ferro und Gomera angetrieben. Vor der Entdeckung von Amerika glaubten die Canarier, diese Früchte kommen von der bezauberten Insel St. Borondon, die nach den Seemannsmärchen und gewissen Sagen westwärts in einem Striche des Oceans liegen sollte, der beständig in Nebel gehüllt sey.

Mit dieser Uebersicht der Strömungen im Atlantischen Meere wollte ich hauptsächlich darthun, daß der Zug der Gewässer gegen Südost, von Kap St. Vincent zu den canarischen Inseln, eine Wirkung der allgemeinen Bewegung ist, in der sich die Oberfläche des Ozeans an seinem Westende befindet. Wir erwähnen daher nur kurz des Arms des Golfstroms, der unter dem 45. und 50. Grad der Breite, bei der Bank Bonnet Flamand, von Südwest nach Nordost gegen die Küsten von Europa gerichtet ist. Diese Abtheilung des Stromes wird sehr reißend, wenn der Wind lange aus West geblasen hat. Gleich dem, der an Ferro und Gomera vorüberstreicht, wirft er alle Jahre an die Westküsten von Irland und Norwegen Früchte von Bäumen, welche dem heißen Erdstrich Amerikas eigenthümlich sind. Am Strande der Hebriden findet man Samen von *Mimosa scandens*, *Dolichos urens*, *Guilandina bonduc*, und verschiedener anderer Pflanzen von Jamaika, Cuba und dem benachbarten Festland. Die Strömung treibt nicht selten wohl erhaltene Fässer mit französischen Wein an, von Schiffen, die im Meere der Antillen Schiffbruch gelitten. Neben diesen Beispielen von den weiten Wanderungen der Gewächse stehen andere, welche die Einbildungskraft beschäftigen. Die Trümmer des englischen Schiffes Tilbury, das bei Jamaika verbrannt war, wurden an der schottischen Küste gefunden. In denselben Strichen kommen zuweilen verschiedene Arten von Schildkröten vor, welche das Meer der Antillen bewohnen. Hat der Westwind lange angehalten, so entsteht in den hohen Breiten eine Strömung, die von den Küsten von Grönland und Labrador bis nordwärts von Schottland gerade nach Ost-Süd-Ost gerichtet ist. Wie Wallace berichtet, gelangten zweimal, in den Jahren 1682 und 1864, amerikanische Wilde vom Stamme der Eskimos, die ein Sturm in ihren Canoes aus Fellen auf die hohe See verschlagen, mittels der Strömung zu den orcadischen Inseln. Dieser letztere Fall verdient um so mehr Aufmerksamkeit, als man daraus ersieht, wie zu einer Zeit, wo die Schifffahrt noch in ihrer Kindheit war, die Bewegung der Gewässer des Oceans ein Mittel werden konnte, um die verschiedenen Menschenstämme über die Erde zu verbreiten.

Das Wenige, was wir bis jetzt über die wahre Lage und die Breite des Golfstroms, so wie über die Fortsetzung desselben gegen die Küsten von

Europa und Afrika wissen, ist die Frucht der zufälligen Beobachtung einiger unterrichteten Männer, welche in verschiedenen Richtungen über das atlantische Meer gefahren sind. Da die Kenntiß der Strömungen zu Abkürzung der Seefahrten wesentlich beitragen kann, so wäre es von so großem Belang für die praktische Seemannskunst, als wissenschaftlich von Interesse, wenn Schiffe mit vorzüglichen Chronometern im Meerbusen von Mexico und im nördlichen Ocean zwischen dem 30. und 54. Grad der Breite kreuzten, ganz eigens zu dem Zweck, um zu ermitteln, in welchem Abstand sich der Golfstrom in den verschiedenen Jahreszeiten und unter dem Einfluß der verschiedenen Winde südlich von der Mündung des Mississippi und ostwärts von den Vorgebirgen Hatteras und Codd hält. Dieselben könnten zu untersuchen haben, ob der große Strom von Florida beständig am östlichen Ende der Bank von Neufoundland hinstreicht, und unter welchem Parallel zwischen dem 32. und 40. Grad westlicher Länge die Gewässer, die von Ost nach West strömen, denen, welche die umgekehrte Richtung haben, am nächsten gerückt sind. Die Lösung der letzteren Frage ist desto wichtiger, als die meisten Fahrzeuge, welche von den Antillen oder vom Cap der guten Hoffnung nach Europa zurückgehen, die bezeichneten Striche befahren. Neben der Richtung und Geschwindigkeit der Strömungen könnte sich eine solche Expedition mit Beobachtungen über die Meerestemperatur, über die Linien ohne Abweichung, die Inclination der Magnetnadel und die Intensität der magnetischen Kraft beschäftigen. Beobachtungen dieser Art erhalten einen hohen Werth, wenn der Punkt, wo sie angestellt worden, astronomisch bestimmt ist. Auch in den von Europäern am starksten besuchten Meeren, weit von jeder Küste, kann ein unterrichteten Seemann der Wissenschaft wichtige Dienste leisten. Die Entdeckung einer unbewohnten Inselgruppe ist von geringerem Interesse, als die Kenntniß der Gesetze, welche um eine Menge vereinzelter Thatsachen das einigende Band schlingen.

Denkt man den Ursachen der Strömungen nach, so erkennt man, daß sie viel häufiger vorkommen müssen, als man gemeiniglich glaubt. Die Gewässer des Meeres können durch gar mancherlei in Bewegung gesetzt werden, durch einen äußern Anstoß, durch Verschiedenheiten in Temperatur und Salzgehalt, durch das zeitweise, Schmelzen des Polareises, endlich durch das ungleiche Maaß der Verdunstung unter verschiedenen Breiten. Bald wirken mehrere dieser Ursachen zum selben Effekt zusammen, bald bringen sie entgegengesetzte Effekte hervor. Schwache, aber beständig in einem gnazen Erdgürtel wehende Winde, wie die Passatwinde, bedingen eine Bewegung vorwärts, wie wir sie selbst bei den stärksten Stürmen nicht beobachten, weil diese auf ein kleines Gebiet beschränkt sind. Wenn in einer großen Wassermasse die Wassertheilchen an der Oberfläche specifisch verschieden schwer werden, so bildet sich an der Fläche ein Strom dem Punkte zu, wo das Wasser am kältesten ist, oder am meisten salzsaures Natron, schwefelsauren Kalk und schwefelsaure oder salzsaure Bittererde enthält. In den Meeren unter den Wendekreisen zeigt der Thermometer in großen Tiefen nicht mehr als 7 – 8 Grad der hunterttheiligen Scale. Dieß ergibt sich aus zahlreichen Beobachtungen des Commodore Ellis und Perons. Da in diesen Strichen die Lufttemperatur nie unter 19 – 20 Grad sinkt, so kann das Wasser einen dem Gefrierpunkt und dem Maximum der Dichtigkeit des Wassers so nahe gerückten Kältegrad nicht an der Oberfläche angenommen haben. Die Existenz solcher kalten Wasserschichten in niedern Breiten weist somit auf einen Strom hin, der in der Tiefe von den Polen zum Aequator geht; sie weist ferner darauf hin, daß die Salze, welche das specifische Gewicht des Wassers verändern, im Ocean so vertheilt sind, daß sie die von der Verschiedenheit im Wärmegrad abhängigen Wirkungen nicht aufheben.

Bedenkt man, daß in Folge der Umdrehung der Erde die Wassertheilchen je nach der Breite eine verschiedene Geschwindigkeit haben, so sollte man voraussetzen, daß jede von Süd nach Nord gehende Strömung zugleich nach Ost, die Gewässer dagegen, die vom Pol zum Aequator strömen, nach West abgelenken müßten. Man sollte ferner glauben, daß diese Neigung den tropischen Strom bis zu einem gewissen Grad einerseits verlangsamen, andererseits dem Polarstrom, der sich im Juli und August, wenn das Eis schmilzt, unter der Breite der Bank von Neufoundland und weiter nordwärts regelmäßig einstellt, eine andere Richtung geben müßte. Sehr alte nautische Beobachtungen, die ich bestätigen Gelegenheit hatte, indem ich die vom Chronometer angegebene Länge mit der Schätzung des Schiffers verglich, widersprechen diesen theoretischen Annahmen. In beiden Hemisphären weichen die Polarströme, wenn sie merkbar sind, ein wenig nach Ost ab; und nach unserer Ansicht ist der Grund dieser Erscheinung in der Beständigkeit der in hohen Breiten herrschenden Westwinde zu suchen. Ueberdieß bewegen sich die Wassertheilchen nicht mit derselben Geschwindigkeit wie die Lufttheilchen, und die stärksten Meereströmungen, die wir kennen, legen nur 8 bis 9 Fuß in der Secunde zurück; es ist demnach höchst wahrscheinlich, daß das Wasser, indem es durch verschiedene Breiten geht, die denselben entsprechende Geschwindigkeit annimmt, und daß die Umdrehung der Erde ohne Einfluß auf die Richtung der Strömungen bleibt.

Der verschiedene Druck, dem die Meeresfläche in Folge der wechselnden Schwere der Luft unterliegt, erscheint als eine weitere Ursache der Bewegung, die besonders ins Auge zu fassen ist. Es ist bekannt, daß die Schwankungen des Barometers im Allgemeinen nicht gleichzeitig an zwei auseinanderliegenden, im selben Niveau befindlichen Punkten eintreten. Wenn am einen dieser Punkte der Barometer einige Linien tiefer steht als am andern, so wird sich dort das Wasser in Folge des geringeren Luftdrucks erheben, und diese örtliche Anschwellung wird andauern, bis durch den

Wind das Gleichgewicht der Luft wiederhergestellt ist. Nach Bauchers Ansicht rühren die Schwankungen im Spiegel des Genfer Sees, die sogenannten »Seiches«, eben davon her. In der heißen Zone können die stündlichen Schwankungen des Barometers kleine Schwingungen an der Meeresfläche hervorbringen, da der Meridian von 4 Uhr, der dem Minimum des Luftdrucks entspricht, zwischen den Meridianen von 21 und 11 Uhr liegt, wo das Quecksilber am höchsten steht; aber diese Schwingungen, wenn sie überhaupt merkbar sind, können keine Bewegung in horizontaler Richtung zur Folge haben.

Ueberall wo eine solche durch die Ungleichheit im specifischen Gewicht der Wassertheile entsteht, bildet sich ein doppelter Strom, ein oberer und ein unterer, die entgegengesetzte Richtungen haben. Daher ist in den meisten Meerengen wie in den tropischen Meeren, welche die kalten Gewässer der Polarregionen aufnehmen, die ganze Wassermasse bis zu bedeutender Tiefe in Bewegung. Wir wissen nicht, ob es sich eben so verhält, wenn die Vorwärtsbewegung, die man nicht mit dem Wellenschlag verwechseln darf, Folge eines äußern Anstoßes ist. De Fleurien führt in seinem Bericht über die Expedition der Isis mehrere Thatsachen an, die darauf hinweisen, daß das Meer in der Tiefe weit weniger ruhig ist, als die Physiker gewöhnlich annehmen. Ohne hier auf eine Untersuchung einzugehen, jmit der wir uns in der Folge zu beschäftigen haben werden, bemerken wir nur, daß, wenn der äußere Anstoß ein andauernder ist, wie bei den Passatwinden, durch die gegenseitige Reibung der Wassertheilchen die Bewegung nothwendig von Meeresfläche sich auf die tieferen Wasserschichten fortpflanzen muß. Eine solche Fortpflanzung nehmen auch die Seefahrer beim Golfstrom schon lange an; auf die Wirkungen derselben scheint ihnen die große Tiefe hinzudeuten, welche das Meer aller Orten zeigt, wo der Strom von Florida durchgeht, sogar mitten in den Sandbänken an den Nordküsten der Vereinigten Staaten. Dieser ungeheure Strom warmen Wassers hat, nachdem er in fünfzig Tagen vom 24. bis 45. Grad der Breite 450 Meilen zurückgelegt, trotz der bedeutenden Winterkälte in der gemäßigten Zone, kaum 3 – 4 Grad von seiner ursprünglichen Temperatur unter den Tropen verloren. Die Größe der Masse und der Umstand, daß das Wasser ein schlechter Wärmeleiter ist, machen, daß die Abkühlung nicht rascher erfolgt. Wenn sich somit der Golfstrom auf dem Boden des atlantischen Oceans ein Bett gegraben hat, und wenn seine Gewässer bis in beträchtliche Tiefen in Bewegung sind, so müssen sie auch in ihren untern Schichten eine höhere Temperatur behalten, als unter derselben Breite Meeresstriche ohne Strömungen und Untiefen zeigen. Diese Fragen sind nur durch unmittelbare Beobachtungen mittelst des Senkbleis mit Thermometer zu lösen.

Sir Erasmus Gower bemerkt, auf der Ueberfahrt von England nach den canarischen Inseln gerathe man in die Strömung und dieselbe treibe vom

39. Breitegrade an die Schiffe nach Südost. Auf unerer Fahrt von Corunna nach Südamerika machte sich der Einfluß dieses Zugs der Wasser noch weiter nördlich merkbar. Vom 37. zum 30. Grad war die Abweichung sehr ungleich; sie betrub täglich im Mittel zwölf Meilen, das heißt usnere Corvette wurde in sechs Tagen um 72 Seemeilen gegen Ost abgetrieben. Als wir auf 140 Meilen (Lieues) Entfernung den Parallel der Meerenge von Gibraltar schnitten, hatten wir Gelegenheit zur Beobachtung, daß in diesen Strichen das Maximum der Geschwindigkeit nicht der Oeffnung der Meerenge selbst entspricht, sondern einem nördlicher gelegenen Punkte in der Verlängerung einer Linie, die man durch die Meerenge und Cap Vincent zieht. Diese Linie läuft von der Gruppe der azorischen Inseln bis zum Cap Cantin parallel mit der Richtung der Gewässer. Es ist ferner zu bemerken, und der Umstand ist für die Physiker, die sich mit der Bewegung der Flüssigkeiten beschäftigen, nicht ohne Interesse, daß in diesem Stück des rückläufigen Stromes, in einer Breite von 120 bis 140 Meilen, nicht die ganze Wassermasse dieselbe Geschwindigkeit, noch dieselbe Richtung hat. Bei ganz ruhiger See zeigen sich an der Oberfläche schmale Streifen, kleinen Bächen gleich, in denen das Wasser mit einem für das Ohr des geübten Schiffers wohl hörbaren Geräusch hinströmit. Am 13. Juni, unter 34° 35' nördlicher Breite, befanden wir uns mitten unter einer Menge solcher Strombetten. Wir konnten die Richtung derselben mit dem Compaß aufnehmen: die einen liefen nach Nordost, anderen nach Ost-Nord-Ost, trotz dem, daß der allgemeine Zug der See, wie die Vergleichung der Schätzung mit der chronometrischen Länge angab, fortwährend nach Südost gieng. Sehr häufig sieht man eine stehende Wassermasse von Wasserfäden durchzogen, die nach verschiedenen Richtungen strömen; solches kann man täglich an der Oberfläche unserer Landseen beobachten, aber seltener bemerkt man solch partielle Bewegungen kleiner Wassertheile in Folge lokaler Ursachen mitten in einem Meeresstrome, der sich über ungeheure Räume erstreckt und sich immer in derselben Richtung, wenn auch nicht mit bedeutender Geschwindigkeit fortbewegt. Die sich kreuzenden Strömungen beschäftigen unsere Einbildungskraft, wie der Wellenschlag, weil diese Bewegungen, die den Ocean in beständiger Unruhe erhalten, sich zu durchdringen scheinen.

Wir fuhren am Cap Vincent, das aus Besalt besteht, auf mehr als 80 Meilen [360 km] Entfernung vorüber. Auf 15 Meilen [67,5 km] erkennt man es nicht mehr deutlich, aber die Foya von Monchique, ein Granitberg in der Nähe des Caps, soll, wie die Steuerleute behaupten, auf 26 Meilen [117 km] in See sichtbar seyn. Verhält es sich wirklich so, so ist die Foya 700 Toisen (1363 Meter) hoch, also 116 Toisen (225 Meter) höher als der Vesuv. Es ist auffallend, daß die portugiesische Regierung kein Feuer auf einem Punkte unterhält, nach dem sich alle vom Cap der guten Hoffnung und vom Cap Horn kommenden Schiffe richten müssen; nach keinem anderen Punkte wird mit so viel Ungeduld ausgeschaut, bis er in Sicht kommt. Die Feuer auf dem Turm des Herkules und am Cap Spichel sind so schwach und so wenig weit sichtbar, daß man sie gar nicht rechnen kann. Dazu wäre das Capuzinerkloster, das auf Kap Vincent steht, ganz der geeignete Platz zu einem Leuchtturm mit sich drehendem Feuer, wie zu Cadix und an der Garonnemündung.

Seit unserer Abfahrt von Corunna und bis zum 36. Breitegrad hatten wir außer Meerschwalben und einigen Delphinen fast kein lebendes Wesen gesehen. Umsonst sahen wir uns nach Tangen und Weichthieren um. Am 11. Juni aber hatten wir ein Schauspiel, das uns höchlich überraschte, das wir aber später in der Südsee häufig genossen. Wir gelangten in einen Strich, wo das Meer mit einer ungeheuren Menge Medusen bedeckt war. Das Schiff stand beinahe still, aber die Weichtiere zogen gegen Südost, viermal rascher als die Strömung. Ihr Vorüberzug währte beinahe dreiviertel Stunden, und dann sahen wir nur noch einzelne Individuen dem großen Haufen, wie wandermüde, nachziehen. Kommen diese Thiere vom Grunde des Meeres, das in diesen Strichen wohl mehrere tausend Toisen tief ist? oder machen sie in Schwärmen weite Züge? Wie man weiß, lieben die Weichthiere die Untiefen, und wenn die acht Klippen unmittelbar unter dem Wasserspiegel, welche Kapitän Vobonne im Jahr 1732 nordwärts von der Insel Porto Santo gesehen haben will, wirklich vorhanden sind, so läßt sich annehmen, daß diese ungeheure Masse von Medusen dorther kam, denn wir befanden uns nur 28 Meilen [126 km] von jenen Klippen. Wir erkannten neben der *Medusa aurita* von Baster und der *M. pelagica* von Bosc mit acht Tentakeln *(Pelagia denticulata, Peron)* eine dritte Art, die sich der *M. hysocella* nähert, die Vandelli an der Mündung des Tajo gefunden hat. Sie ist ausgezeichnet durch die braungelbe Farbe und dadurch, daß die Tentakeln länger sind als der Körper. Manche dieser Meernesseln hatten vier Zoll [10 cm] im Durchmesser; ihr fast metallischer Glanz, ihre violett und purpurn schillernde Färbung hob sich vom Blau der See äußerst angenehm ab.

Unter den Medusen fand Bonpland Bündel der *Dagysa notata*, eines Weichthiers von sonderbarem Bau, das Sir Joseph Banks zuerst kennen gelernt hat. Es sind kleine gallertartige Säcke, durchsichtig, walzenförmig, zuweilen vieleckig, 13 Linien [3 mm] lang, 2 – 3 [0,5 bis 0,7 mm] im Durchmesser. Diese Säcke sind an beiden Enden offen. An der einen Oeffnung zeigt sich eine durchsichtige Blase mit einem gelben Fleck. Diese Cylinder sind der Länge nach aneinander geklebt wie Bienenzellen und bilden 6 – 8 Zoll [16 bis 21 cm] lange Schnüre. Umsonst versuchte ich die galvanische Elektricität an diesen Weichthieren; sie brachte keine Zusammenziehung hervor. Die Gattung *Dagysa*, die zur Zeit von Cooks erster Reise zuerst aufgestellt wurde, scheint zu den Salpen zu gehören. Auch die Salpen wandern in Schwärmen, wobei sie sich zu Schnüren an einander hängen, wie wir bei der *Dagysa* gesehen.

Am 13. Juni Morgens unter 34° 33' Breite sahen wir wieder bei vollkommen ruhiger See große Haufen des letzterwähnten Thiers vorbeitreiben. Bei Nacht machten wir die Beobachtung, daß alle drei Medusenarten, die wir gefangen, nur leuchteten, wenn man sie ganz leicht anstieß. Diese Eigenschaft kommt also nicht der von Forskael in seiner *Fauna Aegytiaca* beschriebenen *Medusa noctiluca* allein zu, die Gmelin mit der *Medusa pelagica* Löflings vereinigt, obgleich sie rote Tentakeln und braune Körperwarzen hat. Legt man eine sehr reizbare Meduse auf einen Zinnteller und schlägt mit irgendeinem Metall an den Teller, so wird das Tier schon durch die leichte Schwingung des Zinns leuchtend. Galvanisirt man Medusen, so zeigt sich zuweilen der phosphorische Schein im Moment, wo man die Kette schließt, wenn auch die Excitatoren die Organe des Tieres nicht unmittelbar berühren. Die Finger, mit denen man es berührt, bleiben ein paar Minuten leuchtend, wie man dies auch beobachtet, wenn man das Gehäuse der Pholaden zerbricht. Reibt man Holz mit dem Körper einer Meduse und leuchtet die geriebene Stelle nicht mehr, so erscheint der Schimmer wieder, wenn man mit der trockenen Hand über das Holz fährt. Ist derselbe wieder verschwunden, so läßt er sich nicht noch einmal hervorrufen, wenn auch die geriebene Stelle noch feucht und klebrig ist. Wie wirkt in diesem Falle die Reibung oder der Stoß? Die Frage ist schwer zu beantworten. Ruft etwa eine kleine Temperaturerhöhung den Schein hervor, oder kommt er wieder, weil man die Oberfläche erneuert und so die Theile des Thiers, welche den Phosphorwasserstoff entbinden, mit dem Sauerstoff der atmosphärischen Luft in Berührung bringt? Ich habe durch Versuche, die im Jahre 1797 veröffentlicht worden, dargethan, daß Scheinholz in reinem Wasserstoff und Stickstoff nicht mehr leuchtet, und daß der Schein wiederkehrt, sobald man die kleinste Blase Sauerstoff in das Gas treten läßt. Diese Thatsachen, deren wir in der Folge noch mehrere anführen werden, bahnen uns den Weg zur Erklärung des Meerleuchtens und des besonderen Umstandes, daß das Erscheinen des Lichtschimmers mit dem Wellenschlag in Zusammenhang steht.

Zwischen Madera und der afrikanischen Küste hatten wir gelinde Winde oder Windstille, wodurch ich mich bei den magnetischen Versuchen, mit denen ich mich bei der Ueberfahrt beschäftigte, sehr gefördert sah. Wir wurden nicht satt, die Pracht der Nächte zu bewundern; nichts geht über die Klarheit und Heiterkeit des afrikanischen Himmels. Wir wunderten uns über die ungeheure Menge Sternschnuppen, die jeden Augenblick niedergingen. Je weiter wir nach Süden kamen, desto häufiger wurden sie, besonders bei den canarischen Inseln. Ich glaube auf meinen Reisen die Beobachtung gemacht zu haben, daß diese Feuermeteore überhaupt in manchen Landstrichen häufiger vorkommen und glänzender sind als in anderen. Nie sah ich ihrer so viele als in der Nähe der Vulkane der Provinz Quito und in der Südsee an der vulkanischen Küste von Guatimala. Der Einfluß, den

Oertlichkeit, Klima und Jahreszeit auf die Bildung der Sternschnuppen zu haben scheinen, trennt diese Classe von Meteoren von den Aerolithen, die wahrscheinlich dem Weltraume außerhalb unseres Luftkreises angehören. Nach den übereinstimmenden Beobachtungen von Benzenberg und Brandes erscheinen in Europa viele Sternschnuppen nicht mehr als 30,000 Toisen [58 470 m] über der Erde. Man hat sogar eine gemessen, die nur 14,000 Toisen [27 280 m] hoch war. Es wäre zu wünschen, daß dergleichen Messungen, die nur annähernde Resultate ergeben können, öfters wiederholt würden. In den heißen Landstrichen, besonders unter den Tropen, zeigen die Sternschnuppen einen Schweif, der noch 12 bis 15 Secunden fortleuchtet; ein andermal ist es, als platzten sie und zerstieben in mehrere Lichtfunken, und im allgemeinen sind sie viel weiter unten in der Luft als im nördlichen Europa. Man sieht sie nur bei heiterem, blauen Himmel, und unter einer Wolke ist wohl noch nie eine beobachtet worden. Häufig haben die Sternschnuppen ein paar Stunden lang eine und dieselbe Richtung, und dies ist dann die Richtung des Windes. In der Bucht von Neapel haben Gay-Lussac und ich Lichterscheinungen beobachtet, die denen, welche mich bei meinem langen Aufenthalt in Mexiko und Quito beschäftigten, sehr ähnlich waren. Das Wesen dieser Meteore hängt vielleicht ab von der Beschaffenheit von Boden und Luft, gleich gewissen Erscheinungen von Luftspiegelung und Strahlenbrechung an der Erdoberfläche, wie sie an den Küsten von Calabrien und Sicilien vorkommen.

Wir bekamen auf unserer Fahrt weder die Inseln Desiertas noch Madera zu Gesicht. Gerne hätte ich die Länge dieser Inseln berichtigt und von den vulkanischen Bergen nordwärts von Funchal Höhenwinkel genommen. De Borda berichtet, man sehe diese Berge auf 20 Meilen [90 km], was nur auf eine Höhe von 414 Toisen (806 Meter) hinweise; wir wissen aber, daß nach neueren Messungen der höchste Gipfel von Madera 5167 englische Fuß oder 807 Toisen [1573 m] hoch ist. Die kleinen Inseln Desiertas und Salvages, auf denen man Orseille und *Mesembryanthemum crystallinum* sammelt, haben nicht 200 Toisen senkrechter Hähe. Es scheint mir von Nutzen, die Seefahrer auf dergleichen Bestimmungen hinzweisen, weil sich mittelst einer Methode, deren in dieser Reisebeschreibung öfter Erwähnung geschieht und deren sich Borda, Lord Mulgrave, de Rossel und Don Cosme Churruca auf ihren Reisen mit Erfolg bedient haben, durch Höhenwinkel, die man mit guten Reflexionsinstrumenten nimmt, mit hinlänglicher Genauigkeit ermitteln läßt, wie weit sich das Schiff von einem Vorgebirge oder von einer gebirgigen Insel befindet.

Als wir 40 Meilen [180 km] ostwärts von Madera waren, setzte sich eine Schwalbe auf die Marsstenge. Sie war so müde, daß sie sich leicht fangen ließ. Es war eine Rauchschwalbe *(Hierundo rustica, Lin.)*. Was mag einen Vogel veranlassen, in dieser Jahreszeit und bei stiller Luft so weit zu fliegen? Bei d´Entrecasteaux´ Expedition sah man gleichfalls eine Rauchschwalbe 60 Meilen [270 km] weit vom weißen Vorgebirge; das war aber Ende Oktobers, und Labillardière war der Meinung, sie komme eben aus Europa. Wir befuhren diese Striche im Juni, und seit langer Zeit hatte kein Sturm das Meer aufgerührt. Ich betone den letzteren Umstand, weil kleine Vögel, sogar Schmetterlinge zuweilen durch heftige Winde auf die hohe See verschlagen werden, wie wir es in der Südsee, westwärts von der Küste von Mexiko, beobachten konnten.

Der Pizarro hatte Befehl, bei der Insel Lanzarota, einer der sieben großen Canarien, anzulegen, um sich zu erkundigen, ob die Engländer die Rhede von Santa Cruz auf Teneriffa blokirten. Seit dem 15. Juni war man im Zweifel, welchen Weg man einschlagen sollte. Bis jetzt hatten die Steuerleute, die mit den Seeuhren nicht recht umzugehen wußten, keine großen Stücke auf die Länge gehalten, die ich fast immer zweimal des Tags bestimmte, indem ich zum Uebertrag der Zeit Morgens und Abends Stundenwinkel aufnahm. Endlich am 16. Juni, um neun Uhr morgens, als wir schon unter 20° 26' der Breite waren, änderte der Capitän den Curs und steuerte gegen Ost. Da zeigte sich bald, wie genau Louis Berthouds Chronometer war; um 2 Uhr nachmittags kam Land in Sicht, das wie eine kleine Wolke am Horizont erschien. Um fünf Uhr, bei niedriger stehender Sonne, lag die Insel Lanzarota so deutlich vor uns, daß ich den Höhenwinkel eines Kegelberges messen konnte, der majestätisch die anderen Gipfel überragt und den wir für den großen Vulkan hielten, der in der Nacht vom ersten September 1730 so große Verwüstungen angerichtet hat.

Die Strömung trieb uns schneller gegen die Küste, als wir wünschten. Im Hinfahren sahen wir zuerst die Insel Fortaventura, bekannt durch die vielen Kameele[4], die darauf leben, und bald darauf die kleine Insel Lobos im Canal zwischen Fortaventura und Lancerota. Wir brachten die Nacht zum Theil auf dem Verdeck zu. Der Mond beschien die vulkanischen Gipfel von Lanzerota, deren mit Asche bedeckten Abhänge wie Silber schimmerten. Antares glänzte nahe der Mondscheibe, die nur wenige Grad über dem Horizont stand. Die Nacht war wunderbar heiter und frisch. Obgleich wir nicht weit von der afrikanischen Küste und der Grenze der heißen Zone waren, zeigte der hunderttheilige Thermometer nicht mehr als 18°. Es war, als ob das Leuchten des Meeres die in der Luft verbreitete Lichtmasse vermehrte. Zum erstenmal konnte ich an einem zweizölligen Sextanten von Troughton mit sehr feiner Theilung den Nonius ablesen, ohne mit einer Kerze an den Rand zu leuchten. Mehrere unserer Reisegefährten waren Canarier; gleich allen Einwohnern der Insel priesen sie enthusiastisch die Schönheit ihres Landes. Nach Mitternacht zogen hinter dem Vulkan schwere Wolken auf und bedeckten hin und wieder den Mond und das schöne

Sternbild des Scorpion. Wir sahen am Ufer Feuer hin und her tragen. Es waren wahrscheinlich Fischer, die sich zur Fahrt rüsteten. Wir hatten auf der Reise fortwährend in den alten spanischen Reisebeschreibungen gelesen, und diese sich hin und her bewegenden Lichter erinnerten uns an die, welche Pedro Guttierez, ein Page der Königin Isabella, in der denkwürdigen Nacht, da die neue Welt entdeckt wurde, auf der Guanahani sah.

Am 17. Morgens war der Horizont nebligt und der Himmel leicht umzogen. Desto schärfer traten die Berge von Lanzerota in ihren Umrissen hervor. Die Feuchtigkeit erhöht die Durchsichtigkeit der Luft und rückt zugleich scheinbar die Gegenstände näher. Diese Erscheinung ist jedem bekannt, der Gelegenheit gehabt hat, an Orten, wo man die Ketten der Hochalpen oder der Anden sieht, hygrometrische Betrachtungen anzustellen. Wir liefen, mit dem Senkblei in der Hand, durch den Canal zwischen den Inseln Alegranza und Montaña Clara. Wir untersuchten den Archipel kleiner Eilande nördlich von Lanzerota, die sowohl auf der sonst sehr genauen Karte von de Fleurieu, als auf der Karte, die zur Reise der Fregatte Flora gehört, so schlecht gezeichnet sind. Die auf Befehl des Herrn de Castries i. J. 1786 veröffentlichte Karte des Atlantischen Oceans hat dieselben irrigen Angaben. Da die Strömungen in diesen Strichen ausnehmend rasch sind, so mag die für die Sicherheit der Schiffahrt nicht unwichtige Bemerkung hier stehen, daß die Lage der fünf kleinen Inseln Alegranza, Clara, Graciosa, Roca del Este und Infierno nur auf der Karte der canarischen Inseln von Borda und im Atlas von Tofiño genau angegeben ist, welcher letztere sich dabei an die Beobachtungen von Don Jose Varela hielt, die mit denen der Fregatte Boussole ziemlich übereinstimmen.

Inmitten dieses Archipels, den Schiffe, die nach Teneriffa gehen, selten befahren, machte die Gestaltung der Küsten den eigenthümlichsten Eindruck auf uns. Wir glaubten uns in die euganäischen Berge im Vincentinischen oder an die Ufer des Rheins bei Bonn versetzt (Siebengebirge). Die Gestaltung der organischen Wesen wechselt nach den Klimaten, und diese erstaunliche Mannigfaltigkeit gibt dem Studium der Vertheilung der Pflanzen und Thiere seinen Hauptreiz; aber die Gebirgsarten, die vielleicht früher gebildet worden, als die Ursachen, von welchen die Abstufung der Klimate abhängt, in Wirksamkeit getreten, sind in beiden Hemisphären die nämlichen. Die Porphyre, welche glasigen Feldspath oder Hornblende einschließen, die Phonolithe (Werners Porphyrschiefer), Grünsteine, Mandelsteine und Basalte zeigen fast so constante Formen wie in der Auvergne, im böhmischen Mittelgebirge wie in Mexiko und an den Ufern des Ganges erkennt man die Trappformation am symmetrischen Bau der Berge, an den gestutzten, bald einzeln stehenden, bald zu Gruppen vereinigten Kegeln, an den Plateaux, die an beiden Enden mit einer runden niedrigen Kuppe gekrönt sind.

Der ganze westliche Theil von Lanzerota, den wir in der Nähe sahen, hat ganz das Ansehen eines in neuester Zeit von vulkanischem Feuer verwüsteten Landes. Alles ist schwarz, dürr, von Dammerde entblößt. Wir erkannten mit dem Fernrohr Basalt in ziemlich dünnen, stark fallenden Schichten. Mehrere Hügel gleichen dem Monte nuovo bei Neapel oder den Schlacken- und Aschenhügeln, welche am Fuße des Vulkanes Jorullo in Mexiko in Einer Nacht aus dem berstenden Boden emporgestiegen sind. Nach Abbé Viera wurde auch im Jahre 1730 mehr als die Hälfte der Insel völlig umgewandelt. Der »große Vulkan«, dessen wir oben erwähnt, und der bei den Eingeborenen der Vulkan von **Temanfaya** heißt, verheerte das fruchtbarste und bestangebaute Gebiet; neun Dörfer wurden durch die Lavaströme völlig zerstört. Ein heftiges Erdbeben war der Katastrophe vorangegangen, und gleich starke Stöße wurden noch mehrere Jahre nachher gespürt. Letztere Erscheinung ist um so auffallender, je seltener sie nach einem Ausbruch ist, wenn einmal nach dem Ausfluß der geschmolzenen Stoffe die elastischen Dämpfe durch den Krater haben entweichen können. Der Gipfel des großen Vulkanes ist ein runder, nicht genau kegelförmiger Hügel. Nach den Höhenwinkeln, die ich in verschiedenen Abständen genommen, scheint seine absolute Höhe nicht viel über 300 Toisen [580 m] zu betragen. Die benachbarten kleinen Berge und die der Inseln Alegranza und Clara sind kaum 100 bis 120 Toisen [95 bis 134 m] hoch. Man wundert sich, daß Gipfel, die sich auf hoher See so imposant darstellen, nicht höher seyn sollten. Aber nichts ist so unsicher als unser Urtheil über die Größe der Winkel, unter denen uns Gegenstände ganz nahe am Horizont erscheinen. Einer Täuschung derart ist es zuzuschreiben, wenn vor den Messungen de Churrucas und Galeanos am Cap Pilar die Berge an der Magellanschen Meerenge und des Feuerlandes bei den Seefahrern für ungemein hoch galten.

Die Insel Lanzerota hieß früher **Titeroigotra**. Bei der Ankunft der Spanier zeichneten sich die Bewohner vor den anderen Canariern durch Merkmale höherer Kultur aus. Sie hatten Häuser aus behauenen Steinen, während die Guanchen auf Teneriffa, als wahre Troglodyten, in Höhlen wohnten. Auf Lanzerota herrschte zu jener Zeit ein seltsamer Gebrauch, der nur bei den Tibetanern vorkommt. [In Tibet ist übrigens die Vielmännerei nicht so häufig, als man glaubt, und von der Priesterschaft mißbilligt.] Eine Frau hatte mehrere Männer, welche in der Ausübung der Rechte des Familienhauptes wechselten. Der eine Ehemann war als solcher nur während eines Mondumlaufs anerkannt, sofort übernahm ein anderer das Amt und jener trat in das Hausgesinde zurück. Es ist zu bedauern, daß wir von den Geistlichen im Gefolge Johanns von Béthencourt, welche die Geschichte der Eroberung der Canarien geschrieben haben, nicht mehr von den Sitten eines

Volkes erfahren, bei dem so sonderbare Bräuche herrschten. Im fünfzehnten Jahrhundert bestanden auf der Insel Lanzerota zwei kleine voneinander unabhängige Staaten, die durch eine Mauer geschieden waren, dergleichen man auch in Schottland, in Peru und in China findet, Denkmäler, die den Nationalhaß überleben.

Wegen des Windes mußten wir zwischen den Inseln Alegranza und Montaña Clara durchfahren. Da Niemand am Bord der Corvette je in diesem Canal gewesen war, so mußte das Senkblei ausgeworfen werden. Wir fanden Grund bei 25 und 32 Faden [45 bis 60 m]. Mit dem Senkbleu wurde eine organische Substanz von so sonderbarem Bau aufgezogen, daß wir lange nicht wußten, ob wir sie für einen Zoophyten oder für eine Tangart halten sollten. Auf einem bräunlichen, drei Zoll langen Stiel sitzen runde lappige Blätter mit gezahntem Rand. Sie sind hellgrün, lederartig und gestreift wie die Blätter der Adianten und des *Ginkgo biloba*. Ihre Fläche ist mit steifen, weißlichen Haaren bedeckt; vor der Entwicklung sind die concav und in einander geschachtelt. Wir konnten keine Spur von willkührlicher Bewegung, von Irritabilität daran bemerken, auch nicht als wir es mit dem Galvanismus versuchten. Der Stiel ist nicht holzig, sondern besteht aus einem hornartigen Stoff, gleich der Achse der Gorgonen. Da Stickstoff und Phosphor in Menge in verschiedenen cryptogamischen Gewächsen nachgewiesen sind, so wäre nichts dabei herausgekommen, wenn wur auf chemischem Wege hätte ermitteln wollen, ob dieser organische Körper dem Pflanzen- oder dem Thierreich angehöre. Da er einigen Seepflanzen mit Adiantenblättern sehr nahe kommt, so stellten wir ihn vorläufig zu den Tangen und nannten ihn *Fucus vitifolius*. Die Haare, mit denen das Gewächs bedeckt ist, kommen bei vielen andern Tangen vor. Allerdings zeigte das Blatt, als es frisch aus der See unter dem Mikroscop untersucht wurde, nicht die drüsigen Körper in Häufchen oder die dunkeln Punkte, welche bei den Gattungen *Ulva* und *Fucus* die Fructificationen enthalten; aber wie oft findet man Tange, die vermöge ihrer Entwicklungsstufe in ihrem durchsichtigen Paranchym noch keine Spur von Körnern zeigen.

Ich hätte diese Einzelheiten, die in die beschreibende Naturgeschichte gehören, hier übergangen, wenn sich nicht am Fucus mit weinblattähnlichen Blättern ein physiologische Erscheinung von allgemeinerem Interesse beobachten ließe. Unser Seetang hatte, an Madreporen befestigt, 192 Fuß tief am Meeresboden vegetirt, und doch waren seine Blätter so grün wie unsere Gräser. Nach de Bouguers Versuchen[5] wird das Licht, das durch 180 Fuß Wasser hindurchgeht, im Verhältniß von 1 zu 1477,8 geschwächt. Der Tang von Alegranza ist also ein neuer Beweis für den Satz, daß Gewächse im Dunkeln vegetiren können, ohne farblos zu werden. Die noch in den Zwiebeln eingeschlossenen Keime mancher Liliengewächse, der Embryo der Malven, der Rhamnoiden, der Pistazie, der Mistel und des Citronenbaums, die Zweige mancher unterirdischen Pflanzen, endlich die Gewächse, die man in Erzgruben findet, wo die umgebende Luft Wasserstoff oder viel Stickstoff enthält, sind grün ohne Lichtgenuß. Diese Thatsachen berechtigen zu der Annahme, daß der Kohlenwasserstoff, der das Parenchym dunkler oder heller grün färbt, je nachdem der Kohlenstoff in der Verbindung vorherrscht, sich nicht bloß unter dem Einfluß der Sonnenstrahlen im Gewebe der Gewächse bildet.

Turner, der so viel für die Familie der Tange geleistet hat, und viele andere bedeutende Botaniker sind der Ansicht, die Tange, die man an der Meeresfläche findet, und die unter dem 23. und 35. Grad der Breite und dem 32. der Länge sich dem Seefahrer als eine weite überschwemmte Wiese darstellen, wachsen ursprünglich auf dem Meeresgrund und schwimmen an der Oberfläche nur im ausgebildeten Zustand, nachdem sie von den Wellen losgerissen worden. Ist dem wirklich so, so ist nicht zu läugnen, daß die Familie der Seealgen große Schwierigkeiten macht, wenn man am Glauben festhält, daß Farblosigkeit die nothwendige Folge des Mangels an Licht ist; denn wie sollte man voraussetzen können, daß so viele Arten von Ulvaceen und Dictyoteen mit grünen Stengeln und Blättern auf Gestein unmittelbar unter der Meeresfläche gewachsen sind?

Nach den Angaben eines alten portugiesischen Wegweisers meinte der Capitän des Pizarro sich einem kleinen Fort nördlich von Teguise, dem Hauptort von Lancerota, gegenüber zu befinden. Man hielt einen Basaltfelsen für ein Kastell, man salutirte es durch Aufhissen der spanischen Flagge und warf das Boot aus, um sich durch einen Officier beim Commandanten des vermeintlichen Forts erkundigen zu lassen, ob die Engländer in der Umgegend kreuzten. Wir wunderten uns nicht wenig, als wir vernahmen, daß das Land, das wir für einen Theil der Küste von Lanzerota gehalten, die kleine Insel Graciosa sey und daß es auf mehrere Kilometer in der Runde keinen bewohnten Ort gebe.

Wir benutzten das Boot, um ans Land zu gehen, das den Schlußpunkt einer weiten Bai bildete. Ganz unbeschreiblich ist das Gefühl des Naturforschers, der zum erstenmal einen außereuropäischen Boden betritt. Die Aufmerksamkeit wird von so vielen Gegenständen in Anspruch genommen, daß man sich von seinen Empfindungen kaum Rechenschaft zu geben vermag. Bei jedem Schritt glaubt man einen neuen Naturkörper vor sich zu haben, und in der Aufregung erkennt man häufig Dinge nicht wieder, die in unseren botanischen Gärten und naturgeschichtlichen Sammlungen zu den gemeinsten gehören. 100 Toisen [ca. 200 m] vom Ufer sahen wir einen Mann mit der Angelruthe fischen. Man fuhr im Boot auf ihn zu, aber er ergriff die Flucht und versteckte sich hinter Felsen. Die Matrosen hatten Mühe, seiner habhaft zu werden. Der Anblick der Corvette, der Kanonendonner am einsamen, jedoch zuweilen von Kapern besuchten Orte, das Landen des

Bootes, Alles hatte dem armen Fischer Angst eingejagt. Wir erfuhren von ihm, die kleine Insel Graciosa, an der wir gelandet, sey von Lanzerota durch einen engen Canal, el Rio genannt, getrennt. Er erbot sich, uns in den Hafen los Colorados zu führen, wo wir uns hinsichtlich der Blokade von Tenerifa erkundigen könnten; da er aber zugleich versicherte, seit mehreren Wochen kein Fahrzeug auf offener See gesehen zu haben, so beschloß der Kapitän, geradezu nach Santa Cruz zu steuern.

Das kleine Stück der Insel Graciosa, das wir kennengelernt, gleicht den aus Laven aufgebauten Vorgebirgen bei Neapel zwischen Portici und Torre del Greco. Die Felsen sind nackt, ohne Bäume und Gebüsche, meist ohne Spur von Dammerde. Einige Flechten, Variolarien, Leprarien, Urceolarien, kamen hin und wieder auf dem Basalt vor. Laven, die nicht mit vulkanischer Asche bedeckt sind, bleiben Jahrhunderte ohne eine Spur von Vegetation. Auf dem afrikanischen Boden hemmt die große Hitze und die lange Trockenheit die Entwicklung der cryptogamischen Gewächse.

Mit Sonnenuntergang schifften wir uns wieder ein und gingen unter Segel, aber er Wind war zu schwach, als daß wir unseren Weg nach Teneriffa hätten fortsetzen können. Die See war ruhig; ein röthlicher Dunst umzog den Horizont und ließ alle Gegenstände größer erscheinen. In solcher Einsamkeit, ringsum so viele unbewohnte Eilande, schwelgten wir lange im Anblick einer wilden, großartigen Natur. Die schwarzen Berge von Graciosa zeigten fünf, sechshundert Fuß [160 bis 200 m] hohe senkrechte Wände. Ihre Schatten, die auf die Meeresfläche fielen, gaben der Landschaft einen schwermüthigen Charakter. Gleich den Trümmern eines gewaltigen Gebäudes stiegen Basaltfelsen aus dem Wasser auf. Ihr Dasein mahnte uns an die weit entlegene Zeit, wo unterseeische Vulkane neue Inseln emporhoben oder die Festländer zertrümmerten. Alles umher verkündete Verwüstung und Unfruchtbarkeit; aber einen freundlicheren Anblick bot im Hintergrunde des Bildes die Küste von Lanzerota. In einer engen Schlucht, zwischen zwei mit verstreuten Baumgruppen gekrönten Hügeln, zog sich ein kleiner bebauter Landstrich hin. Die letzten Strahlen der Sonne beleuchteten das zur Ernte reife Korn. Selbst die Wüste belebt sich, sobald man den Spuren der arbeitsamen Menschenhand begegnet.

Wir versuchten aus der Bucht herauszukommen, und zwar durch den Canal zwischen Alegranza und Montaña Clara, durch den wir ohne Schwierigkeit hereingelangt waren, um an der Nordspitze von Graciosa ans Land zu gehen. Da der Wind sehr flau wurde, so trieb uns die Strömung nahe zu einem Riff, an dem sich die See ungestüm brach, und das die alten Karten als »Infierno« bezeichneten. Als wir das Riff auf zwei Kabellängen vom Vordertheil der Corvette vor uns hatten, sahen wir, daß es eine drei, vier Klafter [5,8 bis

7,8 m] hohe Lavakuppe ist, voll Höhlungen und bedeckt mit Schlacken, die den Coaks [Koks] oder der schwammigen Masse der entschwefelten Steinkohle ähnlich ist. Wahrscheinlich ist die Klippe Infierno[6] welche die neueren Karten *Roca del Oeste* (westlicher Fels) nennen, durch das vulkanische Feuer emporgehoben. Sie kann sogar früher weit höher gewesen seyn; denn die »neue Insel« der Azoren, die zu wiederholten malen aus dem Meere gestiegen, in den Jahren 1638 und 1719, war 354 Fuß [115 m] hoch [Im Jahre 1720 war die Insel auf 7 – 8 Meilen (31 bis 36 km) sichtbar. In denselben Strichen ist im Jahre 1811 wieder eine Insel erschienen.] geworden, als sie im Jahre 1728 so gänzlich verschwand, daß man da, wo sie gestanden das Meer 80 Faden [146 m] tief fand. Meine Ansicht vom Ursprung der Basaltkuppe Infierno wird durch ein Ereigniß bestätigt, das um die Mitte des vorigen Jahrhunderts in derselben Gegend beobachtet wurde. Beim Ausbruch des Vulkanes Temanfaya erhoben sich vom Meeresboden zwei pyramidale Hügel von steiniger Lava und verschmolzen nach und nach mit der Insel Lanzerota.

Da der schwache Wind und die Strömung uns aus dem Canal von Alegranza nicht herauskommen ließen, beschloß man, während der Nacht zwischen der Insel Clara und der *Roca del Oeste* zu kreuzen. Dieß hätte beinahe sehr schlimme Folgen für uns gehabt. Es ist gefährlich, sich bei Windstille in der Nähe dieses Riffes aufzuhalten, gegen das die Strömung ausnehmend stark hinzieht. Um Mitternacht fingen wir an, die Wirkung der Strömung gewahr zu werden. Die nahe vor uns senkrecht aus dem Wasser aufsteigenden Felsmassen benahmen uns den wenigen Wind, der wehte; die Corvette gehorchte dem Steuer fast nicht mehr und jeden Augenblick fürchtete man zu stranden. Es ist schwer begreiflich, wie eine einzelne Basaltkuppe mitten im weiten Weltmeer das Wasser in solche Aufregung versetzen kann. Diese Erscheinungen, welche die volle Aufmerksamkeit der Physiker verdienen, sind übrigens den Seefahrern wohl bekannt; sie treten in der Südsee, namentlich im kleinen Archipel der Galapagos-inseln, in furchtbarem Maßstab auf. Der Temperaturunterschied zwischen der Flüssigkeit und der Felsmasse vermag den Zug der Strömung zu ihnen hin nicht zu erklären, und wie sollte man es glaublich finden, daß sich das Wasser am Fuße der Klippen in die Tiefe stürzt, und daß bei diesem fortwährenden Zug nach unten die Wassertheilchen den entstehenden leeren Raum auszufüllen suchen [7]?

Am 18. Morgens wurde der Wind etwas frischer, und so gelang es uns, aus dem Canal zu kommen. Wir kamen dem Infierno noch einmal sehr nahe, und jetzt bemerkten wir im Gestein große Spalten, durch welche wahrscheinlich die Gase entwichen, als die Basaltkuppe emporgehoben wurde. Wir verloren die kleinen Inseln Alegranza, Montaña Clara und Graciosa aus dem Gesicht. Sie scheinen nie von Guanchen bewohnt gewesen zu seyn und man besucht sie jetzt nur, um Orseille dort zu sammeln; diese Pflanze ist übrigens weniger gesucht, seit so viele andere Flechtenarten aus dem nördlichen Europa kostbare Farbstoffe liefern. Montaña Clara ist berühmt weger der schönen Canarienvögel, die dort vorkommen. Der Gesang dieser Vögel wechselt nach Schwärmen, wie ja auch bei uns der Gesang der Finken in zwei benachbarten Landstrichen häufig ein anderer ist. Auf Montaña Clara gibt es auch Ziegen, zum Beweis, daß das Eiland im Inneren nicht so öde ist als die Küste, die wir gesehen. Der Name Alegranza kommt her von »La Joyeuse«, wie die ersten Eroberer der Canarien, zwei normännische Barone, Jean de Béthencourt und Gadifer de Salle, die Insel benannten. Es war der erste Punkt, wo sie gelandet. Nach einem Aufenthalt von einigen Tagen auf der Insel Graciosa, von der wir ein kleines Stück gesehen, beschlossen sie, sich der benachbarten Insel Lanzerota zu bemächtigen, und wurden von Guadarfia, dem Häuptling der Guanchen, so gastfreundlich empfangen, wie Cortez im Palast Montezumas. Der Hirtenkönig, der keine anderen Schätze hatte als seine Ziegen, wurde so schmählich verraten, wie der mexikanische Sultan.

Wir fuhren an den Küsten von Lanzerota, Lobos und Fortaventura hin. Die zweite scheint früher mit den andern zusammengehangen zuhaben. Diese geologische Hypothese wurde schon im siebzehnten Jahrhundert von einem Franziskaner, Juan Galindo, aufgestellt. Er war sogar der Ansicht, König Juba habe nur sechs canarische Inseln genannt, weil zu seiner Zeit drei derselben nur Eine gebildet. Ohne auf diese unwahrscheinliche Hypothese einzugehen, haben gelehrte Geographen den Archipel der Canarien für die beiden Inseln Innonia, die Inseln Rivaria, Ombrios, Canaria und Capraria der Alten erklärt.

Da der Horizont dunstig war, konnten wir auf der ganzen Ueberfahrt von Lanzerota nach Teneriffa des Gipfels des Pik de Teyde nicht ansichtig werden. Ist der Vulkan wirklich 1905 Toisen [3712 m] hoch, wie Bordas letzte trigonometrische Messung angibt, so muß sein Gipfel auf 43 Seemeilen [80 km] zu sehen sey, das Auge am Meeresspiegel angenommen und die Refraction gleich 0,079 der Entfernung. Man hat in Zweifel gezogen, ob der Pic zwischen Lanzerota und Fortaventura, der nach Varelas Karte 2° 29' oder gegen 50 Meilen (Lieues) davon entfernt ist, je gesehen worden sey. Der Punkt scheint indessen durch einige Offiziere der königlich spanischen Marine entschieden worden zu seyn; ich habe an Bord der Corvette Pizarro ein Schifftagebuch in Händen gehabt, in dem stand, der Pic von Tenerifa sey in 135 Seemeilen [250 km] Entfernung beim südlichen Vorgebirg von Lanzerota, genannt Pichiguera, gesehen worden, und zwar erschien der Gipfel unter einem so großen Winkel, daß der Beobachter, Don Manuel Bazuti, glaubt, der Vulkan hätte noch 9 Meilen weiter weg gesehen werden können. Das war im September, gegen Abend, bei sehr feuchtem Wetter.

Rechnet man 15 Fuß als Erhöhung des Auges über der See, so finde ich, daß man, um die Erscheinung zu erklären, eine Refraction gleich 0,158 des Bogens anzunehmen hat, was für die gemäßigte Zone nicht außerordentlich viel ist. Nach den Beobachtungen des Generals Roy schwanken in England die Refractionen zwischen 1/20 und 1/3, und wenn es wahr ist, daß sie an der Küste von Afrika diese äußersten Grenzen erreichen, woran ich sehr zweifle, so könnte unter gewissen Umständen der Pic vom Verdeck eines Schiffes auf 61 Seemeilen gesehen werden.

Seeleute, die häufig diese Striche befahren und über die Ursachen der Naturerscheinungen nachdenken, wundern sich, daß der Pic de Teyde und der der Azoren[8] zuweilen in sehr großer Entfernung zum Vorschein kommen, ein andermal in weit größerer Nähe nicht sichtbar sind, obgleich der Himmel klar erscheint und der Horizont nicht dunstig ist. Diese Umstände verdienen die Aufmerksamkeit des Physikers um so mehr, als viele Fahrzeuge auf der Rückreise nach Europa mit Ungeduld des Erscheinens dieser Berge harren, um ihre Länge danach zu berichtigen, und sie sich wieder davon entfernt glauben, als sie in Wahrheit sind, wenn sie sie bei hellem Wetter in Entfernungen, wo die Sehwinkel schon sehr bedeutend seyn mußten, nicht sehen können. Der Zustand der Atmosphäre hat den bedeutendsten Einfluß auf die Sichtbarkeit ferner Gegenstände. Im Allgemeinen läßt sich annehmen, daß der Pic von Tenerifa im Juli und August, bei sehr warmem, trockenem Wetter, ziemlich selten sehr weit gesehen wird, daß er dagegen im Januar und Februar, bei leicht bedecktem Himmel und unmittelbar nach oder einige Stunden vor einem starken Regen in außerordentlich großer Entfernung zu Gesicht kommt. Die Durchsichtigkeit der Luft scheint, wie schon oben bemerkt, in erstaunlichem Maaße erhöht zu werden, wenn eine gewisse Menge Wasser gleichförmig in derselben verbreitet ist. Zudem darf man sich nicht wundern, wenn man den Pic de Teyde seltener sehr weit sieht, als die Gipfel der Anden, die ich so lange Zeit habe beobachten können. Der Pic ist nicht so hoch als der Theil des Atlas, an dessen Abhang die Stadt Marocco liegt, und nicht wie dieser mit ewigem Schnee bedeckt. Der **Piton** oder **Zuckerhut**, der die oberste Spitze des Pics bildet, wirft allerdings vieles Licht zurück, weil der aus dem Krater ausgeworfene Bimsstein von weißlicher Farbe ist; aber dieser kleine abgestutzte Kegel mißt nur ein Zwanzigtheil der ganzen Höhe. Die Wände des Vulkans sind entweder mit schwarzen, verschlackten Lavablöcken oder mit einem kräftigen Pflanzenwuchse bedeckt, dessen Masse um so weniger Licht zurückwirft, als die Baumblätter voneinander durch Schatten getrennt sind, die einen größeren Umfang haben als die beleuchteten Theile.

Daraus geht hervor, daß der Pic von Tenerifa, abgesehen vom **Piton**, zu den Bergen gehört, die man, wie Bouguer sich ausdrückt, auf weite Entfernung nur **negativ** sieht, weil sie das Licht auffangen, das von der äußersten Grenze des Luftkreises zu uns gelangt, und wir ihr Daseyn nur gewahr werden, weil das Licht in der sie umgebenden Luft und das , welches die Lufttheilchen zwischen dem Berge und dem Auge des Beobachters fortpflanzen, von verschiedener Intensität sind. [Aus den Versuchen desselben Beobachters geht hervor, daß, wenn dieser Unterschi8ed für unsere Organe merkbar werden und der Berg sich deutlich vom Himmel abheben soll, das eine Licht wenigstens um ein Sechzigtheil stärker seyn muß als das andere.] Entfernt man sich von der Insel Teneriffa, so bleibt der Piton oder Zuckerhut ziemlich lange **positiv** sichtbar, weil er weißes Licht reflektirt und sich vom Himmel hell abhebt; da aber dieser Kegel nur 80 Toisen [156 m] hoch und an der Spizte 40 Toisen [78 m] breit ist, so hat man neuerdings die Frage aufgeworfen, ob er bei so unbedeutender Masse auf weiter als 40 Meilen sichtbar seyn kann, und ob es nicht wahrscheinlicher ist, daß man in See den Pic erst dann als ein Wölkchen über dem Horizont gewahr wird, wenn bereits die Basis des Piton heraufzurücken beginnt. Nimmt man die mittlere Breite des Zuckerhutes zu 100 Toisen [200 m] an, so findet man, daß der kleine Kegel in 40 Meilen Entfernung in horizontaler Richtung noch unter einem Winkel von mehr als 3 Minuten erscheint. Dieser Winkel ist groß genug, um einen Gegenstand sichtbar zu machen, und wenn der Piton beträchtlich höher wäre, als in der Basis breit, so dürfte der Winkel in horizontaler Richtung noch kleiner seyn, und der Gegenstand machte doch noch einen Eindruck auf unsere Organe; aus mikrometrischen Beobachtungen geht hervor, daß eine Minute nur dann die Grenze der Sichtbarkeit ist, wenn die Gegenstände nach allen Richtungen von gleichem Durchmesser sind, Man erkennt in einer weiten Ebene einzelne Baumstämme mit bloßem Auge, obgleich der Sehwinkel nur 25 Secunden beträgt.

Da die Sichtbarkeit eines Gegenstandes, der sich dunkelfarbig abhebt, von der Lichtmenge abhängt, die auf zwei Linien zum Auge gelangen, deren eine am Berg endet, während die andere bis zur Grenze des Luftmeers fortläuft, so folgt daraus, daß, je weiter man vom Gegenstand wegrückt, desto kleiner der Unterschiede wird zwischen Licht der umgebenden Luft und dem Licht der vor dem Berg befindlichen Luftschichten. Daher kommt, daß nicht sehr hohe Berggipfel, wenn sie sich über dem Horizont zu zeigen anfangen, anfangs dunkler erscheinen als Gipfel, die man auf sehr große Entfernung sieht. Ebenso hängt die Sichtbarkeit von Bergen, die man nur negativ gewahr wird, nicht allein vom Zustand der untern Luftschichten ab, auf die unsere meteorologischen Beobachtungen beschränkt sind, sondern auch von der Durchsichtigkeit und der physischen Beschaffenheit der höheren Regionen; denn das Bild hebt sich desto besser ab, je stärker das Licht in der Luft, das von den Grenzen der Atmosphäre herkommt, ursprünglich ist, oder je weniger Verlust es auf seinem Durchgang erlitten hat. Dieser Umstand macht es bis zu einem gewissen Grade erklärlich, warum bei gleich heiterem Himmel, bei ganz gleichem Thermometer- und Hygrometerstand nahe an der Erdoberfläche, der Pic auf Schiffen, die gleich weit davon entfernt sind, des einemal sichtbar ist, das anderemal nicht. Wahrscheinlich würde man sogar den Vulkan nicht häufiger sehen können, wenn die Höhe des Aschenkegels, an dessen Spitze sich die Krateröffnung befindet, ein Viertheil der ganzen Berghöhe wäre, wies es beim Vesuv der Fall ist. Die Asche, zu Pulver zerriebener Bimsstein, wirft das Licht nicht so stark zurück als der Schnee der Anden. Sie macht, daß der Berg bei sehr großem Abstand sich nicht hell, sondern weit schwächer dunkelfarbig abhebt. Sie trägt so zu sagen dazu bei, die Antheile des in der Luft verbreiteten Lichtes, deren veränderliche Unterschiede einen Gegenstand mehr oder weniger deutlich sichtbar machen, auszugleichen. Kahle Kalkgebirge, mit Granitsand bedeckte Berggipfel, die hohen Savannen der Kordilleren, [*Los Pajonales*, von *paja*, Gras. So heißt die Zone der grasartigen Gewächse, welche unter der Region des ewigen Schnees liegt.] die goldgelb sind, treten allerdings in geringer Entfernung deutlicher hervor als Gegenstände, die man negativ sieht; aber nach der Theorie besteht eine gewisse Grenze, jenseits welcher diese letzteren sich bestimmter vom Blau des Himmels abheben.

Bei den colossalen Berggipfeln von Quito und Peru, die über die Grenze des ewigen Schnees hinausragen, wirken alle günstigen Umstände zusammen, um sie unter sehr kleinen Winkeln sichtbar zu machen. Wir haben oben gesehen, daß der abgestumpfte Gipfel des Pic von Tenerifa nur gegen 300 Toisen [580 m] Durchmesser hat. Nach den Messungen, die ich im Jahre 1803 zu Riobamba angestellt, ist die Kuppe des Chimborazo 153 Toisen [298 m] unter der Spitze, also an einer Stelle, die 1300 Toisen [2533 m] höher liegt als der Pik, noch 673 Toisen (1312 Meter) breit. Ferner nimmt die Zone des ewigen Schnees ein Viertheil der ganzen Berghöhe ein, und die Basis dieser Zone ist, von der Südsee gesehen, 3437 Toisen (6700 Meter) breit. Obgleich aber der Chimborazo um zwei Drittel höher ist als der Pic, sieht man ihn doch wegen der Krümmung der Erde nur 38 1/3 Meilen weiter. Wenn er im Hafen von Guayaquil am Ende der Regenzeit am Horizont auftaucht, glänzt sein Schnee so stark, daß man glauben sollte, er müßte sehr weit in der Südsee sichtbar seyn. Glaubwürdige Schiffer haben mich versichert, sie haben ihn bei der Klippe Muerto, südwestlich von der Insel Puna, auf 47 Meilen [211,5 km] gesehen. So oft er noch weiter gesehen worden, sind die Angaben unzuverlässig, weil die Beobachter ihrer Länge nicht gewiß waren.

Das in der Luft verbreitete Licht erhöht, indem es auf die Berge fällt, die Sichtbarkeit derer, die positiv sichtbar sind; die Stärke desselben vermindert im Gegentheil die Sichtbarkeit von Gegenständen, die, wie der Pic von Teneriffa und der der Azoren, sich dunkelfarbig abheben. Bouguer hat auf theoretischem Wege gefunden, daß nach der Beschaffenheit unserer

Atmosphäre Berge negativ nicht weiter als auf 35 Meilen gesehen werden können. Die Erfahrung — und diese Bemerkung ist wichtig — widerspricht dieser Rechnung. Der Pik von Tenerifa ist häufig auf 36, 38, sogar auf 40 Meilen gesehen worden. Noch mehr, auf der Fahrt nach den Sandwichsinseln hat man den Gipfel des Mowna-Roa[2] und zwar zu einer Zeit, wo kein Schnee darauf lag, dicht am Horizont auf 53 Meilen gesehen. Dies ist bis jetzt das auffallendste bekannte Beispiel von der Sichtbarkeit eines Berges, und was noch merkwürdiger ist, es handelt sich dabei von einem Gegenstand, der nur negativ sichtbar ist.

Ich glaubte diese Bemerkungen am Ende dieses Capitels zusammenstellen zu sollen, weil sie sich auf eines der wichtigsten Probleme der Optik beziehen, auf die Schwächung der Lichtstrahlen bei ihrem Durchgang durch die Schichten der Luft, und zugleich nicht ohne praktischen Nutzen sind. Die Vulkane Teneriffas und der Azoren, die Sierra Nevada von St. Martha, der Pic von Orizaba, die Silla bei Caracas, Mowna-Roa und der St. Eliasberg liegen vereinzelt in weiten Meeresstrecken oder auf den Küsten der Continente, und dienen so dem Seefahrer, der die Mittel nicht hat, um den Ort des Schiffes durch Sternbeobachtungen zu bestimmen, gleichsam als Bojen im Fahrwasser. Alles, was mit der Erkennbarkeit dieser natürlichen Bojen zusammenhängt, ist für die Sicherheit der Schifffahrt von Belang.

1.

Ich muß hier bemerken, daß ich von einem Werke in sechs Bänden, das unter dem seltsamen Titel: »Reise um die Welt und in Südamerika, von A. v. Humboldt, erschienen bei Vollmer in Hamburg«, niemals Kenntniß genommen habe. Diese in meinem Namen verfaßte Reisebeschreibung scheint nach in den Tageblättern gegebenen Nachrichten und nach einzelnen Abhandlungen, die ich in der ersten Classe des französischen Institutes gelesen, zusammengeschrieben zu seyn. Um das Publikum aufmerksam zu machen, hielt es der Kompilator für angemessen, einer Reise in einige Länder des neuen Kontinentes den anziehenderen Titel einer »Reise um die Welt« zu geben.

2.

Ich habe die Beobachtungen, die ich in beiden Hemisphären anzustellen Gelegenheit gehabt, mit denen zusammengestellt, die in den Werken von Cook, Lapérouse, d´Entrecasteur, Vancouver, Macartney, Krusenstern und Marchand gegeben sind, und darnach schwankt die Geschwindigkeit der allgemeinen Strömung unter den Tropen zwischen 5 und 18 Meilen in 24 Stunden, somit zwischen 0,3 und 1,2 Fuß in der Secunde.

3.

Wenn es sich von der Meerestemperatur handelt, hat man sorgfältig vier ganz gesonderte Erscheinungen zu unterscheiden: 1) die Temperatur des Wassers an der Oberfläche unter verschiedenen Breiten, das Meer als ruhig angenommen; 2) die Abnahme der Wärme in den über eineander gelagerten Wasserschichten; 3) den Einfluß der Untiefen auf die Temperatur des Meeres; 4) die Temperatur der Strömungen, die mit constanter Geschwindigkeit die Gewässer der einen Zone durch ruhenden Gewässer der andern hindurchführen.

4.

Diese Kameele, die zum Feldbau dienen und deren Fleisch man im Lange zuweilen eingesalzen ißt, lebten hier nicht vor der Eroberung der Inseln durch die Béthencourts. Im sechzehnten Jahrhundert hatten sich die Esel auf Fortaventura dergestalt vermehrt, daß sie verwildert waren und man Jagd auf sie machen mußte. Man schoß ihrer mehrere tausend, damit die Ernten nicht zu Grunde gingen. Die Pferde auf Fortaventura sind von berberischer Rasse und ausgezeichnet schön.

5.

In 32 Faden Tiefe kann der Fucus nur von einem Lichte beleuchtet gewesen seyn, das 203mal stärker ist als das Mondlicht, also gleich der Hälfte des Lichts, das eine Talgkerze auf 1 Fuß Entfernung verbreitet. Nach meinen direkten Versuchen wird aber das *Lepidium saticum* beim glänzenden Lichte zweier Argandschen Lampen kaum merkbar grün.

6.

Ich bemerke hier, daß diese Klippe schon auf der berühmten venetianischen Karte des Andrea Bianco angegeben ist, daß aber mit dem Namen Infierno, wie auch auf der ältesten Karte des Picigano, Teneriffa bezeichnet ist, wahrscheinlich, weil die Guanchen den Pic als den Eingang der Hölle ansahen.

7.

Mit Verwunderung liest man in einem sonst ganz nützlichen, unter den Seeleuten sehr verbreiteten Buche, in der neunten Ausgabe des *Practical Navigator* von Hamilton Moore, p. 200, in Folge der Massenattractien oder der allgemeinen Schwere komme ein Fahrzeug schwer von der Küste weg und werde die Schaluppe einer Fregatte von dieser selbst angezogen.

8.

Die Höhe dieses Pics beträgt nach de Fleurien 1100 Toisen [2144 m], nach Ferrer 1238 [2413], nach Tofino 1260 [2457], aber diese Maaße sind nur annähernde Schätzungen. Der Capitän des Pizarro, Don Manuel Cagigal, hat mir aus seinem Tagebuch bewiesen, daß er den Pic der Azoren auf 37 Meilen Entfernung gesehen hat, zu einer Zeit, wo er seiner Länge wenigstens bis auf 2 Minuten gewiß war. Der Vulkan wurde in Süd 4° Ost gesehen, so daß der Irrthum in der Länge auf die Schätzung der Entfernung nur ganz unbedeutenden Einfluß haben konnte. Indessen war der Winkel, unter dem der Pic der Azoren erschien, so groß, daß Cagigal der Meinung ist, der Vulkan müsse auf mehr als 40 oder 42 Lieues zu sehen seyn. Der Abstand von 37 Lieues setzt eine Höhe von 1431 Toisen [2789 m] voraus.

9.

Der Mowna-Roa auf den Sandwichsinseln ist nach Marchand über 2598 Toisen hoch, nach King 2577, aber diese Messungen sind, trotz ihrer zufälligen Uebereinstimmung, keineswegs auf zuverlässigem Wege erzielt. Es ist eine ziemlich auffallende Erscheinung, daß ein Berggipfel unter 19° Breite, der wahrscheinlich über 2500 Toisen hoch ist, von Schnee ganz entblößt wird. Die starke Abplattung des Mowna-Roa, der **Mesa** der alten spanischen Karten, seine vereinzelte Lage im Weltmeer und die Häufigkeit gewisser Winde, die durch den aufsteigenden Strom abgelenkt, in schiefer Richtung wehen, mögen die vornehmsten Ursachen seyn. Es läßt sich nicht wohl annehmen, daß sich Capitän Marchand in der Schätzung des Abstandes, in dem er am 10. Oktober 1791 den Gipfel des Mowna-Roa sah, bedeutend geirrt habe. Er hatte die Insel O-Whyhee erst am 7. Abends verlassen, und nach der Bewegung der Gewässer und den Mondsbeobachtungen am 10. betrug die Entfernung wahrscheinlich sogar noch mehr als 53 Meilen. Ueberdieß berichtet ein erfahrner Seemann, de Fleurien, daß der Pic von Teneriffa selbst bei nicht ganz klarem Wetter auf 35 bis 36 Meilen zu sehen sey.

Zweites Kapitel

Aufenthalt auf Teneriffa — Reise von Santa Cruz nach Orotava — Besteigung des Pics

Von unserer Abreise von Graciosa an war der Horizont fortwährend so dunstig, daß trotz der ansehnlichen Höhe der Berge Canarias *(Isla de la gran Canaria)* die Insel erst am 19. Abends in Sicht kam. Sie ist die Kornkammer des Archipels der »glückseligen Inseln«, und man behauptet, was für ein Land außerhalb der Tropen sehr auffallend ist, in einigen Strichen erhalte man zwei Getreideernten im Jahre, eine im Februar, die andere im Juni. Canaria ist noch nie von einem unterrichteten Mineralogen besucht worden; sie verdiente es aber um so mehr, als mir ihre in parallen Ketten streichenden Berge von ganz andrem Charakter schienen, als die Gipfel von Lancerota und Teneriffa. Nichts ist für den Geologen anziehender als die Beobachtung, wie sich an einem bestimmten Punkte die vulkanischen Bildungen zu den Urgebirgen und den securdären Gebirgen verhalten. Sind einmal die canarischen Inseln in allen ihren Gebirgsgliedern erforscht, so wird sich zeigen, daß man zu voreilig die Bildung der ganzen Gruppe einer Hebung durch unterseeische Feuerausbrüche zugeschrieben hat.

Am 19. Morgens sahen wir den Berggipfel Naga (*Punta de Naga*, *Anaga* oder *Nago*), aber der Pik von Teneriffa blieb fortwährend unsichtbar. Das Land trat nur undeutlich hervor, ein dicker Nebel verwischte alle Umrisse. Als wir uns der Rhede von Santa Cruz näherten, bemerkten wir, daß der Nebel, vom Winde getrieben, auf uns zukam. Das Meer war sehr unruhig, wie fast immer in diesen Strichen. Wir warfen Anker, nachdem wir mehrmals das Senkblei ausgeworfen; denn der Nebel war so dicht, daß man kaum auf ein paar Kabellängen sah. Aber eben da man anfing den Platz zu salutiren, zerstreute sich der Nebel völlig, und da erschien der Pic de Teyde in einem freien Stück Himmel über den Wolken, und die ersten Strahlen der Sonne, die für uns noch nicht aufgegangen war, beleuchteten den Gipfel des Vulkanes. Wir eilten eben aufs Vordertheil der Corvette, um dieses herrlichen Schauspiels zu genießen, da signalisirte man vier englische Schiffe, die ganze nahe an unseren Hintertheile auf der Seite lagen. Wir waren in ihnen vorbeigesegelt, ohne daß sie uns bemerkt hatten, und derselbe Nebel, der uns den Anblick des Pic entzogen, hatte uns der Gefahr entrückt, nach Europa zurückgebracht zu werden. Wohl wäre es für Naturforscher ein großer Schmerz gewesen, die Küste von Teneriffa von weitem gesehen zu haben, und einen von Vulkanen zerrütteten Boden nicht betreten zu dürfen.

Alsbald hoben wir den Anker und der Pizarro näherte sich so viel möglich dem Fort, um unter den Schutz desselben zu kommen. Hier auf dieser Rhede, als zwei Jahre vor unserer Ankunft die Engländer zu landen versuchten, riß eine Kanonenkugel Admiral Nelson den Arm ab (im Juli 1797). Der Generalstatthalter der canarischen Inseln [Don Andrès de Perlasca.] schickte an den Capitän der Corvette den Befehl, alsbald die Staatsdepechen für die Statthalter der Colonien, das Geld an Bord und die Post ans Land schaffen zu lassen. Die englischen Schiffe entfernten sich von der Rhede; sie hatten tags zuvor auf das Paketboot Alcadia Jagd gemacht, das wenige Tage vor uns von Corunna abgegangen war. Es hatte in den Hafen von Palmas auf Canaria einlaufen müssen, und mehrere Passagiere, die in einer Schaluppe nach Santa Cruz auf Teneriffa fuhren, waren gefangen worden.

Die Lage dieser Stadt hat große Aehnlichkeit mit der von Guayra, dem besuchtesten Hafen der Provinz Caracas. An beiden Orten ist die Hitze aus denselben Ursachen sehr groß; aber von außen erscheint Santa Cruz trübseliger. Auf einem öden, sandigen Strande stehen blendend weiße Häuser mit platten Dächern und Fenstern ohne Glas vor einer schwarzen senkrechten Felsmauer ohne allen Pflanzenwuchs. Ein hübscher Hafendamm aus gehauenen Steinen und der öffentliche, mit Pappeln besetzte Spaziergang bringen die einzige Abwechselung in das eintönige Bild. Von Santa Cruz aus nimmt sich der Pic weit weniger malerisch aus als im Hafen von Orotava. Dort ergreift der Gegensatz zwischen einer lachenden, reich bebauten Ebene und der wilden Physiognomie des Vulkanes. Von den Palmen- und Bananengruppen am Strande bis zu der Region der Arbutus, der Lorbeeren und Pinien ist das vulkanische Gestein mit kräftigem Pflanzenwuchs bedeckt. Man begreift, wie sogar Völker, welche unter dem schönen Himmel von Griechenland und Italien wohnen, im östlichen Teil von Teneriffa eine der glückseligen Inseln gefunden zu haben meinten. Die Ostküste dagegen, an der Santa Cruz liegt, trägt überall den Stempel der Unfruchtbarkeit. Der Gipfel des Pics ist nicht öder als das Vorgebirge aus basaltischer Lava, das der Punta de Naga zuläuft und wo Fettpflanzen in den Ritzen des Gesteines eben erst den Grund zu einstiger Dammerde legen. ImHaven von Orotava erscheint die Spitze des Zuckerhutes unter einem Winkel von 16 ½°, während auf dem Hafendamm von Santa Cruz der Winkel kaum 4° 36' beträgt. [Der Spitze des Vulkans ist von Orotava etwa 8600, von Santa Cruz 22,500 Toisen entfernt.]

Trotz diesem Unterschied, und obgleich am letzteren Orte der Vulkan kaum so weit über den Horizont aufsteigt, als der Vesuv, vom Molo von Neapel aus gesehen, so ist dennoch der Anblick des Pics, wenn man ihn vor Anker auf der Rhede zum erstenmal sieht, äußerst großartig. Wir sahen nur den Zuckerhut; sein Kegel hob sich vom reinsten Himmelsblau ab, während schwarze dicke Wolken den übrigen Berg bis auf 1800 Toisen [3500 m] Höhe einhüllten. Der Bimsstein, von den ersten Sonnenstrahlen beleuchtet, warf ein röthliches Licht zurück, dem ähnlich, das häufig die Gipfel der Hochalpen färbt. Allmählich ging dieser Schimmer in das blendendste Weiß über, und es ging uns wie den meisten Reisenden, wir meinten, der Pic sey noch mit Schnee bedeckt und wir werden nur mit großer Mühe an den Rand des Kraters gelangen können.

Wir haben in der Cordillere der Anden die Beobachtung gemacht, daß Kegelberge, wie der Cotopaxi und der Tungurahua, sich öfter unbewölkt zeigen als Berge, deren Krone mit vielen kleinen Unebenheiten besetzt ist, wie der Antisana und der Pichincha; aber der Pic von Teneriffa ist, trotz seiner Kegelgestalt, einen großen Theil des Jahres in Dunst gehüllt, und zuweilen sieht man ihn auf der Rhede von Santa Cruz mehrere Wochen lang nicht ein einzigesmal. Die Erscheinung erklärt sich ohne Zweifel daraus, daß er westwärts von einem großen Festland und ganz isoliert im Meere liegt. Die Schiffer wissen recht gut, daß selbst die kleinsten, niedrigsten Eilande die Wolken anziehen und festhalten. Ueberdieß erfolgt die Wärmeabgabe über den Ebenen Afrika's und über der Meeresfläche in verschiedenem Verhältniß, und die Luftschichten, welche die Passatwinde herführen, kühlen sich immer mehr ab, je weiter sie gegen Wesst gelangen. Die Luft, die über dem hießen Wüstensand ausnehmend trochen war, schwängert sich rasch, sobald sie mit der Meeresfläche oder mit der Luft, die auf dieser Fläche ruht, in Berührung kommt. Man sieht also leicht, warum die Dünste in Luftschichten sichtbar werden, die, vom Festland weggeführt, nicht mehr die Temperatur haben, bei der sie sich mit Wasser gesättigt hatten. Zudem hält die bedeutende Masse eines frei aus dem atlantischen Meere aufsteigenden Berges die Wolken auf, welche der Wind der hohen See zutreibt.

Lange und mit Ungeduld warteten wir auf die Erlaubnis von seiten des Statthalters, ans Land gehen zu dürfen. Ich nützte die Zeit, um die Länge des Hafendammes von Santa Cruz zu bestimmen und die Inclination der Magnetnadel zu beobachten. Der Chronometer von Louis Berthoud gab jene zu 18° 33' 10" an. Diese Bestimmung weicht um 3–4 Bogenminuten von derjenigen ab, die sich aus den alten Beobachtungen von Fleurieu, Pingré, Borda, Vancouver und la Peyrouse ergibt. Guenot hatte übrigens gleichfalls 18° 33' 36" gefunden und der unglückliche Capitän Blight 18° 34' 30". Die Genauigkeit meines Ergebnisses wurde drei Jahre darauf bei der Expedition des Ritters Krusenstern bestätigt: man fand für Santa Cruz 16° 12' 45" westlich von Greenwich, folglich 18° 33' 0" westlich von Paris. Diese Angaben zeigen, daß die Längen, welche Capitän Cook für Teneriffa und das Cap der guten Hoffnung annahm, viel zu weit westlich sind. Derselbe Seefahrer hatte im Jahr 1799 die magnetische Inclination gleich 61° 52' gefunden. Bonpland und ich fanden 62° 24', was mit dem Resultat übereinstimmt, das de Rossel bei d'Entrecasteaux's Expedition im Jahr 1791 erhielt. Die Declination der Nadel schwankt um mehrere Grade, je nachdem man sie auf dem Hafendamm oder an verschiedenen Punkten nordwärts längs des Gestades beobachtet. Diese Schwankungen können ein einem von vulkanischem Gestein umgebenen Orte nicht befremden. Ich habe mit Gay-Lussac die Beobachtung gemacht, daß am Abhang des Vesuvs und im Innern des Kraters die Intensität der magnetischen Kraft durch die Nähe der Laven modicirt wird.

Nachdem die Leute, die zu uns an Bord gekommen waren, um sich nach politischen Neuigkeiten zu erkundigen, uns mit ihren vielerlei Fragen geplagt hatten, stiegen wir endlich ans Land. Das Boot wurde sogleich zur Corvette zurückgeschickt, weil die auf der Rhede sehr gefährliche Brandung es leicht hätte am Hafendamm zertrümmern können. Das erste, was uns zu Gesicht kam, war ein hochgewachsenes, sehr gebräuntes, schlecht gekleidetes Frauenzimmer, das die **Capitana** hieß. Hinter ihr kamen einige andere in nicht anständigerem Aufzug; sie bestürmten uns mit der Bitte, an Bord des Pizarro gehend zu dürfen, was ihnen natürlich nicht bewilligt wurde. In diesem von Europäern so stark besuchten Hafen ist die Ausschweifung diszipliniert. Die Capitana ist von ihresgleichen als Anführerin gewählt, und sie hat große Gewalt über sie. Sie läßt nichts geschehen, was sich mit dem Dienst auf den Schiffen nicht verträgt, sie fordert die Matrosen auf, zur rechten Zeit an Bord zurückzukehren, und die Officiere wenden sich an sie, wenn man fürchtet, daß sich einer von der Mannschaft versteckt habe, um auszureißen.

Als wir die Straßen von Santa Cruz betraten, kam es uns zum Ersticken heiß vor, und doch stand der Thermometer nur auf 25 Grad. Wenn man lange Seeluft geathmet hat, fühlt man sich unbehaglich, so oft man ans Land geht, nicht weil jene Luft mehr Sauerstoff enthält als die Luft am Land, wie man irrthümlich behauptet hat, sondern weil sie weniger mit den Gasgemischen geschwängert ist, welche die thierischen und Pflanzenstoffe und die Dammerde, die sich aus ihrer Zersetzung bildet, fortwährend in den Luftkreis entbinden. Miasmen, welche sich der chemischen Analyse entziehen, wirken gewaltig auf die Organe, zumal wenn sie nicht schon seit längerer Zeit denselben Reizen ausgesetzt gewesen sind.

Santa Cruz de Tenerifa, das Añaza der Guanchen, ist eine ziemlich hübsche Stadt mit 8000 Einwohnern. Mir ist die Menge von Mönchen und Weltgeistlichen, welche die Reisenden in allen Ländern unter spanischem Zepter sehen zu müssen glauben, gar nicht aufgefallen. Ich halte mich auch nicht damit auf, die Kirchen zu beschreiben, die Bibliothek der Dominicaner, die kaum ein paar hundert Bände zählt, den Hafendamm, wo die Einwohnerschaft Abends zusammenkommt, um der Kühle zu genießen, und das berühmte dreißig Fuß [10 m] hohe Denkmal aus carrarischen Marmor, geweiht unserer lieben Frau von Candelaria, zum Gedächtniß ihrer wunderbaren Erscheinung zu Chimisay bei Guimar im Jahre 1362. Der Hafen von Santa Cruz ist eigentlich ein großes Caravanserai auf dem Wege nach Amerika und Indien. Fast alle Reisebeschreibungen beginnen mit einer Beschreibung von Madeira und Teneriffa, und wenn die Naturgeschichte dieser Inseln der Forschung noch ein ungeheures Feld bietet, so läßt dagegen die Topographie der kleinen Städte Funchal, Santa Cruz, Laguna und Orotava fast nichts zu wünschen übrig.

Die Empfehlungen des Madrider Hofes verschafften uns auf den Canarien, wie in allen anderen spanischen Besitzungen, die befriedigendste Aufnahme. Vor allem ertheilte uns der Generalcapitän die Erlaubniß, die Insel zu bereisen. Der Oberst Armiaga, Befehlshaber eines Infanterieregimentes, nahm uns in seinem Hause auf und überhäufte uns mit Höflichkeit. Wir wurden nicht müde, in seinem Garten im Freien gezogene Gewächse zu bewundern, die wir bis jetzt nur in Treibhäusern gesehen hatten, den Bananenbaum, den Melonenbaum, die *Poinciana pulcherrima* und andere. Das Klima der Canarien ist indessen nicht warm genug, um den ächten *Platano arton* mit dreieckiger, sieben bis acht Zoll langer Frucht, der eine mittlere Temperatur von etwa 24 Graden verlangt und selbst nicht im Thale von Caracas fortkommt, reif werden zu lassen. Die Bananen auf Teneriffa sind die, welche die spanischen Colonisten **Camburis** oder **Guineos** und **Dominicos** nennen. Der Camburi, der am wenigsten vom Frost leidet, wird sogar in Malaga mit Erfolg gebaut [Die mittlere Temperatur dieser Stadt beträgt nur 18°.]; aber die Früchte, die man zuweilen zu Cadix sieht, kommen von den Canarien auf Schiffen, welche die Ueberfahrt in drei, vier Tagen machen. Die Musa, die allen Völkern der heißen Zone bekannt ist, und die man bis jetzt nirgends wild gefunden hat, variiert meist in ihren Früchten, wie unsere Apfel- und Birnenbäume. Diese Varietäten, welche die meisten Botaniker verwechseln, obgleich sie sehr verschiedene Klimate verlangen, sind durch lange Cultur constant geworden.

Am Abend machten wir eine botanische Excursion nach dem Fort Passo Alto längs der Basaltfelsen, welche das Vorgebirge Naga bilden. Wir waren mit unserer Ausbeute sehr schlecht zufrieben, denn die Trockenheit und der Staub hatten die Vegetation so ziemlich vernichtet. *Cacalia Kleinia*, *Euphorbia canariensis* und sehr verschiedene andere Fettpflanzen, welche ihre Nahrung vielmehr aus der Luft als aus dem Boden ziehen, auf dem sie wachsen, mahnten uns durch ihren Habitus daran, daß diese Inseln Afrika angehören, und zwar dem dürrsten Striche dieses Festlandes.

Der Capitän der Corvette hatte zwar den Befehl, so lange zu verweilen, daß wir die Spitze des Pics besteigen könnten, wenn anders der Schnee es gestattete; man gab uns aber zu erkennen, wegen der Blockade der englischen Schiffe dürften wir nur auf einen Aufenthalt von vier, fünf Tagen rechnen.

Wir eilten demnach, in den Hafen von Orotava zu kommen, der am Westabhang des Vulkans liegt, und wo wir Führer zu finden sollten. In Santa Cruz konnte ich Niemanden auffinden, der den Pic bestiegen gehabt hätte, und ich wunderte mich nicht darüber. Die merkwürdigsten Dinge haben desto weniger Reiz für uns, je näher sie uns sind, und ich kannte Schaffhauser, welche den Rheinfall niemals in der Nähe gesehen hatten.

Am 20. Juni vor Sonnenaufgang machten wir uns auf den Weg nach Villa de la Laguna, die 350 Toisen [682 m] über dem Hafen von Santa Cruz liegt. Wir konnten diese Höhenangabe nicht verificiren, denn wegen der Brandung hatten in der Nacht nicht an Bord gehen können, um Barometer und Inclinationscompaß zu holen. Da wir voraussahen, daß wir bei unserer Besteigung des Pic sehr würden eilen müssen, so war es uns ganz lieb, daß die Instrumente, die uns in unbekannteren Ländern dienen sollten, hier keiner Gefahr aussetzen konnten. Der Weg nach Laguna hinauf läuft an der rechten Seite eines Baches oder **Barranco** hin, der in der Regenzeit schöne Fälle bildet; er ist schmal und vielfach gewunden. Nach meiner Rückkehr habe ich gehört, Herr von Perlasca habe hier eine neue Straße anlegen lassen, auf der Wagen fahren können. Bei der Stadt begegneten uns weiße Kameele, die sehr leicht beladen schienen. Diese Thiere werden vorzugsweise dazu gebraucht, die Waaren von der Douane in die Magazine der Kaufleute zu schaffen. Man ladet ihnen gewöhnlich zwei Kisten Havanazucker auf, die zusammen 900 Pfund wiegen, man kann aber die Ladung bis auf 13 Zentner oder 52 castilische Arrobas steigern. Auf Teneriffa sind die Kameele nicht sehr häufig, während ihrer auf Lanzerota und Fortaventura viele Tausende sind. Diese Inseln liegen Afrika näher und kommen daher auch in Klima und Vegetation mehr mit diesem Continent überein. Es ist sehr auffallend, daß dieses nützliche Thier, das sich in Südamerika fortpflanzt, dies auf Teneriffa fast nie thut. Nur im fruchtbaren Distrikt von Adexe, wo die bedeutendsten Zuckerrohrpflanzungen sind, hat man die Kameele zuweilen Junge werfen sehen. Diese Lastthiere, wie die Pferde, sind im fünfzehnten Jahrhundert durch die normännischen Eroberer auf den Canarien eingeführt worden. Die Guanchen kannten sie nicht, und dies erklärt sich wohl leicht daraus, daß ein so gewaltiges Thier schwer auf schwachen Fahrzeugen zu transportiren ist, ohne daß man die Guanchen als die Ueberreste der Bevölkerung der Atlantis zu betrachten und zu glauben braucht, sie gehören einer anderen Rasse an als die Westafrikaner.

Der Hügel, auf dem die Stadt San Christobal de la Laguna liegt, gehört dem System von Basaltgebirgen an, die, unabhängig vom System neuerer vulkanischer Gebirgsarten, einen weiten Gürtel um den Pic von Teneriffa bilden. Der Basalt von Laguna ist nicht säulenförmig, sondern zeigt nicht sehr dicke Schichten, die nach Ost unter einem Winkel von 30 – 40 Grad fallen. Nirgends hat er das Ansehen eines Lavastroms, der an den Abhängen der Pics ausgebrochen wäre. Hat der gegenwärtige Vulkan diese Basalte hervorgebracht, so muß man annehmen, wie bei den Gesteinen, aus denen die Somma neben dem Vesuv besteht, daß sie in Folge eines unterseeischen Ausbruchs gebildet sind, wobei die weiche Masse wirklich geschichtet wurde. Außer einigen baumartigen Euphorbien, *Cacalia Kleinia* und Fackeldisteln (Cactus), welche auf den Canarien, wie im südlichen Europa und auf dem afrikanischen Festland verwildert sind, wächst nichts auf diesem dürren Gestein. Unsere Maulthiere glitten jeden Augenblick auf stark geneigten Steinlagern aus. Indessen sahen wir die Ueberreste eines alten Pflasters. Bei jedem Schritt stößt man in den Colonien auf Spuren der Thatkraft, welche die spanische Nation im sechzehnten Jahrhundert entwickelt hat.

Je näher wir Laguna kamen, desto kühler wurde die Luft, und dies thut um so wohler, da es in Santa Cruz zum Ersticken heiß ist. Da widrige Eindrücke unsere Organe stärker angreifen, so ist der Temperaturwechsel auf dem Rückweg von Laguna zum Hafen noch auffallender; man meint, man nähere sich der Mündung eines Schmelzofens. Man hat dieselbe Empfindung, wenn man an der Küste von Caracas vom Berg Avila zum Hafen von Guayra niedersteigt. Nach dem Gesetz der Wärmeabnahme machen in dieser Breite 350 Toisen Höhe nur drei bis vier Grad Temperaturunterschied. Die Hitze, welche dem Reisenden so lästig wird, wenn er Santa Cruz de Teneriffa oder Guayra betritt, ist daher wohl dem Rückprallen der Wärme von den Felsen zuzuschreiben, an welche beide Städte sich lehnen.

Die fortwährende Kühle, die in Laguna herrscht, macht die Stadt für die Canarier zu einem köstlichen Aufenthaltsort. Auf einer kleinen Ebene, umgeben von Gärten, am Fuße eines Hügels, den Lorbeeren, Myrten und Erdbeerbäume krönen, ist die Hauptstadt von Teneriffa wirklich ungemein freundlich gelegen. Sie liegt keineswegs, wie man nach meheren Reiseberichten glauben sollte, an einem See. Das Regenwasser bildet hier periodisch einen weiten Sumpf, und der Geolog, der überall in der Natur vielmehr einen früheren Zustand der Dinge als den gegenwärtigen im Auge hat, zweifelt nicht daran, daß die ganze Ebene ein großes ausgetrockenetes Becken ist. Laguna ist in seinem Wohlstand herabgekommen, seit die Seitenausbrüche des Vulkans den Hafen von Garachico zerstört haben und Santa Cruz der Haupthandelsplatz der Inseln geworden ist; es zählt nur noch 9000 Einwohner, worunter gegen 400 Mönche in sechs Klöstern. Manche Reisende behaupten, die Hälfte der Bevölkerung bestehe aus Kuttenträgern. Die Stadt ist mit zahlreichen Windmühlen umgeben, ein Wahrzeichen des Getreidebaus in diesem hochgelegenen Striche. Ich bemerke bei dieser Gelegenheit, daß die nährenden Grasarten den Guanchen bekannt waren. Das Korn hieß auf Teneriffa *tano*, auf Lanzerota *triffa*; die Gerste hieß auf Canaria *aramotanoque*, auf Lanzerota *tamosen*. Geröstetes Gerstenmehl *(gofio)* und Ziegenmilch waren die vornehmsten Nahrungsmittel dieses Volkes, über dessen Ursprung so viele systematische Träumereien ausgeheckt worden sind. Diese Nahrung weist bestimmt darauf hin, daß die Guanchen zu den Völkern der alten Welt gehörten, wohl selbst zur caucasischen Race, und nicht, wie die andern Atlanten [Ich lasse mich hier auf keine Verhandlung über die Existenz der Atlantis ein und erwähne nur, daß nach Diodor von Sicilien die Atlanten die Cerealien nicht kannten, weil sie von der übrigen Menschheit getrennt worden, bevor überhaupt Getreide gebaut wurde.], zu den Volksstämmen der neuen Welt; die letzteren kannten vor der Ankunft der Europäer weder Getreide, noch Milch, noch Käse.

Eine Menge Capellen, von den Spaniern *ermitas* genannt, liegen um die Stadt Laguna. Umgeben von immergrünen Bäumen auf kleinen Anhöhen, erhöhen diese Capellen, wie überall den malerischen Reiz der Landschaft. Das Innere der Stadt entspricht dem Aeußern durchaus nicht. Die Häuser sind solid gebaut, aber sehr alt und die Straßen öde. Der Botaniker hat übrigens nicht zudauern, daß die Häuser so alt sind. Dächer und Mauern sind bedeckt mit *Sempervivum canariense* und dem zierlichen *Trichomanes*, dessen alle Reisende gedenken; die häufigen Nebel geben diesen Gewächsen Unterhalt.

Anderson, der Naturforscher bei Capitän Cooks dritter Reise, gibt den europäischen Aerzten den Rath, ihre Kranken nach Teneriffa zu schicken, keineswegs auf der Rücksicht, welche manche Heilkünstler die entlegendsten Bäder wählen läßt, sondern wegen der ungemeinen Milde und Gleichmäßigkeit des Klimas der Canarien. Der Boden der Inseln steigt amphitheatralisch auf und zeigt, gleich Peru und Mexico, wenn auch in kleinerem Maaßstab, alle Klimate, von afrikanischer Hitze bis zum Froste der Hochalpen. Santa Cruz, der Hafen von Orotava, die Stadt desselben Namens und Laguna sind vier Orte, deren mittlere Temperaturen eine abnehmende Reihe darstellen. Das südliche Europa bietet nicht dieselben Vortheile, weil der Wechsel der Jahreszeiten sich noch zu stark fühlbar macht. Teneriffa dagegen, gleichsam an der Pforte der Tropen und doch nur wenige Tagereisen von Spanien, hat schon ein gut Theil der Herrlichkeit aufzuweisen, mit der die Natur die Länder zwischen den Wendekreisen ausgestattet. Im Pflanzenreich treten bereits mehrere der schönsten und großartigsten Gestalten auf, die Bananen und die Palmen. Wer Sinn für Naturschönheit hat, findet auf dieser köstlichen Insel noch kräftigere Heilmittel als das Klima. Kein Ort der Welt scheint mir geeigneter, die Schwermuth zu bannen und einen schmerzlich ergriffenen Gemüthe den Frieden wiederzugeben, als Teneriffa und Madeia. Und solches wirkt nicht allein die herrliche Lage und die reine Luft, sondern vor allem das Nichtvorhandensein der Sklaverei, deren Anblick einen in beiden Indien so tief empört, wie überall, wohin europäische Colonisten ihre sogenannte Aufklärung und ihre Industrie getragen haben.

Im Winter ist das Klima von Laguna sehr nebligt und die Einwohner beklagen sich häufig über Frost. Man hin indessen nie schneien sehen, woraus man schließen sollte, daß die mittlere Temperatur der Stadt über 18°,7 (15° R.) beträgt, das heißt mehr als in Neapel. Für streng kann dieser Schluß nicht gelten; denn im Winter hängt die Erkältung der Wolken weniger von der mittleren Temperatur des ganzen Jahres ab als vielmehr von der augenblicklichen Erniedrigung der Wärme, der ein Ort vermöge seiner besondern Lage ausgesetzt ist. Die mittlere Temperatur der Hauptstadt von Mexico ist z. B. nur 16°,8 (13°,5 R.), und doch hat man in hundert Jahren nur ein einziges mal schneien sehen, während es im südlichen Europa und in Afrika noch an Orten schneit, die über 19 Grad mittlere Temperatur haben.

Wegen der Nähe des Meeres ist das Klima von Laguna im Winter milder, als es nach der Meereshöhe seyn sollte. Herr Broussonet hat sogar, wie ich mit Verwunderung hörte, mitten in der Stadt, im Garten des Marquis von Nava, Brotfruchtbäume *(Artocarpus incisa)* und Zimmtbäume *(Laurus cinnamomum)* angepflanzt. Diese köstlichen Gewächse der Südsee und Ostindiens wurden hier einheimisch, wie auch in Orotava. Sollte dieser Versuch nicht beweisen, daß der Brotfruchtbaum in Calabrien, auf Sicilien und in Grenada fortkäme? Der Anbau des Kaffeebaumes ist in Laguna nicht in gleichem Maaße gelungen, wenn auch die Früchte bei Tegueste und zwischen dem Hafen von Orotava und dem Dorfe San Juan de la Rambla reif werden. Wahrscheinlich sind örtliche Verhältnisse, vielleicht die Beschaffenheit des Bodens und die Winde, die in der Blüthezeit wehen, daran Schuld. In andern Ländern, z. B. bei Neapel, trägt der Kaffeebaum ziemlich reichlich Früchte, obgleich die mittlere Temperatur kaum über 18 Grad der hunderttheiligen Scale beträgt.

Auf Teneriffa ist die mittlere Höhe, in der jährlich Schnee fällt, noch niemals bestimmt worden. Solches ist mittelst barometrischer Messung leicht auszuführen, es ist aber bis jetzt fast in allen Erdstrichen versäumt worden; und doch ist diese Bestimmung von großem Belang für den Ackerbau in den Colonien und für die Meteorologie, und ganz so wichtig als das Höhenmaaß der untern Grenze des ewigen Schnees. Ich stelle die Ergebnisse meiner betreffenden Beobachtungen in folgender Uebersicht zusammen.

Geringste Höhe, in der Schnee fällt.	Untere Grenze des ewigen Schnees.	Unterschied der beiden vorstehenden Columnen.	Mittlere Temperatur.

Nörtliche Breite	Toisen.	Meter.	Toisen.	Meter.	Toisen.	Meter.	100theil. Scale.	Reaumur.
0°	2040	3976	2460	4794	420	818	27°	21°6
20°	1550	3020	2360	4598	810	1578	24°5	19°6
40°	0	0	1540	3001	1540	3001	17°	13°6

Diese Tafel gibt nur das Durchschnittsverhältniß, das heißt die Erscheinungen, wie sie sich im ganzen Jahre zeigen. Besondere Lokalitäten können Ausnahmen herbeiführen. So schneit es zuweilen, wenn auch sehr selten, in Neapel, Lissabon, sogar in Malaga, also noch unter dem 37. Grad der Breite, und wie schon bemerkt, hat man Schnee in der Stadt Mexiko fallen sehen, die 1173 Toisen [2286 m] über dem Meere liegt. Dies war seit mehreren Jahrhunderten nicht vorgekommen, und das Ereigniß trat gerade am Tage ein, da die Jesuiten vertrieben wurden, und wurde vom Volke natürlich dieser Gewaltmaaßregel zugeschrieben. Noch ein auffallenderes Beispiel bietet das Klima von Valladolid, der Hauptstadt der Provinz Mechoacan. Nach meinen Messungen liegt diese Stadt unter 19° 41' der Breite nur tausend Toisen hoch; dennoch waren daselbst wenige Jahre vor meiner Ankunft in Neuspanien die Straßen mehrere Stunden lang mit Schnee bedeckt.

Auch auf Teneriffa hat man an einem Orte über Esperanza de la Laguna, dicht bei der Stadt dieses Namens, in deren Gärten Brotbäume wachsen, schneien sehen. Dieser außerordentliche Fall wurde Broussonet von sehr alten Leuten erzählt. Die *Erica arborea*, die *Mirica Faya* und *Arbutus callycarpa* litten nicht durch den Schnee; aber alle Schweine, die im Freien waren, kamen dadurch um. Diese Beobachtung ist für die Pflanzenphysiologie von Wichtigkeit. In heißen Ländern sind die Gewächse so kräftig, daß ihnen der Frost weniger schadet, wenn er nur nicht lange anhält. Ich habe auf der Insel Cuba den Bananenbaum an Orten angebaut gesehen, wo der hunderttheilige Thermometer auf 7 Grad, ja zuweilen fast auf den Gefrierpunkt fällt. In Italien und Spanien gehen Orangen- und Dattelbäume nicht zu Grunde, wenn es auch bei Nacht zwei Grad Kälte hat. Im Allgemeinen macht man beim Garten- und Landbau die Bemerkung, daß Pflanzen in fruchtbarem Boden weniger zärtlich und somit auch für ungewöhnlich niedrige Temperaturgrade weniger empfindlich sind, als solche, die in einem Erdreich wachsen, daß ihnen nur wenig Nahrungssäfte bietet[10]

Zwischen der Stadt Laguna, und dem Hafen von Orotava und der Westküste von Teneriffa kommt man zuerst durch ein hügligtes Land mit schwarzer thonigter Dammerde, in der man hin und wieder kleine Augitkrystalle findet. Wahrscheinlich reißt das Wasser diese Krystalle vom anstehenden Gestein ab, wie zu Frascati bei Rom. Leider entziehen eisenhaltige Flötzschichten den Boden der geologischen Untersuchung. Nur in einigen Schluchten kommen säulenförmige, etwas gebogene Basalte zu Tag, und darüber sehr neue, den vulkanischen Tuffen ähnliche Mengsteine. In denselben sind Bruchstücke des unterliegenden Basalts eingeschlossen, und wie versichert wird, finden sich Versteinerungen von Seethieren darin; ganz dasselbe kommt im Vicentinischen bei Montechio maggiore vor.

Wenn man ins Tal von Tacoronte hinabkommt, betritt man das herrliche Land, von dem die Reisenden aller Nationen mit Begeisterung sprechen. Ich habe im heißen Erdgürtel Landschaften gesehen, wo die Natur großartiger ist, reicher in der Entwicklung organischer Formen; aber nachdem ich die Ufer des Orinoko, die Cordilleren in Peru und die schönen Thäler von Mexiko durchwandert, muß ich gestehen, nirgends ein so mannigfaltiges, so anziehendes, durch die Vertheilung von Grün und Felsmassen so harmonisches Gemälde vor mir gehabt zu haben.

Das Meeresufer schmücken Dattelpalmen und Cocosnußbäume; weiter oben stechen Bananengebüsche von Drachenbäumen ab, deren Stamm man ganz richtig mit einem Schlangenleib vergleicht. Die Abhänge sind mit Reben bepflanzt, die sich um sehr hohe Spaliere ranken. Mit Blüthen bedeckte Orangenbäume, Myrten und Cypressen umgeben Capellen, welche die Andacht auf freistehenden Hügeln errichtet hat. Ueberall sind die Grundstücke durch Hecken von Agave und Cactus eingefriedigt. Unzählige kryptogamische Gewächse, zumal Farne, bekleiden die Mauern, die von kleinen klaren Wasserquellen feucht erhalten werden. Im Winter, während der Vulkan mit Eis und Schnee bedeckt ist, genießt man in diesem Landstrich eines ewigen Frühlings. Sommers, wenn der Tag sich neigt, bringt der Seewind angenehme Kühlung. Die Bevölkerung der Küste ist hier sehr stark; sie erscheint noch größer, weil Häuser und Gärten zerstreut liegen, was den Reiz der Landschaft noch erhöht. Leider steht der Wohlstand der Bewohner weder mit ihrem Fleiße, noch mit der Fülle der Natur im Verhältniß. Die das Land bauen, sind meist nicht Eigenthümer desselben; die Frucht ihrer Arbeit gehört dem Adel, und das Lehnssystem, das so lange ganz Europa unglücklich gemacht hat, läßt noch heute das Volk der Canarien zu keiner Blüthe gelangen.

Von Tegueste und Tacoronte bis zum Dorfe San Juan de la Rambla, berühmt durch seinen trefflichen Malvasier, ist die Küste wie ein Garten angebaut. Ich möchte sie mit der Umgegend von Capua oder Valencia vergleichen, nur ist die Westseite von Teneriffa unendlich schöner wegen der Nähe des Pics, der bei jedem Schritt wieder eine andere Ansicht bietet. Der Anblick dieses Berges ist nicht allein wegen seiner imposanten Masse anziehend; er beschäftigt lebhaft des Geist und läßt uns den geheimnisvollen Quellen der vulkanischen Kräfte nachdenken. Seit Tausenden von Jahren ist kein

Lichtschimmer auf der Spitze des Piton gesehen worden, aber ungeheure Seitenausbrüche, deren letzter im Jahre 1798 erfolgte, beweisen die fortwährende Thätigkeit eines nicht erlöschenden Feuers. Der Anblick eines Feuerschlundes mitten in einem fruchtbaren Lande mit reichem Anbau hat indessen etwas Niederschlagendes. Die Geschichte des Erdballes lehrt uns, daß die Vulkane wieder zerstören, was sie in einer langen Reihe von Jahrhunderten aufgebaut. Inseln, welche die unterirdischen Feuer über die Fluthen emporgehoben, schmücken sich allmählich mit reichem, lachenden Grün; aber gar oft werden diese neuen Länder durch dieselben Kräfte zerstört, durch die sie vom Boden des Ozeans über seine Fläche gelangt sind. Vielleicht waren Eilande, die jetzt nichts sind als Schlacken- und Aschenhaufen, einst so fruchtbar als die Gelände von Tacoronte und Sauzal. Wohl den Ländern, wo der Mensch dem Boden, auf dem er wohnt, nicht mißtrauen darf!

Auf unserem Wege zum Hafen von Orotava kamen wir durch die hübschen Dörfer Matanza und Victoria. Diese beiden Namen findet man in allen spanischen Colonien neben einander; sie machen einen widrigen Eindruck in einem Lande, wo alles Ruhe und Frieden atmet. **Matanza** bedeutet Schlachtbank, Blutbad, und schon das Wort deutet an, um welchen Preis der Sieg erkauft worden. In der neuen Welt weist er gewöhnlich auf eine Niederlage der Eingeborenen hin; auf Teneriffa bezeichnet Matanza den Ort, wo die Spanier von denselben Guanchen geschlagen wurden, die man bald auf den spanischen Märkten als Sklaven verkaufte.

Ehe wir nach Orotava kamen, besuchten wir den botanischen Garten nicht weit vom Hafen. Wir trafen da den französischen Viceconsul Legros, der oft auf der Spitze des Pic gewesen war und an dem wir einen vortrefflichen Führer fanden. Er hatte mit Capitän Baudin eine Fahrt nach Antillen gemacht, durch die der Pariser Pflanzengarten ansehnlich bereichert worden ist. Ein furchtbarer Sturm, den Ledru in seiner Reise nach Portorico beschreibt, zwang das Fahrzeug bei Teneriffa anzulegen, und das herrliche Klima der Insel brachte Legros zu dem Enschluß, sich hier niederzulassen. Ihm verdankt die gelehrte Welt Europa's die ersten genauen Nachrichten über den großen Seitenausbruch des Pics, den man sehr uneigentlich den Ausbruch des Vulkans von Chahorra nennt. [Am 8. Juni 1798.]

Die Anlage eines botanischen Gartens auf Teneriffa ist ein sehr glücklicher Gedanke, da derselbe sowohl für die wissenschaftliche Botanik als für die Einführung nützlicher Gewächse in Europa sehr förderlich werden kann. Die erste Idee eines solchen verdankt man dem Marquis von Nava (Marquis von Villanueva del Prado), einem Mann, der Poivre an die Seite gestellt zu werden verdient und im Triebe, das Gute zu fördern, von seinem Vermögen den edelsten Gebrauch gemacht hat. Mit ungeheuren Kosten ließ er den Hügel von Durasno, der amphitheatralisch aufsteigt, abheben, und im Jahr

1795 machte man mit den Anpflanzungen den Anfang. Nava war der Ansicht, daß die Canarien, vermöge des midlen Klimas und der geographischen Lage, der geeignetste Punkt seyen, um die Naturprodukte beider Indien zu acclimatisiren, um die Gewächse aufzunehmen, die sich allmählich an die niedrigere Temperatur des südlichen Europa gewöhnen sollen. Asiatisch, afrikanische, südamerikanische Pflanzen gelangen leicht in den Garten bei Orotava, um den Chinabaum [Ich meine die Chinaarten, die in Peru und im Königreich Neu-Grenada auf dem Rücken der Cordilleren, zwischen 1000 und 1500 Toisen Meereshöhe an Orten wachsen, wo der Thermometer bei Tag zwischen 9 und 10 Grad, bei Nacht zwischen 3 und 4 Grad steht. Die orangegelbe Quinquina *(Cinchona lancifolia)* ist weit weniger empfindlich als die rothe *(C. oblongifolia)*] in Sicilien, Portugal oder Grenada einzuführen, müßte man ihn zuerst in Durasno oder Laguna anbauen und dann erst die Schößlinge der canarischen China nach Europa verpflanzen. In besseren Zeiten, wo kein Seekrieg mehr den Verkehr in Fesseln schlägt, kann der Garten in Teneriffa auch für die starken Pflanzensendungen aus Indien nach Europa von Bedeutung werden. Diese Gewächse gehen häufig, ehe sie unsere Küsten erreichen, zu Grunde, weil sie auf der langen Ueberfahrt eine mit Salzwasser geschwängerte Luft athmen müssen. Im Garten von Orotava fänden sie eine Pflege und ein Klima, wobei sie sich erholen könnten. Da die Unterhaltung des botanischen Gartens von Jahr zu Jahr kostspieliger wurde, trat der Marquis denselben der Regierung ab. Wir fanden daselbst einen geschickten Gärtner, einen Schüler Aitons, des Vorstehers des königlichen Gartens zu Kew. Der Boden steigt in Terrassen auf und wird von einer natürlichen Quelle bewässert. Man hat die Aussicht auf die Insel Palma, die wie ein Castell aus dem Meere emporsteigt. Wir fanden aber nicht viele Pflanzen hier: man hatte, wo Gattungen fehlten, Etiketten aufgesteckt, mit auf Gerathewohl aus Linnés *systema vegetabilium* genommen schienen. Diese Anordnung der Gewächse nach den Classen des Sexualsystems, die man leider auch in manchen europäischen Gärten findet, ist dem Anbau sehr hinderlich. In Durasno wachsen Proteen, der Gojavabaum, der Jambusenbaum, die Chirimoya aus Peru, [*Annona Cherimolia* Lamarck.] Mimosen und Heliconien im Freien. Wir pflückten reife Samen von mehreren schönen Glycinearten aus Neuholland, welche der Gouverneur von Cumana, Emparan, mit Erfolg angepflanzt hat und die seitdem auf den südamerikanischen Küsten wild geworden sind.

Wir kamen sehr spät in den Hafen von Orotava, [*Puerto de la Cruz*. Der einzige schöne Hafen der Canarien ist der von San Sebastiano auf der Insel Gomera.] wenn man anders diesen Namen einer Rhede geben kann, auf der die Fahrzeuge unter Segel gehen müssen, wenn der Wind stark aus Nordwest bläst. Man kann nicht von Orotova sprechen, ohne die Freunde der Wissenschaft an Cologan zu erinnern, dessen Haus von jeher den Reisenden aller Nationen offen stand. Mehrere Glieder dieser achtungswerthen Familie sind in London und Paris erzogen worden. Don Bernardo Cologan ist bei gründlichen, mannigfaltigen Kenntnissen der feurigste Patriot. Man ist freudig überrascht, auf einer Inselgruppe an der Küste von Afrika der liebenswürdigen Geselligkeit, der edlen Wißbegierde, dem Kunstsinn zu begegnen, die man ausschließlich in einem kleinen Theile von Europa zu Hause glaubt.

Gerne hätten wir einige Zeit in Cologans Hause verweilt und mit ihm in der Umgegend von Orotava die herrlichen Punkte San Juan de la Rambla und Rialexo de Abaxo besucht. Aber auf einer Reise wie die, welche ich angetreten, kommt man selten dazu, der Gegenwart zu genießen. Die quälende Besorgniß, nicht ausführen zu können, was man den andern Tag vorhat, erhält einen in beständiger Unruhe. Leidenschaftliche Natur- und Kunstfreunde sind auf der Reise durch die Schweiz oder Italien in ganz ähnlicher Gemüthsverfassung; da sie die Gegenstände, die Interesse für sie haben, immer nur zum kleinsten Theil sehen können, so wird ihnen der Genuß durch die Opfer verbitternt, die sie auf jedem Schritt zu bringen haben.

Bereits am 21. Morgens waren wir auf dem Weg nach dem Gipfel des Vulkans. Legros, dessen zuvorkommende Gefälligkeit wir nicht genug loben können, der Secretär des französischen Consulats zu Santa Cruz und der englische Gärtner von Durasno teilten mit uns die Beschwerden der Reise. Der Tag war nicht sehr schön, und der Gipfel des Pic, den man in Orotava fast immer sieht, von Sonnenaufgang bis zehn Uhr in dicke Wolken gehüllt. Ein einziger Weg führt auf den Vulkan durch Villa de Orotava, die Ginsterebene und das Malpays, derselbe, den Pater Feullée, Borda, Labillardière, Barrow eingeschlagen, und überhaupt alle Reisenden, die sich nur kurze Zeit in Teneriffa aufhalten konnten. Wenn man den Pic besteigt, ist es gerade, wie wenn man das Chamounithal oder den Aetna besucht: man muß seinen Führern nachgehen und man bekommt nur zu sehen, was schon andere Reisende gesehen und beschrieben haben.

Der Contrast zwischen der Vegetation in diesem Striche von Teneriffa und der in der Umgegend von Santa Cruz überraschte uns angenehm. Beim kühlen, feuchten Klima war der Boden mit schönem Grün bedeckt, während auf dem Weg von Santa Cruz nach Laguna die Pflanzen nichts als Hülsen hatten, aus denen bereits der Samen ausgefallen war. Beim Hafen von Orotava wird der kräftige Pflanzenwuchs den geologischen Beobachtungen hinderlich. Wir kamen an zwei kleinen glockenförmigen Hügeln vorüber. Beobachtungen am Vesuv und in der Auvergne weisen darauf hin, daß dergleichen runde Erhöhungen von Seitenausbrüchen des großen Vulkans herrühren. Der Hügel Montannitta de la Villa scheint wirklich einmal Lava ausgeworfen zu haben; nach den Ueberlieferungen der Guanchen fand dieser Ausbruch im Jahr 1430 statt. Der Obest Franqui versicherte Borda, man sehe noch deutlich, wo die geschmolzenen Stoffe hervorquollen, und die Asche, die den Boden ringsum bedecke, sey noch nicht fruchtbar. [Ich entnehme diese Notiz einer interessanten Handschrift, die jetzt in Paris im *Dépôt des cartes de la Marine* aufgewahrt wird. Sie führt den Titel. *Résumé des opérations géographiques des côtes d'Espagne et de Portugal sur l'Océan, d'une partie des côtes occidentales de l'Afrique et des îles Canaries, par le chevalier de Borda.* Es ist dies die Handschrift, von der de Fleurien in seinen Noten zu Marchands Reise spricht und die mir Borda zum Theil schon vor meiner Abreise mitgetheilt hatte. Ich habe wichtige, noch nicht veröffentlichte Beobachtungen daraus ausgezogen.] Ueberall, wo das Gestein zu Tag ausgeht, fanden wir basaltartigen Mandelstein (Werner) und Bimssteinconglomerat, in dem Rapilli oder Bruchstücke von Bimsstein eingeschlosen sind. Letztere Formation hat Aehnlichkeit mit dem Tuff von Pausilipp und mit den Puzzolanschichten, die ich im Thal von Quito, am Fuße des Vulkans Pichincha, gefunden habe. Der Mandelstein hat langgezogene Poren, wie die obern Lavaschichten des Vesuv. Es scheint dieß darauf hinzudeuten, daß eine elastische Flüssigkeit durch die geschmolzene Materie durchgegangen ist. Trotz diesen Uebereinstimmungen muß ich noch einmal bemerken, daß ich in der ganzen unteren Region des Pics von Tenerifa auf der Seite gegen Orotava keinen Lavastrom, überhaupt keinen vulkanischen Ausbruch gesehen habe, der scharf begrenzt wäre. Regengüsse und Ueberschwemmungen wandeln die Erdoberfläche um, und wenn zahlreiche Lavaströme sich vereinigen und über eine Ebene ergießen, wie ich es am Vesuv im *Atrio dei Cavalli* gesehen, so verschmelzen sie in einander und nehmen das Ansehen wirklich geschichteter Bildungen an.

Villa de Orotava macht schon von weitem einen guten Eindruck durch die Fülle der Gewässer, die auf den Ort zueilen und durch die Hauptstraßen fließen. Die Quelle *Aqua mansa*, in zwei große Becken gefaßt, treibt mehrere Mühlen und wird dann in die Weingärten des anliegenden Geländes geleitet. Das Klima in der **Villa** ist noch kühler als am Hafen, da dort von morgens zehn Uhr ein starker Wind weht. Das Wasser, das sich bei höherer Temperatur in der Luft aufgelöst hat, schlägt sich häufig nieder, und dadurch wird das Klima sehr nebligt. Die Villa liegt etwa 160 Toisen (312 Meter) über dem Meer, also zweihundert Toisen niedriger als Laguna; man bemerkt auch, daß dieselben Pflanzen an letzterem Orte einen Monat später blühen.

Orotava, das alte Taoro der Guanchen, liegt am steilen Abhang eines Hügels; die Straßen schienen uns öde, die Häuser, solid gebaut, aber trübselig anzusehen, gehören fast durch einem Adel, der für sehr stolz gilt und sich selbst anspruchsvoll als *dozo casas* bezeichnet. Wir kamen an einer sehr hohen, mit einer Menge schöner Farn bewachsenen Wasserleitung vorüber. Wir besuchten mehrere Gärten, in denen die Obstbäume des nördlichen Europas neben Orangen, Granatbäumen und Dattelpalmen stehen. Man versicherte uns, letztere tragen hier so wenig Früchte als in Terra Firma an der Küste von Cumana. Obgleich wir den Drachenbaum in Herrn Franquis Garten aus Reiseberichten kannten, so setzte uns seine ungeheure Dicke dennoch in Erstaunen. Man behauptet, der Stamm dieses Baumes, der in mehreren sehr alten Urkunden erwähnt wird, weil er als Grenzmarke eines Feldes diente, sey schon im fünfzehnten Jahrhundert so ungeheuer dick gewesen wie jetzt. Seine Höhe schätzten wir auf 50 bis 60 Fuß [16 bis 19,5 m]; sein Umfang nahe über den Wurzeln beträgt 45 Fuß [14,6 m]. Weiter oben konnten wir nicht messen, aber Sir Georg Staunton hat gefunden, daß zehn Fuß [3,25 m] über dem Boden der Stamm noch zwölf englische Fuß [3,90 m] im Durchmesser hat, was gut mit Bordas Angabe übereinstimmt, der den mittleren Umfang zu 33 Fuß 8 Zoll [10,93 m] angibt. Der Stamm theilt sich in viele Aeste, die kronleuchterartig aufwärts ragen und an den Spitzen Blätterbüschel tragen, ähnlich der Yucca im Tale von Mexiko. Durch diese Theilung in Aeste unterscheidet sich sein Habitus wesentlich von der der Palmen.

Unter den organischen Bildungen ist dieser Baum, neben der Adansonie oder Baobab in Senegal, ohne Zweifel einer der ältesten Bewohner unseres Erdballs. Die Baobabs werden indessen noch dickder als der Drachenbaum von Villa d´Orotava. Man kennt welche, die an der Wurzel 34 Fuß Durchmesser haben, wobei sie nicht höher sind als 50 bis 60 Fuß[11]. Man muß aber bedenken, daß die Adansonia, wie die Ochroma und alle Gewächse aus der Familie der Bombaceen, viel schneller wächst[12] als der Drachenbaum, der sehr langsam zunimmt. Der in Herrn Franqui's Garten trägt noch jedes Jahr Blüten und Früchte. Sein Anblick mahnt lebhaft an »die ewige Jugend der Natur« [*Aristoteles de longit. vitae. cap. 6.*], die eine unerschöpfliche Quelle von Bewegung und Leben ist.

Der Drachenbaum, der nur in den angebauten Strichen der Canarien, auf Madera und Porto Santo vorkommt, ist eine merkwürdige Erscheinung in Beziehung auf die Wanderung der Gewächse. Auf dem Kontinent und Afrika[13] ist er nirgends wild gefunden worden, und Ostindien ist sein eigentliches Vaterland. Auf welchem Wege ist der Baum nach Teneriffa verpflanzt worden, wo er gar nicht häufig vorkommt? Ist sein Daseyn ein Beweis dafür, daß in sehr entlegener Zeit die Guanchen mit andern, mit asiatischen Völkern in Verkehr gestanden haben?

Von Villa da Orotava gelangten wir auf einem schmalen steinigen Pfad durch einen schönen Kastanienwald *(el Monte de Castaños)* in eine Gegend, die mit einigen Lorbeerarten und der baumartigen Heide bewachsen ist. Der Stamm der letzteren wird hier ausnehmend dick, und die Blüthen, mit denen der Strauch einen großen Teil des Jahres bedeckt ist, stechen angenehm ab von den Blüthen des *Hypericum canariense*, das in dieser Höhe sehr häufig vorkommt. Wir machten unter einer schönen Tanne halt, um uns mit Wasser zu versehen. Dieser Platz ist im Lande unter dem Namen *Pino del Dornajito* bekannt; seine Meereshöhe beträgt nach Borda´s barometrischer Messung 522 Toisen [1017 m]. Man hat da eine prachtvolle Aussicht auf das Meer und die ganze Westseite der Insel. Beim *Pino del Dornajito*, etwas rechts vom Weg sprudelt eine ziemlich reiche Quelle; wir tauchten ein Thermometer hinein, es fiel auf 15°,4. Hundert Toisen davon ist eine andere eben so klare Quelle. Nimmt man an, daß diese Gewässer ungefähr die mittlere Wärme des Orts, wo sie zu Tage kommen, anzeigen, so findet man als absolute Höhe des Platzes 520 Toisen, die mittlere Temperatur der Küste zu 21° und unter dieser Zone eine Abnahme der Wärme um einen Grad auf 93 Toisen angenommen. Man dürfte sich nicht wundern, wenn diese Quelle etwas unter der mittleren Lufttemperatur bliebe, weil sich sich wahrscheinlich weiter oben am Pic bildet, und vielleicht sogar mit den kleinen unterirdischen Gletschern zusammenhängt, von denen weiterhin die Rede seyn wird. Die eben erwähnte Uebereinstimmung der barometrischen und der thermometrischen Messung ist desto auffallender, als im Allgemeinen, wie ich anderwärts ausgeführt, [So hat Hunter in den blauen Bergen auf Jamaica die Quellen immer kälter gefunden, als sie nach der Höhe, in der sie zu Tage kommen, seyn sollten.] in Gebirgsländern mit steilen Hängen die Quellen eine zu rasche Wärmeabnahme anzeigen, weil sie kleine Wasseradern aufnehmen, die in verschiedenen Höhen in den Boden gelangen, und somit ihre Temperatur das Mittel aus dem Temperaturen dieser Adern ist. Die Quellen des Dornajito sind im Lande berühmt; als ich dort war, kannte man auf dem Weg zum Gipfel des Vulkans keine andere. Quellenbildung setzt eine gewisse Regelmäßigkeit im Streichen und Fallen der Schichten voraus. Auf vulkanischem Boden verschluckt das löcherige, zerklüftete Gestein das Regenwasser und läßt es in große Tiefen versinken. Deshalb sind die Canarien größtentheils so dürr, trotzdem daß ihre Berge so ansehnlich sind und der Schiffer fortwährend gewaltige Wolkenmassen über dem Archipel gelagert sieht.

Vom Pino del Dornajito bis zum Krater zieht sich der Weg bergan, aber durch kein einziges Thal mehr; denn die kleinen Schluchten *(Barancos)* verdienen diesen Namen nicht. Geologisch betrachtet, ist die ganze Insel Teneriffa nichts als ein Berg, dessen fast eiförmige Grundfläche sich gegen Nordost verlängert, und der mehrere Systeme vulkanischer, zu verschiedenen Zeiten gebildeter Gebirgsarten aufzuweisen hat. Was man im Lande für besondere Vulkane ansieht, wie der **Chahorra** oder **Montaña Colorada** und die **Urca**, das sind nur Hügel, die sich an den Pic anlehnen und seine Pyramide maskiren. Der große Vulkan, dessen Seitenausbrüche mächtige Vorgebirge gebildet haben, liegt indessen nicht genau in der Mitte der Insel, und diese Eigenthümlichkeit im Bau erscheint weniger auffallend, wenn man sich erinnert, daß nach der Ansicht eines ausgezeichneten Mineralogen (Cordier) vielleicht nicht der kleine Krater im Piton die

Hauptrolle bei den Umwälzungen der Insel Teneriffa gespielt hat. Auf die Region der baumartigen Heiden, **Monte Verde** genannt, folgt die der Farn. Nirgends in der gemäßigten Zone habe ich *Pteris*, *Blechnum* und *Asplenium* in solcher Menge gesehen; indessen hat keines dieser Gewächse den Wuchs der Baumfarn, die in Südamerika, in fünf, sechshundert Toisen Höhe, ein Hauptschmuck der Wälder sind. Die Wurzel der *Pteris aquilina* dient den Bewohnern von Palma und Gomera zur Nahrung; sie zerreiben sie zu Pulver und mischen ein wenig Gerstenmehl darunter. Dieses Gemisch wird geröstet und heißt **Gofio**; ein so rohes Nahrungsmittel ist ein Beweis dafür, wie elend das niedere Volk auf den Canarien lebt.

Der Monte Verde wird von mehreren kleinen, sehr dürren Schluchten (*cañadas*) durchzogen. Ueber der Region der Farn kommt man durch ein Gehölz von Wachholderbäumen (*cedro*) und Tannen, das durch die Stürme sehr gelitten hat. An diesen Ort, den einige Reisende *la Caravela* nenne, will Edens [Die Reise wurde im August 1715 gemacht. Carabela heißt ein Fahrzeug mit lateinischen Segeln. Die Tannen vom Pic dienten früher als Mastholz und die königliche Marine ließ im Monte Verde schlagen.] kleine Flammen gesehen haben, die er nach den physikalischen Begriffen seiner Zeit schwefligten Ausdünstungen zuschreibt, die sich von selbst entzünden. Es ging immer aufwärts bis zum Felsen **Gayta** oder **Portillo**; hinter diesem Engpaß, zwischen zwei Basalthügeln, betritt man die große Ebene des Ginsters (*los Llanos del Retama*). Bei Laperouses Expedition hatte Manneron den Pic bis zu dieser etwa 1400 Toisen über dem Meere gelegenen Ebene gemessen, er hatte aber wegen Wassermangels und des üblen Willens der Führer die Messung nicht bis zum Gipfel des Vulkans fortsetzen können. Das Ergebniß dieser zu zwei Drittheilen vollendeten Operation ist leider nicht nach Europa gelangt, und so ist das Geschäft von der Küste an noch einmal vorzunehmen.

Wir brauchten gegen zwei und eine halbe Stunde, um über die Ebene des Ginsters zu kommen, die nichts ist als ein ungeheures Sandmeer. Trotz der hohen Lage zeigte hier der hunderttheilige Thermometer gegen Sonnenuntergang 13°,8, das heißt 3°,7 mehr als mitten am Tage auf dem Monte Verde. Dieser höhere Wärmegrad kann nur von der Strahlung des Bodnes und von der weiten Ausdehnung der Hochebene herrühren. Wir litten sehr vom erstickenden Bimsstaub, in den wir fortwährend gehüllt waren. Mitten in der Ebene stehen Büsche von **Retama**, dem *Spartium nubigenum* d´Aitons. Dieser schöne Strauch, den de Martinière [Einer der Botaniker, die auf Laperouses Seereise umkamen.] in Languedoc, wo Feuermaterial selten ist, einzuführen räth, wird neun Fuß hoch, er ist mit wohlriechenden Blüthen bedeckt, und die Ziegenjäger, denen wir unterwegs begegneten, hatten ihre Strohhüte damit geschmückt. Die dunkelbraunen Ziegen des Pics gelten für Leckerbissen; sie nähren sich von den Blättern des

Spartium und sind in diesen Einöden seit unvordenklicher Zeit verwildert. Man hat sie sogar nach Madera verpflanzt, wo sie geschätzter sind, als die Ziegen aus Europa.

Bis zum Felsen Gayta, das heißt bis zum Anfang der großen Ebene des Ginsters ist der Pic von Teneriffa mit schönem Pflanzenwuchs überzogen, und nichts weist auf Verwüstungen in neuerer Zeit hin. Man meint einen Vulkan zu besteigen, dessen Feuer so lange erloschen ist, wie das des Monte Cavo bei Rom. Kaum hat man die mit Bimsstein bedeckte Ebene betreten, so nimmt die Landschaft einen ganz anderen Charakter an; bei jedem Schritt stößt man auf ungeheure Obsidianblöcke, die der Vulkan ausgeworfen. Alles ringsum ist öd und still; ein paar Ziegen und Kaninchen sind die einzigen Bewohner dieser Hochebene. Das unfruchtbare Stück des Pics mißt über zehn Quadratmeilen, und da die unteren Regionen, von ferne gesehen, in Verkürzung erscheinen, so stellt sich die ganze Insel als ein ungeheurer Haufen verbrannten Gesteins dar, um den sich die Vegetation nur wie ein schmaler Gürtel zieht.

Ueber der Region des *Spartium nubigenum* kamen wir durch enge Schründe und kleine, sehr alte, vom Regenwasser ausgespülte Schluchten zuerst auf ein höheres Plateau und dann an den Ort, wo wir die Nacht zubringen sollten. Dieser Platz, der mehr als 1530 Toisen [2982 m] über der Küste liegt, heißt *Estancia de los Ingleses*[14], ohne Zweifel, weil früher die Engländer den Pik am häufigsten besuchten. Zwei überhängende Felsen bilden eine Art Höhle, die Schutz gegen den Wind bietet. Bis zu diesem Ort, der bereits höher liegt als der Gipfel des Canigu, kann man auf Maulthieren gelangen; viele Neugierige, die beim Abgang von Orotava den Kraterrand erreichen zu können glaubten, bleiben daher hier liegen. Obgleich es Sommer war und der schöne afrikanische Himmel über uns, hatten wir doch in der Nacht von der Kälte zu leiden. Der Thermometer fiel auf 5 Grad. Unsere Führer machten ein großes Feuer von dürren Zweigen der Retama an. Ohne Zelt und Mäntel lagerten wir uns auf Haufen verbrannten Gesteins, und die Flammen und der Rauch, die der Wind beständig gegen uns her trieb, wurden uns sehr lästig. Wir hatten noch nie eine Nacht in so bedeutender Höhe zugebracht, und ich ahnte damals nicht, daß wir einst in Städten wohnen würden, die höher liegen als die Spitze des Vulkans, den wir morgen vollends besteigen sollten. Je tiefer die Temperatur sank, desto mehr bedeckte sich der Pic mit dicken Wolken. Bei Nacht stockt der Zug des Stroms, der den Tag über den Ebenen in die hohen Luftregionen aufsteigt, und im Maaße als sich die Luft abkühlt, nimmt auch ihre das Wasser auflösende Kraft ab. Ein sehr starker Nordwird jagte die Wolken; von Zeit zu Zeit brach der Mond durch das Gewölk und seine Scheibe glänzte auf tief dunkelblauen Grunde; im Angesicht des Vulkans hatte diese nächtliche Scene etwas wahrhaft Großartiges. Der Pic verschwand bald gänzlich im Nebel, bald erschien er unheimlich nahe gerückt und warf wie eine ungeheure Pyramode seinen Schatten auf die Wolken unter uns.

Gegen drei Uhr morgens brachen wir beim trüben Schein einiger Kienfackeln nach der Spitze des Piton auf. Man beginnt die Besteigung an der Nordostseite, wo der Abhang ungemein steil ist, und wir gelangten nach zwei Stunden auf ein kleines Plateau, das seiner isolirten Lage wegen *Alta Vista* heißt. Hier halten sich auch die *Neveros* auf, das heißt die Eingeborenen, die gewerbsmäßig Eis und Schnee suchen und in den benachbarten Städten verkaufen. Ihre Maulthiere, die das Klettern mehr gewöhnt sind, als die, welche man den Reisenden gibt, gehen bis zur Alta Vista und die Neveros müssen den Schnee dahin auf dem Rücken tragen. Ueber diesem Punkte beginnt das **Malpays**, wie man in Mexiko, in Peru und überall, wo es Vulkane gibt, einen von Dammerde entblößten und mit Lavabruchstücken bedeckten Landstrich nennt.

Wir bogen rechts von Wege am, um die **Eishöhle** zu besehen, die in 1728 Toisen [3367 m] Höhe liegt, also unter der Grenze des ewigen Schnees in dieser Breite. Wahrscheinlich rührt die Kälte, die in dieser Höhle herrscht, von denselben Ursachen her, aus denen sich das Eis in den Gebirgsspalten des Jura und der Pyrenäen erhält, und über welche die Ansichten der Physiker noch ziemlich auseinander gehen[15]. Die natürliche Eisgrube des Pics hat übrigens nicht jene senkrechten Oeffnungen, durch welche die warme Luft entweichen kann, während die kalte Luft am Boden ruhig liegen bleibt. Das Eis scheint sich hier durch starke Anhäufung zu erhalten, und weil der Proceß des Schmelzens durch die bei rascher Verdunstung erzeugte Kälte verlangsamt wird. Dieser kleine unterirdische Gletscher liegt an einem Ort, dessen mittlere Temperatur schwerlich unter 3° beträgt, und er wird nicht, wie die eigentlichen Gletscher der Alpen, vom Schneewasser gespeist, das von den Berggipfeln herabkommt. Während des Winters füllt sich die Höhle mit Schnee und Eis, und da die Sonnenstrahlen nicht über den Eingang hinaus eindringen, so ist die Sommerwärme nicht im Stande, den Behälter zu leeren. Die Bildung einer natürlichen Eisgrube hängt also nicht sowohl von der absoluten Höhe der Felsspalte und der mittleren Temperatur der Luftschicht, in der sie sich befindet, als von der Masse des Schnees, der hineinkommt, und von der geringen Wirkung der warmen Winde im Sommer. Die im Innern eines Berges eingeschlossene Luft ist schwer von der Stelle zu bringen, wie man am Monte Testaccio in Rom sieht, dessen Temperatur von der der umgebenden Luft so bedeutend abweicht. Wir werden in der Folge sehen, daß am Chimborazo ungeheure Eismassen unter dem Sand liegen, und zwar, wie auf dem Pic von Teneriffa, weit unter der Grenze des ewigen Schnees.

Bei der Eishöhe *(Cueva del Hielo)* stellten bei Laperouses Seereise Lamanon und Mongès ihren Versuch über die Temperatur des siedenden Wassers an. Sie fanden dieselbe 88°,7, während der Barometer auf 19 Zoll 1 Linie stand. Im Königreich Neugranada, bei der Capelle Guadeloupe in der Nähe von Santa Fe de Bogota, sah ich das Wasser bei 89°,9 unter einem Luftdruck von 19 Zoll 1,9 Linien sieden. Zu Tambores, in der Provinz Popayan, fand Caldas 89°,5 für die Temperatur des siedenden Wassers bei einen Barometerstand von 18 Zoll 11,6 Linien. Nach diesen Ergebnissen könnte man vermuthen, daß bei Lamanons Versuch das Wasser das Maximum seiner Temperatur nicht ganz erreicht hatte.

Der Tag brach an, als wir die Eishöhle verließen. Da beobachteten wir in der Dämmerung eine Erscheinung, die auf hohen Bergen häufig ist, die aber bei der Lage des Vulkanes, auf dem wir uns befanden, besonders auffallend hervortrat. Eine weiße flockige Wolkenschicht entzog das Meer und die niedrigeren Regionen der Insel unseren Blicken. Die Schicht schien nicht über 800 Toisen [1560 m] hoch; die Wolken waren so gleichmäßig verbreitet und lagen so genau in Einer Fläche, daß sie sich ganz wie eine ungeheure mit Schnee bedeckte Ebene darstellten. Die colossale Pyramide des Piks, die vulkanischen Gipfel von Lanzerota, Forteventura und Palma ragten wie Klippen aus dem weiten Dunstmeer empor. Ihre dunkle Färbung stach grell vom Weiß der Wolken ab.

Während wir auf den zertrümmerten Laven des Malpays emporklommen, wobei wir oft die Hände zu Hülfe nehmen mußten, beobachteten wir eine merkwürdige optische Erscheinung. Wir glaubten gegen Ost kleine Raketen in die Luft steigen zu sehen. Leuchtende Punkte, 7 – 8 Grad über dem Horizont, schienen sich zuerst senkrecht aufwärts zu bewegen, aber allmählich ging die Bewegung in eine waagrechte Oszillation über, die acht Minuten anhielt. Unsere Reisegefährten, sogar die Führer äußerten ihre Verwunderung über die Erscheinung, ohne daß wir sie darauf aufmerksam zu machen brauchten. Auf den ersten Blick glaubten wir, diese sich hin und her bewegenden Lichtpunkte seyen die Vorläufer eines neuen Ausbruchs des großen Vulkanes von Lanzerota. Wir erinnerten uns, daß Bouquer und La Condamine bei der Besteigung des Vulkans Pichincha den Ausbruch des Cotopaxi mit angesehen hatten; aber die Täuschung dauerte nicht lange, und wir sahen, daß die Lichtpunkte die durch die Dünste vergrößerten Bilder verschiedener Sterne waren. Die Bilder standen periodisch still, dann schienen sie senkrecht aufzusteigen, sich zur Seite abwärts zu bewegen und wieder am Ausgangspunkt anzugelangen. Diese Bewegung dauerte eine bis zwei Secunden. Wir hatten keine Mittel zur Hand, um die Größe der seitlichen Verrückung genau zu messen, aber den Lauf eines Lichtpunktes konnten wir ganz gut beobachten. Er erschien doppelt durch Luftspiegelung und ließ keine leuchtende Spur hinter sich. Als ich im Fernrohr eines kleinen

Troughtonschen Sextanten die Sterne mit einen hohen Berggipfel auf Lanzerota in Contact brachte, konnte ich sehen, daß die Oscillation beständig gegen denselben Punkt hinging, nämlich gegen das Stück des Horizontes, wo die Sonnenscheibe erscheinen sollte, und daß, abgesehen von der Declinationsbewegung des Sterns, das Bild immer an denselben Fleck zurückkehrte. Diese scheinbaren seitlichen Refractionen hörten auf, lange bevor die Sterne vor dem Tageslicht gänzlich verschwanden. Ich habe hier genau wiedergegeben, was wir in der Dämmerung beobachteten, versuche aber keine Erklärung der auffallenden Erscheinung, die ich schon vor zwölf Jahren in Zachs astronomischem Tagebuch bekannt gemacht habe. Die Bewegung der Dunstbläschen in Folge des Sonnenaufgangs, die Mischung verschiedener, in Temperatur und Dichtigkeit sehr von einander abweichenden Luftschichten haben ohne Zweifel zu der Verrückung der Gestirne in horizontaler Richtung das ihrige beigetragen. Etwas Aehnliches sind wohl die starken Schwankungen der Sonnenscheibe, wenn eben den Horizont berührt; aber diese Schwankungen betragen selten mehr als zwanzig Secunden, während die seitliche Bewegung der Sterne, wie wir sie auf dem Pic in mehr als 1800 Toisen Höhe beobachteten, ganz gut mit bloßem Auge zu bemerken, und auffallender war als alle Erscheinungen, die man bis jetzt als Wirkungen der Brechung des Sternlichts angesehen hat. Ich war bei Sonnenaufgang und die ganze Nacht in 2100 Toisen Höhe auf dem Rücken der Anden, in Antisana, konnte aber nichts gewahr werden, was mit jenem Phänomen übereingekommen wäre.

Ich wünschte in so bedeutender Höhe wie die, welche wir am Pic von Teneriffa erreicht hatten, den Moment des Sonnenaufganges genau zu beobachten. Kein mit Instrumenten versehener Reisender hatte noch eine solche Beobachtung angestellt. Ich hatte ein Fernrohr und ein Chronometer, dessen Gang mir sehr genau bekannt war. Der Himmelsstrich, wo die Sonnenscheibe erscheinen sollte, war dunstfrei. Wir sahen den obersten Rand um 4 Uhr 48' 55" wahrer Zeit, und, was ziemlich auffallend ist, der erste Lichtpunkt der Scheibe berührte unmittelbar die Grenze des Horizonts; wir sahen demnach den wahren Horizont, das heißt einen Strich Meers auf mehr als 43 Meilen Entfernung. Die Rechnung ergibt, daß unter dieser Breite in der Ebene die Sonne um 5 Uhr 1 Minute 50 Secunden, oder 11 Minuten 51,3 Secunden später als auf dem Pic hätte anfangen sonnen aufzugehen. Der beobachete Unterschied betrug 12 Minuten 55 Secunden, und dieß kommt ohne Zweifel von der Ungewißheit hinsichtlich der Refractionsverhältnisse für einen Abstand vom Zenith, wofür keine Beobachtungen vorliegen[16].

Wir wunderten uns, wie ungemein langsam der untere Rand der Sonne sich vom Horizont zu lösen schien. Dieser Rand wurde erst um 4 Uhr 56 Min. 56 Sec. sichtbar. Die stark abgeplattete Sonnenscheibe war scharf begrenzt; es zeigte sich während des Aufgangs weder ein doppeltes Bild noch eine Verlängerung des untern Randes. Der Sonnenaufgang dauerte dreimal länger, als wir in dieser Breite hätten erwarten sollen, und so ist anzunehmen, daß eine sehr gleichförmig verbreitete Dunstschicht den wahren Horizont verdeckte und der aufsteigenden Sonne nachrückte. Trotz des Schwankens der Sterne, das wir vorhin im Osten beobachtet, kann man die Langsamkeit des Sonnenaufgangs nicht wohl einer ungewöhnlich starken Brechung der vom Meereshorizont zu uns gelangenden Strahlen zuschrieben; denn, wie le Gentil es täglich in Pondichery und ich öffers in Cumana beobachet haben, erniedrigt sich der Horizont gerade bei Sonnenaufgang, weil die Temperatur der Luftschicht unmittelbar auf der Meeresfläche sich erhöht.

Der Weg, den wir uns durch das Malpays bahnen mußten, ist äußerst ermüdend. Der Abhang ist steil und die Lavablöcke wichen unter unseren Füßen. Ich kann dieses Stück des Weges nur mit den **Moränen** der Alpen vergleichen, jenen Haufen von Rollsteinen, welche am untern Ende der Gletscher liegen; die Lavatrümmer auf dem Pic haben aber scharfe Kanten und lassen oft Lücken, in die man Gefahr läuft bis zum halben Körper zu fallen Leider trug die Faulheit und der üble Wille unserer Führer viel dazu bei, uns das Aufsteigen sauer zu machen; sie glichen weder den Führern im Chamounithal noch jenen gewandten Guanchen, von denen die Sage geht, daß sie ein Kaninchen oder eine wilde Ziege im Laufe fingen. Unsere canarischen Führer waren träg zum Verzweifeln: sie hatten tags zuvor uns bereden wollen, nicht über die Station bei den Felsen hinaufzugehen; sie setzten sich alle zehn Minuten nieder, um auszuruhen; sie warfen hinter uns die Handstücke Obsidian und Bimsstein, die wir sorgfältig gesammelt hatten, weg, und es kam heraus, daß noch keiner auf dem Gipfel des Vulkanes gewesen war.

Nach dreistündigem Marsch erreichten wir das Ende des Malpays bei einer kleinen Ebene, *la Rambleta* genannt; aus ihrem Mittelpunkte steigt der Piton oder Zuckerhut empor. Gegen Orotava zu gleicht der Berg jenen Treppenpyramiden in Fejoum und in Mexiko, denn die Plateaus der Retama und die Rambleta bilden zwei Stockwerke, deren ersteres viermal höher ist als letzteres. Nimmt man die ganze Höhe des Piks zu 1904 Toisen [3710 m] an, so liegt die Rambleta 1820 Toisen [3546 m] über dem Meere. Hier befinden sich die Luftlöcher, welche bei den Eingeborenen **Nasenlöcher des Piks** (*Narices des Pico*) heißen. Aus mehreren Spalten im Gestein dringen hier in Absätzen warme Wasserdünste; wir sahen den Thermometer darin auf 43°,2 steigen; Labillardière hatte acht Jahre vor uns diese Dämpfe 53°,7 heiß gefunden, ein Unterschied, der vielleicht nicht sowohl auf eine Abnahme der vulkanischen Thätigkeit als auf einen lokalen Wechsel in der Erhitzung der Bergwände hindeutet. Die Dämpfe sind geruchlos und scheinen reines Wasser. Kurz vor dem großen Ausbruch des Vesuv im Jahr

1806 beobachteten Gay-Lussac und ich, daß das Wasser, das in Dampfform aus dem Innern des Kraters kommt, Lackmuspapier nicht röthete. Ich kann übrigens der kühnen Hypothese mehrerer Physiker nicht beistimmen, wornach die **Naslöcher des Pic** als die Mündungen eines ungeheuren Destillierapparates, dessen Boden unter der Meeresfläche liegt, zu betrachten seyn sollen. Seit man die Vulkane sorgfältiger beobachetet und der Hang zum Wunderbaren sich in geologischen Büchern weniger bemerkbar macht, fängt man an den unmittelbaren beständigen Zusammenhang zwischen dem Meer und den Herden des vulkanischen Feuers mit Recht stark in Zweifel zu ziehen[17]. Diese durchaus nicht auffallende Erscheinung erklärt sich wohl sehr einfach. Der Pic ist einen Theil des Jahres mit Schnee bedeckt; wir selbst fanden noch welchen auf der kleinen Ebene Rambleta; ja Odonell und Armstrong haben im Jahre 1806 im Malpays eine sehr starke Quelle entdeckt, und zwar hundert Toisen über der Eishöhle, die vielleicht zum Theil von dieser Quelle gespeist wird. Alles weist also darauf hin, daß der Pic von Teneriffa, gleich den Vulkanen der Anden und der Inzel Lucon, im Inneren große Höhlungen hat, die mit atmosphärischem Wasser gefüllt sind, das einfach durchgesickert ist. Die Wasserdämpfe, welche die Naslöcher und die Spalten im Krater ausstoßen, sind nichts als dieses selbe Wasser, das durch die Wände, über die es fließt, erhitzt wird.

Wir hatten jetzt noch den steilsten Theil des Berges, der die Spitze bildet, den Piton, zu ersteigen. Der Abhang dieses kleinen, mit vulkanischer Asche und Bimssteinstücken bedeckten Kegels ist so schroff, daß es fast unmöglich wäre, auf den Gipfel zu gelangen, wenn man nicht einem alten Lavastrom nachginge, der aus dem Krater geflossen scheint und dessen Trümmer dem Zahn der Zeit getrotzt haben. Diese Trümmer bilden eine verschlackte Felswand, die sich mitten durch die lose Asche hinzieht. Wir erstiegen den Piton, indem wir uns an diesen Schlacken anklammerten, die scharfe Kanten haben und, halb verwittert, wie sie sind, uns nicht selten in der Hand blieben. Wir brauchten gegen eine halbe Stunde, um einen Hügel zu ersteigen, dessen senkrechte Höhe kaum 90 Toisen [175 m] beträgt. Der Vesuv, der dreimal niedriger ist als der Vulkan auf Teneriffa, läuft in einen fast dreimal höheren Aschenkegel aus, der aber nicht so steil und zugänglicher ist. Unter allen Vulkanen, die ich besucht, ist nur der Jorullo in Mexiko noch schwerer zu besteigen, weil der ganze Berg mit loser Asche bedeckt ist.

Wenn der Zuckerhut mit Schnee bedeckt ist, wie bei Eintritt des Winters, so kann die Steilheit des Anhanges den Reisenden in die größte Gefahr bringen. Le Gros zeigte uns die Stelle, wo Kapitän Baudin auf seiner Reise nach Teneriffa beinahe ums Leben gekommen wäre. Muthig hatte er gegen Ende Dezembers 1797 mit den Naturforschern Advenier, Mauger und Riedlé die Besteigung des Gipfels des Vulkans unternommen. In der halben Höhe des Kegels fiel er und rollte bis zur kleinen Ebene Rambleta hinunter; zum Glück machte ein mit Schnee bedeckter Lavahaufen, daß er nicht noch weiter mit beschleunigter Geschwindigkeit hinabflog. Wie man mir versichert, ist ein Reisender, der den mit festem Rasen bedeckten Abhang des Col de Balme hinabgerollt war, erstickt gefunden worden.

Auf der Spitze des Piton angelangt, wunderten wir uns nicht wenig, daß wir kaum Platz fanden, bequem niederzusitzen. Wir standen vor einer kleinen kreisförmigen Mauer aus porphyrartiger Lava mit Pechsteinbasis; diese Mauer hinterte uns, in den Krater hinabzusehen. [La Caldera oder der Kessel des Pics. Der Name erinnert an die **Oules** der Pyrenäen.] Der Wind blies so heftig aus West, daß wir uns kaum auf den Beinen halten konnten. Es war acht Uhr morgens und wir waren starr vor Kälte, obgleich der Thermometer etwas über dem Gefrierpunkt stand. Seit lange waren wir an eine sehr hohe Temperatur gewöhnt, und der trockene Wind steigerte das Frostgefühl, weil er die kleine Schicht warmer und feuchter Luft, welche sich durch die Hautausdünstung um uns her bildete, fortwährend wegführte.

Der Krater des Pic hat, was den Rand betrifft, mit den Kratern der meisten anderen Vulkane, die ich besucht, z. B. mit dem des Vesuvs, des Jorullo und Pipincha, keine Aehnlichkeit. Bei diesen behält der Piton seine Kegelgestalt bis zum Gipfel; der ganze Abhang ist im selben Winkel geneigt und gleichförmig mit einer Schicht sehr fein zertheilten Bimssteins bedeckt; hat man die Spitze dieser drei Vulkane erreicht, so blickt man frei bis auf den Boden des Schlunds. Der Pic von Teneriffa und der Cotopaxi dagegen sind ganz anders gebaut; auf ihrer Spitze läuft kreisförmig ein Kamm oder eine Mauer um den Krater; von ferne stellt sich diese Mauer wie ein kleiner Cylinder auf einem abgestutzten Kegel dar. Beim Cotopaxi erkennt man dieses eigenthümliche Bauwerk über 2000 Toisen weit mit bloßem Auge, weßhalb auch noch kein Mensch bis zum Krater dieses Vulkans gekommen ist. Beim Pik von Tenerifa ist der Kamm, der wie eine Brustwehr um den Krater läuft, so hoch, daß er gar nicht zur **Caldera** gelangen ließe, wenn sich nicht gegen Ost eine Lücke darin befände, die von einem sehr alten Lavaerguß herzurühren scheint. Durch diese Lücke stiegen wir auf den Boden des Trichters hinab, der elliptisch ist; die große Achse läuft von Nordwest nach Südost, etwa Nord 35° Ost. Die größte Breite der Öffnung schätzten wir auf 300 Fuß [97 m], die kleinste auf 200 Fuß [65 m]. Diese Angaben stimmen ziemlich mit den Messungen von Berguin, Verela und Borda; nach diesen Reisenden messen die zwei Axen 40 und 30 Toisen. [Cordier, der den Gipfel des Pics vier Jahre nach mir besucht hat, schätzt die große Axe auf 65 Toisen. Lamanon gibt dafür 50 T. an, Odonnell aber gibt dem Krater 550 Baras (236 Toisen) Umfang.]

Man sieht leicht ein, daß die Größe eines Kraters nicht allein von der Höhe und der Masse des Berges abhängt, dessen Hauptöffnung er bildet. Seine Weite steht sogar selten im Verhältniß mit der Intensität des vulkanischen

Feuers oder der Thätigkeit des Vulkans. Beim Vesuv, der gegen den Pik von Teneriffa nur ein Hügel ist, hat der Krater einen fünfmal größeren Durchmesser. Bedenkt man, daß sehr hohe Vulkane aus ihrem Gipfel weniger Stoffe auswerfen als aus Seitenspalten, so könnte man versucht seyn anzunehmen, daß, je niedriger die Vulkane sind, ihre Krater, bei gleicher Kraft und Thätigkeit, desto größer seyn müßten. Allerdings gibt es ungeheure Vulkane in den Anden, die nur sehr kleine Oeffnungen haben, und man könnte es als ein geologisches Gesetz hinstellen, daß die colossalsten Berge auf ihren Gipfeln nur Krater von geringem Umfang haben, wenn sich nicht in den Cordilleren mehrere Beispiele [Die großen Vulkane Cotopaxi und Rucupichincha haben nach meinen Messungen Krater mit Diametern von mehr als 500 und 700 Toisen.] des gegentheiligen Verhaltens fänden. Ich werde im Verfolg Gelegenheit finden, zahlreiche Thatsachen anzuführen, welche einst auf das, was man den äußern Bau der Vulkane nennen kann, einiges Licht werfen könnten. Dieser Bau ist so mannigfaltig als die vulkanischen Erscheinungen selbst, und will man sich zu geologischen Vorstellungen erheben, die der Größe der Natur würdig sind, so muß man die Meinung aufgeben, als ob alle Vulkane nach dem Muster des Vesuv, des Stromboli und des Aetna gebaut wären.

Die äußeren Ränder der **Caldera** sind beinahe senkrecht; sie stellen sich ungefähr dar wie die Somma, vom Atrio dei Cavalli aus gesehen. Wir stiegen auf den Boden des Kraters auf einen Streif zerbrochener Laven, der zu der Lücke in der Umfassungsmauer hinaufläuft. Hitze war nur über einigen Spalten zu spüren, aus denen Wasserdampf mit einem eigenthümlichen Sumsen strömte. Einige dieser Luftlöcher oder Spalten befinden sich äußerhalb des Kraterumfanges, am äußeren Rand der Brüstung, welche den Krater umgibt. Ein in dieselben gebrachter Thermometer stieg rasch auf 68 und 75 Grad. Er zeigte ohne Zweifel eine noch höhere Temperatur an; aber wir konnten das Instrument erst ansehen, nachdem wir es herausgezogen, wollten wir uns nicht die Hände verbrennen. Cordier hat mehrere Spalten gefunden, in denen die Hitze der des siedenden Wassers gleich war. Man könnte glauben, diese Dämpfe, die stoßweise hervorkommen, enthalten Salzsäure oder Schwefelsäure; läßt man sie aber an einem kalten Körper sich verdichten, zeigen sie keinen besondern Geschmack, und die Versuche mehrerer Physiker mit Reagentien beweisen, daß die Fumarolen des Pic nur reines Wasser aushauchen; diese Erscheinung, die mit meinen Beobachtungen im Krater des Jorullo übereinstimmt, verdient desto mehr Aufmerksamkeit, als Salzsäure in den meisten Vulkanen in großer Menge vorkommt und Bauquelin sogar in den porphyrähnlichen Laven von Sarcouy in der Auvergne Salzsäure gefunden hat.

Ich habe an Ort und Stelle die Ansicht des inneren Kraterrandes gezeichnet, wie er sich darstellt, wenn man durch die gegen Ort gelegene Lücke hinabsteigt. Nichts merkwürdiger als diese Aufeinanderlagerung von Lavaschichten, die Krümmungen zeigen, wie der Alpenkalkstein. Diese ungeheuren Bänke sind bald wagrecht, bald geneigt und wellenförmig gewunden, und Alles weist darauf hin, daß einst die ganze Masse flüssig war, und daß mehrere störende Ursachen zusammenwirkten, um jedem Strom seine bestimmte Richtung zu geben. An der obenumlaufenden Mauer sieht man das seltsame Astwerk, wie man es an der entschwefelten Steinkohle beobachtet. Der nördliche Rand ist der höchste; gegen Südwest erniedrigt sich die Mauer bedeutend und am äußersten Rand ist eine ungeheure verschlackte Lavamasse angebacken. Gegen West ist das Gestein durchbrochen, und durch eine weite Spalte sieht man den Meereshorizont. Vielleicht hat die Gewalt der elastischen Dämpfe im Moment, wo die im Krater aufgestiegene Lava überquoll, hier durchgerissen.

Das Innere des Trichters weist darauf hin, daß der Vulkan seit Jahrtausenden nur noch aus seinen Seiten Feuer gespieen hat. Diese Behauptung gründet sich nicht darauf, weil sich am Boden der Caldera keine großen Oeffnungen zeigen, wie man erwarten könnte. Die Physiker, die die Natur selbst beobachtet haben, wissen, daß viele Vulkane in der Zwischenzeit zweier Ausbrüche ausgefüllt und fast erloschen scheinen, daß sich dann aber im vulkanischen Schlund Schichten sehr rauher, klingender und glänzender Schlacken finden. Man bemerkt kleine Erhöhungen, Auftreibungen durch die elastischen Dämpfe, kleine Schlacken- und Aschenkegel, unter denen die Oeffnungen liegen. Der Krater des Pic von Teneriffa zeigt keiens dieser Merkmale; sein Boden ist nicht im Zustand geblieben, wie ein Ausbruch ihn zurückläßt. Durch den Zahn der Zeit und den Einfluß der Dämpfe sind die Wände abgebröckelt und haben das Becken mit großen Blöcken steinigter Lava bedeckt.

Man gelangt gefahrlos auf den Boden des Kraters. Bei einem Vulkan, dessen Hauptthätigkeit dem Gipfel zu geht, wie beim Vesuv, wechselt die Tiefe des Kraters vor und nach jedem Ausbruch; auf dem Pic von Teneriffa dagegen scheint die Tiefe seit langer Zeit sich gleichgeblieben zu seyn. Edens schätzte sie im Jahre 1715 auf 115 Fuß [37 m], Cordier im J. 1803 auf 110 [35,5 m]. Nach dem Augenmaaß hätte ich geglaubt, daß der Trichter nicht einmal so tief wäre. In seinem jetzigen Zustand ist er eigentlich eine Solfatara; er ist ein weites Feld für interessante Beobachtungen, aber imposant ist sein Anblick nicht. Großartig wird der Punkt nur durch die Höhe über dem Meeresspiegel, durch die tiefe Stille in dieser Region, durch den unermeßlichen Erdraum, den das Auge auf der Spitze des Berges überblickt.

Die Besteigung des Vulkans von Teneriffa ist nicht nur dadurch anziehend, daß sie uns so reichen Stoff für wissenschaftliche Forschung liefert; sie ist es noch weit mehr dadurch, daß sie den, der Sinn hat für die Größe der Natur, eine Fülle malerischer Reize bietet. Solche Empfindungen zu schildern, ist eine schwere Aufgabe; sie regen uns desto tiefer auf, da sie etwas Unbestimmtes haben, wie es die Unermeßlichkeit des Raums und die Größe, Neuheit und Mannigfaltigkeit der uns umgebenden Gegenstände mit sich bringen. Wenn ein Reisender die hohen Berggipfel unseres Erdballs, die Cataracten der großen Ströme, die gewundenen Thäler der Anden zu beschreiben hat, so läuft er Gefahr den Leser durch den eintönigen Ausdruck seiner Bewunderung zu ermüden. Es scheint mir den Zwecken, die ich bei dieser Reisebeschreibung im Auge habe, angemessener, den eigenthümlichen Charakter zu schildern, der jeden Landstrich auszeichnet. Man lehrt die Physiognomie einer Landschaft deste besser kennen, je genauer man die einzelnen Züge auffaßt, sie unter einander vergleicht und so auf dem Wege der Analysis den Quellen der Genüsse nachgeht, die uns das große Naturgemälde bietet.

Die Reisenden wissen aus Erfahrung, daß man auf der Spitze hoher Berge selten eine so schöne Aussicht hat und so mannigfaltige malerische Effekte beobachtet als auf den Gipfeln von der Höhe des Vesuvs, des Rigi, des Puy de Dome. Colossale Berge wie der Chimborazo, der Antisana oder der Montblanc haben eine so große Masse, daß man die mit reichem Pflanzenwuchs bedeckten Ebenen nur in großer Entfernung sieht und ein bläulicher Duft gleichförmig auf der ganzen Landschaft liegt. Durch seine schlanke Gestalt und seine eigenthümliche Lage vereinigt nun der Pic von Teneriffa die Vortheile niedrigerer Gipfel mit denen, wie sehr bedeutende Höhen sie bieten. Man überblickt auf seiner Spitze nicht allein einen ungeheuren Meereshorizont, der über die höchsten Berge der benachbarten Inseln hinaufreicht, man sieht auch die Wälder von Teneriffa und die bewohnten Küstenstriche so nahe, daß noch Umrisse und Farben in den schönsten Contrasten hervortreten. Es ist als ob der Vulkan die kleine Insel, die ihm zur Grundlage dient, erdrückte; er steigt aus dem Schooße des Meeres dreimal höher auf, als die Wolken im Sommer ziehen. Wenn sein seit Jahrhunderten halb erloschener Krater Feuergarben auswürfe wie der Stromboli der äolischen Inseln, so würde der Pik von Tenerifa dem Schiffer in einem Umkreis von mehr als 260 Meilen als Leuchtthurm dienen.

Wir lagerten uns am äußern Rande des Kraters und blickten zuerst nach Nordwest, wo die Küsten mit Dörfern und Weilern geschmückt sind. Vom Winde fortwährend hin und her getriebene Dunstmassen zu unser Füßen boten uns das mannigfaltigste Schauspiel. Eine ebene Wolkenschicht zwischen uns den tiefen Regionen der Insel, dieselbe, von der oben die Rede war, war da und dort durch die kleinen Luftströme durchbrochen, welche nachgerade die von der Sonne erwärmte Erdoberfläche zu uns heraufsandte. Der Hafen von Orotava, die darin ankernden Schiffe, die Gärten und Weinberge um die Stadt wurden durch eine Oeffnung sichtbar, welche jeden Augenblick größer zu werden schien. Aus diesen einsamen Regionen blickten wir nieder in eine bewohnte Welt; wir ergötzten uns am lebhaften Contrast zwischen den dürren Flanken des Pics, seinen mit Schlacken bedeckten steilen Abhängen, seinen pflanzenlosen Plateaus, und dem lachtenden Anblick des bebauten Landes; wir sahen, wie sich die Gewächse nach der mit der Höhe abnehmenden Temperatur in Zonen vertheilen. Unter dem Piton beginnen Flechten die verschlackten, glänzenden Laven zu überziehen; ein Veilchen [*Viola cheiranthifolia*], das der *Viola decumbens* nahe steht, geht am Abhang des Vulkans bis zu 1740 Toisen [3390 m] Höhe, höher nicht allein als die andern krautartigen Gewächse, sondern sogar höher als die Gräser, welche in den Alpen und auf dem Rücken der Kordilleren unmittelbar an die Gewächse aus der Familie der Kryptogamen stoßen. Mit Blüthen bedechte Retamabüsche schmücken die kleinen, von den Regenströmen eingerissenen und durch die Seitenausbrüche verstopften Thäler; unter der Retama folgt die Region der Farn und auf diese die der baumartigen Heiden. Wälder von Lorbeeren, Rhamnus und Erdbeerbäumen liegen zwischen den Heidekräutern und den mit Reben und Obstbäumen bepflanzten Geländen. Ein reicher grüner Teppich breitet sich von der Ebene der Ginster und der Zone der Alpenkräuter bis zu den Gruppen von Dattelpalmen und Musen, deren Fuß das Weltmeer zu bespülen scheint. Ich deute hier nur die Hauptzüge dieser Pflanzenkarte an; im Folgenden gebe ich einiges Nähere über die Pflanzengeographie der Insel Teneriffa.

Daß auf der Spitze des Pics die Dörfchen, Weinberge und Gärten an der Küste einem so nahe gerückt scheinen, dazu trägt die erstaunliche Durchsichtigkeit der Luft viel bei. Trotz der bedeutenden Entfernung erkannten wir nicht nur die Häuser, die Baumstämme, das Takelwerk der Schiffe, wir sahen auch die reiche Pflanzenwelt der Ebenen in den lebhaftesten Farben glänzen. Diese Erscheinung ist nicht allein dem hohen Standpunkt zuzuschreiben, sie deutet auf eine eigenthümliche Beschaffenheit der Luft in den heißen Ländern. Unter allen Zonen erscheint ein Gegenstand, der sich auf dem Meeresspiegel befindet und von dem die Lichtstrahlen in wagrechter Richtung ausgehen, weniger lichtstark, als wenn man ihn vom Gipfel eines Berges sieht, wohin die Wasserdämpfe durch Luftschichten von abnehmender Dichtigkeit gelangen. Gleich auffallende Unterschiede werden vom Einfluß der Klimate bedingt; der Spiegel eines Sees oder eines breiten Flusses glänzt bei gleicher Entfernung weniger, wenn man ihn vom Kamme der Schweizer Hochalpen, als wenn man ihn vom Gipfel der Cordilleren von Peru oder Mexico sieht. Je reiner und heiterer die Luft ist, desto vollständiger wird das Licht bei seinem Durchgang geschwächt. Wenn man von der Südsee her auf die Hochebene von Quito oder Antisana kommt, so wundert man sich in den ersten Tagen, wie nahe gerückt Gegenstände erscheinen, die sieben, acht Meilen entfernt sind. Der Pic von Teyde genießt nur zwar nicht des Vortheils, unter den Tropen zu liegen, aber die Trockenheit der Luftsäulen, welche fortwährend über den benachbarten afrikanischen Ebenen aufsteigen und die die Westwinde rasch herbeiführen, verleiht der Luft der canarischen Inseln eine Durchsichtigkeit, hinter der nicht nur die Luft Neapels und Siziliens, sondern vielleicht sogar der klare Himmel Perus und Quitos zurückstehen. Auf dieser Durchsichtigkeit beruht vornehmlich die Pracht der Landschaften unter den Tropen; sie hebt den Glanz der Farben der Gewächse und steigert die magische Wirkung ihrer Harmonien und ihrer Contraste. Wenn eine große, um die Gegenstände verbreitete Lichtmasse in gewissen Stunden des Tages die äußern Sinne ermüdet, so wird der Bewohner südlicher Klimate durch moralische Genüsse dafür entschädigt. Schwung und Klarheit der Gedanken, innerliche Heiterkeit entsprechen der Durchsichtigkeit der umgebenden Luft. Man erhält diese Eindrücke, ohne die Grenzen von Europa zu überschreiten; ich berufe mich auf die Reisenden, welche jene durch die Wunder des Gedankens und der Kusnt verherrlichten Länder gesehen haben, die glücklichen Himmelsstriche Griechenlands und Italiens.

Umsonst verlängerten wir unseren Aufenthalt auf dem Gipfel des Pics, des Moments harrend, wo wir den ganzen Archipel der glückseligen Inseln[18] würden übersehen können. Wir sahen zu unseren Füßen Palma, Gomera und die Große Canaria. Die Berge von Lanzerota, die bei Sonnenaufgang dunstfrei gewesen waren, hüllten sich bald wieder in dichte Wolken. Nur die gewöhnliche Refraction vorausgesetzt, übersieht das Auge bei hellen Wetter vom Gipfel des Vulkans ein Stück Erdoberfläche von 5700 Quadratmeilen [115000 qkm], also so viel als ein Viertheil der Oberfläche Spaniens. Oft ist die Frage aufgeworfen worden, ob man von dieser ungeheurn Pyramide die afrikanische Küste sehen könne. Aber die nächsten Striche dieser Küste sind 2 Grad 49 Minuten im Bogen, oder 56 Meilen [252 km] entfernt; da nun der Gesichtshalbmesser des Horizonts des Pics 1 Grad 47 Minuten beträgt, so kann Cap Bojador nur sichtbar werden, wenn man ihm 200 Toisen Meereshöhe gibt. Wiir wissen gar nicht, wie hoch die Schwarzen Berge bei Cap Bojador sind, sowie der Pic südlich von diesem Vorgebirge, den die Seefahrer Peñon grade nennen. Wäre der Gipfel des Vulkans von Teneriffa zugänglicher, so ließen sich dort ohne Zweifel bei gewissen Windrichtungen die Wirkungen ungewöhnlicher Refraction beobachten. Liest man die Berichte spanischer und portugiesischer Schriftsteller über die Existenz der fabelhaften Insel San Borondon oder Antilia, so sieht man, daß in diesen Strichen vorzüglich der feuchte West-Süd-Westwind Luftspiegelungen zur Folge hat;[19] indessen wollen wir nicht mit Viera glauben, »daß durch das Spiel der irdischen Refraction die Inseln des grünen Vorgebirges, ja sogar die Apalachen in Amerika den Bewohnern der Canarien sichtbar werden können.«

Die Kälte, die wir auf dem Gipfel des Pics empfanden, war für die Jahreszeit sehr bedeutend. Der hunderttheilige Thermometer[20] zeigte entfernt vom

Boden und von den Fumarolen, die heiße Dämpfe ausstoßen, im Schatten 2°,7. Der Wind war West, also dem entgegengesetzt, der einen großen Teil des Jahres Teneriffa die heiße Luft zuführt, die über den glühenden Wüsten Afrikas aufsteigt. Da die Temperatur im Hafen von Orotava, nach Herrn Savagis Beobachtung, 22°,8 war, so nahm die Wärme auf 94 Toisen Höhe um einen Grad ab. Dieses Ergebniß stimmt vollkommen mit dem überein, was Lamanon und Saussure auf den Spitzen des Pics und des Aetna, obwohl in sehr verschiedenen Jahreszeiten, beobachtet haben. [Lamanons Beobachtung ergiebt einen Grad auf 99 Toisen, obgleich die Temperatur des Pics um 9° von der von uns beobachteten abwich. Am Aetna fand Saussure die Abnahme gleich 91 Toisen.] Die schlanke Gestalt dieser Berge bietet den Vortheil, daß man die Temperatur zweier Luftschichten fast senkrecht über einander beobachten kann, und in dieser Beziehung gleichen die Beobachtungen, die man bei der Besteigung des Vulkans von Teneriffa macht, denen, die man bei einer Auffahrt im Luftballon machen kann. Es ist indessen zu bemerken, daß die See wegen ihrer Durchsichtigkeit und wegen der Verdunstung weniger Wärme den hohen Luftschichten zusendet als die Ebenen; daher ist es auf vom Meer umgebenen Berggipfeln im Sommer kälter als auf Bergen mitten im Lande; dieses Moment hat aber nur geringen Einfluß auf die Abnahme der Luftwärme, da die Temperatur der tiefen Regionen in der Nähe des Meeres gleichfalls eine niedrigere ist.

Anders verhält es sich mit dem Einflusse der Windrichtung und der Geschwindigkeit des aufsteigenden Stroms; letzterer erhöht nicht selten die Temperatur der höchsten Berge in erstaunlichem Grade. Am Abhang des Antisana im Königreich Quito sah ich in 2837 Toisen Höhe den Thermometer auf 19° stehen; Labillardière beobachtete am Kraterrand des Pic von Teneriffa 18°,7, wobei er alle erdenkliche Vorsicht gebraucht hatte, um den Einfluß zufälliger Ursachen auszuschließen. Da die Temperatur der Rhede von Santa Cruz zur selben Zeit 28° war, so betrug der Unterschied zwischen der Luft an der Küste und der auf dem Pic 9°,3 statt 20°, die einer Wärmeabnahme von einem Grad auf 94 Toisen entsprechen. Ich finde im Schiffstagebuch von l´Entrecasteaux´s Expedition, daß damals in Santa Cruz der Wind Süd-Süd-Ost war. Vielleicht wehte derselbe Wind stärker in den hohen Luftregionen; vielleicht trieb er in schiefer Richtung die warme Luft vom nahen Festlande der Spitze des Piton zu. Labillardières Besteigung fand zudem am 17. Oktober 1791 statt, und in den Schweizer Alpen hat man die Beobachtung gemacht, daß der Temperaturunterschied zwischen Berg und Tiefland im Herbst geringer ist als im Sommer. Alle diese Schwankungen im Maß der Temperaturabnahme haben auf die Messungen mittelst des Barometers nur insofern Einfluß, als die Abnahme in den dazwischenliegenden Schichten nicht gleichförmig ist, und von der arithmetischen gleichmäßigen Progression, wie die angewandten Formeln sie annehmen, abweicht.

Wir wurden auf dem Gipfel des Pics nicht müde, die Farbe des blauen Himmelsgewölbes zu bewundern. Ihre Intensität im Zenith schien uns gleich 41° des Cyanometers. Man weiß nach Saussures Versuchen, daß diese Intensität mit der Verdünnung der Luft zunimmt, und daß dasselbe Instrument zu selben Zeit bei der Priorei von Chamouni 39° und auf der Spitze des Montblanc 40° zeigte. Dieser Berg ist um 540 Toisen höher als der Vulkan von Teneriffa, und wenn trotz diesem Unterschied auf ersterem das Himmelsblau nicht so dunkel ist, so rührt dies wohl von der Trockenheit der afrikanischen Luft und der Nähe der heißen Zone her.

Wir fingen am Kraterrand Luft auf, um sie auf der Fahrt nach Amerika chemisch zu zerlegen. Die Flasche war so gut verschlossen, daß, als wir sie nach zehn Tagen öffneten, das Wasser mit Gewalt hineindrang. Nach mehreren Versuchen mit Salpetergas in der engen Röhre des Fontanaschen Eudiometers enthielt die Luft im Krater neun Hunderttheile weniger Sauerstoff als die Seeluft; ich gebe aber wenig auf dieses Resultat, da die Methode jetzt für ziemlich unzuverlässig gilt. Der Krater des Pics hat so wenig Tiefe und die Luft darin erneuert sich so leicht, daß schwerlich mehr Stickstoff darin ist als an der Küste. Wir wissen überdem aus Gay-Lussacs und Theodor Saussures Versuchen, daß die Luft in den höchsten Luftregionen wie in den tiefsten 0,21 Sauerstoff enthält.[21]

Wir sahen auf dem Gipfel des Pics keine Spur von Psora, Lecidium oder andern Crytogamen, kein Insekt flatterte in der Luft. Indessen findet man hie und da ein hautflügligtes Insekt an den Schwefelmassen angeklebt, die von schwefligter Säure feucht sind und die Oeffnungen der Fumarolen auskleiden. Es sind Bienen, die wahrscheinlich die Blüthen des *Spartium nubigenum* aufgesucht hatten und vom Winde schief aufwärts in diese Höhe getrieben worden waren, wie die Schmetterlinge, welche Ramond auf dem Gipfel des Mont-Perdu gefunden. Die letzteren gehen durch die Kälte zu Grunde, während die Bienen auf dem Pic geröstet werden, wenn sie unvorsichtig den Spalten, an denen sie sich wärmen wollen, zu nahe kommen.

Trotz dieser Wärme, die man am Rande des Kraters unter den Füßen spürt, ist der Aschenkegel im Winter mehrere Monate mit Schnee bedeckt. Wahrscheinlich bilden sich unter der Schneehaube große Höhlungen, ähnlich denen unter den Gletschern in der Schweiz, die beständig eine niedrigere Temperatur haben als der Boden, auf dem sie ruhen. Der heftige kalte Wind, der seit Sonnenaufgang blies, zwang uns, am Fuße des Piton Schutz zu suchen. Hände und Gesicht waren uns erstarrt, während unsere Stiefel auf dem Boden, auf den wir den Fuß setzten, verbrannten. In wenigen

Minuten waren wir am Fuß des Zuckerhuts, den wir so mühsam erklommen, und diese Geschwindigkeit war zum Theil unwillkürlich, da man häufig in der Asche hinunterrutscht. Ungern schieden wir von dem einsamen Ort, wo sich die Natur in ihrer ganzen Großartigkeit vor uns aufthut; wir hofften die canarischen Inseln noch einmal besuchen zu können, aber aus dem Plan wurde nichts, wie aus so vielen, die wir damals entwarfen.

Wir gingen langsam durch das Malpays; auf losen Lavablöcken tritt man nicht sicher auf. Der Station bei den Felsen zu wird der Weg abwärts äußerst beschwerlich; der dichte kurze Rasen ist so glatt, daß man sich beständig nach hinten überbeugen muß, um nicht zu stürzen. Auf der sandigen Ebene der Retama zeigte der Thermometer 22°,5, und dieß schien uns nach dem Frost, der uns auf dem Gipfel geschüttelt, eine erstickende Hitze. Wir hatten gar kein Wasser; die Führer hatten nicht allein den kleinen Vorrath Malvasier, den wir der freundlichen Vorsage Cologans verdankten, heimlich getrunken, sondern sogar die Wassergefäße zerbrochen. Zum Glück war die Flasche mit der Kraterluft unversehrt geblieben.

In der schönen Region der Farn und der baumartigen Heiden genossen wir endlich einiger Kühlung. Eine dicke Wolkenschicht hüllte uns ein; sie hielt sich in 600 Toisen Höhe über der Niederung. Während wir durch diese Schicht kamen, hatten wir Gelegenheit, eine Erscheinung zu beobachten, die uns später am Abhang der Cordilleren öfters vorgekommen ist. Kleine Luftströme trieben Wolkenstreifen mit verschiedener Geschwindigkeit nach entgegengesetzten Richtungen. Dieß nahm sich aus, als ob in einer großen stehenden Wassermasse kleine Wasserströme sich rasch nach allen Seiten bewegten. Diese theilweise Bewegung der Wolken rührt wahrscheinlich von sehr verschiedenen Ursachen her, und man kann sich denken, daß der Anstoß dazu sehr weit her kommen mag. Man kann den Grund in den kleinen Unebenheiten des Bodens suchen, die mehr oder weniger Wärme strahlen, in einem auf irgend einem chemischen Proceß beruhenden Temperaturunterschied, oder endlich in einer starken elektrischen Ladung der Dunstbläschen.

In der Nähe der Stadt Orotava trafen wir große Schwärme von Canarienvögeln [*Fringilla Canaria.* La Caille erzählt in seiner Reisebeschreibung nach dem Cap, auf der Insel Salvage fänden sich diese Vögel in so ungeheurer Menge, daß man in einer gewissen Jahreszeit nicht umhergehen könne, ohne Eier zu zertreten.] Diese in Europa so wohl bekannten Vögel waren ziemlich gleichförmig grün, einige auf dem Rücken gelblich; ihr Schlag glich dem der zahmen Canarienvögel, man bemerkt indessen, daß die, welche auf der Insel Gran Canaria und auf dem kleinen Eiland Monte Clara bei Lanzerota gefanden werden, einen stärkeren und zugleich harmonischeren Schlag haben. In allen Himmelsstrichen hat jeder Schwarm derselben Vogelart seine eigene Sprache. Die gelben Canarienvögel sind eine Spielart, die in Europa entstanden ist, und die, welche wir zu Orotava und Santa Cruz de Teneriffa in Käfigen sahen, waren in Cadix und anderen spanischen Häfen gekauft. Aber der Vogel der canarischen Inseln, der von allen den schönsten Gesang hat, ist in Europa unbekannt, der Capirote, der so sehr die Freiheit liebt, daß er sich niemals zähmen ließ. Ich bewunderte seinen weichen, melodischen Schlag in einem Garten bei Orotava, konnte ihn aber nicht nahe genug zu Gesicht bekommen, um zu bestimmen, welcher Gattung sie angehört. Was die Papageien betrifft, die man beim Aufenthalt des Kapitän Cook auf Teneriffa gesehen haben will, so existiren sie nur in Reiseberichten, die einander abschreiben. Es gibt auf den Canarien wieder Papageien noch Affen, und obgleich erstere in der neuen Welt bis Nordcarolina wandern, so glaube ich doch kaum, daß in der alten über dem 28sten Grad nördlicher Breite welche vorkommen.

Wir kamen, als der Tag sich neigte, im Hafen von Orotava an und erhielten daselbst die unerwartete Nachricht, daß der Pizarro erst in der Nach vom 24. zum 25. unter Segel gehen werde. Hätten wir auf diesen Aufschub rechnen können, so wären wir entweder länger auf dem Pic geblieben[22] oder hätten einen Ausflug nach dem Vulkan Chahorra gemacht. Den folgenden Tag durchstreiften wir die Umgegend von Orotava. Da fühlten wir recht, daß der Aufenthalt auf Teneriffa nicht bloß für den Naturforscher von Interesse ist; man findet in Orotava Liebhaber von Literatur und Musik, welche den Reiz europäischer Gesellschaft in diese fernen Himmelsstriche verpflanzt haben. In dieser Beziehung haben die canarischen Inseln mit den übrigen spanischen Kolonien, Havanna ausgenommen, wenig gemein.

Am Vorabend des Johannistages wohnten wir einem ländlichen Feste in Herrn Littles Garten bei. Dieser Handelsmann, der den Canarien bei der letzten Getreidetheuerung bedeutende Dienste erwiesen, hat einen mit vulkanischen Trümmern bedeckten Hügel angepflanzt und an diesem köstlichen Punkt einen englischen Garten angelegt, wo man eine herrliche Aussicht auf die Pyramide des Pics, auf die Dörfer an der Küste und die Insel Palme hat, welche die weite Meeresfläche begrenzt. Ich kann diese Aussicht nur mit der in den Golfen von Neapel und Genua vergleichen, aber hinsichtlich der Großartigkeit der Massen und der Fülle des Pflanzenwuchses steht Orotave über beiden. Bei Einbruch der Nacht bot uns der Abhang des Vulkans auf einmal ein eigenthümliches Schauspiel. Nach einem Brauch, den ohne Zweifel die Spanier eingeführt hatten, obgleich er an sich uralt ist, hatten die Hirten die Johannisfeuer angezündet. Die zerstreuten Lichtmassen, die vom Winde gejagten Rauchsäulen hoben sich an den Seiten des Pics vom Dunkelgrün der Wälder ab. Freudengeschrei drang aus der

Ferne zu uns herüber, und schien der einzige Laut, der die Stille der Natur an jenen einsamen Orten unterbrach.

Die Familie Cologan besitzt ein Landhaus näher an der Küste als das eben beschriebene. Der Name, den ihm der Eigenthümer gegeben, bezeichnet den Eindruck, den dieser Landsitz macht. Das Haus **la Paz** hatte zudem noch besonderes Interesse für uns. Borda, dessen Tod wir bedauerten, hatte hier bei seiner letzten Reise nach den Canarien gewohnt. Auf einer kleinen Ebene in der Nähe hat er die Standlinie zur Messung der Höhe des Pics abgesteckt. Bei dieser trigonometrischen Messung diente der große Drachenbaum von Orotava als Signal. Wollte einmal ein unterrichteter Reisender eine genauere Messung des Vulkans mittelst astronomischer Repetitionskreise vornehmen, so müßte er die Standlinie nicht bei Orotava, sondern bei **los Silos**, an einem Orte, **Bante** genannt, messen; nach Broussonet ist keine Ebene in der Nähe des Pics so groß wie diese. Wir botanisirten bei la Paz und fanden in Menge das *Lichen roccella* auf basaltischem, von der See bespülten Gestein. Die Orseille der Canarien ist ein sehr alter Handelsartikel; man bezieht aber das Moos weniger von Teneriffa als von den unbewohnten Inseln Salvage, Graciosa, Alagranza, sogar von Canaria und Hierro.

Am 24. Juni Morgens verließen wir den Hafen von Orotava; in Laguna speisten wir beim französischen Consul. Er hatte die Gefälligkeit, die Besorgung der geologischen Sammlungen zu übernehmen, die wir dem Naturaliencabinett des Königs von Spanien übermachten. Als wir vor der Stadt auf die Rhede hinausblickten, sahen wir zu unserem Schreck den Pizarro, unsere Corvette, unter Segel. Im Hafen angelangt, erfuhren wir, er lavire mit wenigen Segeln, uns erwartend. Die englischen bei Teneriffa stationirten Schiffe waren verschwunden, und wir hatten keinen Augenblick zu verlieren, um aus diesen Strichen wegzukommen. Wir schifften uns allein ein; unsere Reisegefährten waren Canarier gewesen, die nicht mit nach Amerika gingen.

Ehe wir den Archipel der Canarien verlassen, werfen wir einen Blick auf die Geschichte des Landes.

Vergeblich sehen wir uns im Periplus des Hanno und dem des Scylax nach den ersten schriftlichen Urkunden über die Ausbrüche des Pics von Teneriffa um. Diese Seefahrer hielten sich ängstlich an die Küsten, sie liefen jeden Abend in eine Bay und ankerten, uns so konnten sie nichts von einem Vulkan wissen, der 56 Meilen vom Festland von Afrika liegt. Hanno berichtet indessen von leuchtenden Strömen, die sich in das Meer zu ergießen schienen; jede Nacht haben sich auf der Küste viele Feuer gezeigt, und der große Berg, der **Götterwagen** genannt, habe Feuergarben ausgeworfen, die bis zu den Wolken aufgestiegen. Aber dieser Berg, nordwärts von der Insel der Gorillas,[23] bildete das Westende der Atlaskette, und es ist zudem sehr zweifelhaft, ob die von Hanno bemerkten Feuer wirklich von einem vulkanischen Ausbruch herrührten, oder von dem bei so vielen Völkern herrschenden Brauch, die Wälder und das dürre Gras der Savannen anzuzünden. In neuester Zeit waren ja auch die Naturforscher, welche die Expedition unter Controadmiral d´Entrecasteaux mitmachten, ihrer Sache nicht gewiß, als sie die Insel Amsterdam mit dickem Rauch bedeckt sahen. Auf der Küste von Caracas sah ich mehrere Nächte hinter einander röthliche Feuerstreifen von brennendem Grase, die sich täuschend wie Lavaströme ausnahmen, die von den Bergen herabkamen und sich in mehrere Arme theilten.

Obgleich in den Reisetagebüchern des Hanno und des Scylax, so weit sie uns erhalten sind, keine Stelle vorkommt, die sich mit einigen Schein von Recht auf die canarischen Inseln beziehen ließe, ist es doch sehr wahrscheinlich, daß die Carthager und auch die Phönicier den Pic von Teneriffa gekannt haben. [Einer der angesehensten deutschen Gelehrten, Heeren, hält die glückseligen Inseln Diodors von Sicilien für Madera und Porto Santo.] Zu Platos und Aristoteles Zeit waren dunkle Gerüchte davon zu den Griechen gedrungen, nach deren Vorstellung die ganze Küste von Afrika jenseits der Säulen des Hercules von vulkanischem Feuer verheert war.[24] Die Inseln der Seligen, die man Anfangs im Norden, jenseits der riphäischen Gebirge bei den Hyperboräern [Die Vorstellung vom Glück, der hohen Kultur und dem Reichthum der Bewohner des Nordens hatten die Griechen, die indischen Völker und die Mexicaner mit einander gemein.], später südwärts von Cyrenaica gesucht hatte, wurden nach Westen verlegt, dahin, wo die den Alten bekannte Welt ein Ende hatte. Was man glückselige Inseln nannte, war lange ein schwankender Begriff, wie der Name **Dorado** bei den ersten Eroberern Amerikas. Man versetzte das Glück an das Ende der Welt, wie man den lebhaftesten Geistesgenuß in einer idealen Welt jenseits der Grenzen der Wirklichkeit sucht.

Es ist nicht zu verwundern, daß vor Aristoteles die griechischen Geographen keine genaue Kenntniß von den canarischen Inseln und ihren Vulkanen hatten. Das einzige Volk, das weit nach West und Nord die See befuhr, die Carthager, fanden ihren Vortheil dabei, wenn sie diese entlegenen Landstriche in den Schleier des Geheimnisses hüllten. Der carthagische Senat duldete keine Auswanderung Einzelner und ersah diese Inseln als Zufluchtsort in Zeiten der Unruhe und politischen Unfälle; so sollten für die Carthager seyn, was der freie Boden von Amerika für die Europäer bei ihren bürgerlichen und religiösen Zwistigkeiten geworden ist.

Die Römer wurden erst achtzig Jahre vor Octavians Regierung näher mit den canarischen Inseln bekannt. Ein bloßer Privatmann wollte den Gedanken verwirklichen, den der carthagische Senat mit weiser Vorsicht gefaßt. Nach seiner Niederlage durch Sylla sucht Sertorius, müde des Waffenlärms, eine sichere, ruhige Zufluchtsstätte. Er wählt die glückseligen Inseln, von denen man ihm an den Küsten von Bätika eine reizende Schilderung entwirft. Er sammelt sorgfältig, was ihm von Reisenden an Nachrichten zukommt; aber in den wenigen Stücken dieser Nachrichten, die auf uns gekommen sind, und in den umständlicheren Beschreibungen des Sebosus und des Juba ist niemals von Vulkanen und vulkanischen Ausbrüchen die Rede. Kaum erkennt man die Insel Teneriffa und den Schnee, der im Winter die Spitze des Pics bedeckt, am Namen **Nivaria**, der einer der glückseligen Inseln beigelegt wird. Man könnte darnach annehmen, daß der Vulkan damals kein Feuer gespien habe, wenn sich aus dem Stillschweigen von Schriftstellern etwas schließen ließe, von denen wir nichts besitzen als Bruchstücke und trockene Namenverzeichnisse. Umsonst sucht der Physiker in der Geschichte Urkunden über die ältesten Ausbrüche des Pics; er findet nirgends welche außer in der Sprache der Guanchen, in der das Wort »Echeyde«[25] zugleich die Hölle und den Vulkan von Teneriffa bedeutete.

Die älteste schriftliche Nachricht von der Thätigkeit des Vulkans, die ich habe auffinden können, kommt aus dem Anfang des sechzehnten Jahrhunderts. Sie findet sich in der Reisebeschreibung[26] des Aloysio Cadamusto, der im Jahr 1505 auf den Canarien landete. Dieser Reisende war nicht selbst Zeuge eines Ausbruchs, er versichert aber bestimmt, der Berg brenne fortwährend gleich dem Aetna und das Feuer sey von Christen gesehen worden, die als Sklaven der Guanchen auf Teneriffa lebten. Der Pic befand sich also damals nicht im Zustand der Ruhe wie jetzt, denn es ist sicher, daß kein Reisender und kein Einwohner von Teneriffa der Mündung des Pics von weitem sichtbaren Rauch, geschweige denn Flammen, hat entsteigen sehen. Es wäre vielleicht zu wünschen, daß der Schlund der **Caldera** sich weiter öffnete, die Seitenausbrüche würden damit weniger heftig und die ganze Inselgruppe hatte weniger von Erdbeben zu leiden.

Ich habe zu Orotava die Frage besprechen hören, ob anzunehmen sey, daß der Krater des Pics im Lauf der Jahrhunderte wieder in Thätigkeit treten werde. In einer so zweifelhaften Sache kann man sich nur an die Analogie halten. Nun war nach Braccinis Bericht im Jahr 1611 der Krater des Vesuvs im Innern mit Gebüsch bewachsen. Alles verkündete die tiefste Ruhe, und dennoch warf derselbe Schlund, der sich in ein schattiges Thal verwandeln zu wollen schien, zwanzig Jahre später Feuersäulen und ungeheure Massen Asche aus. Der Vesuv wurde im Jahr 1631 wieder so thätig, als er im Jahr 1500 gewesen war. So könnte möglicherweise auch der Krater des Pics sich eines Tags wieder umwandeln. Er ist jetzt eine Solfatare, ähnlich der friedlichen Solfatare von Puzzuoli; aber sie ist auf der Spitze eines noch thätigen Vulkans gelegen.

Die Ausbrüche des Pics waren seit zweihundert Jahren sehr selten, und solche lange Pausen scheinen charakteristisch für sehr hohe Vulkane. Der kleinste von allen, der Stromboli, ist fast in beständiger Thätigkeit. Beim Vesuv sind die Ausbrüche seltener, indessen häufiger als beim Aetna und dem Pic von Teneriffa. Die colossalen Gipfel der Anden, der Cotopaxi und der Tungurahua speien kaum einmal im Jahrhundert Feuer. Bei thätigen Vulkanen scheint die Häufigkeit der Ausbrüche im umgekehrten Verhältniß mit der Höhe und der Masser derselben zu stehen. So schien auch der Pic nach zwei und neunzig Jahren erloschen, als im Jahr 1792 der letzte Ausbruch durch eine Seitenöffnung im Berg Chahorra erfolgte. In diesem Zeitraum hat der Vesuv sechzehnmal Feuer gespieen.

Ich habe anderwo ausgeführt, daß der genze gebirgigte Theil des Königreichs Quito anzusehen ist als ein ungeheurer Vulkan von 700 Quadratmeilen Oberfläche, der aus verschiedenen Kegeln mit eigenen Namen, Cotopaxi, Tungurahua, Pichincha, Feuer speit. Ebenso ruht die ganze Gruppe der canarischen Inseln gleichsam auf Einem untermeerischen Vulkan. Das Feuer brach sich bald durch diese, bald durch jene der Inseln Bahn. Nur Teneriffa trägt in seiner Mitte eine ungeheure Pyramide mit einem Krater auf der Spitze, die in jahrhundertlangen Perioden aus ihren Seiten Lavaströme ergießt. Auf den andern Inseln haben die verschiedenen Ausbrüche an verschiedenen Stellen stattgefunden, und man findet dort keinen vereinzelnten Berg, an den die vulkanische Thätigkeit gebunden wäre. Die von uralten Vulkanen gebildete Basaltrinde scheint dort aller Orten unterhöhlt, und die Lavaströme, die auf Lanzerota und Palma ausgebrochen sind, kommen geologisch durchaus mit dem Ausbruch überein, der im Jahr 1301 auf der Insel Ischia durch die Tuffe des Epomeo erfolgte.

Es folgt hier die Liste der Ausbrüche, deren Andenken sich bei den Geschichtschreibern der Insel seit der Mitte des sechzehnten Jahrhunderts erhalten hat.

Jahr 1558. — Am 15. April. Zur selben Zeit wurde Teneriffa zum erstenmal von der aus der Levante eingeschleppten Pest verheert. Ein Vulkan öffnet sich auf der Insel Palma, nahe einer Quelle im *Partido de los Llanos.* Ein Berg steigt aus dem Boden; auf der Spitze bildet sich ein Krater, der einen hundert Toisen breiten und über 2500 Toisen langen Lavastrom ergießt. Die Lava stürzt sich ins Meer, und durch die Erhitzung des Wassers gehen die Fische in weitem Umkreis zu Grunde. [Dieselbe Erscheinung wiederholte sich 1811 bei den Azoren, als der Vulkan Sabrina auf dem Meeresboden ausbrach. Das calcinirte Skelett eines Haifisches wurde im erloschenen, mit Wasser gefüllten Krater gefunden.]

Jahr 1646. — Am 13. November thut sich ein Schlund auf der Insel Palma bei Tigalate auf; zwei andere bilden sich am Meeresufer. Die Laven, die sich aus diesen Spalten ergießen, machen die berühmte Quelle Foncaliente oder Fuente Santa versiegen, deren Mineralwasser Kranke sogar aus Europa herbeizog. Nach einer Volkssage wurde dem Ausbruch durch ein seltsames Mittel Einhalt geboten. Das Bild unserer lieben Frau zum Schnee wurde aus Santa Cruz an den Schlund des Vulkans gebracht, und alsbald fiel eine so ungeheure Masse Schnee, daß das Feuer dadurch erlosch. In den Anden von Quito wollen die Indianer die Bemerkung gemacht haben, daß die Thätigkeit der Vulkane durch vieles einsickerndes Schneewasser gesteigert wird.

Jahr 1677. — Dritter Ausbruch auf der Insel Palma. Der Berg las Cabras wirft aus einer Menge kleienr Oeffnungen, die sich nacheinander bilden, Schlacken und Asche aus.

Jahr 1704. — Am 31. December. Der Pic von Teneriffa macht einen Seitenausbruch in der Ebene les Infantes, oberhalb Ocore, im Bezirk Guimar. Furchtbare Erdbeben gingen dem Ausbruch voran. Am 5. Januar 1705 thut sich ein zweiter Schlund in der Schlucht Almerchiga, eine Meile von Icore auf. Die Lava ist so stark, daß sie das ganze Thal Fasnia oder Areza ausfüllt. Dieser zweite Schlund hört am 13. Januar zu speien auf. Ein dritter bildet sich am 2. Februar in der Cañada de Araso. Die Lava in drei Strömen bedroht das Dorf Guimar, wird aber im Thal Melosar durch einen Felsgrat aufgehalten, der einen unübersteiglichen Damm bildet. Während dieser Ausbrüche spürt die Stadt Orotava, die nur einen schmaler Damm von den neuen Schlünden trennt, starke Erdstöße.

Jahr 1706. — Am 5. Mai. Ein weiterer Seitenausbruch des Pics von Teneriffa. Der Schlund bricht ab südlich vom Hafen von Garachico, damls dem schönsten und besuchtesten der Insel. Die volkreiche, wohlhabende Stadt hatte eine malerische Lage am Saum eines Lorbeerwaldes. Zwei Lavaströme zerstören sie in wenigen Stunden; kein Haus blieb stehen. Der Hafen, der schon im Jahr 1645 gelitten hatte, weil ein Hochwasser viel Erdreich hineingeführt, wurde so ausgefüllt, daß die sich aufthürmenden Laven in der Mitte seines Umfangs ein Vorgebirge bildeten. Ueberall, rings um Garachico, wurde das Erdreich völlig umgewandelt. Aus der Ebene stiegen Hügel auf, die Quellen blieben aus, und Felsmassen wurden durch die häufigen Erdstöße der Dammerde und des Pflanzenwuchses beraubt und blieben nackst stehen. Nur die Fischer ließen nicht vom heimathlichen Boden. Muthig, wie die Einwohner von Torre del Greco, erbauten sie wieder ein Dörfchen auf Schlackenhaufen und dem verglasten Gestein.

Jahr 1730. — Am 1. September. Eine der furchtbarsten Catastrophen zerstört den Landungsplatz der Insel Lancerota. Ein neuer Vulkan bildet sich bei Temenfaya. Die Lavaströme und die Erdstöße, welche den Ausbruch begleiten, zerstören eine Menge Dörfer, worunter die alten Flecken der Guanchen Tingafa, Macintase und Guatisca. Die Stöße dauern bis 1736 fort, und die Bewohner von Lancerota flüchten sich großen Theils auf die Insel

Fortanventra. Während dieses Ausbruchs, von dem schon im vorigen Capitel die Rede war, sieht man eine dicke Rauchsäule aus der See aufsteigen. Pyramidalische Felsen erheben sich über der Meeresfläche, die Klippen werden immer größer und verschmelzen allmählich mit der Insel selbst.

Jahr 1798. — Am 9. Juni. Seitenausbruch des Pics von Teneriffa, am Abhang des Berges Charhorra oder Venge, [Der Abhang des Berges Venge, auf dem Ausbruch stattfand, heißt Chazajañe.] an einem völlig unbebauten Ort. Dieser Berg, der sich an den Pic anlehnt, galt von jeher für eine erloschenen Vulkan. Er besteht zwar aus festen Gebirgsarten, verhält sich aber doch zum Pic wie der Monte Rosso, der im Jahr 1661 aufstieg, oder die *boche nueve*, die im Jahr 1794 aufbrachen, zum Aetna und zum Vesuv. Der Ausbruch des Chahorra währte drei Monate und sechs Tage. Die Lava und die Schlacken wurden aus vier Mündungen in Einer Reihe ausgeworfen. Die drei bis vier Toisen hoch aufgethürmte Lava legte drei Fuß in der Stunde zurück. Da dieser Ausbruch nur ein Jahr vor meiner Ankunft auf Teneriffa erfolgt war, so war der Eindruck desselben bei den Einwohnern noch sehr lebhaft. Ich sah bei Herrn le Gros in Durasno eine von ihm an Ort und Stelle entworfene Zeichnung der Oeffnungen des Chahorra. Don Bernardo Cologan hat diese Oeffnungen, acht Tage nachdem sie aufgebrochen, besucht und die Haupterscheinungen bei dem Ausbruch in einem Aufsatz beschrieben, von dem er mir eine Abschrift mittheilte, um sie meiner Reisebeschreibung einzuverleiben. Seitdem sind dreizehn Jahre verflossen; Bory St. Vincent ist mir mit der Veröffentlichung des Aufsatzes zuvorgekommen, und so verweise ich den Leser auf sein interessantes Werk: *Essai sur les îles fortunées.* Ich beschränke mich hier darauf, Einiges über die Höhe mitzutheilen, zu der sehr ansehnliche Felstücke aus den Oeffnungen des Chahorra emporgeschleudert wurden. Cologan zählte während des Falls der Steine 12–15 Secunden, [Cologan bemerkt, der Fall habe sogar über 15 Sekunden gedauert, weil er den Stein mit dem Auge nicht verfolgen konnte, bis er auffiel.] das heißt er fing im Moment zu zählen an, wo sie ihre höchste Höhe erreicht hatten. Aus dieser interessanten Beobachtung geht hervor, daß die Felstücke aus der Oeffnung über dreitausend Fuß hoch geschleudert wurden.

Alle in dieser chronologischen Uebersicht verzeichneten Ausbrüche gehören den drei Inseln Palma, Teneriffa und Lancerota an. Wahrscheinlich sind vor dem sechzehnten Jahrhundert die übrigen Inseln auch vom vulkanischen Feuer heimgesucht worden. Nach mit mitgetheilten unbestimmten Notizen läge mitten auf der Insel Ferro ein erloschener Vulkan und ein anderer auf der Großen Canaria bei Arguineguin. Es wäre aber wichtig zu erfahren, ob sich an der Kalkformation von Fortaventura oder am Granit und Glimmerschiefer von Gomera Spuren des unterirdischen Feuers zeigen.

Die rein seitliche vulkanische Thätigkeit des Pics von Teneriffa ist geologisch um so merkwürdiger, als sie dazu beiträgt, die Berge, die sich an den

Hauptvulkan anlehnen, isolirt erscheinen zu lassen. Allerdings kommen auch beim Aetna und beim Vesuv die großen Lavaströme auch nicht aus dem Krater selbst, und die Masse geschmolzener Stoffe steht meist im umgekehrten Verhältniß mit der Höhe, in der sich die Spalte bildet, welche die Lava auswirft. Aber beim Vesuv und Aetna endet ein Seitenausbruch immer damit, daß der Krater, das heißt die eigentliche Spitze des Bergs, Feuer und Asche auswirft. Beim Pic von Teneriffa ist solches seit Jahrhunderten nicht vorgekommen. Auch beim letzten Ausbruch im Jahr 1798 blieb der Krater vollkommen unthätig. Sein Grund hat sich nicht gesenkt, während nach Leopolds von Buch scharfsinniger Bemerkung beim Vesuv die größere oder geringere Tiefe des Kraters fast ein untrügliches Zeichen ist, ob ein neuer Ausbruch bevorsteht oder nicht.

Werfen wir jetzt einen Blick darauf, wie einst geschmolzenen Felsmassen des Pics, wie die Basalte und Mandelsteine sich allmählich mit einer Pflanzendecke überzogen haben, wie die Gewächse an den steilen Abhängen des Vulkans vertheilt sind, welcher Charakter der Pflanzenwelt der canarischen Inseln zukommt.

Im nördlichen Theile des gemäßigten Erdstrichs bedecken cryptogamische Gewächse zuerst die steinigte Erdrinde. Auf die Flechten und Moose, deren Lauf sich unter dem Schnee entwickelt, folgen grasartige und anderen phanerogame Pflanzen. Anders an den Grenzen des heißen Erdstrichs und zwischen den Tropen selbst. Allerdings findet man dort, was auch manche Reisende sagen mögen, nicht allein auf den Bergen, sondern auch an feuchten, schattigen Orten Funarien, Dicranum- und Bryumarten; unter den zahlreichen Arten dieser Gattungen befinden sich mehrere, die zugleich in Lappland, auf dem Pic von Teneriffa und in den blauen Bergen auf Jamaica vorkommen; im Allgemeinen aber beginnt die Vegetation in den Ländern in der Nähe der Tropen nicht mit Flechten und Moosen. Auf den Canarien, wie in Guinea und an den Felsenküsten von Peru, sind es die Saftpflanzen, die den Grund zur Dammerde legen, Gewächse, deren mit unzähligen Oeffnungen und Hautgefäßen versehenen Blätter der umgebenden Luft des darin aufgelöste Wasser entziehen. Sie wachsen in den Ritzen des vulkanischen Gesteins und bilden gleichsam die erste vegetabilische Schicht, womit sich die Lavaströme überziehen. Ueberall wo die Laven verschlackt sind oder eine glänzende Oberfläche haben, wie die Basaltkuppen im Norden von Lancerota, entwickelt sich die Vegetation ungemein langsam darauf, und es vergehen mehrere Jahrhunderte, bis Buschwerk darauf wächst. Nur wenn die Lava mit Tuff und Asche bedeckt ist, verliert sich auf vulkanischen Eilanden die Kahlheit, die sich in der erstene Zeit nach ihrer Bildung auszeichnet, und schmücken sie sich mit einer üppigen glänzenden Pflanzendecke.

In seinem gegenwärtigen Zustand zeigt die Insel Teneriffa oder das **Chinerfe** [Aus **Chinerfe** haben die Europäer durch Corruption **Tschineriffe, Teneriffa** gemacht.] der Guanchen fünf Pflanzenzonen, die man bezeichnen kann als die Regionen der Weinreben, der Lorbeeren, der Fichten, der Retama, der Gräser. Diese Zonen liegen am steilen Abhang des Pics wie Stockwerke über einander und haben 1750 Toisen senkrechte Höhe, während 15 Grad weiter gegen Norden in den Pyrenäen der Schnee bereits zu 1300–1400 Toisen absoluter Höhe herabreicht. Wenn auf Teneriffa die Pflanzen nicht bis zum Gipfel des Vulkans vordringen, so rührt dies nicht daher, weil ewiges Eis[27] und die Kälte der umgebenden Luft ihnen unübersteigliche Grenzen setzen: vielmehr lassen die verschlackten Laven des Malpays und der dürre, zerriebene Bimsstein des Piton die Gewächse nicht an den Kraterrand gelangen.

Die **erste Zone**, die der Reben, erstreckt sich vom Meeresufer bis in 2–300 Toisen Höhe; sie ist die am stärksten bewohnte und die einzige, wo der Boden sorgfältig bebaut ist. In dieser tiefen Lage, im Hafen von Orotava und überall, wo die Winde freien Zutritt haben, hält sich der hunderttheilige Thermometer im Winter, im Januar und Februar, um Mittag auf 15–17°; im Sommer steigt die Hitze nicht über 25 oder 26°, ist also um 5–6° geringer als die größte Hitze, die jährlich in Paris, Berlin und St. Petersburg eintritt. Dieß ergibt sich aus den Beobachtungen Savaggi´s in den Jahren 1795–1799. Die mittlere Temperatur der Küste von Teneriffa scheint wenigstens 21° (16°,8 R.) zu seyn, und ihr Klima steht in der Mitte zwischen dem von Neapel und dem heißen Erdstrichs. Auf der Insel Madera sind die mittleren Temperaturen des Januar und des August, nach Heberden, 17°,7 und 23°,8, in Rom dagegen 5°,6 und 26°,1. Aber so ähnlich sich die Klimate von Madera und Teneriffa sind, kommen doch die Gewächse er ersteren Insel im Allgemeinen in Europa leichter fort als die von Teneriffa. Der *Cheiranthus longifolius* von Orotava z. B. erfriert in Marseille, wie de Candolle beobachtet hat, während der *Cheiranthus mutabilis* von Madera dort im Freien überwintert. Die Sommerhitze dauert auf Madera nicht so lang als auf Teneriffa.

In der Region der Reben kommen vor acht Arten baumartiger Euphorbien, Mesembryanthemum-Arten, die vom Cap der guten Hoffnung bis zum Peloponnes verbreitet sind, die *Cacalia Kleinia*, der Drachenbaum, und andere Gewächse, die mit ihrem nackten, gewundenen Stamm, mit den saftigen Blättern und der blaugrünen Färbung den Typus der Vegetation Afrikas tragen. In dieser Zone werden der Dattelbaum, der Bananenbaum, der Zuckerrohr, der indische Feigenbaum, *Arum colocasia*, dessen Wurzel dem gemeinen Volk ein nahrhaftes Mehl liefert, der Oelbaum, die europäischen Obstarten, der Weinstock und die Getreidearten gebaut. Das Korn wird von Ende März bis Anfang Mai geschnitten, und man hat mit dem Anbau des Otaheite´schen Brodbaums, des Zimmtbaums von den Molukken, des

Kaffeebaums aus Arabien und des Cacaobaums aus Amerika gelungene Versuche gemacht. Auf mehreren Punkten der Küste hat das Land ganz den Charakter einer tropischen Landschaft. Chamärops und der Dattelbaum kommen auf der fruchtbaren Ebene von Murviedro, an der Küste von Genua und in der Provence bei Antibes unter 39–44 Grad der Breite ganz gut fort; einige Dattelbäume wachsen sogar innerhalb der Mauern von Rom und dauern in einer Temperatur von 2°,5 unter dem Gefrierpunkt aus. Wenn aber dem südlichen Europa nur erst ein geringes Theil von Schätzen zugetheilt ist, welche die Natur in der Region der Palmen ausstreut, so ist die Insel Teneriffa, die unter derselben Breite liegt wie Egypten, das südliche Persion und Florida, bereits mit denselben Pflanzengestalten geschmückt, welche den Landschaften in der Nähe des Aequators ihre Großartigkeit verleihen.

Bei der Musterung der Sippen einheimischer Gewächse vermißt man ungern die Bäume mit den zartgefiederten Blättern und die baumartigen Gräser. Keine Art der zahlreichen Familie der Sensitiven ist auf ihrer Wanderung zum Archipel der Canarien vorgedrungen, während sie auf beiden Continenten bis zum 38. und 40. Breitegrad vorkommen. In Amerika ist die *Schrankchia uncinata* Wildenows [*Mimosa horridula, Michaux*] bis hinauf in die Wälder von Virginien verbreitet; in Afrika wächst die *Acacia gummifera* auf den Hügeln bei Mogador, in Asien, westwärts vom caspischen Meer, hat v. Biberstein die Ebenen von Ehyrvan mit *Acacia stephaniana* bedeckt gesehen. Wenn man die Pflanzen von Lancerota und Fortaventura, die der Küste von Marocco am nächsten liegen, genauer untersuchte, könnten sich doch unter so vielen Gewächsen der afrikanischen Flora leicht ein paar Mimosen finden.

Die **zweite Zone**, die der Lorbeeren, begreift den bewaldeten Strich von Teneriffa; es ist dieß auch die Region der Quellen, die aus dem immer frischen, feuchten Rasen sprudeln. Herrliche Wälder krönen die an den Vulkan sich lehnenden Hügel Hier wachsen vier Lorbeerarten [*Laurus indica, L. foetens, L. nobilis* und *L. Til.*. Zwischen diesen Bäumen wachsen *Aridisia excelsa, Rhamnus glandulosus, Erica arborea, Erica Texo.*], eine der *Quercus Turneri* aus den Bergen Tibets nahestehende Eiche, [*Quercus Canariensis, Broussonet.*] die *Visnea Mocanera*, die *Myrica Faya* der Azoren, ein einheimischer Olivenbaum (*Olea excelsa*), der größte Baum in dieser Zone, zwei Arten *Sideroxylon* mit ausnehmend schönem Laub, *Arbutus callycarpa* und andere immergrüne Baume aus der Familie der Myrten. Winden und ein vom europäischen sehr verschiedener Epheu (*Hedera canariensis*) überziehen die Lorbeerstämme, und zu ihren Füßen wuchern zahllose Farn, [*Woodwardia radicans, Asplenium palmatum, A. canariense, A. latifolium, Nothalaena subcurdata, Trichomanes canariensis, T. speciosus* und *Davallia canariensis.*] von denen nur drei Arten [Zwei *Acrostichum* und das *Ophyoglossum lusitanicum.*] schon in der Regin der Reben vorkommen. Auf dem mit Moosen und zartem Grad überzogenen

Boden prangen überall die Blüthen der *Campanula aurea*, des *Chrysanthemum pinnatifidum*, der *Mentha canariensis* und mehrerer strauchartiger Hypericumarten [*Hypericum canariense*, *H. floribundum* und *H. glandulosum.*]. Pflanzungen von wilden und geimpften Kastanien bilden einen weiten Gürtel um das Gebiet der Quellen, welches das grünste und lieblichste von allen ist.

Die **dritte Zone** beginnt in 900 Toisen absoluter Höhe, da wo die letzten Gebüsche von Erdbeerbäumen, *Myrica Faya* und des schönen Heidekrauts stehen, das bei den Eingeborenen Texo heißt. Diese 400 Toisen breite Zone besteht ganz aus einem mächtigen Fichtenwald, in dem auch Broussonets *Juniperus Cedro* vorkommt. Die Fichten haben sehr lange, ziemlich steife Blätter, deren zuweilen zwei, meist aber drei in einer Scheide stecken. Da wir ihre Früchte nicht untersuchen konnten, wissen wir nicht, ob diese Art, die im Wuchs der schottischen Fichte gleicht, sich wirklich von den achtzehn Fichtenarten unterscheidet, die wir bereits in der alten Welt kennen. Nach der Ansicht eines berühmten Botanikers, dessen Reisen die Pflanzengeographie Europas sehr gefördert haben, de Candolle, unterscheidet sich die Fichte von Teneriffa sowohl von der *Pinus atlantica* in den Bergen bei Mogador, als von der Fichte von Aleppo,[28] die dem Becken des mittelländischen Meeres angehört und nicht über die Säulen des Herkules hinauszugehen scheint. Die letzten Fichten fanden wir am Pic etwa in 1200 Toisen Höhe über dem Meer. In den Cordilleren von Neuspanien, im heißen Erdstrich, gehen die mexicanischen Fichten bis zu 2000 Toisen Höhe. So sehr auch die verschiedenen Arten einer und derselben Pflanzengattung im Bau übereinkommen, so verlangt doch jede zu ihrem Fortkommen einen bestimmten Grad von Wärme und Verdünnung der umgebenden Luft. Wenn in den gemäßigten Landstrichen und überall, wo Schnee fällt, die constante Bodenwärme etwas höher ist als die mittlere Lufttemperatur, so ist anzunehmen, daß in der Höhe des Portillo die Wurzeln der Fichten ihre Nahrung aus einem Boden ziehen, in dem in einer gewissen Tiefe der Thermometer höchstens auf 9 bis 10 Grad steigt.

Die **vierte und fünfte Zone**, die der Retama und der Gräser, liegen so hoch wie die unzugänglichsten Gipfel der Pyrenäen. Es ist dieß der öde Landstrich der Insel, wo Haufen von Bimsstein, Obsidian und zertrümmerter Lava wenig Pflanzenwuchs aufkommen lassen. Schon oben war von den blühenden Büschen des Alpenginsters *(Spartium nubigenum)* die Rede, welche Oasen in einem weiten Aschenmeer bilden. Zwei krautartige Gewächse, *Scrophularia glabrata* und *Viola cheiranthifolia*, gehen weiter hinauf bis ins Malpays. Ueber einem vom der afrikanischen Sonne ausgebrannten Rasen bedeckt die *Cladonia paschalis* dürre Strecken; die Hirten zünden sie häufig an, wobei sich dann das Feuer sehr weit verbreitet. Dem Gipfel des Pic zu arbeiten Urceolarien und andere Flechten an der Zersetzung des verschlackten Gesteins, und so erweitert sich auf von Vulkanen verheerten Eilanden Floras Reich durch die nie stockende Thätigkeit organischer Kräfte.

Ueberblicken wir die Vegetationszonen von Teneriffa, so sehen wir, daß die ganze Insel als ein Wald von Lorbeeren, Erdbeerbäumen und Fichten erscheint, der kaum an seinen Rändern von Menschen urbar gemacht ist, und in der Mitte ein nacktes steinigtes Gebiet umschließt, das weder zum Ackerbau noch zur Weide taugt. Nach Broussonets Bemerkung läßt sich der Archipel der Canarien in zwei Gruppen theilen. Die erste begreift Lancerota und Fortaventura, die zweite Teneriffa, Canaria, Gomera, Ferro und Palma. Beide weichen im Habitus ihrer Vegetation bedeutend von einander ab. Die ostwärts gelegenen Inseln, Lancerota und Fortaventura, haben weite Ebenen und nur niedrige Berge; sie sind fast quellen los, und diese Eilande haben noch mehr als die andern die Charakter vom Continent getrennter Länder. Die Winde wehen hier in derselben Richtung und zu denselben Zeiten; *Euphorbia mauritanica*, *Atropa frutescens* und *Sonchus arborescens* wuchern im losen Sand und dienen wie in Afrika den Kameelen als Futter. Auf der westlichen Gruppe der Canarien ist das Land höher, stärker bewaltet, und besser von Quellen bewässert.

Auf dem ganzen Archipel finden sich zwar mehrere Gewächse, die auch in Portugal[29], in Spanien, auf den Azoren und im nordwestlichen Afrika vorkommen, aber viele Arten und selbst einige Gattungen sind Teneriffa, Porto-Santo und Madera eigenthümlich, unter andern *Mocanera*, *Plocama*, *Bosea*, *Canarina*, *Drusa*, *Pittosporum*.Ein Typus, der sich als ein nördlicher ansprechen läßt, der der Kreuzblüthen, [Von den wenigen Cruciferen in der Flora von Teneriffa führen wir an: *Cheiranthus longifolius*, *Ch. frutescens*, *Ch. scoparis*, *Erysimum bicorne*, *Crambe strigosa*, *C. laevigata*.] ist auf den Canarien schon weit seltener als in Spanien und Griechenland. Weiter nach Süden, im tropischen Landstrich beider Continente, wo die mittlere Lufttemperatur über 22° ist, verschwinden die Kreuzblüthen fast gänzlich.

Eine Frage, die für die Geschichte der fortschreitenden Entwicklung des organischen Lebens auf dem Erdball von großer Bedeutung erscheint, ist in neuerer Zeit viel besprochen worden, nämlich, ob polymorphe Gewächse auf vulkanischen Inseln häufiger sind als anderswo? Die Vegetation von Teneriffa unterstützt keineswegs die Annahme, daß die Natur auf neugebildetem Boden in Pflanzenformen weniger streng festhält. Broussonet, der sich so lang auf den Canarien aufgehalten, versichert, veränderlich Gewächse seyen nicht häufiger als im südlichen Europa. Wenn auf der Inseln Bourbon so viele polymorphe Arten vorkommen, sollte dies nicht vielmehr von der Beschaffenheit Bodens und des Klimas herrühren, als davon, daß die Vegetation jung ist?

Wohl darf ich mir schmeicheln, mit dieser Naturskizze von Teneriffa einiges Licht über Gegenstände verbreitet zu haben, die bereits von so vielen Reisenden besprochen worden sind; indessen glaube ich, daß die Naturgeschichte dieses Archipels der Forschung noch ein weites Feld darbietet. Die Leiter der wissenschaftlichen Entdeckungsfahrten, wie sie England, Frankreich, Spanien, Dänemark und Rußland zu ihrem Ruhme unternommen, haben meist zu sehr geeilt, von den Canaren wegzukommen. Sie dachten, da diese Inseln so nahe bei Europa liegen, müßten sie genau beschrieben seyn; sie haben vergessen, daß das Innere von Neuholland geologisch nicht unbekannter ist als die Gebirgsarten von Lancerota und Gomera, Porto-Santo und Terceira. So viele Gelehrte bereisen Jahr für Jahr ohne bestimmten Zweck die besuchtesten Länder Europas. Es wäre wünschenswerth, daß einer und der andere, den ächte Liebe zur Wissenschaft beseelt und dem die Verhältnisse eine mehrjährige Reise gestatten, den Archipel der Azoren, Madera, die Canarien, die Inseln des grünen Vorgebirgs und die Nordwestküste von Afrika bereiste. Nur wenn man die atlantischen Inseln und das benachbarte Festland nach den selben Gesichtspunkten untersucht und die Beobachtungen zusammenstellt, gelangt man zur genauen Kenntniß der geologischen Verhältnisse und der Verbreitung der Thiere und Gewächse.

Bevor ich die alte Welt verlasse und in die neue übersetze, habe ich einen Gegenstand zu berühren, der allgmeineres Interesse bietet, weil der sich auf die Geschichte der Menschheit und die historischen Verhängnisse bezieht, durch welche ganze Volkssstämme vom Erdboden verschwunden sind. Auf Cuba, St. Domingo, Jamaica fragt man sich, wo die Ureinwohner dieser Länder hingekommen sind; auf Teneriffa fragt man sich, was aus den Guanchen geworden ist, deren in Höhlen versteckte, vertrocknete Mumien ganz allein der Vernichtung entgangen sind. Im fünfzehnten Jahrhundert holten fast alle Handelsvölker, besonders aber die Spanier und Portugiesen, Sklaven von den Canarien, wie man sie jetzt von der Küste von Guinea holt. [Die spanischen Geschichtsschreiber sprechen von Fahrten, welche die Hugenotten von La Rochelle unternommen haben sollen, um Guanchensklaven zu holen. Ich kann dies nicht glauben, da diese Fahrten nach dem Jahr 1530 fallen müßten.] Die christliche Religion, die in ihren Anfängen die menschliche Freiheit so mächtig förderte, mußte der europäischen Habsucht als Vorwand dienen. Jedes Individuum, das gefangen wurde, ehe es getauft war, verfiel der Sklaverei. Zu jener Zeit hatte man noch nicht zu beweisen gesucht, daß der Neger ein Mittelding zwischen Mensch und Thier ist; der gebräunte Guanche und der afrikanische Neger wurden auf dem Markte zu Sevilla mit einander verkauft, und man stritt nicht über die Frage, ob nur Menschen mit schwarzer Haut und Wollhaar der Sklaverei verfallen sollen.

Auf dem Archipel der Canarien bestanden mehrere kleine, einander feindlich gegenüber stehende Staaten. Oft war dieselbe Insel zwei unabhängigen Fürsten unterworfen, wie in der Südsee und überall, wo die Cultur noch auf tiefer Stufe steht. Die Handelsvölker befolgten damals hier dieselbe arglistige Politik, wie jetzt auf den Küsten von Afrika: sie leisteten den Bürgerkriegen Vorschub. So wurde ein Guanche Eigenthum des andern, und dieser verkaufte jenen den Europäern; manche zogen den Tod der Sklaverei vor und tödteten sich und ihre Kinder. So hatte die Bevölkerung der Canarien durch den Sklavenhandel, durch die Menschenräuberei der Piraten, besonders aber durch lange blutige Zwiste bereits starke Verluste erlitten, als Alonso de Lugo sie vollends eroberte. Den Ueberrest der Guanchen raffte im Jahr 1494 größtentheils die berühmte Pest, die sogenannte **Modorra** hin, die man den vielen Leichen zuschrieb, welche die Spanier nach der Schlacht bei Laguna hatten frei liegen lassen. Wenn ein halb wildes Volk, das man um sein Eigenthum gebracht, im selben Lande neben einer civilisirten Nation leben muß, so sucht es sich in den Gebirgen und Wäldern zu isoliren. Inselbewohner haben keine andere Zuflucht, und so war denn das herrliche Volk der Guanchen zu Anfang des siebzehnten Jahrhunderts so gut wie ausgerottet; außer ein paar alten Männern in Candelaria und Guimar gab es keine mehr.

Es ist ein tröstlicher Gedanke, daß die Weißen es nicht immer verschmäht haben, sich mit den Eingeborenen zu vermischen; aber die heutigen Canarier, die bei den Spaniers schlechtweg **Isleños** heißen, haben triftige Gründe, eine solche Mischung in Abrede zu ziehen. In einer langen Geschlechtsfolge verwischen sich die charakteristischen Merkmale der Racen, und da die Nachkommen der Andalusier, die sich auf Teneriffa niedergelassen, selbst von ziemlich dunkler Gesichtsfarbe sind, so kann die Hautfarbe der Weißen durch die Kreuzung der Racen nicht merkbar verändert worden seyn. Es ist Thatsache, daß gegenwärtig kein Eingeborener von reiner Race mehr lebt, und sonst ganz wahrheitsliebende Reisende sind im Irrthum, wenn sie glauben, bei der Besteigung des Pics schlanke, schnellfüßige Guanchen zu Führern gehabt zu haben. Allerdings wollen einige canarische Familien vom letzten Hirtenkönig von Guimar abstammen, aber diese Ansprüche haben wenig Grund; sie werden von Zeit zu Zeit wieder laut, wenn einer aus dem Volk, der brauner ist als seine Landsleute, Lust bekommt, sich um eine Officiersstelle im Dienste des Königs von Spanien umzuthun.

Kurz nach der Entdeckung von Amerika, als Spanien den Gipfel seines Ruhms erstiegen hatte, war es Brauch, die sanfte Gemüthsart der Guanchen zu rühmen, wie man in unserer Zeit die Unschuld der Bewohner von Otaheiti gepriesen hat. Bei beiden Bildern ist das Colorit glänzender als wahr. Wenn die Völker, erschöpft durch geistige Genüsse, in der Verfeinerung der Sitten nur Keime der Entartung vor sich sehen, so finden sie einen eigenen Reiz in der Vorstellung, daß in weit entlegenen Ländern, beim Dämmerlicht der Cultur, in der Bildung begriffene Menschenvereine eines reinen, ungestörten Glückes genießen. Diesem Gefühl verdankt Tacitus zum Theil den Beifall, der ihm geworden, als der den Römern, den Unterthanen der Cäsaren, die Sitten der Germanen schilderte. Dasselbe Gefühl gibt den Beschreibungen der Reisenden, die seit dem Ende des verflossenen Jahrhunderts die Inseln des stillen Oceans besucht haben, den unbeschreiblichen Reiz.

Die Einwohner der zuletzt genannten Inseln, die man wohl zu stark gepriesen hat und die einst Menschenfresser waren, haben in mehr als einer Beziehung Aehnlichkeit mit den Guanchen von Teneriffa. Beide sehen wir unter dem Joche eines feudalen Regiments seufzen, und bei den Guanchen war diese Staatsform, welche so leicht Kriege herbeiführt und sie nicht enden läßt, durch die Religion geheiligt. Die Priester sprachen zum Volk: »Achaman, der große Geist, hat zuerst die Edlen, die Achimenceys, geschaffen und ihnen alle Ziegen in der Welt zugetheilt. Nach den Edeln hat Achaman das gemeine Volk geschaffen, die Achicaxnas; dieses jüngere Geschlecht nahm sich heraus, gleichfalls Ziegen zu verlangen; aber das höchste Wesen erwiederte, das Volk sey dazu da, den Edeln dienstbar zu seyn, und habe kein Eigenthum nöthig.« Eine solche Ueberlieferung mußte den reichen Vasallen der Hirtenkönige ungemein behagen; auch stand dem Faycan oder Oberpriester das Recht zu, in den Adelstand zu erheben, und ein Gesetz verordnete, daß jeder Achimencey, der sich herbeiließe, eine Ziege mit eigenen Händen zu melken, seines Adels verlustig seyn sollte. Ein solches Gesetz erinnert keineswegs an die Sitteneinfalt des homerischen Zeitalters. Es befremdet, wenn man schon bei den Anfängen der Cultur die nützliche Beschäftigung mit Ackerbau und Viehzucht mit Verachtung gebrandmarkt sieht.

Die Guanchen waren berühmt durch ihren hohen Wuchs; sie erschienen als die Patagonen der alten Welt und die Geschichtschreiber übertrieben ihre Muskelkraft, wie man vor Bougainvilles und Cordobas Reisen dem Volksstamm am Südende von Amerika eine colossale Körpergröße zuschrieb. Mumien von Guanchen habe ich nur in den europäischen Cabinetten gesehen; zur Zeit meiner Reise waren sie auf Teneriffa sehr selten; man müßte sie aber in Menge finden, wenn man die Grabhöhlen, die am östlichen Abhang des Pics zwischen Arico und Guimar in den Fels gehauen sind, bergmännisch aufbrechen ließe. Diese Mumien sind so stark vertrocknet, daß ganze Körper mit der Haut oft nicht mehr als sechs bis sieben Pfund wiegen, das heißt ein Drittheil weniger als das Skelett eines gleich großen Individuums, von dem man eben das Muskelfleisch abgenommen hat. Die Schädelbildung ähnelt einigermaßen der der weißen Race der alten Egypter, und die Schneidezähne sind auch bei den Guanchen stumpf, wie bei den Mumien vom Nil. Aber diese Zahnform ist rein künstlich und bei genauerer Untersuchung der Kopfbildung der alten Guanchen haben geübte Anatomen [Blumenbach, *Decas quinta collectionis craniorum diversarum gentium illustrium.*] gefunden, daß sie im Jochbein un dim Unterkiefer von den ägyptischen Mumien bedeutend abweicht. Oeffnet man Mumien von Guanchen, so findet man Ueberbleibsel aromatischer Kräuter, unter denen immer das *Chenopodium ambrosioides* vorkommt; zuweilen sind die Leichen mit Schnüren geschmückt, an denen kleine Scheiben aus gebrannter Erde hängen, die als Zahlzeichen gedient zu haben scheinen und die mt den Quippos der Peruaner, Mexicaner und Chinesen Aehnlichkeit haben.

Da im Allgemeinen die Bevölkerung von Inseln den umwandelnden Einflüssen, wie sie Folgen von Wanderungen sind, weniger ausgesetzt ist als die Bevölkerung der Festländer, so läßt sich annehmen, daß der Archipel der Canarien zur Zeit der Carthager und Griechen vom selben Menschenstamm bewohnt war, den die normännischen und spanischen Eroberer vorfanden. Das einzige Denkmal, das einiges Licht auf die Herkunft der Guanchen werfen kann, ist ihre Sprache; leider sind uns aber davon nur etwa hundert fünfzig Worte aufbehalten, die zum Theil dasselbe in der Mundart der verschiedenen Inseln bedeuten. Außer diesen Worten, die man sorgfältig gesammelt, hat man in den Namen vieler Dörfer, Hügel und Thäler wichtige Sprachreste vor sich. Die Guanchen, wie Basken, Hindus, Peruvianer und alle sehr alten Völker, benannten die Oertlichkeiten nach der Beschaffenheit des Bodens, den sie bebauten, nach der Gestalt der Felsen, deren Höhlen ihnen als Wohnstätten dienten, nach den Baumarten, welche die Quellen beschatteten.

Man war lange der Meinung, die Sprache der Guanchen habe keine Aehnlichkeit mit den lebenden Sprachen; aber seit die Sprachforscher durch Hornemanns Reise und durch die scharfsinnigen Untersuchungen von Marsden und Ventura auf die Berbern aufmerksam geworden sind, die, gleich den slavischen Völkern, in Nordafrika über eine ungeheure Strecke verbreitet sind, hat man gefunden, daß in der Sprache der Guanchen und in den Mundarten von Chilha und Gebali mehrere Worte gleiche Wurzeln haben.

Wir führen folgende Beispiele an:

	Guanchisch	Berberisch
Himmel,	**Tigo,**	**Tigot.**

Milch,	**Aho,**	**Acho.**
Gerste,	**Temasen**	**Tomzeen.**
Korb,	**Carianas**	**Carian.**
Wasser,	**Aenum**	**Anan.**

Ich glaube nicht, daß diese Sprachähnlichkeit ein Beweis für gemeinsamen Ursprung ist; aber sie deutet darauf hin, daß die Guanchen in alter Zeit in Verkehr standen mit den Berbern, einem Gebirgsvolk, zu dem die Numidier, Getuler und Garamanten verschmolzen sind und das vom Ostende des Atlas durch das Harudjé und Fezzan bis zur Oase von Syuah und Audjelah sich ausbreitet. Die Eingeborenen der Canarien nannten sich Guanchen, von **Guan**, Mensch, wie die Tongusen sich **Pye** und **Donky** nennen, welche Worte dasselbe bedeuten, wie Guan. Indessen sind die Völker, welche die Berbersprache sprechen, nicht alle desselben Stammes, und wenn Scylax in seinem Periplus die Einwohner von Cerne als ein Hirtenvolk von hohem Wuchs mit langen Haaren beschreibt, so erinnert dieß an die körperlichen Eigenschaften der canarischen Guanchen.

Je genauer man die Sprachen aus philosophischem Gesichtspunkte untersucht, desto mehr zeigt sich, daß keine ganz allein steht; diesen Anschein würde auch die Sprache der Guanchen[30] noch weniger haben, wenn man von ihrem Mechanismus und ihrem grammatischen Bau etwas wüßte, Elemente, welche von größerer Bedeutung sind als Wortform und Gleichlaut. Es verhält sich mit gewissen Mundarten wie mit den organischen Bildungen, die sich in der Reihe der natürlichen Familien nirgends unterbringen lassen. Sie stehen nur scheinbar so vereinzelt da; der Schein schwindet, so bald man eine größere Masse von Bildungen überblickt, wo dann die vermittelnden Glieder hervortreten.

Gelehrt, die überall, wo es Mumien, Hieroglyphen und Pyramiden gibt, Egypten sehen, sind vielleicht der Ansicht, das Geschlecht Typhons und die Guanchen stehen in Zusammenhang mittelst der Berbern, ächter Atlanten, zu denen die Tibbos und Tuaryeks der Wüste gehören. [Hornemanns Reise von Cairo nach Mourzouk.] Es genügt hier aber an der Bemerkung, daß eine solche Annahme durch keinerlei Aehnlichkeit zwischen der Berbersprache und dem Coptischen, das mit Recht für ein Ueberbleibsel des alten Egyptischen gilt, unterstützt wird.

Das Volk, das die Guanchen verdrängt hat, stammt von Spaniern und zu einem sehr kleinen Theil von Normannen ab. Obgleich diese beiden Volksstämme drei Jahrhunderte lang demselben Klima ausgesetzt gewesen sind, zeichnet sich dennoch der letztere durch weißere Haut aus. Die Nachkommen der Normannen wohnen im Thal Taganana zwischen Punte de Naga und Punta de Hidalgo. Die Namen Grandville und Dampierre kommen in diesem Bezirke noch ziemlich häufig vor. Die Canarier sind ein redliches, mäßiges und religiöses Volk; zu Haus zeigen sie aber weniger Betriebsamkeit als in fremden Ländern. Ein unruhiger Unternehmungsgeist treibt diese Insulaner, wie die Biscayer und Catalanen, auf die Philippinen, auf die Marianen, und in Amerika überall hin, wo es spanische Colonien gibt, von Chili und dem la Plata bis nach Neumexico. Ihnen verdankt man großentheils die Fortschritte des Ackerbaus in den Colonien. Der ganze Archipel hat kaum 160,000 Einwohner, und der **Isleños** sind vielleicht in der neuen Welt mehr als in ihrer alten Heimath.

	hatte auf Q. Seemeilen	i. J. Einwohner	auf die Q.M.
Teneriffa	73	179070,000,	958
Fortaventura	63	17909,000,	142
Die große Canaria	60	179050,000,	833
Palma	27	179022,600,	837
Lancerota	26	179010,000,	384
Gomera	14	17907,400,	528
Ferro	7	17905,000,	714

An Wein werden auf Teneriffa geerntet 20–24,000 Pipes, worunter 5000 Malvasier; jährliche Ausfuhr von Wein 8–9000 Pipes; Gesammt-Getreideernte des Archipels 54,000 Fanegas zu hundert Pfund. In gemeinen Jahren reicht diese Ernte aus zum Unterhalt der Einwohner, die großentheils von Mais, Kartoffeln und Bohnen (*Frisoles*) leben. Der Anbau des Zuckerrohrs und der Baumwolle ist von geringem Belang, und die vornehmsten Handelsartikel sind Wein, Branntwein, Orseille und Soda. Bruttoeinnahme der Regierung, die Tabakspacht eingerechnet, 240,000 Piaster.

Auf nationalökonomische Erörterungen über die Wichtigkeit der canarischen Inseln für die Handelsvölker Europas lasse ich mich nicht ein. Ich beschäftigte mich während meines Aufenthalts zu Caracas und in der Havana lange mit statistischen Untersuchungen über die spanischen Colonien, ich stand in genauer Verbindung mit Männern, die auf Teneriffe bedeutende Aemter bekleidet, und so hatte ich Gelegenheit, viele Angaben über den Handel von Santa Cruz und Orotava zu sammeln. Da aber mehrere

Gelehrte nach mir die Canarien besucht haben, standen ihnen dieselben Quellen zu Gebot, und ich entferne ohne Bedenken aus meinem Tagebuch, was in Werken, die vor dem meinigen erschienen sind, genau verzeichnet steht. Ich beschränke mich hier auf einige Bemerkungen, mit denen die Schildung, die ich vom Archipel der Canarien entworfen, geschlossen seyn mag.

Es ergeht diesen Inseln, wie Egypten, der Krimm und so vielen Ländern, welche von Reisenden, welche in Contrasten Wirkung suchen, über das Maaß gepriesen oder heruntergesetzt worden sind. Die einen schildern von Orotava aus, wo sie ans Land gestiegen, Teneriffa als einen Garten der Hesperiden; sie können das milde Klima, den fruchtbaren Boden, den reichen Anbau nicht genug rühmen; andere, die sich in Santa Cruz aufhalten mußten, sahen in den glückseligen Inseln nichts als ein kahles, dürres, von einem elenden, geistesbeschränkten Volke bewohntes Land. Wir haben gefunden, daß die Natur auf diesem Archipelagus, wie in den meisten gebirgigen und vulkanischen Ländern, ihre Gaben sehr ungleich vertheilt hat. Die canarischen Inseln leiden im Allgemeinen an Wassermangel; aber wo sich Quellen finden, wo künstlich bewässert wird oder häufig Regen fällt, da ist auch der Boden ausnehmend fruchtbar. Das niedere Volk ist fleißig, aber es entwickelt seine Thätigkeit ungleich mehr in fernen Colonien als auf Teneriffa selbst, wo dieselbe auf Hindernisse stößt, die eine kluge Verwaltung allmählich aus dem Wege räumen könnte. Die Auswanderung wird abnehmen, wenn man sich entschließt, das unangebaute Grundeigenthum des Staats unter der Einwohnerschaft zu vertheilen, die Ländereien, welche zu den Majoraten der großen Familien gehören, zu verkaufen und allmählich die Feudalrechte abzuschaffen.

Die gegenwärtige Bevölkerung der Canarien erscheint allerdings unbedeutend, wenn man sie mit der Bevölkerung mancher europäischen Länder vergleicht. Die Insel Madera, deren fleißige Bewohner einen fast von Pflanzenerde entblößten Felsen bebauen, ist siebenmal kleiner als Teneriffa, und doch doppelt so stark bevölkert; aber die Schriftsteller, die sich darin gefallen, die Entvölkerung der spanischen Colonien mit so grellen Farben zu schildern und den Grund davon in der kirchlichen Hierarchie suchen, übersehen, daß überall seit der Regierung Philipps V. die Zahl der Einwohner in mehr oder minder rascher Zunahme begriffen ist. Bereits ist auf den Canaren die Bevölkerung relativ stärker als in beiden Castilien, in Estremadure und in Schottland. Alle Inseln zusammengerückt stellen ein Gebirgsland dar, das um ein Siebentheil weniger Flächeninhalt hat als die Insel Corsica und doch gleich viel Einwohner zählt.

Obgleich die Inseln Fortaventura und Lancerota, die am schlechtesten bevölkert sind, Getreide ausführen, während Teneriffa gewöhnlich nicht zwei Drittheile seines Bedarfs erzeugt, so darf man doch daraus nicht den

Schluß ziehen, daß auf letzterer Insel die Bevölkerung aus Mangel an Lebensmitteln nicht zunehmen könnte. Die canarischen Inseln sind noch auf lange vor den Uebeln der Ueberbevölkerung bewahrt, deren Ursachen Mathus so sicher und scharfsinnig entwickelt hat. Das Elend des Volks ist um vieles gelindert worden, seit der Kartoffelbau eingeführt ist und man angefangen hat mehr Mais als Gerste und Weizen zu bauen.

Die Bewohner der Canarien sind ihrem Charakter nach ein Gebirgsvolk und ein Inselvolk zugleich. Will man sie richtig beurtheilen, muß man sie nicht nur in ihrer Heimath sehen, wo ihr Fleiß auf gewaltige Hemmnisse stößt; man muß sie beobachten in den Steppen der Provinz Caracas, auf dem Rücken der Anden, auf den glühenden Ebenen der Philippinen, überall wo sie, einsam in unbewohnten Ländern, Gelegenheit finden die Kraft und die Thätigkeit zu entwickeln, welcher der wahre Reichthum des Colonisten sind.

Die Canarier gefallen sich darin, ihr Land als einen Theil des europäischen Spaniens zu betrachten, und sie haben auch wirklich die castilianische Literatur bereichert. Die Namen Clavigo (Verfasser des **Pensador**), Viera, Yriarte und Betancourt sind in Wissenschaft und Literatur mit Ehren genannt; das canarische Volk besietzt die lebhafte Einbildungskraft, die den Bewohnern von Andalusien und Grenada eigen ist, und es ist zu hoffen, daß die glückseligen Inseln, wo der Mensch wie überall die Segnungen und die harte Hand der Natur empfindet, dereinst einen eingebornen Dichter finden, der sie würdig besingt.

10.

Die Schwäche der Lebenskraft zeigt sich an den Maulbeerbäumen, die auf magerem sandigen Boden in der Nähe des baltischen Meeres gezogen werden. Die Spätfröste thun ihnen weit weher als den Maulbeerbäumen in Piemont. In Italien bringt ein Frost von 5 Grad unter dem Gefrierpunkt kräftige Orangenbäume nicht um. Diese Bäume, die weniger empfindlich sind als Citronen, erfrieren nach Galesio erst bei –10° der hunderttheiligen Scale.

11.

Adanson wundert sich, daß die Baobabs nicht von andern Reisenden beschrieben worden seyen. Ich finde in der Sammlung des Grynäus, daß schon Aloysio Cadamosto vom hohen Alter dieser ungeheuren Bäume spricht, die er im Jahr 1504 gesehen, und von denen er ganz richtig sagt: *»eminentia altitudinis non quadrat magnitudini.« Cadam. navig. c. 42.* Am Senegeal und bei Praya auf den Cap Verdischen Inseln haben Adanson und Staunton Adansonien gesehen, deren Stamm 56 bis 60 Fuß im Umfang hatte. Den Baobab mit 34 Fuß Durchmesser hat Golberry im Thal der zwei Gagnack gesehen.

12.

Ebenso verhält es sich mit den Platanen *(Platanus occidentalis)*, die Michaux zu Marietta am Ufer des Ohio gemessen hat und die 20 Fuß über dem Boden noch 15 7/10 Fuß im Durchmesser hatten. Die Taxus, die Kastanien, die Eichen, die Platanen, die kahlen Cypressen, die Bombax, die Mimosen, die Cäsalpinen, die Hymenäen und die Drachenbäume sind, wie mir scheint, die Gewächse, bei denen in verschiedenen Klimaten Fälle von so außerordentlichem Wachsthum vorkommen. Eine Eiche, die zugelcih mit gallischen Helmen im Jahr 1809 in den Torfgruben im Departement der Somme beim Dorf Aseux, sieben Lieues von Abbéville, gefunden wurde, gibt dem Drachenbaum von Orotava in der Dicke nichts nach. Nach Angabe von Traullée hatt der Stamm der Eiche 14 Fuß Durchmesser.

13.

Schousboue (Flora von Marocco) erwähnt seiner nicht einmal unter den cultivirten Pflanzen, während er doch vom Cactus, von der Agave und der Yucca spricht. Die Gestalt des Drachenbaumes kommt verschiedenen Arten der Gattung Dracaena am Cap der Guten Hoffnung, in China und auf Neuseeland zu; aber in der neuen Welt vertritt die Yucca die Stelle derselben; denn die *Dracaena borealis* d'Aitons ist eine *Convallaria*, deren Habitus sie auch hat. Der im Handel unter dem Namen Drachenblut bekannte adstringierende Saft kommt nach unseren Untersuchungen an Ort und Stelle von verschiedenen amerikanischen Pflanzen, die nicht derselben Gattung angehören, unter denen sich einige Lianen befinden. In Laguna verfertigt man in Nonnenklöstern Zahnstocher, die mit dem Saft des Drachenbaumes gefärbt sind, und die man uns sehr anpries, weil sie das Zahnfleische conserviren sollten.

14.

Diese Benennung war schon zu Anfang des vorigen Jahrhunderts im Brauch. Edens, der alle spanischen Wörter verdreht, wie noch heute die meisten Reisenden, nennt sie **Stancha**; es ist Bordas **Station des rochers**, wie aus den daselbst beobachteten Barometerhöhen hervorgeht. Diese Höhen waren nach Cordier im Jahr 1803 19 Zoll 9,5 Linien, und nach Borda und Varela im Jahr 1776 19 Zoll 9,8 Linien, während er Barometer zu Orotava bis auf eine Linie ebenso hoch stand.

15.

In den meisten Erdhöhlen, z. B. in der von Saint George, zwischen Riort und Rolle, bildet sich an den Kalksteinwänden selbst im Sommer eine dünne Schichte durchsichtigen Eises. Pictet hat die Beobachtung gemacht, daß der Thermometer alsdann in der Luft der Höhle nicht unter 2 – 3° steht, so daß man das Frieren des Wassers einer örtlichen, sehr raschen Verdunstung zuzuschreiben hat.

16.

In der Rechung wurden für 91° 54' scheinbaren Abstands vom Zenith 57' 7" Refraction angenommen. Die Sonne erscheint bei ihrem Aufgang auf dem Pic von Teneriffa um so viel früher, als sie braucht, um einen Bogen von 1° 54' zurückzulegen. Für den Gipfel des Chimborazo nimmt dieser Bogen nur um 41' zu. Die Alten hatten so übertriebenen Vorstellungen von der Beschleunigung des Sonnenaufgangs auf dem Gipfel hoher Berge, daß sie behaupteten, die Sonne sey auf dem Berg Athos drei Stunden früher sichtbar, als am Ufer des ägeischen Meeres. (Strabo Buch VII.) Und doch ist der Athos nach Delambre nur 713 Toisen hoch.

17.

Diese Frage ist mit großem Scharfsinn von Breislack in seiner *Introduzzione alle Geologia* erörtert. Der Cotopaxi und der Popocatepetl, die ich im Jahr 1804 Rauch und Asche auswerfen sah, liegen weiter vom großen Ocean und dem Meere der Antillen als Grenoble vom Mittelmeer und Orleans vom atlantischen Meer. Man kann es allerdings nicht als einen bloßen Zufall ansehen, daß man keinen thätigen Vulkan entdeckt hat, der über 40 Seemeilen von der Meeresküste läge; aber die Hypothese, nach der das Meerwasser von den Vulkanen aufgesogen, destillirt und zersetzt würde, scheint mit sehr zweifelhaft.

18.

Von allen kleinen canarischen Inseln ist nur die Rocca del Este vom Pic auch bei hellem Wetter nicht zu sehen. Sie liegt 3°,5 ab, Salvage dagegen nur 2° 1'. Die Insel Madera, die 4° 29' entfernt ist, wäre nur dann zu sehen, wenn ihre Berge über 3000 Toisen hoch wären.

19.

»*La refraction de par todo.*« Wir haben schon oben bemerkt, daß die amerikanischen Früchte, welche das Meer häufig an die Küsten von Ferro und Gomera wirft, früher für Gewächse der Insel San Borondon gehalten wurden. Dieses Land, das nach der Volkssage von einen Erzbischof und sechs Bischöfen regiert wurde, und das, nach Pater Feijoos Ansicht, das auf einer Nebelschicht projicirte Bild der Insel Ferro ist, wurde im sechzehnten Jahrhundert vom König von Portugal Ludwig Perdigon geschenkt, als dieser sich zur Eroberung desselben rüstete.

20.

Nach Odonell und Armstrong stand auf dem Gipfel des Pics am 2. August 1806 um acht Uhr Morgnes der Thermometer im Schatten auf 13°,8, in der Sonne auf 20°,5; Unterschied oder Wirkung der Sonne: 6°,7.

21.

Im Merz 1805 fingen Gay-Lussac und ich beim Hospiz auf dem Mont Cenis in einer stark elektrisch geladenen Wolke Luft auf und zerlegten sie im Volta´schen Eudometer. Sie enthielt keinen Wasserstoff und nicht um 0,002 weniger Sauerstoff als die Pariser Luft, die wir in hermetisch verschlossenen Flaschen bei uns hatten.

22.

Da viele Reisende, welche bei Santa Cruz de Teneriffa anlegen, die Besteigung des Pics unterlassen, weil sie nicht wissen, wie viel Zeit man dazu braucht, so sind die folgenden Angaben wohl nicht unwillkommen. Wenn man bis zum Haltpunkt der Engländer sich der Maulthiere bedient, braucht man von Orotava aus zur Besteigung des Pics und zur Rückkehr in den Hafen 21 Stunden; nämlich von Orotava zum Pino del Dornajito 3 Stunden, von da zur Felsenstation 6, von da nach der Caldera 3 ½. Für die Rückkehr rechne ich 9 Stunden. Es handelt sich dabei nur von der Zeit, die man unterwegs zubringt, keineswegs von der, die man auf die Untersuchung der Produkte des Pic oder zum Ausruhen verwendet. In einem halben Tag gelangt man von Santa Cruz de Teneriffa nach Orotava.

23.

Auf dieser Insel sah der carthaginensische Feldherr zum erstenmal eine große menschenähnliche Affenart, die Gorillas. Er beschreibt sie als durchaus behaarte Weiber, und als höchst bösartig, weil sie sich mit Nägeln und Zähnen wehrten. Er rühmt sich, ihrer drei die Haut abgezogen zu haben, um sie mitzunehmen. Gosselin verlegt die Insel der Gorillas an die Mündung des Flusses Nun, aber nach dieser Annahme müßte der Sumpf, in dem Hanno eine Menge Elephanten weiden sah, unter 35½ Grad Breite liegen, beinahe am Nordende von Afrika.

24.

Aristoteles, Mirab. Auscultat. Solinus sagt vom Atlas: *vertex semper nivalis lucet nocturnis ignibus*; aber dieser Atlas ist gleich dem Berge Meru der Hindus ein aus richtigen Begriffen und mythischen Fictionen zusammengesetztes Ding, und lag nicht auf einer der hesperischen Inseln, wie Abbé Viera und nach ihm verschiedene Reisende annehmen, die den Pic von Teneriffa beschreiben. Die folgenden Stellen lassen keinen Zweifel hierüber: Herodot IV, 184. Strabo XVII. Mela III, 10. Plinius V, 1. Solinus I, 24, sogar Diodor von Sicilien III.

25.

Der Berg hieß auch **Aya-dyrma**, in welchem Wort Horn (*de Origin. Americ. p.* 155 und 185) den alten Namen des Atlas findet, der nach Strabo, Plinius und Solinus **Dyris** war. Diese Ableitung ist höchst zweifelhaft; lagt man auf die Vokale mehr Werth, als sie bei den orientalischen Völkern haben, so findet man **Dyris** fast ganz in **Daran**, wie die arabischen Geographen den östlichen Theil des Atlasgebirges nennen.

26.

Non silendum puto de insula Teneriffa quae et eximie colitur et inter orbis insulas est eminentior. Nam coelo sereno eminus conspicitur, adeo ut qui absunt ab ea ad leucas hispanas sexaginta vel septuaginta, non difficulter eam intueantur. Quod cernatur a longe id efficit acuminatus lapis adamantinus, instar pyramidis, in medio. Qui metiti sunt lapidem ajunt altitudine leucarum quindecim mensuram excedere ab imo ad summum verticem. Is lapis jugiter flagrat, instar Aetnae montis; id affirmant nostri Christiani qui capti aliquando haec animadvertere. ***Al. Cadamusti*** *Navigatio ad terras incognitas c. 8.*

27.

Obgleich der Pic von Teneriffa sich nur in den Wintermonaten mit Schnee bedeckt, könnte der Vulkan doch die seiner Breite entsrpechende Schneegrenze erreichen, und wenn er Sommers ganz schneefrei ist, so könnte dieß nur von der freien Lage des Berges in der weiten See, von der Häufigkeit aufsteigender sehr warmer Winde oder von der hohen Temperatur der Asche des Piton herrühren.. Beim gegenwärtigen Stand unserer Kenntnisse lassen sich diese Zweifel nicht heben. Vom Parallel der Berge Mexicos bis zum Parallel der Pyrenäen und der Alpen, zwischen dem 20. und dem 45. Grad ist die Curve des ewigen Schnees durch keine direkte Messung bestimmt worden, und da sich durch die wenigen Punkte, welche uns unter 0°, 20°, 45°, 62° und 71° nördlicher Breite bekannt sind, unendliche viele Curven ziehen lassen, so kann die Beobachtung nur sehr mangelhaft durch Rechnung ergänzt werden. Ohne es bestimmt zu behaupten, kann man als wahrscheinlich annehmen, daß unter 28° 17' die Schneegrenze über 1900 Toisen liegt. Vom Auquator an, wo der Schnee mit 2460 Toisen, also etwa in der Höhe des Montblanc beginnt, bis zum 20. Breitegrad, also bis zur Grenze des heißen Erdstrichs, rückt der Schnee nur 100 Toisen herab; läßt sich demnach annehmen, daß 8 Grad weiter in einem Klima, das fast noch durchaus als ein tropisches erscheint, der Schnee schon 400 Toisen tiefer stehen sollte? Selbst vorausgesetzt, der Schnee rückte vom 20. bis zum 45. Breitegrad in arithmetischer Progression herab, was den Beobachtungen widerspricht, so finge der ewige Schnee unter der Breite des Pic erst bei 2050 Toisen über der Meeresfläche an, somit 550 Toisen höher als in den Pyrenäen und in der Schweiz. Dieses Ergebniß wird noch durch andere Beobachtungen unterstützt. Die mittlere Temperatur der Luftschicht, mit der der Schnee im Sommer in Berührung kommt, ist in den Alpen ein paar Grad unter, unter dem Aequator ein paar Grad über dem Gefrierpunkt. Angenommen, unter 28½ Grad sey die Temperatur gleich Null, so ergibt sich nach dem Gesetz der Wärmeabnahme, auf 98 Toisen einen Grad gerechnet, das der Schnee in 2058 Toisen über einer Ebene mit einer mittleren Temperatur von 21°, wie sie der Küste von Teneriffa zukommt, lieben bleiben muß. Diese Zahl stimmt fast ganz mit der, welche sich bei der Annahme einer arithmetischen Progression ergibt. Einer der Hochgipfel der Sierra de Nevada de Grenada, der Pico de Beleta, dessen absolute Höhe 1781 Toisen beträgt, ist beständig mit Schnee bedeckt; da aber die untere Grenze des Schnees hier nicht gemessen worden ist, so trägt dieser Berg, der unter 37° 10' der Breite liegt, zur Lösung des vorliegenden Problems nichts bei. Durch die Lage des Vulkans von Teneriffa mitten auf einer nicht großen Insel kann die Curve des ewigen Schnees schwerlich hinaufgeschoben werden. Wenn die Winter auf Inseln weniger streng sind, so sind dagegen auch die Sommer weniger heiß, und die Höhe des Schnees hängt nicht sowohl von der ganzen mittleren Jahrestemperatur als vielmehr von der mittlere Wärme der Sommermonate ab. Auf dem Aetna beginnt der Schnee schon bei 1500 Toisen oder selbst etwas tiefer, was bei einem unter 37½° der Breite gelegenen Gipfel ziemlich auffallend erscheint. In der Nähe des Polarkreises, wo die Sommerhitze durch den fortwährend aus dem Meere aufsteigenden Nebel gemildert wird, zeigt sich der Unterschied zwischen Inseln oder Küsten und dem inneren Lande höchst auffallend. Auf Island z. B. ist auf dem Osterjöckull, unter 65° der Breite, die Grenze des ewigen Schnees in 482, in Norwegen dagegen, unter 67°, fern von der Küste in 600 Toisen Höhe, und doch sind hier die Winter ungleich strenger, folglich die mittlere Jahrestemperatur geringer als in Island. Nach diesen Angaben erscheint es als wahrscheinlich, daß Bouquer und Saussure im Irrthum sind, wenn sie annehmen, daß der Pic von Teneriffa die untere Grenze des ewigen Schrees erreiche. Unter 28° 17' der Breite ergeben sich für diese Grenze wenigstens 1950 Toisen, selbst wenn man sie zwischen dem Aetna und den Bergen von Mexico durch Interpolation berechnet. Dieser Punkt wird vollständig ins Reine gebracht werden, wenn einmal der westliche Theil des Atlas gemessen ist, wo bei Marocco unter 31½ Grad Breite ewiger Schnee liegt.

28.

Pinus halepensis. Nach de Candolles Bemerkung hieße diese Fichte, die in Portugal fehlt und am Abhang von Frankreicht und Spanien gegen das Mittelmeer in Italien, in Kleinasien und in der Barbarei vorkommt besser *Pinus mediterranea.* Sie ist der herrschende Baum in den Fichtenwäldern des südöstlichen Frankreichs, wo sie von Gonan und Gerard mit der *Pinus sylvestris* verwechselt worden ist.

29.

Willdenow und ich haben unter den Pflanzen vom Pic von Teneriffa das schöne *Satyrium diphyllum* (*Orchis cordata, Willd.*) erkannt, die Link in Portugal gefunden. Die Canarien haben nicht die *Dicksonia Culcita*, den einzigen Baumfarn, der unter 39° der Breite vorkommt, wohl aber *Asplenium palmatun* und *Myrica Faya* mit der Flora der Azoren gemein. Letzterer Baum findet sich in Portugal wild, Hofmannsegg hat sehr alte Stämme gesehen, es bleibt aber zweifelhaft, ob er in diesen Theil unseres Continents einheimisch oder eingeführt ist. Denkt man über die Wanderungen der Gewächse nach zieht man in Betracht, daß es geologisch möglich ist, daß Portugal, die Azoren, die Canarien und die Atlaskette einst durch nunmehr im Meer versunkene Länder zusammengehangen habe, so erscheint das Vorkommen der *Myrica Facya* im westlichen Europa zum mindestens ebenso auffallend, als wenn die Fichte von Aleppe auf den Azoren vorkäme.

30.

Nach Vaters Untersuchungen zeigt die Sprache der Guanchen folgende Aehnlichkeiten mit den Sprachen weit aus einander gelegener Völker: Hund bei den Huronen in Amerika *aguienon*, bei den Guanchen aguyan; **Mensch** bei den Peruanern *cari*, bei den Guanchen *coran*; **König** bei den Mandingos in Afrika *monso*, bei den Guanchen *monsey*. Der Name der Insel Gomera kommt um Worte Gomer zum Vorschein, das der Name eines Berberstammes ist. (**Vater**, Untersuchungen über Amerika, S. 170.) Die Guanchischen Worte *alcorac*, Gott, und *almogaron*, Tempel, scheinen arabischen Ursprungs, wenigstens bedeutet in letzterer Sprache *almoharram* **heilig**.

Drittes Kapitel

Überfahrt von Teneriffa an die Küste von Südamerika
— Ankunft in Cumana

Am 25. Juni Abends verließen wir die Rhede von Santa Cruz und schlugen den Weg nach Südamerika ein. Es wehte stark aus Nordost und das Meer schlug in Folge der Gegenströmungen kurze gedrängte Wellen. Die canarischen Inseln, auf deren hohen Bergen ein röthlicher Duft lag, verloren wir bald aus dem Gesicht. Nur der Pic zeigte sich von Zeit zu Zeit in Blinken, wahrscheinlich, weil der in der hohen Luftregion herrschende Wind dann und wann die Wolken um den Piton verjagte. Zum erstenmal empfanden wir, welchen lebhaften Eindruck der Anblick von Ländern an der Grenze des heißen Erdgürtels, wo die Natur so reich, so großartig und so wundervoll auftritt, auf unser Gemüth macht. Wir hatten nur kurze Zeit auf Teneriffa verweilt, und doch schieden wir von der Insel, als hätten wir lange dort gelebt.

Unsere Ueberfahrt von Santa Cruz nach Cumana, dem östlichsten Hafen von Terra Firma, war so schön als je eine. Wir schnitten den Wendekreis des Krebses am 27., und obgleich der **Pizarro** eben kein guter Segler war, legten wir doch den neunhundert Meilen [4050 km] langen Weg von Küste von Afrika zur Küste der neuen Welt in zwanzig Tagen zurück. Wir fuhren auf 50 Meilen [225 km] westwärts am Vorgebirge Bojador, am weißen Vorgebirge und an den Inseln des grünen Vorgebirges vorüber. Ein paar Landvögel, der der starke Wind auf die hohe See verschlagen, zogen uns einige Tage nach. Hätten wir nicht unsere Länge mittelst der Seeuhren genau gekannt, so wären wir versucht gewesen zu glauben, wir seyen ganz nahe der afrikanischen Küste.

Unser Weg war derselbe, den seit Kolumbus erster Reise alle Fahrzeuge nach den Antillen einschlagen. Vom Parallel von Madera bis zum Wendekreis nimmt dabei die Breite rasch ab, während man an Länge fast nichts zulegt; hat man die Zone des beständigen Passatwindes erreicht, so fährt man von Ost nach West auf einer ruhigen, friedlichen See, die bei den spanischen Seefahrern *el Golfo de las Damas* heißt. Wie alle, welche diese Striche befahren, machten auch wir die Beobachtung, daß, je weiter man gegen Westen rückt, der Passat, der Anfangs Ost-Nord-Ost war, immer mehr Ostwind wird.

Hadley[31] hat in einer berühmten Abhandlung die Theorie des Passats entwickelt, wie sie gemeiniglich angenommen ist, aber die Erscheinung ist eine weit verwickeltere, als die meisten Physiker glauben. Im atlantischen Ocean ist die Länge wie die Abweichung der Sonne von Einfluß auf die

Richtung und die Grenzen der Passatwinde. Dem neun Continent zu gehen sie in beiden Halbkugeln 8 bis 9 Grad über den Wendekreis hinauf, während in der Nähe von Afrika die veränderlichen Winde weit über den 28. oder 27. Grad hinunter herrschen. Es ist im Interesse der Meteorologie und der Schifffahrt zu bedauern, daß die Veränderungen, denen die Luftströmungen unter den Tropen im stillen Ocean unterliegen, weit weniger bekannt sind als das Verhalten derselben Ströme in einem engeren Meeresbecken, wo die nicht weit auseinander liegenden Küsten von Guinea und Brasilien ihre Einflüsse geltend machen. Die Schiffer wissen seit Jahrhunderten, daß im atlantischen Ocean der Aequator nicht mit der Linie zusammenfällt, welche die Passatwinde aus Nordort und die aus Südost scheidet. Diese Linie liegt, nach Hadley richtiger Beobachtung, unter dem 3. bis 4. Grad nördlicher Breite, und wenn ihre Lage daher rührt, daß die Sonne in der nördlichen Halbkugel länger verweilt, so weist sie darauf hin, daß die Temperaturen der beiden Halbkugeln [Nimmt man mit Aepinus an, daß die südliche Halbkugel nur um 1/14 kälter ist als die nördliche, so ergibt die Rechnung für die nördliche Grenze des Ost-Süd-Ost-Passats 1° 28'.] sich verhalten wie 11 zu 9. In der Folge, wenn von der Luft über der Südsee die Rede ist, werden wir sehen, daß westwärts von Amerika der Südost-Passat nicht so weit über den Aequator hinausreicht als im atlantischen Ocean. Der Unterschied in der Luftströmung dem Aequator zu vom einen und vom andern Pol her kann ja nicht unter allen Längengraden derselbe seyn, das heißt auf Punkten der Erdkugel, wo die Festländer sehr verschieden breit sind und sich mehr oder minder weit gegen die Pole erstrecken.

Es ist bekannt, daß auf der Ueberfahrt von Santa Cruz nach Cumana, wie von Acapulco nach den Philippinen, die Matrosen fast keine Hand an die Segel zu legen brauchen. Man fährt in diesen Strichen, als ginge es auf einem Flusse hinunter, und es ist zu glauben, daß es kein gewagtes Unternehmen wäre, die Fahrt mit einer Schaluppe ohne Verdeck zu machen. Weiter westwärts aber, an der Küste von St. Marta und im Meerbusen von Mexico weht der Wind sehr stark und macht die See sehr unruhig.[32]

Je weiter wir uns von der afrikanischen Küste entfernten, desto schwächer wurde der Wind; oft blieb er einige Stunden ganz aus, und diese Windstillen wurden regelmäßig durch elektrische Erscheinungen unterbrochen. Schwarze, dichte, scharf umrissene Wolken zogen sich im Ost zusammen; man konnte meinen, es sey eine Bö im Anzug und man werde die Marssegel einreffen müssen, aber nicht lange, so erhob sich der Wind wieder, es fielen einige schwere Regentropfen und das Gewitter verzog sich, ohne daß man hatte donnern hören. Es war interessant, während dessen die Wirkung schwarzer Wolken zu beobachten, die einzeln und sehr tief durch das Zenith liefen. Man spürte, wie der Wind allmählig stärker oder schwäcker wurde, je nachdem die kleinen Haufen von Dunstbläschen sich näherten oder entfernten, ohne daß die Elektrometer mit langer Metallstange und brennendem Docht in den untern Luftschichten eine Aenderung in der elektrischen Spannung anzeigten. Mittels solcher kleinen, mit Windstillen wechselnden Böen gelangt man in den Monaten Juni und Juli von den canarischen Inseln nach den Antillen oder an die Küsten von Südamerika. Im heißen Erdstrich lösen sich die meteorologischen Vorgänge äußerst regelmäßig ab, und das Jahr 1803 wird in den Annalen der Schifffahrt lange denkwürdig bleiben, weil mehrere Schiffe, die von Cadix nach Cumana gingen, unter 14° der Länge und 48° der Breite umlegen mußten, weil mehrere Tage lang ein heftiger Wind aus Nord-Nord-West blies. Welch bedeutende Störung im regelmäßigen Lauf der Luftströmungen muß man annehmen, um sich von einem solchen Gegenwind Rechenschaft zu geben, der ohne Zweifel auch den regelmäßigen Gang des Barometers in seiner stündlichen Schwankung gestört haben wird!

Einige spanische Seefahrer haben neuerlich einen andern Weg nach den Antillen und zur Küste von Terra Firma als den von Christoph Columbus zuerst eingeschlagenen zur Sprache gebracht. Sie schlagen vor, man sollte nicht gerade nach Süd steuern, um den Passat aufzusuchen, sondern auf einer Diagonale zwischen Cap St. Vincent und Amerika in Länge und Breite zugleich vorrücken. Dieser Weg, der die Fahrt abkürzt, da man den Wendekreis etwa 20° westwärts vom Punkte schneidet, wo ohn die Schiffe gewöhnlich schneiden, ist von Admiral Gravina mehreremale mit Glück eingeschlagen worden. Dieser erfahrene Seemann, der in der Schlacht von Trafalgar einen rühmlichen Tod fand, kam im Jahr 1802 auf diesem schiefen Wege mehrere Tage vor der französischen Flotte nach St. Domingo, obgleich er zufolge eines Befehls des Madrider Hofs mit seinem Geschwader im Hafen von Ferrel hatte einlaufen und sich dort eine Zeitlang aufhalten müssen.

Diese neue Verfahren kürzt die Ueberfahrt von Cadix nach Cumana etwa um ein Zwanzigtheil ab; da man aber erst unter dem 40. Grad der Länge die Tropen betritt, so läuft man Gefahr, länger mit den veränderlichen Winden zu thun zu haben, die bald aus Süd, bald aus Südwest blasen. Beim alten Verfahren wird der Nachtheil, daß man einen längeren Weg macht, dadruch ausgeglichen, daß man sicher ist, in den Passat zu gelangen und ihn auf einem größeren Stück der Ueberfarht benützen zu können. Während meines Aufenthalt in den spanischen Colonien sah ich mehrere Kauffahrer an kommen, die aus Furcht vor Kapern den schiefen Weg eingeschlagen hatten und ausnehmend rasch herübergekommen waren; nur nach wiederholten Versuchen wird man sich bestimmt über einen Punkt aussprechen können, der zum mindesten so wichtig ist als die Wahl des Meridians, auf dem man bei der Fahrt nach Buenos Ayres oder Cap Horn den Aequator schneiden soll.

Nichts geht über die Pracht und die Milde des Klimas im tropischen Weltmeer. Während der Passatwind stark blies, stand der Thermometer bei Tage auf 23–24 Grad, bei Nacht zwischen 22 und 22,5. Um den Reiz dieser glücklichen Erdstriche in der Nähe des Aequators voll zu empfinden, muß man in rauher Jahreszeit von Acapulco oder von den Küsten von Chili nach Europa gesegelt haben. Welcher Abstand zwischen den stürmischen Meeren in nördlichen Breiten und diesen Strichen, wo in der Natur ewige Ruhe herrscht! Wenn die Rückfahrt aus Mexiko oder Südamerika nach den spanischen Küsten zu kurz und so angenehm wäre als die Reise aus der alten in die neue Welt, so wäre die Zahl der Europäer, die sich in den Kolonien niedergelassen, lange nicht so groß, als sie jetzt ist. Das Meer, in dem die Azoren und die Bermuden liegen, durch das man kommt, wenn man in hohen Breiten nach Europa zurückfährt, führt bei den Spanier den seltsamen Namen *Golfe de las Yeguas.* [Der Meerbusen der Stuten.] Colonisten, die an die See nicht gewöhnt sind, und lange einsam in den Wäldern von Guyana, in den Savanen von Caracas oder auf den Cordilleren von Peru gelebt haben, fürchten sich vor dem Seestrich bei den Bermuden mehr als jetzt die Bewohner von Lima vor der Fahrt um Cap Horn. Sie übertreiben in der Einbildung die Gefahren einer Ueberfahrt, die nur im Winter bedenktlich ist. Sie verschieben es von Jahr zu Jahr, ein Vorhaben auszuführen, das ihnen gewagt erscheint, und meist überrascht sie der Tod, während sie sich zur Rückreise rüsten.

Nördlich von den Inseln des Grünen Vorgebirges stießen wir auf große Bündel schwimmenden Tangs. Es war die tropische Seetraube, *Fucus natans*, die nur bis zu 40° nördlicher und südlicher Breite auf dem Gestein unter dem Meeresspiegel wächst. Diese Algen schienen hier, wie südwestlich von der Bank von Neufoundland, das Vorhandenseyn der Strömungen anzuzeigen. Die Seestriche, wo viel einzelner Tag vorkommt, und die mit Seegewächsen bedeckten Strecken, welche Columbus mit großen Wiesen vergleicht und die der Mannschaft der Santa Maria unter 42° der Länge Schrecken einjagten, sind nicht mit einander zu verwechseln. Durch die Vergleichung vieler Schiffstagebücher habe ich mich überzeugt, daß es im Becken des nördlichen Atlantischen Oceans zwei solcher mit Algen bedeckten Strecken gibt, die nichts miteinander zu tun haben. Die größte derselben[33] liegt etwas westlich vom Meridian von Fayal, einer der azorischen Inseln, zwischen 35 und 36° der Breite. Die Meerestemperatur beträgt in diesem Strich 16 bis 20 Grad, und die Nordostwinde, die dort zuweilen sehr stark sind, treiben schwimmende Tanginseln in tiefe Breiten, bis zum 24., ja bis zum 20. Grad. Die Schiffe, die von Montevideo und vom Kap der guten Hoffnung nach Europa zurückfahren, kommen über diese Fucusbank, die nach den spanischen Schiffern von den kleinen Antillen und von den canarischen Inseln gleich weit entfernt ist; die Ungeschicktesten können darnach ihre Länge berichtigen. Die zweite Fucusbank ist wenig bekannt; sie liegt unter 22 und 26° der Breite, 80 Seemeilen [148 km] westlich vom Meridian der Bahamainseln, und ist von weit geringerer Ausdehnung. Man stößt auf sie auf der Fahrt von den Caycosinseln nach den Bermuden.

Allerdings kennt man Tangarten mit 800 Fuß [260 m] langen Stengeln [*Fucus giganteus, Forster* oder *Laminaria pyrifera, Lamouroux.*], und diese Cryptogamen der hohen See wachsen sehr rasch; dennoch ist kein Zweifel darüber, daß in den oben beschriebenen Strichen die Tange keinesweg am Meeresboden haften, sondern in einzelnen Bündeln auf dem Wasser schwimmen. In diesem Zustand können diese Gewächse nicht viel länger fortvegetiren als ein vom Stamm abgerissener Baumast. Will man sich Rechenschaft davon geben, wie es kommt, daß bewegliche Massen sich seit Jahrhunderten an denselben Stellen befinden, so muß man annehmen, daß sie vom Gestein 73 bis 92 m unter der Meeresfläche herkommen und der Nachwuchs fortwährend wieder ersetzt, was die tropische Strömung wegreißt. Diese Strömung führt die tropische Seetraube in hohe Breiten, an die Küsten von Norwegen und Frankreich, und die Algen werden südwärts von den Azoren keineswegs vom **Golfstrom** zusammengetrieben, wie manche Seeleute meinen. Es wäre zu wünschen, daß die Schiffer in diesen mit Pflanzen bedeckten Strichen häufiger das Senkblei auswärfen; man versichert, holländische Seeleute haben mittelst Leinen aus Seidenfäden zwischen der Bank von Neufoundland und der schottischen Küste eine Reihe von Untiefen gefunden.

Wie und wodurch die Algen in Tiefen, in denen nach der allgemeinen Annahme das Meer wenig bewegt ist, losgerissen werden, darüber ist man noch nicht im Klaren. Wir wissen nur nach den schönen Beobachtungen von Lamouroux, daß die Algen zwar vor der Entwicklung ihrer Fructificationen ausnehmend fest am Gestein hängen, dagegen nach dieser Zeit oder in der Jahreszeit, wo bei ihnen wie bei den Landpflanzen die Vegetation stockt, sehr leicht abzureißen sind. Fische und Weichthiere, welche die Stengel der Tange benagen, mögen wohl auch dazu beitragen, sie von ihren Wurzeln zu lösen.

Vom 22. Breitengrad an fanden wir die Meeresfläche mit fliegenden Fischen [*Exocoetus volitans.*] bedeckt; sie schnellten sich fünfzehn, ja achtzehn Fuß [4,5, ja 6 m] in die Höhe und fielen auf den Oberlauf nieder. Ich scheue mich nicht, hier gleichfalls einen Gegenstand zu berühren, von dem die Reisenden so viel sprechen, als von Delphinen und Haifischen, von der Seekrankheit und dem Leuchten des Meeres. Alle diese Dinge bieten den Physikern noch lange Stoff genug zu anziehenden Beobachtungen, wenn sie sich ganz besonders damit beschäftigen. Die Natur ist eine unerschöpfliche Quelle der Forschung, und im Maß, als die Wissenschaft vorschreitet, bietet sie dem, der sie recht zu befragen weiß, immer wieder eine neue Seite, von der er sie bis jetzt nicht betrachtet hatte.

Ich erwähne der fliegenden Fische, um die Naturkundigen auf die ungeheure Größe ihrer Schwimmblase aufmerksam zu machen, die bei einem 6,4 Zoll langen Fisch 3,6 Zoll lang und 0,9 breit ist und 3½ Kubikzoll [60 ml] Luft enthält. Die Blase nimmt über die Hälfte vom Körperinhalt des Thieres ein, und trägt somit wahrscheinlich dazu bei, daß es so leicht ist. Man könnte sagen, dieser Luftbehälter diese ihm vielmehr zum Fliegen als zum Schwimmen, denn die Versuche, die Provenzal und ich angestellt, beweisen, daß dieses Organ selbst bei den Arten, die damit versehen sind, zu der Bewegung an die Wasserfläche herauf nicht durchaus nothwendig ist. Bei einem jungen 5,0 Zoll langen Exocoetus bot jede der Brustflossen, die als Flügen diesen, der Luft bereits eine Oberfläche von 3 7/10 Quadratzoll dar. Wir haben gefunden, daß die neun Nervenstränge, die zu den zwölf Strahlen dieser Flossen verlaufen, fast dreimal dicker sind als die Nerven der Bauchflossen. Wenn man die ersteren Nerven galvanisch reizt, so gehen die Strahlen, welche die Haut der Brustflossen tragen, fünfmal kräftiger auseinander, als die der andern Flossen, wenn man sie mit denselben Metallen galvanisirt. Der Fisch kann sich ab er auch zwanzig Fuß [6,5 m] weit wagrecht fortschnellen, ehe er mit der Spitze seiner Flossen die Meeresfläche wieder berührt. Man hat diese Bewegung und die eines flachen Steines, der auffallend und wieder abprallend ein paar Fuß hoch über die Wellen hüpft, ganz richtig zusammengestellt. So ausnehmend rasch die Bewegung ist, kann man doch deutlich sehen, daß das Thier während des Sprungs die Luft schlägt, das heißt, daß es die Brustflossen abwechselnd ausbreitet und einzieht. Dieselbe Bewegung beobachtet man am fliegenden Seescorpion auf den japanischen Flüssen, der gleichfalls eine große Schwimmblase hat, während sie den meisten Seescorpionen, die nicht fliegen, fehlt [*Scorpaena porcus*, *S. scrofa*, *S. dactyloptera*, Delaroche.]. Die Exocoetus können, wie die meisten Kiementhiere, ziemlich lange und mittelst derselben Organe im Wasser und in der Luft athmen, das heißt der Luft wie dem Wasser den darin enthaltenen Sauerstoff entziehen. Sie bringen einen großen Theil ihres Lebens in der Luft zu, aber ihr elendes Leben wird ihnen dadurch nicht leichter gemacht. Verlassen sie das Meer, um den gefräßigen Goldbrassen zu entgehen, so begegnen sie in der Luft den Fregatten, Albatrossen und andern Vögeln, die sie im Flug erschnappen. So werden an den Ufern des Orinoco Rudel von Cabiais, [*Cavia Capybara*. L.] wenn sie vor den Krokodilen aus dem Wasser flüchten, am Ufer die Beute der Jaguars.

Ich bezweifle indessen, daß sich die fliegenden Fische allein um der Verfolgung ihrer Feinde zu entgehen, aus dem Wasser schnellen. Gleich den Schwalben schießen sie zu Tausenden Fort, gerade aus und immer gegen die

Richtung der Wellen. In unsern Himmelsstrichen sieht man häufig am Ufer eines klaren, von der Sonne beschienenen Flusses einzeln stehende Fische, die somit nichts zu fürchten haben können, sich über die Wasserfläche schnellen, als machte es ihnen Vergnügen, Luft zu athmen. Warum sollte dieses Spiel nicht noch häufiger und länger bei den Exocoetus vorkommen, die vermöge der Form ihrer Brustflossen und ihres geringen specifischen Gewichtes sich sehr leicht in der Luft halten? Ich fordere die Forscher auf, zu untersuchen, ob andere fliegende Fische, z. B. *Exocoetus exiliens*, *Trigla volitans* und *T. horundo* auch so große Schwimmblasen haben wie der tropische Exocoetus. Dieser geht mit dem warmen Wasser des Golfstroms nach Norden. Die Schiffsjungen schneiden ihm zum Spaß ein Stück der Brustflossen ab und behaupten, diese wachsen wieder, was mir mit den bei andern Fischfamilien gemachten Beobachtungen nicht zu stimmen scheint.

Zur Zeit, da ich von Paris abreiste, hatten die Versuche, welche *Dr.* Broddelt in Jamaica mit der Luft in der Schwimmblase des Schwertfisches angestellt, einige Physiker zur Annahme veranlaßt, daß unter den Tropen dieses Organ bei den Seefischen reines Sauerstoffgas enthalte. Auch ich hatte diese Vorstellung, und so war ich überrascht, als ich in der Schwimmblase des Exocoetus nur 0,04 Sauerstoff auf 0,94 Stickstoff und 0,02 Kohlensäure fand. Der Antheil des letzteren Gases, der mittelst der Absorption durch Kalkwasser in graduirten Röhren gemessen wurde, [Anthracometer, gekrümmte Röhren mit einer großen Kugel.] schien constanter als der des Sauerstoffs, von dem einige Exemplare fast noch einmal so viel zeigten. Nach Biots, Cosigliachi´s und Delaroche´s interessanten Beobachtungen muß man annehmen, daß der von Broddelt secirte Schwertfisch in großen Meerestiefen gelebt habe, wo manche Fische bis zu 94 Procent Sauerstoff in ihrer Schwimmblase zeigen.

Am 1. Juli, unter 17° 42' der Breite und 34° 21' der Länge stießen wir auf die Trümmer eines Wrackes. Wir konnten einen Mastbaum sehen, der mit schwimmendem Tang überzogen war. In einem Strich, wo die See beständig ruhig ist, konnte das Fahrzeug nicht Schiffbruch gelitten haben. Vielleicht daß diese Trümmer aus den nördlichen stürmischen Meeren kamen, und infolge der merkwürdigen Drehung, welche die Wasser des Atlantischen Meeres in der nördlichen Halbkugel erleiden, wieder zum Fleck zurückwanderte, wo das Schiff zugrunde gegangen.

Am dritten und vierten fuhren wir über den Theil des Oceans, wo die Karten die Bank des Maalstroms verzeichne; mit Einbruch der Nacht änderte man den Curs, um einer Gefahr auszuweichen, deren Vorhandenseyn so zweifelhaft ist, als das der Inseln Fonseco und Santa Anna.[34] Es wäre wohl klüger gewesen, den Curs beizubehalten. Die alten Seekarten wimmeln von sogenannten wachenden Klippen, die zum Theil allerdings vorhanden sind, größtentheils aber sich von optischen Täuschungen herschreiben, die auf der

See häufiger sind als im Binnenland. Die Lage der wirklich gefährlichen Punkte ist meist wie auf Gerathewohl angegeben; sie waren von Schiffern gesehen worden, die ihre Länge nur auf ein paar Grade kannten, und meist kann man sicher darauf rechnen, keine Klippen zu finden, wenn man den Punkten zusteuert, wo sie auf den Karten angegeben sind. Als wir dem vorgeblichen Maalstrom nahe waren, konnten wir am Wasser keine andere Bewegung bemerken, als ein Strömung nach Nordwest, die uns nicht so viel in Länge zurücklegen ließ, als wir gewünscht hätten. Die Stärke dieser Strömung nimmt zu, je näher man dem neuen Continente kommt; sie wird durch die Bildung der Küsten von Brasilien und Guyana abgelenkt, nicht durch die Gewässer des Orinoco und des Amazonenstroms, wie manche Physiker behaupten.

Seit unserem Eintritt in die heiße Zone wurden wir nicht müde, in jeder Nacht die Schönheit des südlichen Himmels zu bewundern, an dem, je weiter wir nach Süden vorrückten, immer neue Sternbilder vor unseren Blicken aufstiegen. Ein sonderbares, bis jetzt ganz unbekanntes Gefühl wird in einem rege, wenn man dem Aequator zu, und namentlich beim Uebergang aus der einen Halbkugel in die andere, die Sterne, die man von Kindheit auf kennt, immer tiefer hinabrücken und endlich verschwinden sieht. Nichts mahnt den Reisenden so auffallend an die ungeheure Entfernung seiner Heimath, als der Anblick eines neuen Himmels. Die Gruppirung der großen Sterne, einige zerstreute Nebelflecke, die an Glanz mit der Milchstraße wetteifern, Strecken, die sich durch ihr tiefes Schwarz auszeichnen, geben dem Südhimmel eine ganz eigenthümliche Physiognomie. Dieses Schauspiel regt selbst die Einbildungskraft von Menschen auf, die den physischen Wissenschaften sehr ferne stehen und zum Himmelsgewöbe aufblicken, wie man eine schöne Landschaft oder eine großartige Aussicht bewundert. Man braucht kein Botaniker zu seyn, um schon am Anblick der Pflanzenwelt den heißen Erdstrich zu erkennen, und wer auch keine astronomischen Kenntnisse hat, wer von Flamsteads und Lacaille's Himmelskarten nichts weiß, fühlt, daß er nicht in Europa ist, wenn er das ungeheure Sternbild des Schiffs oder die leuchtenden Magellanschen Wolken am Horizont aufsteigen sieht. Erde und Himmel, Allem in den Aequinoctialländern drückt sich der Stempel des Fremdartigen auf.

Die niedrigen Luftregionen waren seit einigen Tage mit Dunst erfüllt. Erst in der Nacht vom vierten zum fünften Juli, unter 16° Breite, sahen wir das südliche Kreuz zum erstenmal deutlich; es war stark geneigt und erschien von Zeit zu Zeit zwischen den Wolken, deren Mittelpunkt, wenn das Wetterleuchten dadurch hinzuckte, wie Silberlicht aufflammte. Wenn es einem Reisenden gestattet ist, von seinen persönlichen Empfindungen zu sprechen, so darf ich sagen, daß ich in dieser Nacht einen der Träume meiner frühesten Jugend in Erfüllung gehen sah.

Wenn man anfängt geographische Karten zu betrachten und Schilderungen der Seefahrer zu lesen, so fühlt man für gewisse Länder und gewisse Klimate eine Art Vorliebe, von der man sich in reiferem Alter keine Rechenschaft zu geben vermag. Eindrücke der Art äußern einen nicht ungebedeutenden Einfluß auf unsere Entschlüsse, und wie instinkmäßig suchen wir Gegenständen, die schon so lange eine geheime Anziehungskraft für uns gehabt, wirklich nahe zu kommen. Als ich mich mit dem Himmel beschäftigte, nicht um Astronomie zu treiben, sondern nur um die Sterne kennen zu lernen, empfand ich eine bange Unruhe, die Menschen, die ein sitzendes Leben lieben, ganz fremd ist. Der Hoffnung entsagen zu sollen, jemals jene herrlichen Sternbilder am Südpol zu erblicken, das schien mit sehr hart. Im ungeduldigen Drange, die Aequatorialländer kennen zu lernen, konnte ich nicht die Augen zum Sterngewölbe aufschlagen, ohne an das südliche Kreuz zu denken und mir die erhabenen Verse Dante's vorzusagen, welche sich nach den berühmtesten Auslegern auf jenes Sternbild beziehen:[35]

Jo mi volsi a man destra e posi mente

All´ altro polo, e vidi quattro stelle,

Non viste mai fuor ch´ alla prima gente.

Goder parea lo ciel di lor fiammelle,

O settentrional vedovo sito,

Pio che privato se di mirar quelle!

Unsere Freude beim Erscheinen des südlichen Kreuzes wurde lebhaft von denjenigen unter der Mannschaft getheilt, die in den Colonien gelebt hatten. In der Meereseinsamkeit begrüßt man einen Stern wie einen Freund, von dem man lange Zeit getrennt gewesen. Bei den Portugiesen und Spaniern steigert sich diese gemüthliche Theilnahme noch durch besondere Gründe: religiöses Gefühl zieht sie zu einem Sternbild hin, dessen Gestalt an das

Wahrzeichen des Glaubens mahnt, das ihre Väter in den Einöden der neuen Welt aufgepflanzt.

Da die zwei großen Sterne, welche Spitze und Fuß des Kreuzes bezeichnen, ungefährt dieselbe Rectascension haben, so muß das Sternbild, wenn es durch den Meridian geht, fast senkrecht stehen. Dieser Umstand ist allen Völkern jenseits des Wendekreises und in der südlichen Halbkugel bekannt. Man hat sich gemerkt, zu welcher Zeit bei Nacht in den verschiedenen Jahreszeiten das südliche Kreuz aufrecht oder geneigt ist. Es ist eine Uhr, die sehr regelmäßig etwa vier Minuten im Tag vorgeht, und an keiner anderen Sterngruppe läßt sich die Zeit mit bloßem Auge so genau beobachten. Wie oft haben wir unsere Führer in den Savannen von Venezuela oder in der Wüste zwischen Lima und Truxillo sagen hören: »Mitternacht ist vorüber, das Kreuz fängt an sich zu neigen!« Wie oft haben wir uns bei diesen Worten an den rührenden Auftritt erinnert, wo Paul und Virginie an der Quelle des Fächerpalmenflusses zum letztenmale mit einander sprechen und der Greis beim Anblick des südlichen Kreuzes sie mahnt, daß es Zeit sey zu scheiden!

Die letzten Tage unserer Ueberfahrt waren nicht so günstig, als das milde Klima und die ruhige See hoffen ließen. Nicht die Gefahren der See störten uns in unserem Genusse, aber der Keim eines bösartigen Fiebers entwickelte sich unter uns, je näher wir den Antillen kamen. Im Zwischendeck war es furchtbar heiß und der Raum sehr beschränkt. Seit wir den Wendekreis überschritten, stand der Thermometer auf 34 bis 36 Grad. Zwei Matrosen, mehrere Passagiere und, was ziemlich auffallend ist, zwei Neger von der Küste von Guinea und ein Mulattenkind wurden von einer Krankheit befallen, die epidemisch zu werden drohte. Die Symptome waren nicht bei allen Kranken gleich bedenklich; mehrere aber, und gerade die kräftigsten, delirirten schon am zweiten Tage und die Kräfte lagen völlig darnieder. Bei der Gleichgültigkeit, mit der an Bord der Paketboote alles behandelt wird, was mit der Führung des Schiffes und der Schnelligkeit der Ueberfahrt nichts zu thun hat, dachte der Kapitän nicht daran, gegen die Gefahr, die uns bedrohte, die gemeinsten Mittel vorzukehren. Es wurde nicht geräuchert, und ein unwissender, phlegmatischer galicischer Wundarzt verordnete Aderlässen, weil er das Fieber der sogenannten Schärfe und Verderbnis des Blutes zuschrieb. Es war keine Unze Chinarinde an Bord, und wir hatten vergessen, beim Einschiffen uns selbst damit zu versehen; unsere Instrumente hatten uns mehr Sorge gemacht als unsere Gesundheit, und wir hatten unbedachterweise vorausgesetzt, daß es an Bord eines spanischen Schiffes nicht an peruanischer Fieberrinde fehlen könne.

Am achten Juli genas ein Matrose, der schon in den letzten Zügen lag, durch einen Zufall, der der Erwähnung wohl werth ist. Seine Hängematte war so befestigt, daß zwischen seinen Gesicht und dem Deck keine zehn Zoll [26 cm] Raum blieben. In dieser Lage konnte man ihm unmöglich die

Sakramente reichen; nach dem Brauch auf den spanischen Schiffen hätte das Allerheiligste mit brennenden Kerzen herbeigebracht werden und die ganze Mannschaft dabei seyn müssen. Man schaffte daher den Kranken an einen luftigen Ort bei der Lucke, wo man aus Segeln und Flaggen ein kleines viereckiges Gemach hergestellt hatte. Hier sollte er liegen bis zu seinem Tode, den man nahe glaubte; aber kaum war er aus einer übermäßig heißen, stockenden, mit Miasmen erfüllten Luft in eine kühlere, reinere, fortwährend erneuerte gebracht, so kam er allmählich aus seiner Betäubung zu sich. Mit dem Tage, da er aus dem Zwischendeck fortgeschafft worden, fing die Genesung an, und wie denn in der Arzneikunde dieselben Thatsachen zu Stützen der entgegengesetzten Systeme werden, so wurde unser Arzt durch diesen Fall von Wiedergenesung in seiner Ansicht von der Entzündung des Bluts und von der Nothwendigkeit des Eingreifens durch Aderlässen, abführende und asthenische Mittel aller Art bestärkt. Wir bekamen bald die verderblichen Folgen dieser Behandlung zu sehen und sehnten uns mehr als je nach dem Augenblick, wo wir die Küste Amerikas betreten könnte.

Seit mehreren Tagen war die Schätzung der Steuerleute um 1° 12' von der Länge abgewichen, die mir mein Chronometer angab. Dieser Unterschied rührte weniger von der allgemeinen Strömung her, die ich den »Rotationsstrom« genannte habe, als von dem eigenthümlichen Zuge des Wassers nach Nordwest, von der Küste von Brasilien gegen die kleinen Antillen, wodurch die Ueberfahrt von Cayenne nach der Insel Guadeloupe abgekürzt wird.[36] Am zwölften Juli glaubte ich ankündigen zu können, daß Tags darauf vor Sonnenaufgang Land in Sicht seyn werde. Wir befanden uns jetzt nach meinen Beobachtungen unter 10° 46' der Breite und 60° 54' westlicher Länge. Einige Reihen Mondsbeobachtungen bestätigten die Angabe des Chronometers; aber wir wußten besser, wo sich die Corvette befand, als wo das Land lag, dem unser Curs zuging und das auf den französischen, spanischen und englischen Karten so verschieden angegeben ist. Die aus den genauen Beobachtungen von Churruca, Fidalgo und Noguera sich ergebenden Längen waren damals noch nicht bekannt gemacht.

Die Steuerleute verließen sich mehr auf das Log als auf den Gang eines Chronometers; sie lächelten zu der Behauptung, daß bald Land in Sicht kommen müsse, und glaubten, man habe noch zwei, drei Tage zu fahren. Es gereichte mir daher zu großer Befriedigung, als ich am dreizehnten gegen sechs Uhr Morgens hörte, man sehe von den Masten ein sehr hohes Land, jedoch wegen des Nebels, der darauf lag, nur undeutlich. Es windete sehr stark und die See war sehr unruhig. Es regnete hie und da in großen Tropfen und Alles deutete auf ungestümes Wetter. Der Capitän des Pizarro hatte beabsichtigt, durch den Canal zwischen Tabago und Trinidad zu laufen, und da er wußte, daß unsere Corvette sehr langsam wendete, so fürchtete er gegen

Süden unter dem Wind und der Mündung des Dragon nahe zu kommen. Wir waren allerdings unserer Länge sicherer als der Breite, da seit dem elften keine Beobachtung um Mittag gemacht worden war. Nach doppelten Höhen, die ich nach Douwes Methode am Morgen aufgenommen hatte, befanden wir uns in 11° 6' 50", somit 15 Minuten weiter nach Nord als nach der Schätzung. Die Gewalt, mit der der große Orinocostrom seine Gewässer in den Ocean ergießt, mag in diesen Strichen immerhin den Zug der Strömungen steigern; wenn man aber behauptet, bis auf 60 Meilen von der Mündung des Orinoco habe das Meerwasser eine andere Farbe und sey weniger gesalzen, so ist dieß ein Mährchen der Küstenpiloten. Der Einfluß der mächtigsten Ströme Amerikas, des Amazonenstroms, des la Plata, des Orinoco, des Mississippi, des Magdalenenstroms, ist in dieser Beziehung in weit engere Grenzen eingeschlossen, als man gemeiniglich glaubt.

Obgleich das Ergebnis der doppelten Sonnenhöhen hinlänglich bewies, daß das hohe Land, das am Horizont aufstieg, nicht Trinidad war, sondern Tabago, steuerte der Capitän dennoch nach Nord-Nord-West fort, um letztere Insel aufzusuchen, die sogar auf Bordas schöner Karte des atlantischen Oceans fünf Minuten zu weit südlich gesetzt ist. Man sollte kaum glauben, daß an Küsten, welche von allen Handelsvölkern besucht werden, so auffallende Irrthümer in der Breite sich Jahrhunderte lang erhalten könnten. Ich habe diesen Gegenstand anderswo besprochen, und so bemerke ich hier nur, daß sogar auf der neuesten Karte von Westindien von Arrowsmith, die im Jahr 1803, also lange nach Churrucas Beobachtungen erschienen ist, die Breiten der verschiedenen Vorgebirge von Tabago und Trinidad um 6–11 Minuten falsch angegeben sind.

Durch die Beobachtung der Sonnenhöhe um Mittag wurde die Breite, wie ich sie nach Douwes Verfahren erhalten, vollkommen bestätigt. Es blieb kein Zweifel mehr über den Schiffsort den Inseln gegenüber, und man beschloß, um das nördliche Vorgebirge von Tabago zu laufen, zwischen dieser Insel und la Grenada durchzugehen und auf einen Hafen der Insel Margarita loszusteuern. In diesen Strichen liefen wir jeden Augenblick Gefahr, von Kapern aufgebracht zu werden, aber zu unserem Glück war die See sehr unruhig und ein kleiner, englischer Kutter überholte uns, ohne uns nur anzurufen. Bonpland und mir war vor einem solchen Unfall weniger bang, seit wir so nahe am amerikanischen Festland sicher waren, daß wir nicht nach Europa zurückgebracht wurden.

Der Anblick der Insel Tabago ist höchst malerisch. Es ist ein sorgfältig bebauter Felsklumpen. Des blendende Weiß des Gesteines sticht angenehm vom Grün zerstreuter Baumgruppen ab. Sehr hohe cylindrische Fackeldisteln krönen die Bergkämme und geben der tropischen Landschaft einen ganz eigenen Charakter. Schon ihr Anblick sagt dem Reisenden, daß er eine amerikanische Küste vor sich hat: denn die Cactus gehören ausschließlich der neuen Welt an, wie die Heidekräuter der alten. Der nordöstliche Theil der Insel Tabago ist der gebirgigste, nach den Höhenwinkeln, die ich mit dem Sextanten genommen, scheinen indessen die höchsten Gipfel an der Küste nicht über 140–150 Toisen [270 bis 290 m] hoch zu seyn. Am südlichen Vorgebirge senkt sich das Land und läuft in die »Sandspitze« aus, die nach meiner Rechnung unter 10° 20' 13" der Breite und 62° 47' 30" der Länge liegt. Wir sahen mehrere Felsen über dem Wasserspiegel, an denen sich die See mit Ungestüm brach, und beobachteten große Regelmäßigkeit in der Neigung und dem Streichen der Schichten, die unter einem Winkel von 60° nach Südost fallen. Es wäre zu wünschen daß ein geübter Mineralog die großen und kleinen Antillen von der Küste von Paria bis zum Vorgebirge von Florida bereiste und die ehemalige, durch Strömungen, Erderschütterungen und Vulkane auseinander gerissene Bergkette untersuchte.

Wir waren eben um das Nordcap von Tabago und die kleine Insel St. Giles gelaufen, als man vom Mastkorb ein feindliches Geschwader signalisirte. Wir wendeten sogleich und die Passagiere wurden unruhig, da mehrere ihr kleines Vermögen in Waaren gesteckt hatten, die sie in den spanischen Colonien zu verwerthen gedachten. Das Geschwader schien sich nicht zu rühren, und es zeigte sich bald, daß man eine Menge einzelner Klippen für Segel angesehen hatte.

Wir fuhren über die Untiefe zwischen Tabago und la Grenada. Die Farbe der See war nicht merkbar verändert, aber ein paar Zoll unter der Oberfläche zeigte der Thermometer nur 23°, während er ostwärts auf hoher See unter derselben Breite und gleichfalls an der Meeresfläche auf 25°,6 stand. Trotz der Strömung zeigte die geringe Temperatur des Wassers die Untiefe an, die nur auf wenigen Karten angegeben ist. Nach Sonnenuntergang wurde der Wind schwächer, und je näher der Mond zum Zenith rückte, desto mehr klärte sich der Himmel auf. In dieser und in den folgenden Nächten fielen wieder sehr viele Sternschnuppen; gegen Nord zeigten sie sich nicht so häufig als gegen Süd, über Terra Firma, an deren Küste wir jetzt hinzufahren anfingen. Diese Vertheilung weist darauf hin, daß diese Meteore, über deren Wesen wir noch so sehr im Unklaren sind, zum Theil von örtlichen Ursachen abhängig seyn mögen.

Am 14. bei Sonnenaufgang kam die Bocca de Dragon in Sicht. Wir konnten die Insel Chacachacarreo sehen, das westlichste der Eilande zwischen dem Vorgebirge Paria und dem nordwestlichen Vorgebirge von Trinidad. Fünf Meilen von der Küste, bei der **Punte de la Baca**, wurden wir gewahr, daß eine eigenthümliche Strömung die Corvette nach Süd trieb. Durch den Zug des Wassers, das aus der Bocca de Dragon kommt, und durch die Bewegung von Ebbe und Fluth entsteht eine Gegenströmung. Man warf das Senkblei aus und fand 36–43 Faden Tiefe über einem Grund von grünlichem, sehr feinem Thon. Nach Dampiers Grundsätzen hätten wir in der Nähe einer von sehr hohen, steil aufsteigenden Gebirgen gebildeten Küste keine so geringe Meerestiefe erwartet. Wir lotheten fort bis zum *Cabo de tres puntas* und fanden überall erhöhten Meeresgrund, dessen Umriß das Streichen der ehemaligen Meeresküste zu bezeichnen scheint. Die Temperatur des Meeres war hier 23–24 Grad, somit 1,5 bis 2 Grad niedriger als auf hoher See, das heißt jenseits der Ränder der Bank.

Das *Cabo de tres puntas*, von Columbus selbst so benannt [Im August 1598.], liegt nach meinen Beobachtungen unter 65° 4' 5" der Länge. Es erschien uns um so höher, da seine gezackten Gipfel in Wolken gehüllt waren. Das ganze Ansehen der Berge von Paria, ihre Farbe und besonders ihre meist runden Umrisse ließen uns vermuthen, daß die Küste aus Granit bestehe; die Folge zeigte aber, wie sehr man sich, selbst wenn man sein Lebenlang in Gebirgen gereist ist, irren kann, wenn man über die Beschaffenheit der Gebirgsart aus der Ferne urtheilt.

Wir benützten eine Windstille, die ein paar Stunden anhielt, um die Intensität der magnetischen Kraft beim *Cabo de tres puntas* genau zu bestimmen. Wir fanden sie größer als auf hoher See ostwärts von Tabago, im Verhältniß von 257 zu 229. Während der Windstille trieb uns die Strömung rasch nach West. Ihre Geschwindigkeit betrug 3 Meilen in der Stunde; sie nahm zu, je näher wir dem Meridian der **Testigos** kamen, eines Haufens von Klippen, die aus der weiten See aufsteigen. Als der Mond unterging, bedeckte sich der Himmel mit Wolken, der Wind wurde wieder stärker und es stürzte ein Platzregen nieder, wie sie dem heißen Erdstrich eigen sind und wir auf unsern Zügen im Binnenlande sie so oft durchgemacht haben.

Die an Bord des Pizarro ausgebrochene Seuche breitete sich rasch aus, seit wir uns nahe der Küste von Terra Firma befanden; der Thermometer stand bei Nacht regelmäßig zwischen 22 und 23°, bei Tag zwischen 24 und 27°. Die Congestionen gegen den Kopf, die ausnehmende Trockenheit der Haut, das Daniederliegen der Kräfte, alle Symptome wurden immer bedenklicher; wir waren aber so ziemlich am Ziele unserer Fahrt, und so hofften wir alle Kranke genesen zu sehen, wenn man sie an der Insel Margarita oder im Hafen von Cumana, die für sehr gesund gelten, ans Land bringen könnte.

Diese Hoffnung ging nicht ganz in Erfüllung. Der jüngste Passagier bekam das bösartige Fieber und unterlag ihm, blieb aber zum Glück das einzige Opfer. Es war ein junger Asturier von neunzehn Jahren, der einzige Sohn einer armen Wittwe. Mehrere Umstände machten den Tod des junge Mannes, aus dessen Gesicht viel Gefühl und große Gutmüthigkeit sprachen, ergreifend für uns. Er war mit Widerstreben zu Schiffe gegangen; er hatte seine Mutter durch den Ertrag seiner Arbeit unterstützen wollen, aber diese hatte ihre Liebe und den eigenen Vortheil dem Gedanken zum Opfer gebracht, daß ihr Sohn, wenn er in die Colonien ginge, bei einem reichen Verwandten, der auf Cuba lebte, sein Glück machen könnte. Der unglückliche junge Mann verfiel rasch in Betäubung, redete dazwischen irre und starb am dritten Tage der Krankheit. Das gelbe Fieber oder schwarze Erbrechen rafft in Vera Cruz nicht leicht die Kranken so furchtbar schnell dahin. Ein anderer, noch jüngerer Asturier wich keinen Augenblick vom Bette des Kranken und bekam, was ziemlich auffallend ist, die Krankheit nicht. Er wollte mit seinem Landsmann nach San Jago de Cuba gehen und sich dort von ihm im Hause des Verwandten einführen lassen, auf den sie ihre ganze Hoffnung gesetzt hatten. Es war herzzerreißend, wie der, welcher den Freund überlebte, sich seinem tiefen Schmerze überließ und die unseligen Ratschläge verwünschte, die ihn in ein fernes Land getrieben, wo er nun allein und verlassen dastand.

Wir standen beisammen auf dem Verdeck in trüben Gedanken. Es war kein Zweifel mehr, das Fieber, das an Bord herrschte, hatte seit einigen Tagen einen bösartigen Charakter angenommen. Unsere Blicke hingen an einer gebirgigen, wüsten Küste, auf die zuweilen ein Mondstrahl durch die Wolken fiel. Die leise bewegte See leuchtete in schwachem phosphorischen Schein; man hörte nichts als das eintönige Geschrei einiger großer Seevögel, die das Land zu suchen schienen. Tiefe Ruhe herrschte ringsum am einsamen Ort; aber diese Ruhe der Natur stand im Widerspiel mit den schmerzlichen Gefühlen in unserer Brust. Gegen acht Uhr wurde langsam die Todtenglocke geläutet; bei diesem Trauerzeichen brachen die Matrosen ihre Arbeit ab und ließen sich zu kurzem Gebet auf die Kniee nieder, eine ergreifende Handlung, die an die Zeiten gemahnt, wo die ersten Christen sich als Glieder Einer Familie betrachteten, und die auch jetzt noch die Menschen im Gefühl gemeinsamen Unglücks einander näher bringt. In der Nacht schaffte man die Leiche des Asturiers auf das Verdeck, und auf die Vorstellung des Priesters wurde er erst nach Sonnenaufgang ins Meer geworfen, damit man die Leichenfeier nach dem Gebrauch der römischen Kirche vornehmen konnte. Kein Mann an Bord, den nicht das Schicksal des jungen Mannes rührte, den wir noch vor wenigen Tagen frisch und gesund gesehen hatten.

Der eben erzählte Vorfall zeigte uns, wie gefährlich dieses bösartige oder atactische Fieder sey, und wenn die langen Windstillen die Ueberfahrt von Cumana nach Havana verzögerten, so mußte man besorgen, daß es viele Opfer fordern könnte. An Bord eines Kriegsschiffs oder eines Transportschiffs machen einige Todesfälle gewöhnlich nicht mehr Eindruck, als wenn man in einer volkreichen Stadt einem Leichenzug begegnet. Anders an Bord eines Paketboots mit kleiner Mannschaft, wo zwischen Menschen, die dasselbe Reiseziel haben, sich nähere Beziehungen knüpfen. Die Passagiere auf dem Pizarro spürten zwar noch nichts von den Vorboten der

Krankheit, beschlossen aber doch, das Fahrzeug am nächsten Landungsplatz zu verlassen und die Ankunft eines andern Postschiffes zu erwarten, um ihren Weg nach Cuba oder Mexico fortzusetzen. Sie betrachteten das Zwischendeck des Schiffes als einen Herd der Ansteckung, und obgleich es mir keineswegs erwiesen schien, daß das Fieber durch Berührung anstecke, hielt ich es doch durch die Vorsicht geraten, in Cumana ans Land zu gehen. Es schien mir wünschenswerth, Neuspanien erst nach einem längeren Aufenthalt an den Küsten von Venezuela und Paria zu besuchen, wo der unglückliche Löffling nur sehr wenige naturgeschichtliche Beobachtungen hatte machen können. Wir brannten vor Verlangen, die herrlichen Gewächse, die Bose und Bredemeyer auf ihrer Reise in Terra Firma gesammelt und die eine Zierde der Gewächshäuser zu Schönbrunn und Wien sind, auf ihrem heimathlichen Boden zu sehen. Es hätte uns sehr wehe getan, in Cumana oder Guayra zu landen, ohne das Innere eines von den Naturforschern so wenig betretenen Landes zu betreten.

Der Entschluß, den wir in der Nacht vom vierzehnten auf den fünfzehnten Juli faßten, äußerte einen glücklichen Einfluß auf den Verfolg unserer Reisen. Statt einiger Wochen verweilten wir ein ganzes Jahr in Terra Firma; ohne die Seuche an Bord des Pizarro wären wir nie an den Orinoco, an den Cassiquiare und an die Grenze der portugiesischen Besitzungen am Rio Negro gekommen. Vielleicht verdanken wir es auch dieser unserer Reiserichtung, daß wir während eines so langen Aufenthaltes in den Aequinoctialländern so gesund blieben.

Bekanntlich schweben die Europäer in den ersten Monaten, nachdem sie unter den glühenden Himmel der Tropen versetzt worden, in sehr großer Gefahr. Sie betrachten sich als acclimatisirt, wenn sie die Regenzeit auf den Antillen, in Vera Cruz oder Carthagena überstanden haben. Diese Meinung ist nicht unbegründet, obgleich es nicht an Beispielen fehlt, daß Leute, die bei der ersten Epidemie des gelben Fiebers durchgekommen, in einem der folgenden Jahre Opfer der Seuche werden. Die Fähigkeit, sich zu acclimatisieren, scheint im umgekehrten Verhältniß zu stehen mit dem Unterschied zwischen der mittleren Temperatur der heißen Zone und der des Geburtslandes des Reisenden oder Colonisten, der das Klima wechselt, weil die Lufttemperatur den mächtigsten Einfluß auf die Reizbarkeit und die Vitalität der Organe äußert. Ein Preuße, ein Pole, ein Schwede sind mehr gefährdet, wenn sie auf die Inseln oder nach Terra Firma kommen, als ein Spanier, ein Italiener und selbst ein Bewohner des südlichen Frankreichs. Für die nordischen Völker beträgt der Unterschied in der mittleren Temperatur 19–21 Grad, für die südlichen nur 9–10. Wir waren so glücklich, die Zeit, in der der Europäer nach der Landung die größte Gefahr läuft, im ausnehmend heißen, aber sehr trockenen Klima von Cumana zu verleben, einer Stadt, die für sehr gesund gilt. Hätten wir unsern Weg nach Vera Cruz fortgesetzt, so hätten wir leicht das Loos mehrerer Passagiere des Paketboots **Aleudia** theilen können, das mit dem **Pizarro** in die Havana kam, als eben das **schwarze Erbrechen** auf Cuba und an der Ostküste von Mexico schreckliche Verheerungen anrichtete.

Am 15. Morgens, ungefähr gegenüber dem kleinen Berge St. Joseph, waren wir von einer Menge schwimmenden Tangs umgeben. Die Stengel desselben hatten die sonderbaren, wie Blumenkelche und Federbüsche gestalteten Anhänge, wie sie Don Hypolite Ruiz auf seiner Rückkehr aus Chili beobachtet und in einer besondern Abhandlung als die Geschlechtsorgane des *Fucus natans* beschrieben hat. Ein glücklicher Zufall setzte uns in den Stand, eine Beobachtung zu berichtigen, die sich nur Einmal der Naturforschung dargeboten hatte. Die Bündel Tang, welche Bonpland aufgefischt hatte, waren durchaus identisch mit den Exemplaren, die wir der Gefälligkeit der gelehrten Verfasser der peruanischen Flora verdankten. Als wir beide unter dem Mikroscop untersuchten, fanden wir, daß diese angeblichen Befruchtungswerkzeuge, diese Pistille und Staubfäden eine neue Gattung Pflanzenthiere aus der Familie der Ceratophyten seyen. Die Kelche, welche Ruiz für Pistille hielt, entspringen aus hornartigen, abgeplatteten Stielen, die so fest mit der Substand des Fucus zusammenhängen, daß man sie gar wohl für bloße Rippen halten könnte; aber mit einem sehr dünnen Messer gelingt es, sie abzulösen, ohne das Parenchym zu verletzen. Die nicht gegliederten Stiele sind Anfangs schwarzbraun, werden aber, wenn sie vertrocknen, weiß und zerreiblich. In diesen Zustand brausen sie mit Säuren auf, wie die kalkigte Substanz der Sertularia, deren Spitzen mit den Kelchen des von Ruiz beobachteten Fucus Aehnlichkeit haben. In der Südsee, auf der Ueberfahrt von Guayaquil nach Acapulco, haben wir an der tropischen Seetraube dieselben Anhängsel gefunden, und eine sehr sorgfältige Untersuchung überzeugte uns, daß sich hier ein Zoophyt an den Tang heftet, wie der Epheu den Baumstamm umschlingt. Die unter dem Namen weiblicher Blüthen beschriebenen Organe sind über zwei Linien lang, und schon diese Größe hätte den Gedanken an wahrhafte Pistille nicht aufkommen lassen sollen.

Die Küste von Paria zieht sich nach West fort und bildet eine nicht sehr hohe Felsmauer mit abgerundeten Gipfeln und wellenförmigen Umrissen. Es dauerte lange, bis wir die hohe Küste der Insel Margarita zu sehen bekamen, wo wir einlaufen sollten, um hinsichtlich der englischen Kreuzer, und ob es gefährlich sey, bei Guayra anzulegen, Erkundigung einzuziehen. Sonnenhöhen, die wir unter sehr günstigen Umstängen genommen, hatten uns gezeigt, wie unrichtig damals selbst die gesuchtesten Seekarten waren. Am 15. Morgens, wo wir uns nach dem Chronometer unter 66° 1' 15" der Länge befanden, waren wir noch nicht im Meridian der Insel St. Margarita, während wir nach der verkleinerten Karte des atlantischen Oceans über das westliche sehr hohe Vorgebirge der Insel, das unter 66° 0' der Länge gesetzt ist, bereits hätten hinaus seyn sollen. Die Küsten von Terra Firma wurden vor Fidalgos, Nogueras und Tiscars, und ich darf wohl hinzufügen, vor meinen astronomischen Beobachtungen in Cumana, so unrichtig gezeichnet, daß für die Schifffahrt daraus hätten Gefahren erwachsen können, wenn nicht das Meer in diesen Strichen beständig ruhig wäre. Ja die Fehler in der Breite waren noch größer als die in der Länge, denn die Küste von Neuandalusien läuft westwärts vom *Capo de tres Puntas* 15–20 Meilen weiter nach Norden, als auf den vor dem Jahr 1800 erschienenen Karten angegeben ist.

Gegen elf Uhr Morgens kam uns ein sehr niedriges Eiland zu Gesicht, auf dem sich einige Sanddünen erhoben. Durch das Fernrohr ließ sich keine Spur von Bewohnern oder von Anbau entdecken. Hin und wieder standen cylindrische Cactus wie Kandelaber. Der fast pflanzenlose Boden schien sich wellenförmig zu bewegen infolge der starken Brechung, welche die Sonnenstrahlen erleiden, wenn sie durch Luftschichten hindurchgehen, die auf einer stark erhitzten Fläche aufliegen. Die Luftspiegelung macht, daß in allen Zonen Wüsten und sandiger Strand sich wie bewegte See ausnehmen.

Das flache Land, das wir vor uns hatten, stimmte schlecht zu der Vorstellung, die wir uns von der Insel Margarita gemacht. Während man beschäftigt war, die Angaben der Karten zu vergleichen, ohne sie in Uebereinstimmung bringen zu können, signalisirte man vom Mast einige kleine Fischerboote. Der Capitän des Pizarro rief sie durch einen Kanonenschuß herbei; aber ein solches Zeichen dient zu nichts in Ländern, wo der Schwache, wenn er dem Starken begegnet, glaubt sich nur auf Vergewaltigungen gefaßt machen zu müssen. Die Boote ergriffen die Flucht nach Westen zu, und wir sahen uns hier in derselben Verlegenheit, wie bei unserer Ankunft auf den Canarien vor der kleinen Insel Graciosa. Niemand an Bord war je in der Gegend am Land gewesen. So ruhig die See war, so schien doch die Nähe eines kaum ein paar Fuß hohen Eilandes Vorsichtsmaßregeln zu erheischen. Man steuerte nicht weiter dem Lande zu, und warf eilends den Anker aus.

Küsten, aus der Ferne gesehen, verhalten sich wie Wolken, in denen jeder Beobachter die Gegenstände erblickt, die seine Einbildungskraft beschäftigen. Da unsere Aufnahmen und die Angabe des Chronometers mit den Karten, die uns zur Hand waren, im Widerspruch standen, so verlor man sich in eitlen Muthmaßungen. Die einen hielten Sandhaufen für Indianerhütten und deuteten auf den Punkt, wo nach ihnen das Fort Pampatar liegen mußte; andere sahen die Ziegenheerden, welche im dürren Thal von San Juan so häufig sind; sie zeigten die hohen Berge von Macanao, die ihnen halb in Wolken gehüllt schienen. Der Capitän beschloß einen

Steuermann ans Land zu schicken; man legte Hand an, um die Schaluppe ins Wasser zu lassen, da das Boot auf der Rhede von Santa Cruz durch die Brandung stark gelitten hatte. Da die Küste ziemlich fern war, konnte die Rückfahrt zur Corvette schwierig werden, wenn der Wind Abends stark wurde.

Als wir uns eben anschickten, ans Land zu gehen, sah man zwei Piroguen an der Küste hinfahren. Man rief sie durch einen zweiten Kanonenschuß an, und obgleich man die Flagge von Castilien aufgezogen hatte, kamen sie doch nur zögernd herbei. Diese Piroguen waren, wie alle der Eingeborenen, aus Einem Baumstamm, und in jeder befanden sich achtzehn Indianer vom Stamme der Guayqueries [Guaykari], nackt bis zum Gürtel und von hohem Wuchs. Ihr Körperbau zeugte von großer Muskelkraft und ihre Hautfarbe war ein Mittelding zwischen braun und kupferroth. Von weitem, wie sie unbeweglich dasaßen und sich vom Horizont abhoben, konnte man sie für Bronzestatuen halten. Dieß war uns um so auffallender, da es so wenig dem Begriff entsprach, den wir uns nach manchen Reiseberichten von der eigenthümlichen Körperbildung und der großen Körperschwäche der Eingeborenen gemacht hatten. Wir machten in der Folge die Erfahrung, und brauchten deshalb die Grenzen der Provinz Cumana nicht zu überschreiten, wie auffallend die Guayqueries äußerlich von den Chaymas und den Caraiben verschieden sind. So nahe alle Völker Amerikas miteinander verwandt scheinen, da sie ja derselben Race angehören, so unterscheiden sich doch die Stämme nicht selten bedeutend im Körperwuchs, in der mehr oder weniger dunkeln Hautfarbe, im Blick, aus dem den einen Seelenruhe und Sanftmuth, bei andern ein unheimliches Mittelding von Trübsinn und Wildheit spricht.

Sobald die Piroguen so nahe waren, daß man die Indianer spanisch anrufen konnte, verloren sie ihr Mißtrauen und fuhren geradezu an Bord. Wir erfuhren von ihnen, das niedrige Eiland, bei dem wir geankert, sey die Insel Coche, die immer unbewohnt gewesen und an der die spanischen Schiffe, die aus Europa kommen, gewöhnlich weiter nördlich zwischen derselben und der Insel Margarita durchgehen, um im Hafen von Pampatar einen Lootsen einzunehmen. Unbekannt in der Gegend, waren wir in den Canal südlich von Coche gerathen, und da die englischen Kreuzer sich damals häufig in diesen Strichen zeigten, hatten uns die Indianer für ein feindliches Fahrzeug angesehen. Die südliche Durchfahrt hat allerdings bedeutende Vortheile für Schiffe, die von Cumana nach Barcelona gehen; sie hat weniger Wassertiefe als die nördliche, weit schmalere Durchfahrt, aber man läuft nicht Gefahr aufzufahren, wenn man sich nahe an den Inseln Lobos und Moros del Tunal hält. Der Canal zwischen Coche und Margarita wird durch die Untiefen am nordwestlichen Vorgebirge von Coche und durch die Bank an der Punte de Mangles eingeengt.

Die Guayqueries gehören zum Stamm civilisirter Indianer, welche auf den Küsten von Margarita und in den Vorstädten von Cumana wohnen. Nach den Caraiben des spanischen Guyana sind sie der schönste Menschenschlag in Terra Firma. Sie genießen verschiedener Vorrechte, da sie seit der ersten Zeit der Eroberung sich als treue Freunde der Castilianer bewährt haben. Der König von Spanien nennt sie daher auch in seinen Handschreiben »seine lieben, edlen und getreuen Guayqueries«. Die Indianer, auf die wir in den zwei Piroguen gestoßen, hatten den Hafen von Cumana in der Nacht verlassen. Sie wollten Bauholz in den Cedrowäldern [*Cedrela odorata* Linné] holen, die sich vom Cap San José bis über die Mündung des Rio Carupano hinaus erstrecken. Sie gaben uns frische Cocosnüsse und einige Fische von der Gattung *Choetodon*, deren Farben wir nicht genug bewundern konnten. Welche Schätze enthielten in unseren Augen die Kähne der armen Indianer! Ungeheure Vijaoblätter [*Heliconia bihai.*] bedeckten Bananenbüschel; der Schuppenpanzer eines Tatou [Armadill, *Dasypus*, *Cachicamo*], die Frucht der *Crescentia cujete*, die den Eingeborenen als Trinkgefäße dienen, Naturkörper, die in den europäischen Cabinetten zu den gemeinsten gehören, hatten ungemeinen Reiz für uns, weil sie uns lebhaft daran mahnten, daß wir uns im heißen Erdgürtel befanden und das längstersehnte Ziel erreicht hatten.

Der **Patron** einer der Piroguen erbot sich, an Bord des Pizarro zu bleiben, um uns als Lootse zu dienen. Der Mann empfahl sich durch sein ganzes Wesen; er war ein scharfsinniger Beobachter und hatte sich in lebhafter Wißbegier mit den Meeresprodukten wie mit den einheimischen Gewächsen abgegeben. Ein glücklicher Zufall fügte es, daß der erste Indianer, dem wir bei unserer Landung begegneten, der Mann war, dessen Bekanntschaft unseren Reisezwecken äußerst förderlich wurde. Mit Vergnügen schreibe ich in dieser Erzählung den Namen Carlos del Pino nieder, so hieß der Mann, der uns sechzehn Monate lang auf unseren Zügen längs der Küsten und im inneren Lande begleitet hat.

Gegen Abend ließ der Capitän der Corvette den Anker lichten. Bevor wir die Untiefe oder den *Placer* bei Coche verließen, bestimmte ich die Länge des östlichen Vorgebirges der Insel und fand sie 66° 11' 53". Westwärts steuernd hatten wir bald die kleine Insel Cubagua vor uns, die jetzt ganz öde ist, früher aber durch Perlenfischerei berühmt war. Hier hatten die Spanier unmittelbar nach Columbus und Ojedas Reisen eine Stadt unter dem Namen Neucadix gegründet, von der keine Spur mehr vorhanden ist. Zu Anfang des sechzehnten Jahrhunderts waren die Perlen von Cubagua in Sevilla und Toledo, wie auf den großen Messen von Augsburg und Brügge bekannt. Da Neucadix kein Wasser hatte, so mußte man es an der benachbarten Küste aus dem Manzanaresflusse holen, obgleich man es, ich weiß nicht warum, beschuldigte, daß es Augenentzündungen verursache. Die Schriftsteller jener Zeit sprechen alle vom Reichthum der ersten Ansiedler und vom Luxus, den sie getrieben; jetzt erheben sich Dünen von Flugsand auf der unbewohnten Küste und der Name Cubagua ist auf unseren Karten kaum verzeichnet.

In diesem Striche angelangt, sahen wir die hohen Berge von Kap Macanao im Westen der Insel Margarita majestätisch am Horizont aufsteigen. Nach den Höhenwinkeln, die wir in 18 Meilen Entfernung nahmen, mögen diese Gipfel 500–600 Toisen absolute Höhe haben. Nach Louis Berthoud´s Chronometer liegt Cap Macanao unter 66° 47' 5" Länge. Ich nahm die Felsen am Ende des Vorgebirges auf, nicht die sehr niedrige Landzunge, die nach West fortstreicht und sich in eine Untiefe verliert. Die Länge, die ich für Macanao gefunden, und die, welche ich oben für die Ostspitze der Insel Coche angegeben, weichen von Fidalgos Beobachtungen nur um 4 Zeitsecunden ab.

Der Wind war sehr schwach; der Capitän hielt es für rathsamer, bis zu Tagesanbruch zu laviren. Er scheute sich, bei Nacht in den Hafen von Cumana einzulaufen, und ein unglücklicher Zufall, der vor kurzem eben hier vorgekommen war, schien diese Vorsicht zu gebieten. Ein Paketboot hatte Anker geworfen, ohne die Laternen auf dem Hintertheil anzuzünden; man hielt es für ein feindliches Fahrzeug und die Batterien von Cumana gaben Feuer darauf. Dem Capitän des Postschiffes wurde ein Bein weggerissen und er starb wenige Tage darauf in Cumana.

Wir brachten die Nacht zum Theil auf dem Verdeck zu. Der indianische Lootse unterhielt uns von den Thieren und Gewächsen seines Landes. Wir hörten zu unserer großen Freude, wenige Meilen von der Küste sey ein gebirgiger, von Spaniern bewohnter Landstrich, wo empfindliche Kälte herrsche, und auf den Ebenen kommen zwei sehr verschiedene Krokodile [*Crocodilus acutus* und *C. Bava.*] vor, ferner Boas, elektrische Aale [*Gymnotus electricus, Temblador.*] und mehrere Tigerarten. Obgleich die Worte **Bava**, **Cachicamo** und **Temblador** uns ganz unbekannt waren, ließ uns die naive Beschreibung der Gestalt und der Sitten der Thiere alsbald die Arten erkennen, welche die Creolen so benennen. Wir dachten nicht daran, daß diese Thiere über ungeheure Landstriche zerstreut sind, und hofften, sie gleich in den Wäldern bei Cumana beobachten zu können. Nichts reizt die Neugierde des Naturkundigen mehr als der Bericht von den Wundern eines Landes, das er betreten soll.

Am 16. Juli 1799, bei Tagesanbruch, lag eine grüne, malerische Küste vor uns. Die Berge von Neuandalusien begrenzten, halb von Wolken verschleiert, nach Süden den Horizont. Die Stadt Cumana mit ihrem Schloß erschien zwischen Gruppen von Cocosbäumen. Um neun Uhr morgens, ein und vierzig Tage nach unserer Abfahrt von Corunna, gingen wir im Hafen vor Anker. Die Kranken schleppten sich auf das Verdeck um sich am Anblick eines Landes zu laben, wo ihre Leiden ein Ende finden sollten.

31.

Daß fortwährend ein oberer Luftstrom vom Aequator zu den Polen und ein unterer von den Polen zum Aequator geht, dieß ist, die Arago dargethan hat, schon von Hooke erkannt worden. Seine Ideen hierüber entwickelte der berühmte englische Physiker in einer Rede vom Jahr 1686. »Ich glaube,« fügt er hinzu, »daß sich mehrere Erscheinungen in der Luft und auf dem Meere, namentlich die Winde, aus Polarströmen erklären lassen.« Hadley führt diese interessante Stelle nicht an; andererseits nimmt Hooke, wo er auf die Passatwinde selbst zu sprechen kommt, Galileis unrichtige Theorie an, nach der sich die Erde und die Luft mit verschiedener Geschwindigkeit bewegen sollen.

32.

Die spanischen Seeleute nennen die sehr starken Passatwinde in Cartagena *los brisotes de la Santa Martha* und im Meerbusen von Mexico *las brizas pardas*. Bei letzteren Winden ist der Himmel grau und umwölkt.

33.

Phönicische Fahrzeuge scheinen in »in 30 Tagen Schiffahrt und mit dem Ostwind« zum **Grasmeer** gekommen zu seyn, das bei den Spaniern und Portugiesen *Mar de Sargazo* heißt. Ich habe anderswo dargetan, daß diese Stelle im Buche des Aristoteles »*De Mirabilibus*« sich nicht wohl, wie eine ähnliche Stelle im Periplus des Scylax, auf die Küste von Afrika beziehen kann. Setzt man voraus, daß das Gras bedeckte Meer, das die phönicischen Schiffe in ihrem Lauf aufhielt, das *Mar de Sargazo* gar, so braucht man nicht anzunehmen, daß die Alten im Atlantischen Meer über den 30. Grad westlicher Länge vom Meridian von Paris hinausgekommen seyen.

34.

Die Karten von Jefferys und Van-Keulen geben vier Inseln an, die nichts als eingebildete Gefahren sind: die Inseln Garca und Santa Anna, westlich von den Azoren, die grüne Insel (unter 14° 52' Breite, 28° 30' Länge) und die Insel Fonseco (unter 13° 15' Breite, 57° 10' Länge). Wie kann man an die Existenz von vier Inseln in von

Tausenden von Schiffen befahrenen Strichen glauben, da von so vielen kleinen Riffen und Untiefen, die seit hundert Jahren von leichtgläubien Schiffern angegeben worden sind, sich kaum zwei oder drei bewahrheitet haben? Was die allgemeine Frage betrifft, mit welchen Grade von Wahrscheinlichkeit sich annehmen läßt, daß zwischen Europa und Amerika eine auf eine Meile sichtbare Insel werde entdeckt werden, so könnte man sie einer strengen Rechnung unterwerfen, wenn man die Zahl der Fahrzeuge kennte, die seit dreihundert Jahren jährlich das atlantische Meer befahren, und wenn man dabei die ungleiche Vertheilung der Fahrzeuge in verschiedenen Strichen berüchsichtigte. Befände sich der Maalstrom, nach Van-Keulens Angabe unter 16° Breite und 39° 30' Länge, so wären wir am 4. Juli darüber weggefahren.

35.

Rechts an des andern Poles Firmament

Boten sich dar vier Sterne meinen Blicken,

Die nur dem ersten Paar zu schaun vergönnt.

Ihr Schimmer schien den Himmel zu entzücken:

O mitternächt´ger Bogen, so verwaist,

Weil du an ihnen nie dich kannst erquicken!

(Nach Kannegießers Uebersetzung).

36.

Im atlantischen Meere ist ein Strich, wo das Wasser immer milchigt erscheint, obgleich die See dort sehr tief ist. Diese merkwürdige Erscheinung zeigt sich unter der Breite der Insel Dominica und etwa unter 57° der Länge. Sollte an diesem Punkt, noch östlicher als Barbados, ein versunkenes vulkanisches Eiland unter dem Meerespiegel liegen?

Viertes Kapitel

Erster Auftenthalt in Cumana. — Die Ufer des Manzanares

Wir waren am 16. Juli mit Tagesanbruch auf dem Ankerplatz, gegenüber der Mündung des Rio Manzanares, angelangt, konnten uns aber erst spät am Morgen ausschiffen, weil wir den Besuch der Hafenbeamten abwarten mußten. Unsere Blicke hingen an den Gruppen von Cocosbäumen, die das Ufer säumten und deren über sechzig Fuß [20 m] hohe Stämme die Landschaft beherrschten. Die Ebene war bedeckt mit Büschen von Cassien, Capparis und den baumartigen Mimosen, die gleich den Pinien Italiens ihre Zweige schirmartig ausbreiten. Die gefiederten Blätter der Palmen hoben sich von einem Himmelsblau ab, das keine Spur von Dunst trübte. Die Sonne stieg rasch zum Zenith auf; ein blendendes Licht war in der Luft verbreitet und lag auf den weißlichen Hügeln mit zerstreuten cylindrischen Cactus und auf dem ewig ruhigen Meere, dessen Ufer von Alcatras [Ein brauner Pelikan von der Größe des Schwans. *Pelicanus fuscus*, *Linné*.], Reihern und Flamingo bevölkert sind. Das glänzende Tageslicht, die Kraft der Pflanzenfarben, die Gestalten der Gewächse, das bunte Gefieder der Vögel, alles trug den großartigen Stempel der tropischen Natur.

Cumana, die Hauptstadt von Neuandalusien, liegt eine Meile [4,5 km] vom Landungsplatz oder der Batterie *de la Bocca*, bei der wir ans Land gestiegen, nachdem wir über die Barre des Manzanares gefahren. Wir hatten über eine weite Ebene [*El Salado*] zu gehen, die zwischen der Vorstadt der Guayqueries und der Küste liegt. Die starke Hitze wurde durch die Strahlung des zum Theil pflanzenlosen Bodens noch gesteigert. Der hunderttheilige Thermometer, in den weißen Sand gesteckt, zeigte 37°,7. In kleinen Salzwasserlachen stand er auf 30°,5, während im Hafen von Cumana die Temperatur des Meeres an der Oberfläche meist 25°,2 bis 26°,3 beträgt. Die erste Pflanze, die wir auf dem amerikanischen Festland pflückten, war die *Avicennia tomentosa* (*Mangle prieto*), die hier kaum zwei Fuß hoch wird. Dieser Strauch, das *Sesuvium*, die gelbe *Gomphrena* und die Cactus bedecken den mit salzsaurem Natron geschwängerten Boden; sie gehören zu den wenigen Pflanzen, die, wie die europäischen Heiden, gesellig leben, und dergleichen in der heißen Zone nur am Meeresufer und auf den hohen Plateaus der Anden vorkommen. Nicht weniger interessant ist die die cumanische Avicennia durch eine andere Eigenthümlichkeit: diese Pflanze gehört dem Gestade und der Küste von Malabar gemeinschaftlich an.

Der indische Lootse führte uns durch seinen Garten, der viel mehr einem Gehölz als einem bebauten Lande glich. Er zeigte uns als Beweis der Fruchtbarkeit des Klimas einen Käsebaum *(Bombax heptaphyllum)*, dessen Stamm im vierten Jahre bereits gegen dritthalb Fuß [75 cm] Durchmesser hatte. Wir haben an Ufern des Orinoco und des Magdalenenflusses die Beobachtung gemacht, daß die Bombax, die Carolineen, die Ochromen und andere Bäume aus der Familie der Malven ausnehmend rasch wachsen. Ich glaube aber doch, daß die Angabe des Indianers über das Alter des Käsebaumes etwas übertrieben war; denn in der gemäßigten Zone, auf dem feuchten und warmen Boden Nordamerikas zwischen dem Mississippi und den Aleghanis werden die Bäume in zehn Jahren nicht über einen Fuß [32 cm] dick, und das Wachsthum ist dort im Allgemeinen nur um ein Fünftheil rascher als in Europa, selbst wenn man zum Vergleich die Platane, den Tulpenbaum und *Cupressus disticha* wählt, die zwischen neun und fünfzehn Fuß [3 und 4,5 m] dick werden. Im Garten des Lootsen am Gestade von Cumana sahen wir auch zum erstenmal einen **Guama**[37] voll Blüthen, deren zahlreiche Staubfäden sich durch ihre ungemeine Länge und ihren Silberglanz auszeichnen. Wir gingen durch die Vorstadt der Indianer, deren Straßen geradlinigt und mit kleinen, ganz neuen Häusern von sehr freundlichem Ansehen besetzt sind. Dieser Stadttheil war infolge des Erdbebens, das Cumana anderthalb Jahre vor unserer Ankunft zerstört hatte, eben erst neu aufgebaut worden. Kaum waren wir auf einer hölzernen Brücke über den Manzanares gegangen, in dem hier Bava oder Krokodile von der kleinen Art vorkommen, begegneten uns überall die Spuren dieser schrecklichen Katastrophe; neue Gebäude erhoben sich auf den Trümmern der alten.

Wir wurden vom Capitän des Pizarro zum Statthalter der Provinz, Don Vicente Emparan, geführt, um ihm die Pässe zu überreichen, die das Staatssecretariat uns ausgestellt. Er empfing uns mit der Offenheit und edlen Einfachheit, die von jeher Züge des baskischen Volkscharakters waren. Ehe er zum Statthalter von Portobelo und Cumana ernannt wurde, hatte er sich als Schiffscapitän in der königlichen Marine ausgezeichnet. Sein Name erinnert an einen der merkwürdigsten und traurigsten Vorfälle in der Geschichte der Seekriege. Nach dem letzten Bruch zwischen Spanien und England schlugen sich zwei Brüder des Statthalters Emparan bei Nacht vor dem Hafen von Cadix mit ihren Schiffen, weil jeder das andere Schiff für ein feindliches hielt. Der Kampf war so furchtbar, daß beide Schiffe fast zugleich sanken. Nur ein sehr kleiner Theil der beiderseitigen Mannschaft wurde gerettet, und die beiden Brüder hatten das Unglück, einander kurz vor ihrem Tode zu erkennen.

Der Statthalter von Cumana äußerte sich sehr zufrieden über unseren Entschluß, uns eine Zeitlang in Neuandalusien aufzuhalten, das zu jener Zeit in Europa kaum dem Namen nach bekannt war, und das in seinen Gebirgen und an den Ufern seiner zahlreichen Ströme der Naturforschung das reichste Feld der Beobachtung bietet. Der Statthalter zeigte uns mit einheimischen Pflanzen gefärbte Baumwolle und schöne Möbeln ganz aus einheimischen Hölzern; er interessirte sich lebhaft für alle physischen Wissenschaften und fragte uns zu unserer großen Verwunderung, ob wir nicht glaubten, daß die Luft unter dem schönen tropischen Himmel weniger Stickstoff *(azotico)* enthalte als in Spanien, oder ob, wenn das Eisen hierzulande rascher oxydire, dies allein von der größeren Feuchtigkeit herrühre, die der Haarhygrometer anzeige. Dem Reisenden kann der Name des Vaterlandes, wenn er ihn auf einer fernen Küste aussprechen hört, nicht lieblicher in den Ohren klingen, als uns hier die Worte Stickstoff, Eisenoxyd, Hygrometer. Wir wußten, daß wir, trotz der Befehle des Hofs und der Empfehlung eines mächtigen Ministers, bei unserem Aufenthalt in den spanischen Colonien mit zahllosen Unannehmlichkeiten zu kämpfen haben würden, wenn es uns nicht gelang, bei den Regenten dieser ungeheuren Landstrecken besondere Theilnahme für uns zu wecken. Emparan war ein zu warmer Freund der Wissenschaft, um es seltsam zu finden, daß wir so weit hergekommen, um Pflanzen zu sammeln und die Lage gewisser Oertlichkeiten astronomisch zu bestimmen. Er argwöhnte keine andern Beweggründe unserer Reise als die in unseren Pässen angegebenen, und die öffentlichen Beweise von Achtung, die er uns während unseren langen Aufenthaltes in seinem Regierungsbezirke gegeben, haben Großes dazu beigetragen, uns überall in Südamerika eine freundliche Aufnahme zu verschaffen.

Am Abend ließen wir unsere Instrumente ausschiffen und fanden zu unserer Befriedigung keines beschädigt. Wir mietheten ein geräumiges, für die astronomischen Beobachtungen günstig gelegenes Haus. Man genoß darin, wenn der Südwind wehte, einer angenehmen Kühle; die Fenster waren ohne Scheiben, nicht einmal mit Papier bezogen, das in Cumana meist statt des Glases dient. Sämmtliche Passagiere des Pizarro verließen das Schiff, aber die vom bösartigen Fieber Befallenen genasen sehr langsam. Wir sahen welche, die nach einem Monat, trotz der guten Pflege, die ihnen von ihren Landsleuten geworden, noch erschrecklich blaß und mager waren. In den Spanischen Colonien ist die Gastfreundschaft so groß, daß ein Europäer, käme er auch ohne Empfehlung und ohne Geldmittel an, so ziemlich sicher auf Unterstützung rechnen kann, wenn er krank in irgend einem Hafen ans Land geht. Die Catalonier, Galizier und Biscayer stehen im stärksten Verkehr mit Amerika. Sie bilden dort gleichsam drei gesonderte Corporationen, die auf die Sitten, den Gewerbsfleiß und den Handel der Colonien bedeutenden Einfluß haben. Der ärmste Einwohner von Siges oder Vigo ist sicher, im Hause eines catalonischen oder galizischen **Pulpero** (Krämer) Aufnahme zu finden, ob er nun nach Chile oder nach Mexiko oder auf die Philippinen kommt. Ich habe die rührendsten Beispiele gesehen, wie für unbekannte Menschen ganze Jahre lang unverdrossen gesorgt wird. Man kann hören, Gastfreundschaft sey leicht zu üben in einem herrlichen Klima, wo es Nahrungsmittel im Ueberfluß gibt, wo die einheimischen Gewächse wirksame Heilmittel liefern, und der Kranke in seiner Hängematte unter einem Schuppen das nöthige Obdach findet. Soll man aber die Ueberlast, welche die Ankunft eines Fremden, dessen Gemüthsart man nicht kennt, einer Familie verursacht, für nichts rechnen? und die Beweise gefühlvoller Theilnahme, die aufopfernde Sorgfalt der Frauen, die Geduld, die während einer langen, schweren Wiedergenesung nimmer ermüdet, soll man von dem allen absehen? Man will die Beobachtung gemacht haben, daß, vielleicht mit Ausnahme einiger sehr volkreichen Städte, seit den ersten Niederlassungen spanischer Ansiedler in der neuen Welt die Gastfreundschaft nicht merkbar abgenommen habe. Der Gedanke thut wehe, daß dieß allerdings anders werden muß, wenn einmal Bevölkerung und Industrie in den Colonien rascher zunehmen, und wenn sich auf der Stufe gesellschaftlicher Eintwicklung, die man als vorgeschrittene Kultur zu bezeichnen pflegt, die alte castilianische Offenheit allmählich verliert.

Unter den Kranken, die in Cumana an Land kamen, befand sich ein Neger, der einige Tage nach unserer Ankunft in Raserei verfiel; er starb in diesem kläglichen Zustand, obgleich sein Herr, ein siebzigjähriger Mann, der Europa verlassen hatte, um in San Blas, am Eingang des Golfs von Californien, eine neue Heimath zu suchen, ihm alle erdenkliche Pflege hatte zu Theil werden lassen. Ich erwähne dieses Falls, um zu zeigen, daß zuweilen Menschen, die im heißen Erdstrich geboren sind, aber in einem gemäßigten Klima gelebt haben, den verderblichen Einflüssen der tropischen Hitze erliegen. Der Neger war ein junger Mensch von achtzehn Jahren, sehr kräftig und auf der Küste von Guinea geboren. Durch mehrjährigen Aufenthalt auf der Hochebene von Castilien hatte aber seine Constitution den Grad von Reizbarkeit erhalten, der die Miasmen der heißen Zone für die Bewohner nördlicher Länger so gefährlich macht.

Der Boden, auf dem die Stadt Cumana liegt, gehört einer geologisch sehr interessanten Bildung an. Da mir aber seit meiner Rückkehr nach Europa einige Reisende mit der Beschreibung von Küstenstrichen, die sie nach mir besucht, zuvorgekommen sind, so beschränke ich mich hier auf Bemerkungen, die außerhalb des Kreises ihrer Beobachtungen fallen. Die Kette der Kalkalpen des Brigantin und Tataraqual streicht von Ost nach West vom Gipfel **Imposible** bis zum Hafen von Mochima und nach Campanario. In einer sehr fernen Zeit scheint das Meer diesen Gebirgsdamm von der Felsen küste von Araya und Maniquarez getrennt zu haben. Der weite Golf von Cariaco ist durch einen Einbruch des Meeres entstanden, und ohne Zweifel stand damals an der Südküste das ganze mit salzsaurem Natron getränkte Land, durch das der Manzanares läuft, unter Wasser. Ein Blick auf den Stadtplan von Cumana läßt diese Thatsache so unzweifelhaft erscheinen, als daß die Becken von Paris, Oxford und Wien einst Meerboden gewesen. Das Meer zog sich langsam zurück und legte das weite Gestade trocken, auf dem sich eine Hügelgruppe erhebt, die aus Gips und Kalkstein von der neuesten Bildung besteht.

Die Stadt Cumana lehnt sich an diese Hügel, die einst ein Eiland im Golf von Cariaco waren. Das Stück der Ebene norwärts von der Stadt heißt »der kleine Strand« (*Plaga chica*); sie dehnt sich gegen Ost bis zur Punta Delgada aus, und hier bezeichnet ein enges mit *Gomphrena flava* bedecktes Thal den Punkt, wo einst der Durchbruch der Gewässer stattfand. Dieses Tal, dessen Eingang durch kein Außenwerk vertheidigt wird, erscheint als der Punkt, von wo der Platz einem Angriff am meisten ausgesetzt ist. Der Feind kann in voller Sicherheit zwischen der **Punta Arenas del Barigon** und der Mündung des Manzanares durchgehen, wo die See 40–50 [73–91 m] und weiter nach Südost sogar 87 Faden [159 m] tief ist. Er kann an der **Punta Delgada** landen und das Fort St. Antonio und die Stadt Cumana im Rücken angreifen, ohne daß er vom Feuer der westlichen Batterien auf der Playa Chica an der Mündung des Stroms und beim **Cerro Colorado** etwas zu fürchten hätte.

Der Hügel aus Kalkstein, den wir, wie oben bemerkt, als eine Insel im ehemaligen Golf betrachten, ist mit Fackeldisteln bedeckt. Manche davon sind 30–40 Fuß [10–13 m] hoch und ihr mit Flechten bedeckter, in mehrere Aeste kronleuchterartig getheilter Stamm nimmt sich höchst seltsam aus. Bei Maniquarez an der Punta Araya maßen wir einen Cactus, dessen Stamm über vier Fuß neun Zoll [1,54 m] Umfang hatte. Ein Europäer, der nur die Fackeldisteln unserer Gewächshäuser kennt, wundert sich, wenn er sieht, daß das Holz dieses Gewächses mit dem Alter sehr hart wird, daß es Jahrhunderte lang der Luft und Feuchtigkeit widersteht, und daß es die Indianer von Cumana vorzugsweise zu Rudern und Türschwellen verwenden. Nirgends in Südamerika kommen die Gewächse aus der Familie der Nopaleen häufiger vor als in Cumana, Coro, Curaçao und auf der Insel Margarita. Nur dort könnte der Botaniker nach langem Aufenthalt eine Monographie der Cactus schreiben, die nicht in Hinsicht auf Blüthen und Früchte, aber nach der Form des gegliederten Stamms, nach der Zahl der Gräten und der Stellung der Stacheln ausnehmend viele Varietäten bilden. Wir werden in der Folge sehen, wie diese Gewächse, die für ein heißes, trockenes Klima, wie das Egyptens und Californiens, charakteristisch sind, immer mehr verschwinden, wenn man von Terra Firma ins Innere des Landes kommt.

Die Cactusgebüsche spielen auf dürrem Boden in Südamerika dieselbe Rolle wie in unseren nördlichen Ländern die mit Binsen und Hydrocharideen bewachsenen Brüche. Ein Ort, wo stachlichte Cactus von hohem Wuchs in

Reihen stehen, gilt fast für undurchdringlich. Solche Stellen, **Tunales** genannt, halten nicht allein den Eingeborenen auf, der bis zum Gürtel nackt ist, sie sind ebensosehr von den Stämmen gefürchtet, die ganz bekleidet gehen. Auf unsern einsamen Spaziergängen versuchten wir es manchmal in den **Tunal** einzudringen, der die Spitze des Schloßberges krönt und durch den zum Theil ein Fußweg führt. Hier ließe sich der Bau dieses sonderbaren Gewächses an Tausenden von Exemplaren beobachten. Zuweilen wurden wir von der Nacht überrascht, denn in diesem Klima gibt es fast keine Dämmerung. Unsere Lage war dann desto bedenklicher, da der **Cascabel** oder die Klapperschlange, der **Coral** und andere Schlangen mit Giftzähnen zur Legezeit solche heißen trockenen Orte aufsuchen, um ihre Eier in den Sand zu legen.

Das Schloß St. Antonio liegt auf der westlichen Spitze des Hügels, aber nicht auf dem höchsten Punkt; es wird gegen Osten von einer nicht befestigten Höhe beherrscht. Der **Tunal** gilt hier und überall in den spanischen Niederlassungen für ein nicht unwichtiges militärisches Vertheidigungsmittel. Wo man Erdwerke anlegt, suchen die Ingenieurs recht viele stachlichte Fackeldisteln darauf anzubringen und ihr Wachsthum zu befördern, wie man auch die Krokodile in den Wassergräben der festen Plätze hegt. In einem Klima, wo die organische Natur eine so gewaltige Triebkraft hat, zieht der Mensch fleischfressende Reptilien und mit furchtbaren Stacheln bewehrte Gewächse zu seiner Vertheidigung herbei.

Das Schloß St. Antonio, wo man an Festtagen die Flagge von Castilien aufzieht, liegt nur 30 Toisen [58,5 m] über dem Wasserspiegel des Meerbusens von Cariaco. Auf seinem kahlen Kalkhügel beherrscht es die Stadt und liegt, wenn man in den Hafen einfährt, höchst malerisch da. Es hebt sich hell von der dunkeln Wand der Gebirge ab, deren Gipfel bis zur Schneeregion aufsteigen und deren duftiges Blau mit dem Himmelsblau verschmilzt. Geht man vom Fort St. Antonio gegen Südwest herab, so kommt man am Abhang desselben Felsen zu den Trümmern des alten Schlosses Santa Maria. Dies ist ein herrlicher Punkt, um gegen Sonnenuntergang des kühlen Seewindes und der Aussicht auf den Meerbusen zu genießen. Die hohen Berggipfel der Insel Margarita erscheinen über der Felsenküste der Landenge von Araya; gegen Westen mahnen die kleinen Inseln Caracas, Picuito und Boracha an die Katastrophe, durch welche die Küste von Terra Firma zerrissen worden ist. Diese Eilande gleichen Festungswerken, und da die Sonne die untern Luftschichten, die See und das Erdreich ungleich erwärmt, so erscheinen ihre Spitzen infolge der Luftspiegelung hinaufgezogen, wie die Enden der großen Vorgebirge der Küste. Mit Vergnügen verfolgt man bei Tage diese wechseln den Erscheinungen; bei Einbruch der Nacht sieht man dann, wie die in der Luft schwebenden Gesteinmassen sich wieder auf ihre Grundlage niedersenken, und das Gestirn, das der organischen Natur Leben verleiht, scheint durch die veränderliche Beugung seiner Strahlen den starren Fels vom Fleck zu rücken und dürre Sandebenen wellenförmig zu bewegen.

Die eigentliche Stadt Cumana liegt zwischen dem Schlosse St. Antonio und den kleinen Flüssen Manzanares und Santa Catalina. Das durch die Arme des ersteren Flusses gebildete Delta ist ein fruchtbares Land, bewachsen mit Mammea, Achra, Bananen und anderen Gewächsen, die in den Gärten oder **Charas** der Indianer gebaut werden. Die Stadt hat kein ausgezeichnetes Gebäude aufzuweisen, und bei der Häufigkeit von Erdbeben wird sie schwerlich je welche haben. Starke Erdstöße kommen zwar im selben Jahre in Cumana nicht so häufig vor als in Quito, wo durch prächtige, sehr hohe Kirchen stehen; aber die Erdbeben in Quito sind nur scheinbar so heftig, und in Folge der eigenthümlichen Beschaffenheit des Bodens und der Art der Bewegung stürzt kein Gebäude ein. In Cumana, wie in Lima und mehreren anderen Städten, die weit von den Schlünden thätiger Vulkane liegen, wird die Reihe schwacher Erdstöße nach Ablauf vieler Jahre leicht durch größere Katastrophen unterbrochen, die in ihren Wirkungen dener einer springenden Mine ähnlich sind. Wir werden öfters Gelegenheit haben, auf diese Erscheinungen zurückzukommen, zu deren Erklärung so viele eitle Theorien ersonnen worden sind, und für die man eine Classification gefunden zu haben glaubte, wenn man senkrechte und wagrechte Bewegungen, stoßende und wellenförmige Bewegungen annahm.[38]

Die Vorstädte von Cumana sind fast so stark bevölkert wie die alte Stadt. Es sind ihrer drei: Die der **Serritos** auf dem Wege nach der Plaga chica, wo einige schöne Tamarindenbäume stehen, die südöstlich gelegene, San Francisco genannt, und die große Vorstadt der Guayqueries. Der Name dieses Indianerstammes war vor der Eroberung ganz unbekannt. Die Eingeborenen, die denselben jetzt führen, gehörten früher zu der Nation der Guaraunos, die nur noch auf dem Sumpfboden zwischen den Armen des Orinoco lebt. Alte Männer versicherten mich, die Sprache ihrer Vorfahren sey eine Mundart des Guaraunosprache gewesen, aber seit hundert Jahren gebe es in Cumana und auf Margarita keinen Eingeborenen vom Stamme mehr, der etwas anderes spreche als castilianisch.

Das Wort **Guayqueries** verdankt, gerade wie die Worte **Peru** und **Peruaner**, seinen Ursprung einem bloßen Mißverständnisse. Als die Begleiter des Columbus an der Insel Margarita hinfuhren, auf deren Nordküste noch jetzt der am höchsten stehende Theil dieser Nation wohnt, stießen sie auf einige Eingeborene, die Fische harpunirten, indem sie einen mit einer sehr feinen Spitze versehenen, an einen Strick gebundenen Stock gegen sie schleuderten. Sie fragten sie in haytischer Sprache, wie sie hießen: die Indianer aber meinten, die Fremden erkundigten sich nach den Harpunen aus dem harten, schweren Holz der Macanapalme und antworteten: **Guaike**, **Guaike**, das heißt: spitziger Stock. Die Guayqueries, ein gewandtes, civilisirtes Fischervolk, unterscheiden sich jetzt auffallend von den wilden Guaraunos am Orinoco, die ihre Hütten an den Stämmen der Morichepalme aufhängen.

Die Bevölkerung von Cumana ist in der neuesten Zeit viel zu hoch angegeben worden. Im Jahre 1800 schätzten sie Ansiedler, die in nationalökonomischen Untersuchungen wenig Bescheid wissen, auf 20,000 Seelen, wogegen königliche bei der Landesregierung angestellte Beamte meinten, die Stadt samt den Vorstädten habe nicht 12,000. Depons gibt in seinem schätzbaren Werk über die Provinz Caracas der Stadt im Jahre 1802 gegen 28,000 Einwohner; andere geben im Jahr 1810 30,000 an. Wenn man bedenkt, wie langsam die Bevölkerung in Terra Firma zunimmt, und zwar nicht auf dem Land, sondern in den Städten, so läßt sich bezweifeln, daß Cumana bereits um ein Drittheil volkreicher seyn sollte als Vera Cruz, der vornehmste Hafen des Königreichs Neuspanien. Es läßt sich auch leicht darthun, daß im Jahr 1802 die Bevölkerung kaum über 18,000 bis 19,000 Seelen betrug. Es waren mir verschiedene Notizen über die statistischen Verhältnisse des Landes zu Hand, welche die Regierung hatte zusammenstellen lassen, als die Frage verhandelt wurde, ob die Einkünfte aus der Tabakspacht durch eine Personalsteuer ersetzt werden könnten, und ich darf mir schmeicheln, daß meine Schätzung auf ziemlich sichern Grundlagen ruht.

Eine im Jahr 1792 vorgenommene Zählung ergab für die Stadt Cumana, ihre Vorstädte und die einzelnen Häuser auf eine Meile in der Runde nur 10,740 Einwohner. Ein Schatzbeamter, Don Manuel Navarete, versichert, daß man sich bei dieser Zählung höchstens um ein Drittheil oder ein Viertheil geirrt haben könne. Vergleicht man die jährlichen Taufregister, so macht sich von 1792 bis 1800 nur eine geringe Zunahme bemerklich. Die Weiber sind allerdings sehr fruchtbar, besonders die eingeborenen, aber wenn auch die Pocken im Lande noch unbekannt sind, so ist doch die Sterblichkeit unter den kleinen Kindern furchtbar groß, weil sie in völliger Verwahrlosung aufwachsen und die üble Gewohnheit haben, unreife, unverdauliche Früchte zu genießen. Die Zahl der Geburten beträgt im Durchschnitt 520 bis 600, was auf eine Bevölkerung von höchstens 16,800 Seelen schließen läßt. Man kann versichert seyn, daß sämmtliche Indianerkinder getauft und in das Taufregister der Pfarre eingetragen sind, und nimmt man an, die Bevölkerung sey im Jahr 1800 26,000 Seelen stark gewesen, so käme auf dreiundvierzig Köpfe nur Eine Geburt, während sich die Geburten zur Gesammtbevölkerung in Frankreich wie 28 zu 100 und in den tropischen Strichen von Mexico wie 17 zu 100 verhalten.

Vermuthlich wird sich die indianische Vorstadt allmählich bis zum Landungsplatz ausdehnen, da die Fläche, auf der noch keine Häuser oder Hütten stehen, höchstens 340 Toisen lang ist. Dem Strande zu ist die Hitze etwas weniger drückend als in der Altstadt, wo wegen des Zurückprallens der Sonnenstrahlen vom Kalkboden und der Nähe des Berges St. Antonio die Temperatur der Luft ungemein hoch steigt. In der Vorstadt der Guayqueries haben die Seewinde freien Zutritt, der Boden ist Thon und damit, wie man glaubt, den heftigen Stößen der Erdbeben weniger ausgesetzt, als die Häuser, die sich an die Felsen und Hügel am rechten Ufer des Manzanares lehnen.

Bei der Mündung des kleinen Flusses Santa Catalina ist der Saum des Ufers mit sogenannten Wurzelträgern [*Rhizophora Mangle.*] besetzt; aber diese **Manglares** sind nicht groß genug, um der Salubrität der Luft in Cumana Eintrag zu thun. Im übrigen ist die Ebene theils kahl, theils bedeckt mit Büschen von *Sesubium portulacastrum*, *Gomphrena flava*, *Gomphrena myrtifolia*, *Talinum cuspidatum*, *Talinum cumanense* und *Portulaca lanuginosa*. Unter diesen krautartigen Gewächsen erheben sich da und dort die *Avicennia tomentosa*, die *Scoparia dulcus*, eine strauchartige Mimose mit sehr reizbaren Blättern, besonders aber Cassien, deren in Südamerika so viele vorkommen, daß wir auf unsern Reisen mehr als dreißig neue Arten zusammengebracht haben.

Geht man zur indischen Vorstadt hinaus und am Fluß gegen Süd hinauf, so kommt man zuerst an ein Cactusgebüsch und dann an einen wunderschönen Platz, den Tamarindenbäume, Brasilienholzbäume, Bombax und andere durch ihr Laub und ihre Blüthen ausgezeichnete Gewächse beschatten. Der Boden bietet hier gute Weide, und Melkereien, aus Rohr erbaut, liegen zerstreut zwischen den Baumgruppen. Die Milch bleibt frisch, wenn man nicht in der Frucht des Flaschenkürbisbaums, die ein Gewebe aus sehr dichten Holzfasern ist, sondern in porösen Thongefäßen von Maniquarez aufbewahrt. In Folge eines in nördlichen Ländern herrschenden Vorurtheils habe ich geglaubt, in der heißen Zone geben die Kühe keine sehr fette Milch; aber der Aufenthalt in Cumana, besonders aber die Reise über die weiten mit Gräsern und krautartigen Mimosen bewachsenen Ebenen von Calabozo haben mich belehrt, daß sich die Wiederkäuer Europas vollkommen an das heißeste Klima gewöhnen, wenn sie nur Wasser und gutes Futter finden. Die Milchwirthschaft ist in den Provinzen Neuandalusien, Barcelona und Venezuela ausgezeichnet, und häufig ist die Butter auf den Ebenen der heißen Zone besser als auf dem Rücken der Anden, wo für die Alppflanzen die Temperatur in keiner Jahreszeit hoch genug ist und sie daher weniger aromatisch sind als auf den Pyrenäen, auf den Bergen Estremaduras und Griechenlands.

Den Einwohnern Cumanas ist die Kühlung durch den Seewind lieber als der Blick ins Grüne, und so kennen sie fast keinen andern Spaziergang als den großen Strand. Die Castilianer, denen man nachsagt, sie seyen im allgemeinen keine Freunde von Bäumen und Vogelgesang, haben ihre Sitten und ihre Vorurtheile in die Colonien mitgenommen. In Terra Firma, Mexico und Peru sieht man selten einen Eingeborenen einen Baum pflanzen allein in der Absicht, sich Schatten zu schaffen, und mit Ausnahme der Umgegend der großen Hauptstädte weiß man in diesen Ländern so gut wie nichts von Alleen. Die dürre Ebene von Cumana zeigt nach starken Regengüssen eine merkwürdige Erscheinung. Der durchnäßte, von den Sonnenstrahlen erhitzte Boden verbreitet jenen Bisamgeruch, der in der heißen Zone Thieren der verschiedensten Klassen gemein ist, dem Jaguar, den kleinen Arten von Tigerkatzen, dem Cabiaï [*Cavia capybara, Linné*], Galinazogeier [*Vultur aura, Linné*], dem Krokodil, den Vipern und Klapperschlangen. Die Gase, die das Vehikel dieses Aromas sind, scheinen sich nur in dem Maaße zu entwickeln, als der Boden, der die Reste zahlloser Reptilien, Würmer und Insekten enthält, sich mit Wasser schwängert. Ich habe indianische Kinder vom Stamme der Chaymas achtzehn Zoll lange und sieben Linien breite [40 cm lange und 15 mm breite] Scolopender oder Tausendfüße aus dem Boden ziehen und verzehren sehen. Wo man den Boden aufgräbt, muß man staunen über die Massen organischer Stoffe, die wechselnd sich entwickeln, sich umwandeln oder zersetzen. Die Natur scheint in diesen Himmelsstrichen kraftvoller, fruchtbarer, man möchte sagen mit dem Leben verschwenderischer.

Am Strande und bei den Melkereien, von denen eben die Rede war, hat man, besonders bei Sonnenaufgang, eine sehr schöne Aussicht auf die Gruppe hoher Kalkberge. Da diese Gruppe im Hause, wo wir wohnten, nur unter einem Winkel von drei Grad erscheint, diente sie mir lange dazu, die Veränderungen in der irdischen Refraction mit den meteorologischen Veränderungen in der irdischen Refraction zu vergleichen. Die Gewitter bilden sich mitten in dieser Cordillere, und man sieht von weitem, wie die dicken Wolken sich in starken Regen auflösen, während in Cumana sechs bis acht Monate lang kein Tropfen fällt. Der höchste Gipfel der Bergkette, der sogenannte Brigantin, nimmt sich hinter dem Brito und dem Tetaraqual höchst malerisch aus. Sein Name rührt her von der Gestalt eines sehr tiefen Thals an seinem nördlichen Abhang, das dem Inneren eines Schiffes gleicht. Der Gipfel des Bergs ist fast ganz kahl und abgeplattet, wie der Gipfel des Mawna-Roa auf den Sandwichinseln; es ist eine senkrechte Wand, oder, um mich des bezeichnenderen Ausdruckes der spanischen Schiffer zu bedienen, ein Tisch, eine *mesa*. Diese eigenthümliche Bildung und die symmetrische Lage einiger Kegel, die den Brigantin umgeben, brachten mich anfänglich auf die Vermuthung, daß diese Berggruppe, die ganz aus Kalkstein besteht, Glieder der Basalt- oder Trappformation enthalten möchte.

Der Statthalter von Cumana hatte im Jahr 1797 muthige Männer ausgeschickt, die das völlig unbewohnte Land untersuchen und einen geraden Weg nach Neu-Barcelona über den Gipfel der **Mesa** eröffnen sollten. Man vermuthete mit Recht, dieser Weg werde kürzer und für die Gesundheit der Reisenden nicht so gefährlich seyn als der längs der Küste, den die Couriere von Caracas einschlagen; aber alle Bemühungen, über die Bergkette zu kommen waren fruchtlos. In diesen Ländern Amerikas, wie in Neuholland[39] im Westen von Sidney, bietet nicht sowohl die Höhe der Cordilleren als die Gestaltung des Gesteins schwer zu besiegende Hindernisse. Durch das von den Gebirgen im Innern und dem südlichen Abhang des **Cerro de San Antonio** gebildete Längenthal fließt der Manzanares. In der ganzen Umgegend von Cumana ist dieß der einzige ganz bewaldete Landstrich; er heißt die **Ebene der Charas**, [**Chacra**, verdorben **Chara**, heißt eine von einem Garten umgebene Hütte.] wegen der vielen Pflanzungen, welche die Einwohner seit einigen Jahren den Fluß entlang versucht haben. Ein schmaler Pfad führt vom Hügel von San Francisco durch den Forst zum Kapuzinerhospiz, einem höchst angenehmen Landhaus, das die aragonesischen Mönche für alte entkräftete Missionäre, die ihres Amtes nicht mehr walten können, gebaut haben. Gegen Ost werden die Waldbäume immer kräftiger und man sieht hier und da einen Affen [Der gemeine **Machi** oder Heulaffe.], die sonst in der Gegend sehr selten sind. Zu den Füßen der Capparis, Bauhinien und des Zygophyllum mit goldgelben Blüthen breitet sich ein Teppich vom Bromelien [Chihuchihue, aus der Familie der Ananas.] aus, deren Geruch und deren kühles Laub die Klapperschlangen hieher ziehen.

Der Manzanares hat sehr klares Wasser und zum Glück nichts mit dem Madrider Manzanares gemein, der unter seiner prächtigen Brücke noch schmäler erscheint. Er entspringt, wie alle Flüsse Neuandalusiens, in einem Striche der Savanen (Llanos), der unter dem Namen der Plateaus von Jonoro, Amana und Guanipa bekannt ist und beim indianischen Dorfe San Fernando die Gewässer des Rio Juanillo aufnimmt. Man hat der Regierung öfter, aber immer vergeblich, den Vorschlag gemacht, beim ersten **Ipure** ein Wehr bauen zu lassen, um die Ebene der Charas künstlich zu bewässern, denn der Boden ist trotz seiner scheinbaren Dürre ausnehmend fruchtbar, sobald Feuchtigkeit zu der herrschenden Hitze hinzukommt. Die Landleute, die im Allgemeinen in Cumana nicht wohlhabend sind, sollten nach und nach die Auslagen für die Schleuße ersetzen. Bis das Projekt in Ausführung kommt, hat man Schöpfräder, durch Maulthiere getriebene Pumpen und andere sehr unvollkommene Wasserwerke angelegt.

Die Ufer des Manzanares sind sehr freundlich, von Mimosen, Erythrina, Ceiba und anderen Bäumen von riesenhaftem Wuchs beschattet. Ein Fluß, dessen Temperatur zur Zeit des Hochwassers auf 22° fällt, während der Thermometer der Luft auf 30–33° steht, ist eine unschätzbare Wohltat in einem Lande, wo das ganze Jahr eine furchtbare Hitze herrscht und man den

Trieb hat, mehrere Male des Tages zu baden. Die Kinder bringen sozusagen einen Teil ihres Lebens im Wasser zu; alle Einwohner, selbst die weiblichen Glieder der reichsten Familien, können schwimmen, und in einem Lande, wo der Mensch dem Naturstande noch so nahe ist, hat man sich, wenn man morgens einander begegnet, nichts Wichtigeres zu fragen, als ob der Fluß heute kühler sey als gestern. Man hat verschiedene Bademethoden. So besuchten wir jeden Abend eine Zirkel sehr achtungswerter Personen in der Vorstadt der Guaykari. Da stellte man bei schönem Mondschein Stühle ins Wasser; Männer und Frauen waren leicht bekleidet, wie in manchen Bädern des nördlichen Europas, und die Familie und die Fremden blieben ein paar Stunden im Flusse sitzen, rauchten Cigarren dazu und unterhielten sich nach Landessitte von der ungemeinen Trockenheit der Jahreszeit, vom starken Regenfall in den benachbarten Distrikten, besonders aber vom Luxus, den die Damen in Cumana den Damen in Caracas und Havana zum Vorwurf machen. Durch die **Bavas** oder kleinen Krokodile, die jetzt sehr selten sind und den Menschen nahe kommen, ohne anzugreifen, ließ sich die Gesellschaft durchaus nicht stören. Diese Tiere sind drei bis vier Fuß [1 bis 1,3 m] lang; wir haben nie eines im Manzanares gesehen, wohl aber Delphine, die zuweilen bei Nacht im Flusse heraufkommen und die Badenden erschrecken, wenn sie durch ihre Luftlöcher Wasser spritzen.

Der Hafen von Cumana ist eine Reede, welche die Flotten von ganz Europa aufnehmen könnte. Der ganze Meerbusen von Cariaco, der sechsunddreißig Semeilen [67 km] lang und sechs bis acht [11 bis 15 km] breit ist, bietet vortrefflichen Ankergrund. Der Große Ozean an der Küste von Peru kann nicht stiller und ruhiger seyn als das Meer der Antillen von Portocabello an, namentlich aber vom Vorgebirge Codera bis zur Landspitze von Paria. Von den Stürmen bei den Antillischen Inseln spürt man nie etwas in diesem Strich, wo man in Schaluppen ohne Verdeck das Meer befährt. Die einzige Gefahr im Hafen von Cumana ist eine Untiefe, **Baxo del Morro roxo**, die von West nach Ost 900 Toisen [1750 m] lang ist und so steil abfällt, daß man dicht dabei ist, ehe man sie gewahr wird.

Ich habe die Lage von Cumana etwas ausführlich beschrieben, weil es mir wichtig schien, eine Gegend kennenzulernen, die seit Jahrhunderten der Herd der fruchtbarsten Erdbeben war. Ehe wir von diesen außerordentlichen Erscheinungen sprechen, erscheint es mir als zweckmäßig, die verschiedenen Züge des von mir entworfenen Naturbildes zusammenzufassen.

Die Stadt liegt am Fuße eines kahlen Hügels und wird von einem Schlosse beherrscht. Kein Glockenturm, keine Kuppel fällt von weitem dem Reisenden ins Auge, nur einige Tamarinden-, Kokosnuß- und Dattelstämme erheben sich über die Häuser mit platten Dächern. Die Ebene ringsum, besonders dem Meere zu ist trübselig, staubig und dürr, wogegen ein frischer, kräftiger Pflanzenwuchs von weitem den geschlängelten Lauf des Flusses bezeichnet, der die Stadt von den Vorstädten, die Bevölkerung von europäischer und gemischter Abkunft von den kupferfarbenen Eingeborenen trennt. Der freistehende, kahle, weiße Schloßberg San Antonio wirft zugleich eine große Masse Licht und strahlender Wärme zurück; er besteht aus Breccien, deren Schichten versteinerte Seetiere einschließen. In weiter Ferne gegen Süden streicht dunkel ein mächtiger Gebirgszug hin. Dies sind die hohen Kalkalpen von Neuandalusien, wo dem Kalk Sandsteine und andere neuere Bildungen aufgelagert sind. Majestätische Wälder bedecken diese Kordillere im innern Land und hängen durch ein bewaldetes Tal mit dem nackten, tonigen und salzhaltigen Boden zusamen, auf dem Cumana liegt. Einige Vögel von bedeutender Größe tragen zur eigentümlichen Physiognomie des Landes bei. Am Gestade und am Meerbusen sieht man Scharen von Fischreihern und Alcatras, sehr plumpen Vögeln, die gleich den Schwänen mit gehobenen Flügeln über das Wasser gleiten. Näher bei den Wohnstätten der Menschen sind Tausende von Galinazogeiern, wahre Chakals unter dem Gefieder, rastlos beschäftigt, tote Tiere zu suchen. Ein Meerbusen, auf dessen Grunde heiße Quellen vorkommen, trennt die sekundären Gebirgsbildungen vom primitiven Schiefergebirge der Halbinsel Araya. Beide Küsten werden von einem ruhigen, blauen, beständig vom selben Winde leicht bewegten Meere bespült. Ein reiner, trockener Himmel, an dem nur bei Sonnenaufgaug leichtes Gewölk aufzieht, ruht auf der See, auf der baumlosen Halbinsel und der Ebene von Cumana, während man zwischen den Berggipfeln im Inneren Gewitter sich bilden, sich zusammenziehen und in fruchtbaren Regengüssen sich entladen sieht. So zeigen denn an diesen Küsten, wie am Fuße der Anden, Himmel und Erde scharfe Gegensätze von Heiterkeit und Bewölkung, von Trockenheit und gewaltigen Wassergüssen, von völliger Kahlheit und ewig neu sprossendem Grün. Auf dem neuen Continent unterscheiden sich die Niederungen an der See von den Gebirgsländern im Innern so scharf, wie die Ebenen Unterägyptens von den hochgelegenen Plateaus Abyssiniens.

Zu den Zügen, welche, wie oben angedeutet, der Küstenstrich von Neu-Andalusien und der von Peru gemein haben, kommt nun noch, daß die Erdbeben dort wie hier gleich häufig sind, und daß die Natur für diese Erscheinungen beidemal dieselben Grenzen einzuhalten scheint. Wir selbst haben in Cumana sehr starke Erdstöße gespürt, eben war man daran, die vor kurzem eingestürzten Gebäude wieder aufzurichten, und so hatten wir Gelegenheit, uns an Ort und Stelle über die Vorgänge bei der furchtbaren Katastrophe vom 14. Dezember 1797 genau zu erkundigen. Diese Angaben werden um so mehr Interesse haben, da die Erdbeben bisher weniger aus physischem und geologischem Gesichtspunkt, als vielmehr nur wegen ihrer schrecklichen Folgen für die Bevölkerung und für das allgemeine Wohl ins Auge gefaßt worden sind.

Es ist eine an der Küste von Cumana und auf der Insel Margarita sehr verbreitete Meinung, daß der Meerbusen von Cariaco sich infolge der Zertrümmerung des Landes und eines gleichzeitigen Einbruches des Meeres gebildet habe. Die Erinnerung an diese gewaltige Umwälzung hatte sich unter den Indianern bis zum Ende des fünfzehnten Jahrhunderts erhalten, und wie erzählt wird, sprachen die Eingeborenen bei der dritten Reise des Christoph Kolumbus davon wie von einem ziemlich neuen Ereignis. Im Jahre 1530 wurden die Bewohner der Küsten von Paria und Cumana durch neue Erdstöße erschreckt. Das Meer stürzte über das Land her, und das kleine Fort, das Jakob Castellon bei Neutoledo gebaut hatte, wurde gänzlich zerstört. Zugleich bildete sich eine ungeheure Spalte in den Bergen von Cariaco, am Ufer des Meerbusens dieses Namens, und eine gewaltige Masse Salzwasser, mit Asphalt vermischt, sprang aus dem Glimmerschiefer hervor. Am Ende des sechzehnten Jahrhunderts waren die Erdbeben sehr häufig, und nach den Ueberlieferungen, die sich in Cumana erhalten haben, überschwemmte das Meer öfter den Strand und stieg 15–20 Toisen [30–39 m] hoch an. Die Einwohner flüchteten sich auf den Cerro de San Antonio und auf den Hügel, auf dem jetzt das kleine Kloster San Francisco steht. Man glaubt sogar, infolge dieser häufigen Ueberschwemmungen habe man das an den Berg gelehnte Stadtviertel angelegt, das zum Teil auf dem Anhang desselben liegt.

Da es keine Chronik von Cumana gibt, und da sich wegen der beständigen Verheerungen der Termiten oder weißen Ameisen in den Archiven keine Urkunde befindet, die über 150 Jahre hinaufreicht, so weiß man nicht genau, wann diese frühen Erdbeben stattgefunden haben. Man weiß nur, daß näher unserer Zeit das Jahr 1766 für die Ansiedler das entsetzlichste und zugleich für die Naturgeschichte des Landes merkwürdigste gewesen ist. Seit fünfzehn Monaten hatte eine Trockenheit geherrscht, wie sie zuweilen auch auf den Inseln des Grünen Vorgebirges beobachtet wird, als am 21. Oktober 1766 die Stadt Cumana von Grund aus zerstört wurde. Das Gedächtnis dieses Tages wird alljährlich mit einem Gottesdienst und einer feierlichen Prozession begangen. In wenigen Minuten stürzten sämtliche Häuser zusammen. An verschiedenen Orten der Provinz tat sich die Erde auf und spie nach Schwefel riechendes Wasser aus. Diese Ausbrüche waren besonders häufig auf einer Ebene, die sich gegen Casanay, zwei Meilen östlich von Cumana hinzieht, und die unter dem Namen **terra de hueca**, *hohler Boden*, bekannt ist, weil sie überall von warmen Quellen unterhöhlt zu seyn scheint. Während der Jahre 1766 und 1767 lagerten die Einwohner von Cumana in den Straßen und begannen mit dem Wiederaufbau ihrer Häuser erst, als sich die Erdbeben nur noch alle Monate wiederholten. Hier auf der

Küste traten damals dieselben Erscheinungen ein, die man auch im Königreich Quito unmittelbar nach der großen Katastrophe vom 4. Februar 1797 beobachtet hat. Während sich der Boden beständig wellenförmig bewegte, war es, als wollte sich die Luft im Wasser auflösen. Durch ungeheure Regengüsse schwollen die Flüsse an; das Jahr war ausnehmend fruchtbar, und die Indianer, deren leichten Hütten die stärksten Erdstöße nichts anhaben, feierten nach einen uralten Aberglauben durch festlichen Tanz den Untergang der Welt und ihre bevorstehende Wiedergeburt.

Nach der Ueberlieferung waren beim Erdbeben von 1766, wie bei einem andern sehr merkwürdigen im Jahr 1794, die Stöße bloße wagerechte wellenförmige Bewegungen; erst am Unglückstage des 14. Dezember 1797 spürte man in Cumana zum erstenmal eine hebende Bewegung von unten nach oben. Ueber vier Fünftheile der Stadt wurden damals völlig zerstört, und der Stoß, der von einem starken unterirdischen Getöse begleitet war, glich, wie in Riobamba, der Explosion einer in großer Tiefe angelegten Mine. Zum Glück ging dem heftigen Stoß eine leichte wellenförmige Bewegung voraus, so daß die meisten Bewohner sich auf die Straße flüchten konnten, und von denen, die eben in den Kirchen waren, nur wenige das Leben verloren. Man glaubt in Cumana allgemein, die verheerendsten Erdbeben werden durch ganz schmale Schwingungen des Bodens und durch ein Sausen angekündigt, und Leuten, die an solche Vorfälle gewöhnt sind, entgeht solches nicht. In diesem verhängnisvollen Augenblicke hört man überall den Ruf: *Misericordia! tembla, tembla!* [Erbarmen! sie (die Erde) bebt! sie bebt!] und es kommt selten vor, daß ein blinder Lärm durch einen Eingeborenen veranlaßt wird. Die Aengstlichen achten auf das Benehmen der Hunde, Ziegen und Schweine. Die letzteren, die einen ausnehmend scharfen Geruch haben und gewöhnt sind im Boden zu wühlen, verkünden die Nähe der Gefahr durch Unruhe und Geschrei. Wir lassen es dahingestellt, ob sie das unterirdische Getöse zuerst hören, weil sie näher am Boden sind, er ob etwa Gase, die der Erde entsteigen, auf ihre Organe wirken. Daß letzteres möglich ist, läßt sich nicht läugnen. Als ich mich in Peru aufhielt, wurde ein Fall beobachtet, der mit diesen Erscheinungen zusammenhängt und der schon öfters vorgekommen war. Nach starken Erdstößen wurde das Gras af den Savanen von Tucuman ungesund; es brach eine Viehseuche aus und viele Stücke scheinen durch die bösen Dünste, die der Boden ausstieß, betäubt oder erstickt worden zu seyn.

In Cumana spürte man eine halbe Stunde vor der großen Katastrophe am 14. Dezember 1797 am Klosterberg von San Francisco einen starken Schwefelgeruch. Am selben Orte war das unterirdische Getöse, das von Südost nach Südwest fortzurollen schien, am stärksten. Zugleich sah man am Ufer des Manzanares, beim Hospiz der Kapuziner und im Meerbusen von Cariaco bei Mariguitar Flammen aus dem Boden schlagen. Wir werden in der

Folge sehen, daß letztere in nicht vulkanischen Ländern so auffallende Erscheinung in den aus Alpenkalk bestehenden Gebirgen bei Cumanacao, im Thale des Rio Bordones, auf der Insel Margarita und mitten in dn Savanen oder **LLanos** von Neu-Andalusien ziemlich häufig ist. In diesen Savanen steigen Feuergarben zu bedeutender Höhe auf; man kann sie Stunden lang an den dürrsten Orten beobachten, und man versichert, wenn man den Boden, dem der brennbare Stoff entströmt, untersuche, sey keinerlei Spale darin zu bemerken. Dieses Feuer, das an die Wasserstoffquellen oder **Salse** in Modena und an die Irrlichter unserer Sümpfe erinnert, zündet das Gras nicht an, wahrscheinlich weil die Säule des sich entbindenden Gases mit Stickstoff und Kohlensäure vermengt ist und nicht bis zum Boden herab brennt. Das Volk, da übrigens hier zu Land nicht so abergläubisch ist als in Spanien, nennt diese röthlichen Flammen seltsamerweise »die Seele des Tyrannen Aguirre;« Lopez d'Aguirre soll nämlich, von Gewisensbissen gefoltert, in dem Lande umgehen, das er mit seinen Verbrechen befleckt.[40]

Durch das große Erdbeben von 1797 ist die Untiefe an der Mündung des Rio Bordones in ihrem Umriß verändert worden. Ähnliche Hebungen sind bei der völligen Zerstörung Cumanas im Jahr 1766 bobachtet worden. Die Punta Delgada an der Westküste des Meerbusens von Cariaco wurde damals bedeutend größer, und im Rio Guarapiche beim Dorfe Maturin entstand eine Klippe, wobei ohne Zweifel der Boden des Flusses durch elastische Flüssigkeiten zerrissen und emporgehoben wurde.

Wir verfolgen die lokalen Veränderungen, welche die verschiedenen Erdbeben in Cumana hervorgebracht, nicht weiter. Dem Plane dieses Werkes entsprechend suchen wir vielmehr die Ideen unter allgemeine Gesichtspunkte zu bringen und alles, was mit diesen schrecklichen und zugleich so schwer zu erklärenden Vorgängen zusammenhängt, in Einen Rahmen zusammenzufassen. Wenn Naturforscher, welche die Schweizer Alpen oder die Küsten Lapplands besuchen, unsere Kenntniß von den Gletschern und dem Nordlicht erweitern, so läßt sich von Einem, der das spanische Amerika bereist hat, erwarten, daß er sein Hauptaugenmerk auf Vulkane und Erdbeben gerichtet haben werde. Jeder Strich des Erdballs liefert der Forschung eigenthümliche Stoffe, und wenn wi nicht hoffen dürfen, die Ursachen der Naturerscheinungen zu ergründen, so müssen wir wenigstens versuchen, die Gesetze derselben kennen zu lernen und durch Vergleichung zahlreicher Thatsachen das Gemeinsame und immer Wiederkehrende vom Veränderlichen und Zufälligen zu unterscheiden.

Die großen Erdbeben, die nach einer langen Reihe kleiner Stöße eintreten, scheinen in Cumana nichts Periodisches zu haben. Man hat sie nach achtzig, nach hundert und manchmal nach nicht dreißig Jahren sich wiederholen sehen, während an der Küste von Peru, z. B. in Lima, die Epochen, die jedesmal durch die gänzliche Zerstörung der Stadt bezeichnet werden, unverkennbar mit einer gewissen Regelmäßigkeit eintreten. Daß die Einwohner selbst an einen solchen Typus glauben, ist auch vom besten Einfluß auf die öffentliche Ruhe und die Erhaltung des Gewerbefleißes. Man nimmt allgemein an, daß es ziemlich lange Zeit braucht, bis dieselben Ursachen wieder mit derselben Gewalt wirken können; aber dieser Schluß ist nur dann richtig, wenn man die Erdstöße als lokale Erscheinungen auffaßt, wenn man unter jedem Punkt des Erdballes, der großen Erschütterungen ausgesetzt ist, einen besonderen Herd annimmt. Ueberall, wo sich neue Gebäude auf den Trümmern der alten erhoben, hört man Leute, die nicht bauen wollen, äußern, auf die Zerstörung Lissabons am ersten November 1755 sey bald eine zweite, gleich schreckliche gefolgt, am 31. März 1761.

Nach einer uralten, auch in Cumana, Acapulco und Lima sehr verbreiteten Meinung [*Ariostoteles, Meteorologica, Lib. II. Seneca, Quaest. natur., Lib. VI, c. 12.*] stehen die Erdbeben und der Zustand der Luft vor dem Eintreten derselben sichtbar in Zusammenhang. An der Küste von Neu-Andalusien wird man ängstlioch, wenn bei großer Hitze und nach langer Trockenheit der Seewind auf einmal aufhört und der im Zenith reine wolkenlose Himmel sich bis zu sechs, acht Grad über dem Horizont mit einem röthlichen Duft überzieht. Diese Vorzeichen sind indessen sehr unsicher und wenn man sich nachher alle Vorgänge im Luftkreis zur Zeit der stärksten Erschütterungen vergegenwärtigt, so zeigt sich, dass heftige Stöße so gut bei feuchtem als bei trockenem Wetter, so gut bei starkem Wind als bei drückend schwüler stiller Luft eintreten können. Nach den vielen Erdbeben, die ich nördlich vom Aequator, auf dem Festland und in Meeresbecken, an der Küste und in 4870 m Höhe erlebt, will es mir scheinen, als ob die Schwingungen des Bodens und der vorgehende Zustand der Luft im allgemeinen nicht viel miteinander zu tun hätten. Dieser Ansicht sind auch viele gebildete Männer in den spanischen Kolonien, deren Erfahrung sich, wo nicht auf ein größeres Stück der Erdoberfläche, so doch auf eine längere Reihe von Jahren erstreckt. In europäischen Ländern dagegen, wo Erdbeben im Verhältniß zu Amerika selten vorkommen, sind sie Physiker geneigt, die Schwingungen des Bodens und irgend ein Meteor, das zufällig zur selben Zeit erscheint, in nahe Beziehung zu bringen. So glaubt man in Italien an einen Zusammenhang zwischen dem Sirocco und Erdbeben, und in London sah man das häufige Vorkommen von Sternschnuppen und jene Südlichter, die seitdem von Dalton öfters beobachtet worden sind, als die Vorläufer der Erdstöße an, die man im Jahr 1748 bis zum Jahr 1756 spürte.

An den Tagen, wo die Erde durch starke Stöße erschüttert wird, zeigt sich unter den Tropen keine Störung in der regelmäßigen stündlichen Schwankung des Barometers. Ich habe mich in Cumana, Lima und Riobamba hievon überzeugt; auf diesen Umstand sind die Physiker umso mehr aufmerksam zu machen, als man auf St. Domingo in der Stadt Cap

Français unmittelbar vor dem Erdbeben von 1770 den Wasserbarometer um 2½ Zoll will haben fallen sehen [Dieses Fallen entspricht nur zwei Linien Quecksilber.]. So erzählt man auch bei der Zerstörung von Oran habe sich ein Apotheker mit seiner Familie gerettet, weil er wenige Minuten vor der Katastrophe zufällig auf seinen Barometer gesehen und bemerkt habe, daß das Quecksilber auffallend stark falle. Ich weiß nicht, ob dieser Behauptung Glauben zu schenken ist; da es fast unmöglich ist, während der Stöße selbst, die Schwankungen im Luftdruck zu beobachten, so muß man sich begnügen, auf den Barometer vor oder nach dem Vorfall zu sehen. Im gemäßigten Erdstrich äußern die Nordlichter nicht immer Einfluß auf die Declination der Magnetnadel und die Intensität der magnetischen Kraft; so wirken vielleicht die Erdbeben nicht gleichmäßig auf die us umgebende Luft.

Es ist schwerlich in Zweifel zu ziehen, daß in weiter Ferne von den Schlünden tätiger Vulkane der durch Erdstöße geborstene und erschütterte Boden zuweilen Gase in die Luft ausströmen läßt. Wie schon oben angeführt, brachen in Cumana aus dem trockensten Boden Flammen und mit schweflichter Säure vermischte Dämpfe hervor. An anderen Orten spie ebendaselbst der Boden Wasser und Erdpech aus. In Riobamba bricht eine brennbare Schlammasse, **Moya** genannt, aus Spalten, die sich wieder schließen, und türmt sich zu ansehnlichen Hügeln auf. Sieben Meilen [31 km] von Lissabon, bei Colares, sah man während des furchtbaren Erdbebens vom 1. November 1755 Flammen und eine dicke Rauchsäule aus der Felswand bei Alvidras und nach einigen Augenzeugen aus dem Meere selbst hervorbrechen. Der Rauch dauerte mehrere Tage und wurde desto stärker, je lauter das unterirdische Getöse war, das die Stöße begleitete.

In die Atmosphäre ausströmende elastische Flüssigkeiten können lokal auf den Barometer wirken, freilich nicht durch ihre Masse, die im Verhältnis zur ganzen Luftmasse sehr unbedeutend ist, sondern weil sich, sobald ein großer Ausbruch erfolgt, wahrscheinlich ein aufsteigender Strom bildet, der den Luftdruck vermindert. Ich bin geneigt, anuzunehmen, daß bei den meisten Erdbeben der erschütterte Boden nichts von sich gibt, und daß, wenn wirklich Gase und Dämpfe ausströmen, dieß weit nicht so oft vor den Stößen, als während derselben und hernach stattfindet. Aus diesem letzteren Umstand erklärt sich eine Erscheinung, die schwerlich abzuläugnen ist, ich meine den räthselhaften Einfluß, den die Erdbeben im tropischen Amerika auf das Klima und den Eintritt der nassen und der trockenen Jahreszeit äußern. Wenn die Erde erst im Moment der Erschütterung selbst eine Veränderung in der Luft hervorbringt, so sieht man ein, warum so selten ein auffallender meteorologischer Vorgang als Vorbote dieser großen Umwälzungen in der Natur erscheint.

Für die Annahme, daß bei den Erdbeben in Cumana elastische Flüssigkeiten durch die Erdoberfläche zu entweichen suchen, scheint das furchtbare

Getöse zu sprechen, das man während der Erdstöße auf der Ebene der **Charas** am Rande der Brunnen vernimmt. Zuweilen werden Wasser und Sand über 6,5 m hoch emporgeschleudert. Aehnliche Erscheinungen entgingen schon dem Scharfsinn der Alten nicht, die in den Ländern Griechenlands und Kleinasiens wohnten, wo es sehr viele Höhlen, Erdspalten und unterirdische Ströme gibt. Das gleichförmige Walten der Natur erzeugt allerorten dieselben Vorstellungen über die Ursachen der Erdbeben und über die Mittel, durch welche der Mensch, der so leicht das Maß seiner Kräfte vergißt, die Wirkungen der Ausbrüche aus der Tiefe mildern zu können meint. Was ein großer römischer Naturforscher vom Nutzen der Brunnen und Höhlen sagt,[41] wiederholen in der Neuen Welt die unwissendsten Indianer in Quito, wenn sie den Reisenden die **Guaicos** oder Höhlen am Pichincha zeigen.

Das unterirdische Getöse, das bei Erdbeben so häufig vorkommt, ist meist außer Verhältniß mit der Kraft der Erdstöße. In Cumana geht es denselben immer zuvor, während man in Quito und neuerdings in Caracas und auf den Antillen, nachdem die Stöße längst aufgehört haben, einen Donner wie vom Feuer einer Batterie gehört hat. Eine dritte Classe dieser Erscheinungen, und die merkwürdigste von allen ist das Monate lang fortwährende unterirdische Donnerrollen, ohne daß dabei die geringste Wellenbewegung des Bodens zu spüren wäre.

In allen den Erdbeben ausgesetzten Ländern sieht man als die Veranlassung und den Herd der Erdstöße den Punkt an, wo, wahrscheinlich in Folge einer eigenthümlichen Anordnung der Gesteinschichten, die Wirkungen am auffallendsten sind. So glaubt man in Cumana, der Schloßberg von San Antonio besonders aber der Hügel, auf dem das Kloster San Francisco liegt, enthalten eine ungeheure Masse Schwefel und andere brennbare Stoffe. Man vergißt, daß die Geschwindigkeit, mit der sich die Schwingungen auf große Entfernung, sogar über das Becken des Oceans fortpflanzen, deutlich darauf hinweist, daß der Mittelpunkt der Bewegung von der Erdoberfläche sehr weit entfernt ist. Ohne Zweifel aus demselben Grunde sind die Erdbeben nicht an gewisse Gebirgsarten gebunden, wie manche Physiker behaupten, sondern alle sind vielmehr gleich geeignet, die Bewegung fortzupflanzen. Um nicht den Kreis meiner eigenen Erfahrung zu überschreiten, nenne ich nur die Granite von Lima und Acapulco, den Gneis von Caracas, den Glimmerschiefer der Halbinsel Araya, den Urgebirgsschiefer von Tepecuacuilco in Mexico, die secundären Kalksteine des Apennins, Spaniens und Neu-Andalusiens, endlich die Trapp-Porphyre der Provinzen Quito und Popayan. An allen diesen Orten wird der Boden häufig durch die heftigsten Stöße erschüttert; aber zuweilen werden in derselben Gebirgsart die obenauf gelagerten Schichten zu einem unüberwindlichen Hinderniß für die Fortpflanzung der Bewegung. So sah man schon in den sächsischen

Erzgruben die Bergleute wegen Bebungen, die sie empfunden, erschrocken ausfahren, während man an der Erdoberfläche nichts davon gespürt hatte.

Wenn nun auch in den weitentlegensten Ländern die Urgebirge, die secundären und die vulkanischen Gebirgsarten an den krampfhaften Zuckungen des Erdballs in gleichem Maße theilnehmen nehmen, so läßt sich doch nicht in Abrede ziehen, daß in einem nicht sehr ausgedehnten Landstrich gewisse Gebirgsarten die Fortpflanzung der Stöße hemmen. In Cumana z. B. wurden vor der großen Katastrophe im Jahr 1797 die Erdbeben nur längs der aus Kalk bestehenden Südküste des Meerbusens von Cariaco bis zur Stadt dieses Namens gespürt, während auf der Halbinsel Araya und im Dorfe Maniquarez der Boden an denselben Bewegungen keinen Theil nahm. Die Bewohner dieser Nordküste, die aus Glimmerschiefer besteht, bauten ihre Hütten auf unerschütterlichem Boden; ein 3000–4000 Toisen breiter Meerbusen lag zwischen ihnen und einer durch die Erdbeben mit Trümmern bedeckten und verwüsteten Ebene. Mit dieser auf die Erfahrung von Jahrhunderten gebauten Sicherheit ist es vorbei: mit dem 14. December 1797 scheinen sich im Innern der Erde neue Verbindungswege geöffnet zu haben. Jetzt empfindet man es in Araya nicht nur, wenn in Cumana der Boden bebt, das Vorgebirge aus Glimmerschiefer ist seinerseits zum Mittelpunkt von Bewegungen geworden. Bereits wird zuweilen im Dorfe Maniquarez der Boden stark erschüttert, während man an der Küste von Cumana der tiefsten Ruhe genießt, und doch ist der Meerbusen von Cariaco nur 60–80 Faden tief.

Man will beobachtet haben, daß auf dem Festlande wie auf den Inseln die West- und Südküsten den Stößen am meisten ausgesetzt seyen. Diese Beobachtung sieht im Zusammenhang mit den Ideen hinsichtlich der Lage der großen Gebirgsketten und der Richtung ihrer steilsten Abhänge, wie sie sich schon lange in der Geologie geltend gemacht haben; das Vorhandenseyn der Cordillere von Caracas und die Häufigkeit der Erdbeben an den Ost- und Nordküsten von Terra Firma, im Meerbusen von Paria, in Carupano, Cariaco und Cumana beweisen, wie wenig begründet jene Ansicht ist.

In Neu-Andalusien, wie in Chili und Peru, gehen die Erdstöße den Küsten nach und nicht weit ins Innere des Landes hinein. Dieser Umstand weist, wie wir bald sehen werden, darauf hin, daß die Ursachen der Erdbeben und der vulkanischen Ausbrüche in engem Verbande stehen. Würde der Boden an den Küsten deßhalb stärker erschüttert, weil diese die am tiefsten gelegenen Punkte des Landes sind, warum wären dann in den Savanen oder Prairien, die kaum acht oder zehn Toisen über dem Meeresspiegel liegen, die Stöße nicht eben so oft und eben so stark zu fühlen?

Die Erdbeben in Cumana sind mit denen auf den kleinen Antillen verkettet, und man hat sogar vermutet, sie könnten mit den vulkanischen

Erscheinungen in den Kordilleren der Anden in einigem Zusammenhang stehen. Am 11. Februar 1797 erlitt der Boden der Provinz Quito eine Umwälzung, durch die, trotz der sehr schwachen Bevölkerung des Landes, gegen 40,000 Eingeborene unter den Trümmern ihrer Häuser begraben wurden, in Erdspalten stürzten oder in den plötzlich neu gebildeten Seen ertranken. Zur selben Zeit wurden die Bewohner der östlichen Antillen durch Erdstöße erschreckt, die erst nach acht Monaten aufhörten, als der Vulkan auf Guadeloupe Bimssteine, Asche und Wolken von Schwefeldämpfen ausstieß. Auf diesen Ausbruch vom 29. September, währenddessen man lange anhaltendes unterirdisches Brüllen hörte, folgte am 14. Dezember das große Erdbeben von Cumana. Ein anderer Vulkan der Antillen, der auf St. Vincent, hat seitdem ein neues Beispiel solcher Wechselbeziehungen geliefert. Er hatte seit 1718 kein Feuer mehr gespieen, als er im Jahre 1812 wieder auswarf. Die gänzliche Zerstörung der Stadt Caracas erfolgte 34 Tage vor diesem Ausbruch, und starke Bodenschwingungen wurden sowohl auf den Inseln als an den Küsten von Terra Firma gespürt.

Man hat längst die Bemerkung gemacht, daß die Wirkungen großer Erdbeben sich ungleich weiter verbreiten als die Erscheinungen der tätigen Vulkane. Beobachtet man in Italien die Umwälzungen des Erdbodens, betrachtet man die Reihe der Ausbrüche des Vesuv und des Aetna genau, so entdeckt man, so nahe auch diese Berge beieinander liegen, kaum Spuren gleichzeitiger Tätigkeit. Dagegen unterliegt es keinem Zweifel, daß bei den beiden letzten Erdbeben von Lissabon[42] das Meer bis in die Neue Welt hinüber in Aufregung geriet, z. B. bei der Insel Barbados, die über 5400 km von der Küste von Portugal liegt.

Verschiedene Tatsachen weisen darauf hin, daß die Erdbeben und die vulkanischen Ausbrüche[43] in engem ursächlichen Zusammenhang stehen. In Pasto hörten wir, die schwarze dicke Rauchsäule, die im Jahre 1797 seit mehreren Monaten dem Vulkan in der Nähe dieser Stadt entstiegen war, sey zur selben Stunde verschwunden, wo sechzig Meilen [270 km] gegen Süd die Städte Riobamba, Hambata und Tacunga durch einen ungeheuren Stoß über den Haufen geworfen wurden. Setzt man sich im Inneren eines brennenden Kraters neben die Hügel, die sich durch die Schlacken- und Aschenauswürfe bilden, so fühlt man mehrere Sekunden vor jedem einzelnen Ausbruch die Bewegung des Bodens. Wir haben dies im Jahre 1805 auf dem Vesuv beobachtet, während der Berg glühende Schlacken auswarf: wir waren im Jahre 1802 Zeugen diesselben Vorganges gewesen, als wir am Rande des ungeheuren Kraters des Pichincha standen, aus dem übrigens eben nur schweflig saure Dämpfe aufstiegen.

Alles weist darauf hin, daß das eigentlich Wirksame bei den Erdbeben darin besteht, daß elastische Flüssigkeiten einen Ausweg suchen, um sich in der

Luft zu verbreiten. An den Küsten der Südsee pflanzt sich diese Wirkung oft fast augenblicklich sechshundert Meilen [2700 km] weit, von Chile bis zum Meerbusen von Guayaquil fort, und zwar scheinen, was sehr merkwürdig ist, die Erdstöße desto stärker zu seyn, je weiter ein Ort von den thätigen Vulkanen abliegt. Die mit Flötzen von sehr neuer Bildung bedeckten Granitberge Calabriens, die aus Kalk bestehende Kette des Apennins, die Grafschaft Perigord, die Küsten von Spanien und Portugal, die von Peru und Terra Firma liefern deutliche Belege für diese Behauptung. Es ist als würde die Erde desto stärker erschüttert, je weniger die Bodenfläche Oeffnungen hat, die mit den Höhlungen im Innern in Verbindung stehen. In Neapel und Messina, am Fuß des Cotopaxi und des Tunguragua fürchtet man die Erdbeben nur, so lange nicht Rauch und Feuer aus der Mündung der Vulkane bricht. Ja im Königreich Quito brachte die große Katastrophe von Riobamba, von der oben die Rede war, mehrere unterrichtete Männer auf den Gedanken, daß das unglückliche Land wohl nicht so oft verwüstet würde, wenn das unterirdische Feuer den Porphyrdom des Chimborazo durchbrechen könnte und dieser kolossale Berg sich wieder in einen thätigen Vulkan verwandelte. Zu allen Zeiten haben analoge Thatsachen zu denselben Hypothesen geführt. Die Griechen, die, wie wir, die Schwingungen des Bodens der Spannung elastischer Flüssigkeiten zuschrieben, führten zur Bekräftigung ihrer Ansicht an, daß die Erdbeben auf der Insel Euböa gänzlich aufgehört haben, seit sich aus der Ebene von Lelante eine Erdspalte gebildet.

Wir haben versucht, am Schluß dieses Kapitels die allgemeinen Erscheinungen zusammenzustellen, welche die Erdbeben unter verschiedenen Himmelsstrichen begleiten. Wir haben gezeigt, daß die unterirdischen Meteore so festen Gesetzen unterliegen, wie die Mischung der Gase, die unsern Luftkreis bilden. Wir haben uns aller Betrachtungen über das Wesen der chemischen Agentien enthalten, die als Ursachen der großen Umwälzungen erscheinen, welche die Erdoberfläche von Zeit zu Zeit erleidet. Es sey hier nur daran erinnert, daß diese Ursachen in ungeheuren Tiefen liegen, und daß man sie in den Erdbildungen zu suchen hat, die wir Urgebirge nennen, wohl gar unter der erdigen, oxydierten Kruste, in Tiefen, wo die halbmetallischen Grundlagen der Kieselerde, der Kalkerde, der Soda und der Pottasche gelagert sind.

Man hat in neuester Zeit den Versuch gemacht, die Erscheinungen der Vulkane und Erdbeben als Wirkungen des Galvanismus aufzufassen, der sich bei eigenthümlicher Anordnung ungleichartiger Erdschichten entwickeln soll. Es läßt sich nicht läugnen, daß häufig, wenn im Verlauf einiger Stunden starke Erdstöße auf einander folgen, die elektrische Spannung der Luft im Augenblick, wo der Boden am stärksten erschüttert wird, merkbar zunimmt; um aber diese Erscheinung zu erklären, braucht man seine Zuflucht nicht zu einer Hypothese zu nehmen, die in geradem Widerspruch steht mit allem, was bis jetzt über den Bau unseres Planeten und die Anordnung seiner Erdschichten beobachtet worden ist.

37.

Inga spuria. Die weißen Staubfäden, 60 bis 70 an der Zahl, sitzen an einer grünlichen Blumenkrone, haben Seidenglanz und an der Spitze einen gelben Staubbeutel. Die Blüthe der Guama ist 18 Linien [4 cm] lang. Dieser schöne Baum, der am liebsten an feuchten Orten wächst, wird zwischen 8 und 10 Toisen [15,5 und 19,5 m] hoch.

38.

Diese Eintheilung schreibt sich schon aus der Zeit des Posidonius her. Es ist die *succusio* und die *inclinatio* des Seneca (*Quaestiones naturales. Lib. VI. c. 21*). Aber schon der Scharfsinn der Alten machte die Bemerkung, daß die Art und Weise der Erdstöße viel zu veränderlich ist, als daß man sie unter solche vermeintliche Gesetze bringen könnte. (Plato bei Plutarch *de placit. Philos. L. III. c. 15.*)

39.

Die blauen Berge in Neuholland, die Berge von Carmathen und Landsdown, sind bei hellem Wetter auf 50 Meilen nicht mehr sichtbar. Nimmt man den Höhenwinkel zu einem halben Grad an, so hätten diese Berge etwa 620 Toisen absoluter Höhe.

40.

Wenn das Volk in Cumana und auf der Insel Margarita von *el tirano* spricht, so ist immer der schändliche Lopez d'Aguirre gemeint, der im Jahr 1560 sich am Aufstand Fernandos de Guzman gegen den Statthalter von Omegua und Dorado, Pedro de Ursua, betheiligtwe, und sich nachher selbst *traidor*, Verräther, nannte.

41.

Plinius: *In puteis est remedium, quale et crebi specus praebent: conceptum enim spiritum exhalant, quod in certis notatur oppidis, quae minus quatiuntur, crebis ad eluviem cuniculus cavata (Plin. L. II. c. 82).* Noch gegenwärtig glaubt man in der Hauptstadt von St. Domingo, daß die Brunnen die Kraft der Erdstöße schwächen. Ich bemerke bei dieser Gelegenheit, daß die Erklärung, die Seneca von den Erdbeben gibt (*Natur. Quaest. Lib. VI. c. 4* bis *31*), den Keim alles dessen enthält, was in unserer Zeit über die Wirkung elastischer, im Inneren des Erdballes eingeschlossener Dämpfe gesagt worden ist.

42.

Am 1. November 1755 und 31. März 1761. Beim ersteren Erdbeben überschwemmte das Meer in Europa die Küsten von Schweden, England und Spanien, in Amerika die Inseln Antiqua, Barbados und Martinique. Auf Barbados, wo die Flut gewöhnlich nur 24–28 Zoll [640 bis 746 mm] hoch steigt, stieg das Wasser in der Bucht von Carlisle zwanzig Fuß [6,5 m] hoch. Es wurde zugleich »tintenschwarz«, ohne Zweifel, weil sich der Asphalt, der im Meerbusen von Cariaco, wie bei der Insel Trinidad, auf dem Meeresboden häufig vorkommt, mit dem Wasser vermengt hatte. Auf den Antillen und auf mehreren Schweizer Seen wurde eine auffallende Bewegung des Wassers sechs Stunden vor dem ersten Stoß, den man in Lissabon spürte, beobachtet. In Cadiz sah man auf acht Meilen [36 km] weit aus der offenen See einen sechzig Fuß [20 m] hohen Wasserberg anrücken; er stürzte sich auf die Küste und zerstörte eine Menge Gebäude, ähnlich wie die achtzig Fuß [56 m] hohe Flutwelle, die am 9. Juni 1586 beim Erdbeben von Lima den Hafen von Callao überschwemmte. In Amerika hatte man auf dem Ontariosee seit Oktober 1755 eine starke Aufregung des Wassers beobachtet. Diese Erscheinungen weisen darauf hin, daß auf ungeheure Strecken hin unterirdische Verbindungen bestehen. Bei der Zusammenstellung der meist weit auseinanderliegenden Zeitpunkte, in denen Lima und Guatemala völlig zerstört wurden, glaubte man hin und wieder die Bemerkung zu machen, als ob sich eine Wirkung langsam den Kordilleren entlang geäußert hätte, bald von Nord nach Süd, bald von Süd nach Nord. Ich gebe hier vier dieser auffallenden Zeitpunkte:

Mexiko	Peru
(Breite 13° 32′ Nord)	(Breite 12° 6′ Süd)

30. Nov. 1577,	17. Juni 1578,
4. März 1679,	17. Juni 1678,
12. Febr. 1689,	10. Okt. 1688,
27. Sept. 1717,	8. Febr. 1716.

Ich gestehe, wenn die Erdstöße nicht gleichzeitig sind, oder doch kurz nacheinander folgen, so erscheint die angebliche Fortpflanzung der Bewegung sehr zweifelhaft.

43.

Dieser ursächliche Zusammenhang, den schon die Alten erkannten, beschäftigte die Geister nach der Entdeckung von Amerika wieder sehr lebhaft. Diese Entdeckung vergnügte nicht allein die Neugier der Menschen durch neue Naturprodukte, sie erweiterte auch ihre Vorstelluugen von der physischen Beschaffenheit der Länder, von den Spielarten des Menschengeschlechts und von den Wanderungen der Völker. Man kann die Beschreibungen der ältesten spanischen Reisenden, namentlich die des Jesuiten Acosta, nicht lesen, ohne jeden Augenblick freudig zu staunen, wie mächtig der Anblick eines großen Festlandes, die Betrachtung einer wundervollen Natur und die Berührung mit Menschen von anderer Race auf die Geistesentwicklung in Europa gewirkt haben. Der Keim sehr vieler physikalischer Wahrheiten ist in den Schriften des sechzehnten Jahrhunderts niedergelegt, und dieser Keim hätte Früchte getragen, wäre er nicht durch Fanatismus und Aberglauben erstickt worden.

Fünftes Kapitel

Die Halbinsel Araya — Salzsümpfe — Die Trümmer des Schlosses Santiago

Die ersten Wochen unseres Aufenthaltes in Cumana verwendeten wir dazu, unsere Instrumente zu berichtigen, in der Umgegend zu botanisieren und die Spuren des Erdbebens vom 14. Dezember 1797 zu beobachten. Die Mannigfaltigkeit der Gegenstände, die uns zumal in Anspruch nahmen, ließ uns nur schwer den Weg zu geordneten Studien und Beobachtungen finden. Wenn unsere ganze Umgebung den lebhaftesten Reiz für uns hatte, so machten dagegen unsere Instrumente die Neugier der Einwohnerschaft rege. Wir wurden sehr durch Besuche von der Arbeit abgezogen, und wollte man nicht Leute vor den Kopf stoßen, die so seelevergnügt durch einen Dollond die Sonnenflecken betrachteten oder auf galvanische Berührung einen Frosch sich bewegen sahen, so mußte man sich wohl herbeilassen, auf oft verworrene Fragen Auskunft zu geben und stundenlang dieselben Versuche zu wiederholen.

So ging es uns fünf ganze Jahre, so oft wir uns an einem Orte aufhielten, wo man in Erfahrung gebracht hatte, daß wir Mikroskope, Fernrohre oder elektromotorische Apparate besitzen. Dergleichen Auftritte wurden meist desto angreifender, je verworrener die Begriffe waren, welche die Besucher von Astronomie und Physik hatten, welche Wissenschaften in den spanischen Colonien den sonderbaren Titel: »neue Philosophie,« *nueva filosofia* führen. Die Halbgelehrten sahen mit einer gewissen Geringschätzung auf uns herab, wenn sie hörten, daß sich unter unsern Büchern weder das *spectac1e de la nature* vom Abbé Pluche, noch der *cours de physique* von Sigand la Fond, noch das Wörterbuch von Valmont de Bomare befanden. Diese drei Werke und der *traité d'économie politique* von Baron Bielfeld sind die bekanntesten und geachtetsten fremden Bücher im spanischen Amerika von Caracas und Chili bis Guatimala und Nordmexico. Man gilt nur dann für gelehrt, wenn man die Uebersetzungen derselben recht oft citiren kann, und nur in den großen Hauptstädten, in Lima, Santa Fe de Bogota und Mexico, fangen die Namen Haller, Cavendish und Lavoisier an jene zu verdrängen, deren Ruf seit einem halben Jahrhundert populär geworden ist.

Die Neugierde, mit der die Menschen sich mit den Himmelserscheinungen und verschiedenen naturwissenschaftlichen Gegenständen abgeben, äußert sich ganz anders bei altcivilisirten Völkern als da, wo die Geistesentwicklung noch geringe Fortschritte gemacht hat. In beiden Fällen finden sich in den höchsten Ständen viele Personen, die den Wissenschaften ferne stehen; aber in den Colonien und bei jungen Völkern ist die Wißbegier keineswegs müßig und vorübergehend, sondern entspringt aus dem lebendigen Trieb, sich zu belehren; sie äußert sich so arglos und naiv, wie sie in Europa nur in früher Jugend auftritt.

Erst am 28. Juli konnte ich eine ordentliche Reihe astronomischer Beobachtungen beginnen, obgleich mir viel daran lag, die Länge, wie sie Louis Berthouds Chronometer angab, kennen zu lernen. Der Zufall wollte, daß in einem Lande, wo der Himmel beständig rein und klar ist, mehrere Nächte sternlos waren. Zwei Stunden nach dem Durchgang der Sonne durch den Meridian zog jeden Tag ein Gewitter aus und es wurde mir schwer rorrespondirende Sonnenhöhen zu erhalten, obgleich ich in verschiedenen Intervallen drei, vier Gruppen aufnahm. Die vom Chronometer angegebene Länge von Cumana differirte nur um 4 Secunden Zeit von der, welche ich durch Himmelsbeobachtungen gefunden, und doch hatte unsere Ueberfahrt einundvierzig Tage gewährt und bei der Besteigung des Pic von Teneriffa war der Chronometer starken Temperaturwechseln ausgesetzt gewesen.

Aus meinen Beobachtungen in den Jahren 1799 und 1800 ergibt sich als Gesammtresultat, daß der große Platz von Cumana unter 10° 27' 52" der Breite und 66° 30' 2" der Länge liegt. Die Bestimmung der Länge gründet sich auf den Uebertrag der Zeit, aus Monddistanzen, auf die Sonnenfinsterniß vom 28. Oktober 1799 und aus zehn Immersionen der Jupiterstrabanten, verglichen mit in Europa angestellten Beobachtungen. Sie weicht nur um sehr weniges von der ab, die Fidalgo vor mir, aber durch rein chronometrische Mittel gefunden. Unsere älteste Karte des neuen Continents, die von Diego Ribeiro, Geographen Kaiser Carls des Fünften, setzt Cumana unter 9° 30' Breite, was um 58 Minuten von der wahren Breite abweicht und einen halben Grad von der, die Jefferys in seinem im Jahr 1794 herausgegebenen »Amerikanischen Steuermann« angibt. Dreihundert Jahre lang zeichnete man die ganze Küste von Paria zu weit südlich, weil in der Nähe der Insel Trinidad die Strömungen nach Nord gehen und die Schiffer nach der Angabe des Logs weiter gegen Süd zu seyn glauben, als sie wirklich sind.

Am 17. August machte ein Hof oder eine Lichtkrone um den Mond den Einwohnern viel zu schaffen. Man betrachtete es als Vorboten eines starken Erdstoßes, denn nach der Volksphysik stehen alle ungewöhnlichen Erscheinungen in unmittelbarem Zusammenhang. Die farbigen Kreise um den Mond sind in den nördlichen Ländern weit seltener als in der Provence, in Italien und Spanien. Sie zeigen sich, und dieß ist auffallend, bei reinem Himmel, wenn das gute Wetter sehr beständig scheint. In der heißen Zone sieht man fast jede Nacht schöne prismatische Farben, selbst bei der größten

Trockenheit. Zuweilen habe ich zwischen dem 15. Grad der Breite und dem Aequator sogar um die Venus kleine Höfe gesehen; man konnte Purpur, Orange und Violett unterscheiden; aber um Sirius, Canopus und Achernar habe ich niemals Farben gesehen.

Während der Mondhof in Cumana zu sehen war, zeigte der Hygrometer große Feuchtigkeit an; die Wasserdünste schienen aber so vollkommen aufgelöst, oder vielmehr so elastisch und gleichförmig verbreitet, daß sie der Durchsichtigkeit der Luft keinen Eintrag thaten. Der Mond ging nach einem Gewitterregen hinter dem Schlosse San Antonio auf. Wie er am Horizont erschien, sah man zwei Kreise, einen großen, weißlichen von 44 Grad Durchmesser und einen kleinen, der in allen Farben des Regenbogens glänzte und 1 Grad 43 Minuten breit war. Der Himmelsraum zwischen beiden Kronen war dunkelblau. Bei 40 Grad Höhe verschwanden sie, ohne daß die meteorologischen Instrumente die geringste Veränderung in den niedern Luftregionen anzeigten. Die Erscheinung hatte nichts Auffallendes außer der großen Lebhaftigkeit der Farben, neben dem Umstand, daß nach Messungen mit einem Ramsden¿schen Sextanten die Mondscheibe nicht ganz in der Mitte der Höfe stand. Ohne die Messung hätte man glauben können, diese Excentricität rühre von der Projection der Kreise auf die scheinbare Concavität des Himmels her. Die Form der Höfe und die Farben, welche in der Luft unter den Tropen beim Mondlicht zu Tage kommen, verdienen es von den Physikern von Neuem in den Kreis der Beobachtungen gezogen zu werden. In Mexico habe ich bei vollkommen klarem Himmel breite Streifen in den Farben des Regenbogens über das Himmelsgewölbe und gegen die Mondscheibe hin zusammenlaufen sehen; dieses merkwürdige Meteor erinnert an das von Cotes im Jahr 1716 beschriebene.

Wenn unser Haus in Cumana für die Beobachtung des Himmels und der meteorologischen Vorgänge sehr günstig gelegen war, so mußten wir dagegen zuweilen bei Tage etwas ansehen, was uns empörte. Der große Platz ist zum Teil mit Bogengängen umgeben, über denen eine lange hölzerne Galerie hinläuft, wie man sie in allen heißen Ländern sieht. Hier wurden die Schwarzen verkauft, die von der afrikanischen Küste herüberkommen. Unter allen europäischen Regierungen war die von Dänemark die erste und lange die einzige, die den Sklavenhandel abgeschafft hat, und dennoch waren die ersten Sklaven, die wir aufgestellt sahen, auf einem dänischen Sklavenschiff gekommen. Der gemeine Eigennutz, der mit Menschenpflicht, Nationalehre und den Gesetzen des Vaterlandes im Streite liegt, läßt sich durch nichts in seinen Speculationen stören.

Die zum Verkauf ausgesetzten Sklaven waren junge Leute von fünfzehn bis zwanzig Jahren. Man lieferte ihnen jeden Morgen Kokosöl, um sich den Körper damit einzureiben und die Haut glänzend schwarz zu machen. Jeden Augenblick erschienen Käufer und schätzten nach der Beschaffenheit der

Zähne Alter und Gesundheitszustand der Sklaven; sie rissen ihnen den Mund auf, ganz wie es auf dem Pferdemarkt geschieht. Dieser entwürdigende Brauch schreibt sich aus Afrika her, wie die getreue Schilderung zeigt, die Cervantes nach langer Gefangenschaft bei den Mauren in einem seiner Theaterstücke [*El trado de Argel.*] vom Verkauf der Christensklaven in Algier entwirft. Es ist ein empörender Gedanke, daß es noch heutigen Tages auf den Antillen spanische Ansiedler gibt, die ihre Sklaven mit dem Glüheisen zeichnen, um sie wieder zu erkennen, wenn sie entlaufen. So behandelt man Menschen, die anderen Menschen die Mühe des Säens, Ackerns und Erntens ersparen [*La Bruyère, Charactères cap. XI.*].

Je tieferen Eindruck der erste Verkauf von Negern in Cumana auf uns gemacht hatte, desto mehr wünschten wir uns Glück, daß wir uns bei einem Volk und auf einem Continent befanden, wo ein solches Schauspiel sehr selten vorkommt und die Zahl der Sklaven im Allgemeinen höchst unbedeutend ist. Dieselbe betrug im Jahr 1800 in den Provinzen Cumana und Barcelona nicht über sechstausend, während man zur selben Zeit die Gesammtbevölkerung auf hundert und zehntausend schätzte. Der Handel mit afrikanischen Sklaven, den die spanischen Gesetze niemals begünstigt haben, ist jetzt völlig bedeutungslos auf Küsten, wo im sechzehnten Jahrhundert der Handel mit amerikanischen Sklaven schauerlich lebhaft war. Macarapan, früher Amaracapana genannt, Cumana, Araya und besonders Neu-Cadix, das auf dem Eiland Cubagua angelegt worden war, konnten damals für Comptoirs gelten, die zur Betreibung des Sklavenhandels errichtet waren. Girolamo Benzoni aus Mailand, der im Alter von zweiundzwanzig Jahren nach Terra Firma gekommen war, machte im Jahr 1542 an den Küsten von Bordones, Cariaco und Paria Raubzüge mit, bei denen unglückliche Eingeborene weggeschleppt wurden. Er erzählt sehr naiv und oft mit einem Gefühlsausdruck, wie er bei den Geschichtschreibern jener Zeit selten vorkommt, von den Grausamkeiten, die er mit angesehen. Er sah die Sklaven nach Neu-Cadix bringen, wo sie mit dem Glüheisen auf Stirne und Armen gezeichnet und den Beamten der Krone der Quint entrichtet wurde. Aus diesem Hafen wurden sie nach Haiti oder St. Domingo geschickt, nachdem sie mehrmals die Herren gewechselt, nicht weil sie verkauft wurden, sondern weil die Soldaten mit Würfeln um sie spielten.

Unser erster Ausflug galt der Halbinsel Araya und jenen ehemals durch Sklavenhandel und die Perlenfischerei vielberufenen Landstrichen. Am 19. August gegen zwei Uhr nach Mitternacht schifften wir uns bei der indischen Vorstadt auf dem Manzanares ein. Unser Hauptzweck bei dieser kleinen Reise war, die Trümmer des alten Schlosses von Araya zu besehen, die Salzwerke zu besuchen und auf den Bergen, welche die schmale Halbinsel Maniquarez bilden, einige geologische Untersuchungen anzustellen. Die Nacht war köstlich kühl, Schwärme leuchtender Insekten

[*Elater noctilucus.*] glänzten in der Luft, auf dem mit Sesuvium bedeckten Boden und in den Mimosenbüschen am Fluß. Es ist bekannt, wie häufig die Leuchtwürmer in Italien und im ganzen mittaglichen Europa sind; aber ihr malerischer Eindruck ist gar nicht zu vergleichen mit den zahllosen zerstreuten, sich hin und her bewegenden Lichtpunkten, welche im heißen Erdstrich der Schmuck der Nächte sind, wo einem ist, als ob das Schauspiel, welches das Himmelsgewölbe bietet, sich auf der Erde, auf der ungeheuren Ebene der Grasfluren wiederholte.

Als wir Fluß abwärts an die Pflanzungen oder **Charas** kamen, sahen wir Freudenfeuer, die Neger angezündet hatten. Leichter, gekräuselter Rauch stieg zu den Gipfeln der Palmen auf und gab der Mondscheibe einen röthlichen Schein. Es war Sonntag Nacht und die Sklaven tanzten zur rauschenden, eintönigen Musik einer Guitarre. Der Grundzug im Charakter der afrikanischen Völker von schwarzer Rasse ist ein unerschöpfliches Maß von Beweglichkeit und Frohsinn. Nachdem er die Woche über hart gearbeitet, tanzt und musicirt der Sklave am Feiertage dennoch lieber, als daß er ausschläft. Hüten wir uns, über diese Sorglosigkeit, diesen Leichtsinn hart zu urteilen, wird ja doch dadurch ein Leben voll Entbehrung und Schmerz versüßt.

Die Barke, in der wir über den Meerbusen von Cariaco fuhren, war sehr geräumig. Man hatte große Jaguarfelle ausgebreitet, damit wir bei Nacht ruhen könnten. Noch waren wir nicht zwei Monate in der heißen Zone, und bereits waren unsere Organe so empfindlich für den kleinsten Temperaturwechsel, daß wir vor Frost nicht schlafen konnten. Zu unserer Verwunderung sahen wir, daß der hunderttheilige Thermometer auf 21°,8 stand. Dieser Umstand, der allen, die lange in beiden Indien gelebt haben, wohl bekannt ist, verdient von den Physiologen beachtet zu werden. Boucher erzählt, auf dem Gipfel der *Montagne Pelée* auf Martiniques [der Berg ist nach verschiedenen Angaben zwischen 666 und 736 Toisen hoch] haben er und seine Begleiter vor Frost gebebt, obgleich die Wärme noch 21 ½ Grad betrug. In der anziehenden Reisebeschreibung des Capitän Bligh, der in Folge einer Meuterei an Bord des Schiffes Bounty zwölfhundert Meilen in einer offenen Schaluppe zurücklegen mußte, liest man, daß er zwischen dem zehnten und zwölften Grad südlicher Breite weit mehr vom Frost als vom Hunger gelitten.[44] Im Januar 1803, bei unserem Aufenthalt in Guayaquil, sahen wir die Eingeborenen sich über Kälte beklagen und sich zudecken, wenn der Thermometer auf 23°,8 fiel, während sie bei 30°,5 die Hitze erstickend fanden. Es brauchte nicht mehr als sieben bis acht Grad, um die entgegengesetzten Empfindungen von Frost und Hitze zu erzeugen, weil an diesen Küsten der Südsee die gewöhnliche Lufttemperatur 28° beträgt. Die Feuchtigkeit, mit der sich die Leitungsfähigkeit der Lust für den Wärmestoff ändert, spielt bei diesen Empfindungen eine große Rolle. Im Hafen von

Guayaquil, wie überall in der heißen Zone auf tief gelegenem Boden, kühlt sich die Lust nur durch Gewitterregen ab, und ich habe beobachtet, daß, während der Thermometer auf 23°,8 fällt, der Deluc'sche Hygrometer auf 50–52 Grad stehen bleibt; dagegen steht er auf 37 bei einer Temperatur von 30°,5. In Cumana hört man bei starken Regengüssen in den Straßen schreien: *"Que hielo! Estoy emparamado!"*[45] und doch fällt der dem Regen ausgesetzte Thermometer nur auf 21°,5. Aus allen diesen Beobachtungen geht hervor, daß man zwischen den Wendekreisen auf Ebenen, wo die Lufttemperatur bei Tag fast beständig über 27° ist, bei Nacht das Bedürfniß fühlt, sich zuzudecken, so oft bei feuchter Luft der Thermometer um 4–5½ Grad fällt.

Gegen acht Uhr Morgens stiegen wir an der Landspitze von Araya bei der »Neuen Saline« ans Land. Ein einzelnes Haus steht auf einer kahlen Ebene neben einer Batterie von drei Kanonen, auf die sich seit Zerstörung des Forts St. Jakob die Verteidigung dieser Küste beschränkt. Der Salineninspektor bringt sein Leben in einer Hängematte zu, in der er den Arbeitern seine Befehle erteilt, und eine *Lancha del rey* (königliche Barke) führt ihm jede Woche von Cumana seine Lebensmittel zu. Man wundert sich, daß bei einem Salzwert, das früher bei den Engländern, Holländern und anderen Seemächten Eifersucht erregte, kein Dorf oder auch nur ein Hof liegt. Kaum findet man am Ende der Landspitze von Araya ein paar armselige indianische Fischerhütten.

Man übersieht von hier aus zugleich das Eiland Cubagua, die hohen Berggipfel von Margarita, die Trümmer des Schlosses St. Jakob, den Cerro de la Vela und das Kalkgebirge des Brigantin, das gegen Süden den Horizont begrenzt. Wie reich die Halbinsel Araya an Kochsalz ist, wurde schon Alonso Niño bekannt, als er im Jahr 1499 in Colombo's, Djeda's und Amerigo Vespucci's Fußstapfen diese Länder besuchte. Obgleich die Eingeborenen Amerikas unter allen Völkern des Erdballes am wenigsten Salz verbrauchen, weil sie fast allein von Pflanzenkost leben, scheinen doch bereits die Guaykari im Ton- und Salzboden der **Punta Arenas** gegraben zu haben. Selbst die jetzt die **neuen** genannten Salzwerke, am Ende des Vorgebirgs Araya, waren schon in der frühsten Zeit in Gang. Die Spanier, die sich zuerst auf Cubagua und bald nachher auf der Küste von Cumana niedergelassen hatten, beuteten schon zu Anfang des sechzehnten Jahrhunderts die Salzsümpfe aus, die sich als Lagunen nordwestlich vom Cerro de la Vela hinziehen. Da das Vorgebirge Araya damals keine ständige Bevölkerung hatte, machten sich die Holländer den natürlichen Reichtum des Bodens zunutze, den sie für ein Gemeingut aller Nationen ansahen. Heutzutage hat jede Kolonie ihre eigenen Salzwerke und die Schiffahrtskunst ist so weit fortgeschritten, daß die Cadizer Handelsleute mit geringen Kosten spanisches und portugiesisches Salz 1900 Meilen [8500 km] weit in die östliche Halbkugel senden können, um Montevideo und Buenos Aires mit ihrem Bedarf für das Einsalzen zu versorgen. Solche Vortheile waren zur Zeit der Eroberung unbekannt; die Industrie in den Colonien war damals noch so weit zurück, dass das Salz von Araya mit großen Kosten nach den Antillen, nach Carthagena und Portobelo verschifft wurde. Im Jahr 1605 schickte der Madrider Hof bewaffnete Fahrzeuge nach Punta Araya, mit dem Befehl, daselbst auf Station zu liegen und die Holländer mit Gewalt zu vertreiben. Diese fuhren nichts desto weniger fort heimlich Salz zu holen, bis man im Jahr 1622 bei den Salzwerken ein Fort errichtete, das unter dem Namen *Castillo de Santiago* oder *Real Fuerza de Araya* berühmt geworden ist.

Die großen Salzsümpfe sind auf den ältesten spanischen Karten bald als Bucht, bald als Lagune angegeben. Laet, der seinen *Orbis novus* im Jahr 1633 schrieb und sehr gute Nachrichten von diesen Küsten hatte, sagt sogar ausdrücklich, die Lagune sey von der See durch eine über der Fluthhöhe gelegene Landenge getrennt gewesen. Im Jahr 1726 zerstörte ein außerordentliches Ereigniß die Saline von Araya und machte das Fort, das über eine Million harter Piaster gekostet hatte, unnütz. Man spürte einen heftigen Windstoß, eine große Seltenheit in diesen Strichen, wo die See meist nicht unruhiger ist als das Wasser unserer Flüsse; die Fluth drang weit ins Land hinein und durch den Einbruch des Meeres wurde der Salzsee in einen mehrere Meilen langen Meerbusen verwandelt. Seitdem hat man nördlich von der Hügelkette, welche das Schloß von der Nordküste der Halbinsel trennt, künstliche Behälter oder Kasten angelegt. Der Salzverbrauch war in den Jahren 1799 und 1800 in den beiden Provinzen Cumana und Barcelona zwischen neun und zehn tausend Fanegas, jede zu sechzehn Arrobas oder vier Centnern. Dieser Verbrauch ist sehr beträchtlich, und es ergeben sich dabei, wenn man 50,000 Indianer abrechnet, die nur sehr wenig Salz verzehren, sechzig Pfund auf den Kopf. In Frankreich rechnet man, nach Necker, nur zwölf bis vierzehn Pfund, und der Unterschied rührt daher, daß man so viel Salz zum Einsalzen braucht. Das gesalzene Ochsenfleisch, **Tasajo** genannt, ist im Handel von Barcelona der vornehmste Ausfuhrartikel. Von neun bis zehn tausend Fanegas Salz, welche die beiden Provinzen zusammen liefern, kommen nur dreitausend vom Salzwerk von Araya; das übrige wird bei Morro de Barcelona, Pozuelos, Piritu und im **Golfo triste** aus Meerwasser gewonnen. In Mexico liefert der einzige Salzsee **Pennon Blanco** jährlich über 250,000 Fanegas unreines Salz.

Die Provinz Caracas hat schöne Salzwerke bei den Klippen los Noquez; das früher aus der kleinen Insel Tortuga gelegene ist auf Befehl der spanischen Regierung zerstört worden. Man grub einen Kanal, durch den das Meer zu den Salzsümpfen dringen konnte. Andere Nationen, die auf den kleinen Antillen Colonien haben, besuchten diese unbewohnte Insel, und der Madrider Hof fürchtete in seiner argwöhnischen Politik, das Salzwerk von Tortuga möchte Veranlassung zu einer festen Niederlassung werden, wodurch dem Schleichhandel mit Terra Firma Vorschub geleistet würde. Die Salzwerke von Araya werden erst seit dem Jahr 1792 von der Regierung selbst betrieben. Bis dahin waren sie in den Händen indianischer Fischer, die nach Belieben Salz bereiteten und verkauften, wofür sie der Regierung nur die mäßige Summe von 300 Piastern bezahlten. Der Preis der Fanega war damals vier Realen; [In dieser Reisebeschreibung sind alle Preise in harten Piastern und Silberrealen, *reales de plata* ausgedrückt. Acht Realen gehen auf einen harten Piaster oder 105 Sous französischen Geldes.] aber das Salz war sehr unrein, grau, und enthielt sehr viel salzsaure und schwefelsaure Bittererde. Da zudem die Ausbeutung von Seiten der Arbeiter äußerst unregelmäßig betrieben wurde, so fehlte es oft an Salz zum Einsalzen des Fleisches und der Fische, das in diesen Ländern für den Fortschritt des Gewerbfleißes von großem Belang ist, da das indianische niedere Volk und die Sklaven von Fischen und etwas **Tasajo** leben. Seit die Provinz Cumana unter der Intendauz von Caracas steht, besteht die Salzregie, und die Fanega, welche die Guayqueries für einen halben Piaster verkauften, kostet anderthalb Piaster. Für diese Preiserhöhung leistet nur geringen Ersatz, daß das Salz reiner ist und daß die Fischer und Colonisten es das ganze Jahr im Ueberfluß beziehen können. Die Salinenverwaltung von Araya brachte im Jahr 1799 dem Schatze 8000 Piaster jährlich ein. Aus diesen statistischen Notizen geht hervor, daß die Salzbereitung in Araya, als Industriezweig betrachtet, von keinem großen Belang ist.

Der Thon, aus dem zu Araya das Salz gewonnen wird, kommt mit dem **Salzthon** überein, der in Berchtesgaden und in Südamerika in Zipaquira mit dem Steinsalz vorkommt. Das salzsaure Natron ist in diesem Thon nicht in sichtbaren Theilchen eingesprengt, aber sein Vorhandenseyn läßt sich leicht bemerklich machen. Wenn man die Masse mit Regenwasser netzt und der Sonne aussetzt, schießt das Salz in großen Krystallen an. Die Lagune westlich vom Schloß Santiago zeigt alle Erscheinungen, wie sie von Lepechin, Gmelin und Pallas in den sibirischen Salzseen beobachtet worden sind. Sie nimmt übrigens nur das Regenwasser auf, das durch die Thonschichten durchsickert und sich am tiefsten Punkte der Halbinsel sammelt. So lange die Lagune den Spaniern und Holländern als Salzwerk diente, stand sie mit der See in keiner Verbindung; neuerdings hat man nun diese Verbindung wieder aufgehoben, indem man an der Stelle, wo das Meer im Jahr 1726 eingebrochen war, einen Faschinendamm anlegte. Nach großer Trockenheit werden noch jetzt vom Boden der Lagune drei bis vier Kubikfuß große Klumpen krystallisirten, sehr reinen salzsauren Natrons heraufgefördert. Das der brennenden Sonne ausgesetzte Salzwasser des Sees verdunstet an der Oberfläche; in der gesättigten Lösung bilden sich Salzkrusten, sinken zu Boden, und da Kristalle von derselben Zusammensetzung und der gleichen Gestalt einander anziehen, so wachsen die kristallinischen Massen von Tag zu Tag an. Man beobachtet im Allgemeinen, daß das Wasser überall, wo sich Lachen im

Thonboden gebildet haben, salzhaltig ist. Im neuen Salzwerk bei den Batterien von Araya leitet man allerdings das Meerwasser in die Kasten, wie in den Salzsümpfen im mittäglichen Frankreich; aber auf der Insel Margarita bei Pampadar wird das Salz nur dadurch bereitet, daß man süßes Wasser den salzhaltigen Thon auslaugen läßt.

Das Salz, das in Thonbildungen enthalten ist, darf nicht verwechselt werden mit dem Salz, das im Sand am Meeresufer vorkommt, und das an den Küsten der Normandie ausgebeutet wird. Diese beiden Erscheinungen haben, aus geologischen Gesichtspunkt betrachtet, so gut wie nichts mit einander gemein. Ich habe salzhaltigen Thon am Meeresspiegel, bei Punta Araya, und in 2000 Toisen Höhe in den Cordilleren von Neugrenada gesehen. Wenn derselbe am erstgenannten Ort unter einer Muschelbreccie von sehr neuer Bildung liegt, so tritt er dagegen bei Ischl in Oesterreich als mächtige Schicht im Alpenkalk auf, der, obgleich gleichfalls jünger als die Existenz organischer Wesen auf der Erde, doch sehr alt ist, wie die vielen Gebirgsglieder zeigen, die ihm aufgelagert sind. Wir wollen nicht in Zweifel ziehen, daß das reine [das von Wieliczka und Peru] oder mit salzhaltigem Thon vermengte Steinsalz [das von Hallein, Ischl und Zipaquira] der Niederschlag eines alten Meeres seyn könne; alles weist aber darauf hin, daß es sich unter Naturverhältnissen gebildet hat, die sehr bedeutend abweichen mußten von denen, unter welchen die jetzigen Meere in Folge allmähliger Verdunstung hie und da ein paar Körner salzsauren Natrons im Ufersande niederschlagen. Wie der Schwefel und die Steinkohle sehr weit auseinander liegenden Formationen angehören, kommt auch das Steinsalz bald im Uebergangsgips, bald im Alpenkalk, bald in einem mit sehr neuem Muschelsandstein bedeckten Salzthon (Punta Araya), bald in einem Gips vor, der jünger ist als die Kreide.

Das neue Salzwerk von Araya besteht aus fünf Behältern oder Kasten, von denen die größten eine regelmäßige Form und 2300 Quadrattoisen Oberfläche haben. Die mittlere Tiefe beträgt acht Zoll. Man bedient sich sowohl des Regenwassers, das sich durch Einsickerung am tiefsten Punkt der Ebene sammelt, als des Meerwassers, das durch Kanäle hereingeleitet wird, wenn der Wind die See an die Küste treibt. Dieses Salzwerk ist nicht so günstig gelegen wie die Lagune. Das Wasser, das in die letztere fällt, kommt von stärker geneigten Abhängen und hat ein größeres Bodenstück ausgelaugt. Die Indianer pumpen mit der Hand das Meerwasser aus einem Hauptbehälter in die Kasten. Leicht ließe sich indessen der Wind als Triebkraft benützen, da der Seewind fortwährend stark aus die Küste bläst. Man hat nie daran gedacht, weder die bereits ausgelangte Erde wegzuschaffen, noch Schachte im Salzthon niederzutreiben, um Schichten aufzusuchen, die reicher an salzsaurem Natron sind. Die Salzarbeiter klagen meist über Regenmangel, und beim neuen Salzwerk scheint es mir schwer auszumitteln, welches Quantum von Salz allein auf Rechnung des Seewassers kommt. Die Eingeborenen schätzen es aus ein Sechstheil des ganzen Ertrags. Die Verdunstung ist sehr stark und wird durch den beständigen Luftzug gesteigert; das Salz wird aber auch am achtzehnten bis zwanzigsten Tage, nachdem man die Behälter gefüllt, ausgezogen. Wir fanden (am 19. August um 3 Uhr Nachmittags) die Temperatur des Salzwassers in den Kasten 32°,5, während die Luft im Schatten 27°,2 und der Sand an der Küste in sechs Zoll Tiefe 42°,5 zeigte. Wir tauchten den Thermometer in die See und sahen ihn zu unserer Ueberraschung nur auf 23° steigen. Diese niedrige Temperatur rührt vielleicht von den Untiefen her, welche die Halbinsel Araya und die Insel Margarita umgeben, und an deren Abfällen sich tiefere Wasserschichten mit den oberflächlichen vermischen.

Obgleich das salzsaure Natron aus der Halbinsel Araya nicht so sorgfältig bereitet wird als in den europäischen Salzwerken, ist es dennoch reiner und enthält weniger salzsaure und schwefelsaure Erden. Wir wissen nicht, ob diese Reinheit dem Antheil von Salz, den das Meer liefert, zuzuschreiben ist; denn wenn auch die Menge der im Meerwasser gelösten Salze höchst wahrscheinlich unter allen Himmelsstrichen dieselbe ist,[46] so weiß man doch nicht, ob auch das Verhältnis zwischen dem salzsauren Natron, der salzsauren und schwefelsauren Bittererde und dem schwefelsauren und kohlensauren Kalk sich gleich bleibt.

Nachdem wir die Salinen besehen und unsere geodätischen Arbeiten beendet hatten, brachen wir gegen Abend auf, um einige Meilen weiterhin in einer indianischen Hütte bei den Trümmern des Schlosses von Araya die Nacht zu zuzubringen. Unsere Instrumente und unseren Mundvorrat schickten wir voraus; denn wenn wir von der großen Hitze und der Reverberation des Bodens erschöpft waren, spürten wir in diesen Ländern nur abends und in der Morgenkühle Eßlust. Wir wandten uns nach Süd und gingen zuerst über die kahle mit Salzton bedeckte Ebene und dann über zwei aus Sandstein bestehende Hügelketten, zwischen denen die Lagune liegt. Die Nacht überraschte uns, während wir einen schmalen Pfad verfolgten, der einerseits vom Meer, andererseits von senkrechten Felswänden begrenzt ist. Die Flut war im raschen Steigen und engte unseren Weg mit jedem Schritt mehr ein. Am Fuße des alten Schlosses von Araya angelangt lag ein Naturbild mit einem melancholischen, romantischen Anstrich vor uns, und doch wurde weder durch die Kühle des finsteren Forstes, noch durch die Großartigkeit der Pflanzengestalten die Schönheit der Trümmer gehoben. Sie liegen auf einem kahlen, dürren Berge, mit Agaven, Säulenkaktus und Mimosen bewachsen und gleichen nicht sowohl einem Werke von Menschenhand, als vielmehr Felsmassen, die in den ältesten Umwälzungen des Erdballes zertrümmert worden.

Wir wollten Halt machen, um das großartige Schauspiel zu genießen und den Untergang der Venus zu beobachten, deren Scheibe von Zeit zu Zeit zwischen dem Gemäuer des Schlosses erschien; aber der Mulatte, der uns als Führer diente, wollte verdursten und drang lebhaft in uns, umzukehren. Er hatte längst gemerkt, daß wir uns verirrt hatten, und da er hoffte, durch die Furcht auf uns zu wirken, sprach er beständig von Tigern und Klapperschlangen. Giftige Reptilien sind allerdings beim Schlosse Araya sehr häufig, und erst vor kurzem waren beim Eingang des Dorfes Maniquarez zwei Jaguars erlegt worden. Nach den aufbehaltenen Fellen waren sie nicht viel kleiner als die ostindischen Tiger. Vergeblich führten wir unserem Führer zu Gemüt, daß diese Tiere an einer Küste, wo die Ziegen ihnen reichliche Nahrung bieten, keinen Menschen anfallen; wir mußten nachgeben und hingehen, woher wir gekommen waren. Nachdem wir drei Viertelstunden über einen von der steigenden Flut bedeckten Strand gegangen, stieß der Neger zu uns, der unsern Mundvorrath getragen hatte; da er uns nicht kommen sah, war er unruhig geworden und uns entgegengegangen. Er führte uns durch ein Gebüsch von Fackeldisteln zu der Hütte einer indianischen Familie. Wir wurden mit der herzlichen Gastfreundschaft aufgenommen, die man in diesen Ländern bei Menschen aller Kasten findet. Von außen war die Hütte, in der wir unsere Hängematten befestigten, sehr sauber; wir fanden daselbst Fische, Bananen u. dgl. Und, was im heißen Landstrich über die ausgesuchtesten Speisen geht, vortreffliches Wasser.

Des anderen Tages bei Sonnenaufgang sahen wir, daß die Hütte, in der wir die Nacht zugebracht, zu einem Haufen kleienr Wohnungen am Ufer des Salzsees gehörte. Es sind dies die schwachen Ueberbleibsel eines ansehnlichen Dorfes, das sich einst um das Schloß gebildet. Die Trümmer einer Kirche waren halb im Sand begraben und mit Strauchwerk bewachsen. Nachdem im Jahre 1762 das Schloß von Araya, um die Unterhaltungskosten der Besatzung zu sparen, gänzlich zerstört worden war, zogen sich die in der Umgegend angesiedelten Indianer und Farbigen allmählich nach Maniquarez, Cariaco und in die indianische Vorstadt von Cumana. Nur wenige blieben aus Anhänglichkeit an den Heimathboden am wilden, öden Ort. Diese armen Leute leben vom Fischfang, der an den Küsten und auf dem Untiefen in der Nähe äußerst ergiebig ist. Sie schienen mit ihrem Loos zufrieden und fanden die Frage seltsam, warum sie keine Gärten hätten unsd keine nutzbaren Gewächse bauten. »Unsere Gärten,« sagten sie, »sind drüben über der Meerenge; wir bringen Fische nach Cumana und verschaffen uns dafür Bananen, Cocosnüsse und Manioc.« Diese Wirtschaft, die der Trägheit zusagt, ist in Maniquarez und auf der ganzen Halbinsel Araya Brauch. Der Hauptreichtum der Einwohner besteht in Ziegen, die sehr groß und schön sind. Sie laufen frei umher wie die Ziegen auf dem Pic von Tenerifa; sie sind völlig verwildert und man zeichnet sie wie die Maultiere, weil sie nach Aussehen, Farbe und Zeichnung nicht zu unterscheiden wären. Die wilden Ziegen sind hellbraun und nicht verschiedenfarbig wie die zahmen. Wenn ein Colonist auf der Jagd eine Ziege schießt, die nicht seine eigene ist, so bringt er sie sogleich dem Nachbar, dem sie gehört. Zwei Tage lang hörten wir als von einer selten vorkommenden Niederträchtigkeit davon sprechen, daß einem Einwohner von Maniquarez eine Ziege abhanden gekommen, und daß wahrscheinlich eine Familie in der Nachbarschaft sich güthlich damit gethan habe. Dergleichen Züge, die für große Sittenreinheit beim gemeinen Volk sprechen, kommen häufig auch in Neu-Mexiko, in Canada und in den Ländern westlich von den Aleghanys vor.

Unter den Farbigen, deren Hütten um den Salzsee stehen, befand sich ein Schuhmacher von castilianischem Blute. Er nahm uns mit dem Ernst und der Selbstgefälligkeit auf, die unter diese Himmelsstrichen fast allen Leuten eigen sind, die sich für besonders begabt halten. Er war eben daran, die Sehne seines Bogens zu spannen und Pfeile zu spitzen, um Vögel zu schießen. Sein Gewerbe als Schuster konnte in einem Lande, wo die meisten Leute barfuß gehen, nicht viel eintragen; er beschwerte sich auch, daß das europäische Pulver so teuer sey und ein Mann wie er zu denselben Waffen greifen müsse wie die Indianer. Der Mann war das gelehrte Orakel des Dorfs; er wußte, wie sich das Salz durch den Einfluß der Sonne und des Vollmonds bildet, er kannte die Vorzeichen der Erdbeben, die Merkmale, wo sich Gold und Silber im Boden finden, und die Arzneipflanzen, die er, wie alle Colonisten von Chili bis Californien, in heiße und kalte [reizende oder schwächende, sthenische oder asthenische nach Browns System] eintheilte. Er hatte die geschichtlichen Ueberlieferungen des Landes gesammelt, und gab uns interessante Notizen über die Perlen von Cubagua, welchen Luxusartikel er höchst wegwerfend behandelte. Um uns zu zeigen, wie bewandert er in der heiligen Schrift sey, führte er wohlgefällig den Spruch Hiobs an, daß Weisheit höher zu wägen ist denn Perlen. Seine Philosophie ging nicht über den engen Kreis der Lebensbedürfnisse hinaus. Ein derber Esel, der eine tüchtige Ladung Bananen an den Landungsplatz tragen könnte, war das höchste Ziel seiner Wünsche.

Nach einer langen Rede über die Eitelkeit menschlicher Herrlichkeit zog er aus einer Ledertasche sehr kleine und trübe Perlen und drang uns dieselben auf. Zugleich hieß er uns, es in unsere Schreibtafel aufzuzeichnen, daß ein armer Schuster von Araya, aber ein weißer Mann und von edlem castilischen Blute, uns etwas habe schenken können, das drüben über dem Meer für eine große Kostbarkeit gelte. Ich komme dem Versprechen, das ich dem braven Manne gab, etwas spät nach und freue mich, dabei bemerken zu können, daß seine Uneigennützigkeit ihm nicht gestattete, irgend eine Vergütung anzunehmen. An der Perlenküste sieht es allerdings so armselig aus, wie im »Gold- und Diamantenland,« in Choco und Brasilien; aber mit dem Elend paart sich hier nicht die zügellose Gewinnsucht, wie sie durch Schätze des Mineralreichs erzeugt wird.

Die Perlenmuschel ist auf den Untiefen, sie sich von Kap Paria zum Kap Vela erstrecken, sehr häufig. Die Insel Margarita, Cubagua, Coche, Punta Araya und die Mündung des Rio la Hacha waren im sechzehnten Jahrhundert berühmt, wie im Altertum der Persische Meerbusen und die Insel Taprobante. [*Strabo lib. XV. Plinius Lib. IX, c. 35, Lib. XII, c. 18. Solinus, Polyhistor c. 68*; besonders *Athenaeus, Deipnosoph. Lib. III, c. 45.*] Es ist nicht richtig, wie mehrere Geschichtsschreiber behaupten, daß die Eingeborenen Amerikas die Perlen als Luxusartikel nicht gekannt haben sollen. Die Spanier, die zuerst an Terra Firma landeten, sahen bei den Wilden Hals- und Armbänder, und bei den zivilisierten Völkern in Mexiko und Peru waren Perlen von schöner Form ungemein gesucht. Ich habe die Basaltbüste einer mexikanischen Priesterin bekanntgemacht, [Humboldt, *Atlas pittoresque* Tafel 1 und 2.] deren Kopfputz, der auch sonst mit der **Calantica** der Isisköpfe Aehnlichkeit hat, mit Perlen besetzt ist. Las Casas und Benzoni erzählen, und zwar nicht ohne Uebertreibung, wie grausam man mit den Indianern und Negwern umging, die man zur Perlenfischerei brauchte. In der ersten Zeit der Eroberung lieferte die Insel Coche allein 1500 Mark Perlen monatlich. Der **Quint**, den die königlichen Beamten vom Ertrag an Perlen erhoben, belief sich auf 15,000 Dukaten, nach dem damaligen Werth der Metalle und in Betracht des starken Schmuggels eine sehr bedeutende Summe. Bis zum Jahre 1530 scheint sich der Werth der nach Europa gesendeten Perlen im Jahresdurchschnitt auf mehr als 800,000 Piaster belaufen zu haben. Um zu ermessen, von welcher Bedeutung dieser Handelszweig in Sevilla, Toledo, Antwerpen und Genua seyn mochte, muß man bedenken, daß zur selben Zeit alle Bergwerke Amerikas nicht zwei Millionen Piaster lieferten und daß die Flotte Ovandos für unermeßlich reich galt, weil sie gegen 2600 Mark Silber führte.

Die Perlen waren desto gesuchter, da der asiatische Luxus auf zwei gerade entgegengesetzten Wegen nach Europa gedrungen war, von Konstantinopel her, wo die Paläologen reich mit Perlen gestickte Kleider trugen, und von Granada her, wo die maurischen Könige saßen, an deren Hof der ganze asiatische Prunk herrschte. Die ostindischen Perlen waren geschätzter als die westindischen; indessen kamen doch die letzteren in der ersten Zeit nach der Entdeckung von Amerika in Menge in den Handel. In Italien wie in Spanien wurde die Insel Cubagua das Ziel zahlreicher Handelsunternehmungen. Benzoni erzählt, was einem gewissen Ludwig Lampagnano begegnete, dem Karl der Fünfte das Privilegium ertheilt hatte, mit fünf »Caravelen« an die Küste von Cumana zu gehen und Perlen zu fischen. Die Ansiedler schickten ihn mit der kecken Antwort heim, der Kaiser gehe mit etwas, das nicht sein gehöre, allzu freigebig um; es stehe ihm nicht das Recht zu, über Austern zu verfügen, die auf dem Meeresboden leben.

Gegen das Ende des sechzehnten Jahrhunderts nahm die Perlenfischerei rasch ab, und nach Laets Angabe[47] hatte sie im Jahr 1633 längst aufgehört. Durch den Gewerbfleiß der Venediger, welche die echten Perlen täuschen nachmachten, und den starken Gebrauch der geschnittenen Diamanten [Das Schneiden der Diamanten wurde im Jahre 1456 von Ludwig de Berquen erfunden; in allgemeinen Gebrauch kam es aber erst im folgenden Jahrhundert.] wurden die Fischereien in Cubagua weniger einträglich. Zugleich wurden die Perlenmuscheln seltener, nicht wie man nach der Volkssage glaubt, weil die Tiere vom Geräusch der Ruder verscheucht wurden, sondern, weil man im Unverstand die Muscheln zu Tausenden abgerissen und so ihrer Fortpflanzung Einhalt getan hatte. Die Perlenmuschel ist noch von zarterer Constitution als die meisten andern kopflosen Weichthiere. Auf der Insel Ceylon, wo in der Bucht von Condeatchy die Perlenfischerei sechshundert Taucher beschäftigt und der jährliche Ertrag über eine halbe Million steigt, hat man das Thier vergeblich auf andere Küstenpunkte zu verpflanzen gesucht. Die Regierung gestattet die Fischerei nur einen Monat lang, während man in Cubagua die Muschelbank das ganze Jahr hindurch ausbeutete. Um sich eine Vorstellung davon zu machen, in welchem Maße die Taucher unter diesem Thiergeschlecht aufräumen, muß man bedenken, daß manches Fahrzeug in zwei, drei Wochen über 35,000 Muscheln aufnimmt. Das Thier lebt nur neun bis zehn Jahre und die Perlen fangen erst im vierten Jahre an zum Vorschein zu kommen. In 10,000 Muscheln ist oft nicht Eine werthvolle Perle. Nach der Sage öffneten die Fischer auf der Bank bei der Insel Margarita die Muscheln Stück für Stück; auf Ceylon schüttet man die Thiere aus und läßt sie faulen, und um die Perlen zu gewinnen, welche nicht an den Schalen hängen, wascht man die Haufen thierischen Gewebes aus, gerade wie man in den Minen den Sand auswascht, der Gold- oder Zinngeschiebe oder Diamanten enthält.

Gegenwärtig bringt das spanische Amerika nur noch die Perlen in den Handel, die aus dem Meerbusen von Panama und von der Mündung des Rio de la Hacha kommen. Auf den Untiefen um Cubagua, Coche und Margarita ist die Fischerei aufgegeben, wie an der californischen Küste.[48] Man glaubt in Cumana, die Perlenmuschel habe sich nach zweihundertjähriger Ruhe wieder bedeutend vermehrt [Im Jahr 1812 sind bei Margarita einige Versuche gemacht worden, die Perlenfischerei wieder aufzunehmen], und man fragt sich, warum die Perlen, die man jetzt in Muscheln findet, die an den Fischnetzen hängen bleiben [Die Einwohner von Araya verkaufen zuweilen solche kleine Perlen an die Kaufleute von Cumana. Der gewöhnliche Preis ist ein Piaster für das Dutzend.], so klein sind und so wenig Glanz haben, während man bei der Ankunft der Spanier sehr schöne bei den Indianern fand, die doch schwerlich darnach tauchten. Diese Frage ist desto schwerer zu beantworten da wir nicht wissen, ob etwa Erdbeben die Beschaffenheit des Seebodens verändert haben, oder ob Richtungsänderungen in untermeerischen Strömen auf die Temperatur des Wassers oder auf die Häufigkeit gewisser Weichthiere, von denen sich die Muscheln nähren, Einfluß geäußert haben.

Am 20. Morgens führte uns der Sohn unseres Wirths, ein sehr kräftiger Indianer, über den Barigon und Caney ins Dorf Maniquarez. Es waren vier Stunden Weges. Durch das Rückprallen der Sonnenstrahlen vom Sand stieg der Thermometer auf 31.3°. Die Säulenkaktus, die am Wege stehen, geben der Landschaft einen grünen Schein, ohne Kühle und Schatten zu bieten. Unser Führer setzte sich, ehe er eine Meile [5 km] gegangen war, jeden Augenblick nieder. Im Schatten eines schönen Tamarindenbaumes bei den Casas de la Vela wollte er sich gar niederlegen, um den Anbruch der Nacht abzuwarten. Ich hebe diesen Charakterzug hervor, da er einem überall entgegentritt, so oft man mit den Indianern reist, und zu den irrigsten Vorstellungen von der Körperverfassung der verschiedenen Menschenracen Anlaß gegeben hat. Der kupferfarbene Eingeborene, der besser als der reisende Europäer an die glühende Hitze des Himmelsstriches gewöhnt ist, beklagt sich nur deshalb mehr darüber, weil ihn kein Reiz antreibt. Geld ist keine Lockung für ihn, und hat er sich je einmal durch Gewinnsucht verführen lassen, so reut ihn sein Entschluß, sobald er auf dem Wege ist. Derselbe Indianer aber, der sich beklagt, wenn man ihm beim Botanisieren eine Pflanzenbüchse zu tragen gibt, treibt einen Kahn gegen die rascheste Strömung und rudert so vierzehn bis fünfzehn Stunden in einem fort, weil er sich zu den Seinen zurücksehnt. Will man die Muskelkraft der Völker richtig schätzen lernen, muß man sie ¿ unter Umständen beobachten, wo ihre Handlungen durch einen gleich kräftigen Willen bestimmt werden.

Wir besahen in der Nähe die Trümmer des Schlosses Santiago, das durch seine ausnehmend feste Bauart merkwürdig ist. Die Mauern aus behauenen Steinen sind fünf Fuß dick; man mußte sie mit Minen sprengen; man sieht noch Mauerstücke von sieben-, achthundert Quadratfuß, die kaum einen Riß zeigen. Unser Führer zeigte uns eine Cisterne (*el aljibe*), die dreißig Fuß tief ist und, obgleich ziemlich schadhaft, den Bewohnern der Halbinsel Araya Wasser liefert. Diese Cisterne wurde im Jahr 1681 vom Statthalter Don Juan Padilla Guardiola vollendet, demselben, der in Cumana das kleine Fort Santa Maria gebaut hat. Da der Behälter mit einem Gewölbe im Rundbogen geschlossen ist, so bleibt das Wasser darin frisch und sehr gut. Conserven, die den Kohlenwasserstoff zersetzen und zugleich Würmern und Insekten zum Aufenthalt dienen, bilden sich nicht darin. Jahrhunderte lang hatte man geglaubt, die Halbinsel Araya habe gar keine Quellen süßen Wassers, aber im Jahr 1797 haben die Einwohner von Maniquarez nach langem vergeblichem Suchen doch solches gefunden.

Als wir über die kahlen Hügel am Vorgebirge Cirial gingen, spürten wir einen starken Bergölgeruch. Der Wind kam vom Orte her, wo die Bergölquellen liegen, deren schon die ersten Beschreibungen dieser Länder erwähnen. — Das Töpfergeschirr von Maniquarez ist seit unvordenklicher Zeit berühmt, und dieser Industriezweig ist ganz in den Händen der Indianerweiber. Es wird noch gerade so fabriziert wie vor der Eroberung. Dieses Verfahren ist einerseits eine Probe vom Zustand der Künste in ihrer Kindheit und andererseits von der Starrheit der Sitten, die allen eingeborenen Völkern Amerikas als ein Charakterzug eigen ist. In dreihundert Jahren konnte die Töpferscheibe keinen Eingang auf einer Küste finden, die von Spanien nur dreißig bis vierzig Tagreisen zur See entfernt ist. Die Eingeborenen haben eine dunkle Vorstellung davon, daß es ein solches Werkzeug gibt, und sie würden sich desselben bedienen, wenn man ihnen das Muster in die Hand gäbe. Die Thongruben sind eine halbe Meile östlich von Maniquarez. Dieser Thon ist das Zersetzungsprodukt eines durch Eisenoxyd roth gefärbten Glimmerschiefers. Die Indianerinnen nehmen vorzugsweise solchen, der viel Glimmer enthält. Sie formen mit großem Geschick Gefäße von zwei bis drei Fuß Durchmesser mit sehr regelmäßiger Krümmung. Da sie den Brennofen nicht kennen, so schichten sie Strauchwerk von Desmanthus, Cassia und baumartiger Capparis um die Töpfe und brennen sie in freier . Luft. Weiter westwärts von der Thongrube liegt die Schlucht der **Mina** (Bergwerk). Nicht lange nach der Eroberung sollen venetianische Goldschürfer dort Gold aus dem Glimmerschiefer gewonnen haben. Dieses Metall scheint hier nicht auf Quarzgängen vorzukommen, sondern im Gestein eingesprengt zu seyn, wie zuweilen im Granit und Gneiß.

Wir trafen in Maniquarez Kreolen, die von einer Jagdpartie auf Cubagua kamen. Die Hirsche von der kleinen Art sind auf diesem unbewohnten Eilande so häufig, daß man täglich drei und vier schießen kann. Ich weiß nicht, wie die Thiere hinübergekommen sind; denn Laet und andere Chronisten des Landes, die von der Gründung von Neucadix berichten, sprechen nur von der Menge Kaninchen auf der Insel. Der **Venado** auf Cubagua gehört zu einer der vielen kleinen amerikanischen Hirscharten, die von den Zoologen lange unter dem allgemeinen Namen *Cervus Americanus* zusammengeworfen wurden. Er scheint mir nicht identisch mit der ***Biche des Savanes*** von Guadeloupe oder dem **Guazuti** in Paraguay, der auch in Rudeln lebt. Sein Fell ist auf dem Rücken rothbraun, am Bauche weiß; es ist gefleckt, wie beim Axis. In den Ebenen am Cari zeigte man uns als eine große Seltenheit in diesen heißen Ländern eine weiße Spielart. Es war eine Hirschkuh von der Größe des europäischen Rehs und von äußerst zierlicher

Gestalt. **Albinos** kommen in der Neuen Welt sogar unter den Tigern vor. Azara sah einen Jaguar, auf dessen ganz weißem Fell man nur hier und da gleichsam einen Schatten von den runden Flecken sah.

Für den merkwürdigsten, man kann sagen für den wunderbarsten aller Naturkörper auf der Küste von Araya gilt beim Volke der **Augenstein**, *Piedra de los ojos*. Dieses Gebilde aus Kalkerde ist in aller Munde; nach der Volksphysik ist es ein Stein und ein Thier zugleich. Man findet es im Sande, und da rührt es sich nicht; nimmt man es aber einzeln auf und legt es auf eine ebene Fläche, z. B. auf einen Zinn- oder Fayence-Teller, so bewegt es sich, sobald man es durch Citronsaft reizt. Steckt man es ins Auge, so dreht sich das angebliche Tier um sich selbst und schiebt jeden fremden Körper heraus, der zufällig ins Auge geraten ist. Auf der neuen Saline und im Dorfe Maniquarez brachte man uns solche Augensteine zu Hunderten, und die Eingeborenen machten uns den Versuch mit dem Citronsaft eifrig vor. Man wollte uns Sand in die Augen bringen, damit wir uns selbst von der Wirksamkeit des Mittels überzeugten. Wir sahen alsbald, daß diese Steine die dünnen, porösen Deckel kleiner einschaliger Muscheln sind. Sie haben 1–4 Linien Durchmesser; die eine Fläche ist eben, die andere gewölbt. Diese Kalkdeckel brausen mit Zitronensaft auf und rücken von der Stelle, indem sich die Kohlensäure entwickelt. In Folge ähnlicher Reaction bewegt sich zuweilen das Brod im Backofen auf wagerechter Fläche, was in Europa zum Volksglauben an bezauberte Oefen Anlaß gegeben hat. Die *pietras de los ojos* wirken, wenn man sie ins Auge schiebt, wie die kleinen Perlen und verschiedene runde Samen, deren sich die Wilden in Amerika bedienen, um den Thränenfluß zu steigern. Diese Erklärungen waren aber gar nicht nach dem Geschmack der Einwohner von Araya. Die Natur erscheint dem Menschen desto größer, je geheimnißvoller sie ist, und die Volksphysik weist alles von sich, was einfach ist.

Ostwärts von Maniquarez an der Südküste liegen nahe an einander drei Landzungen, genannt Punta de Soto, Punta de la Brea und Punta Guaratarito. In dieser Gegend besteht der Meeresboden offenbar aus Glimmerschiefer, und aus dieser Gebirgsart entspringt bei Punta de la Brea, aber achtzig Fuß vom Ufer, eine **Naphthaquelle**, deren Geruch sich weit in die Halbinsel hinein verbreitet. Man mußte bis zum halben Leibe ins Wasser gehen, um die interessante Erscheinung in der Nähe zu beobachten. Das Wasser ist mit *Zostera* bedeckt, und mitten in einer sehr großen Bank dieses Gewächses sieht man einen freien runden Fleck von drei Fuß Durchmesser, auf dem einzelne Massen von *Ulva lactuca* schwimmen. Hier kommen die Quellen zu Tag. Der Boden des Meerbusens ist mit Sand bedeckt, und das Bergöl, das durchsichtig und von gelber Farbe der eigentlichen Naphtha nahe kommt, sprudelt stoßweise unter Entwicklung von Luftblasen hervor. Stampft man den Boden mit den Füßen fest, so sieht man die kleinen Quellen wegrücken. Die Naphtha bedeckt das Meer über tausend Fuß [320 m] weit. Nimmt man an, daß das Fallen der Schichten sich gleich bleibt, so muß der Glimmerschiefer wenige Toisen unter dem Sande liegen.

Der Salzthon von Araya enthält festes, zerreibliches Bergöl. Dieses geologische Verhältniß zwischen salzsaurem Natron und Erdpech kommt in allen Steinsalzgruben und bei allen Salzquellen vor; aber als ein höchst merkwürdiger Fall erscheint das Vorkommen einer Naphtaquelle in einer Urgebirgsart. Alle bis jetzt bekannten gehören secundären Formationen an, und dieser Umstand schien für die Annahme zu sprechen, daß alles mineralische Harz Produkt der Zersetzung von Pflanzen und Thieren oder des Brandes der Steinkohlen sey. Auf der Halbinsel Araya aber fließt Naphtha aus dem Urgebirge selbst, und diese Erscheinung wird noch bedeutender, wenn man bedenkt, daß in diesem Urgebirge der Herd des unterirdischen Feuers ist, daß man am Rande brennender Krater zuweilen Naphthageruch bemerkt, und daß die meisten heißen Quellen Amerikas aus Gneis und Glimmerschiefer hervorbrechen.

Nachdem wir uns in der Umgegend von Maniquarez umgesehen, bestiegen wir ein Fischerboot, um nach Cumana zurückzukehren. Nichts zeigt so deutlich, wie ruhig die See in diesen Strichen ist, als die Kleinheit und der schlechte Zustand dieser Kähne, die ein sehr hohes Segel führen. Der Kahn, den wir ausgesucht hatten, weil er noch am wenigsten beschädigt war, zeigte sich so leck, daß der Sohn des Steuermannes fortwährend mit einer Tutuma, der Frucht der *Crescentia cujete*, das Wasser ausschöpfen mußte. Es kommt im Meerbusen von Cariaco, besonders nordwärts von der Halbinsel Araya, nicht selten vor, daß die mit Kokosnüssen beladenen Piroguen umschlagen, wenn sie zu nahe am Winde gerade gegen den Wellenschlag steuern. Vor solchen Unfällen fürchten sich aber nur Reisende, die nicht gut schwimmen können; denn wird die Pirogue von einem indianischen Fischer mit seinem Sohne geführt, so dreht der Vater den Kahn wieder um und macht sich daran, das Wasser hinauszuschaffen, während der Sohn schwimmend die Kokosnüsse zusammenholt. In weniger als einer Viertelstunde ist die Pirogue wieder unter Segel, ohne daß der Indianer in seinem unerschöpflichen Gleichmut eine Klage hätte hören lassen.

Die Einwohner von Araya, die wir auf der Rückkehr vom Orinoco noch einmal besuchten, haben nicht vergessen, daß ihre Halbinsel einer der Punkte ist, wo sich am frühesten Castilianer niedergelassen. Sie sprechen gerne von der Perlenfischerei, von den Ruinen des Schlosses Santiago, das, wie sie hoffen, einst wieder aufgebaut wird, überhaupt von dem, was sie den ehemaligen Glanz des Landes nennen. In China und Japan gilt alles, was man erst seit zweitausend Jahren kennt, für neue Erfindung; in den europäischen Niederlassungen erscheint ein Ereigniß, das dreihundert Jahre, bis zur Entdeckung von Amerika hinausreicht, als ungemein alt. Dieser

Mangel an alter Ueberlieferung, der den jungen Völkern in den Vereinigten Staaten wie in den spanischen und portugiesischen Besitzungen eigen ist, verdient alle Beachtung. Er hat nicht nur etwas Peinliches für den Reisenden, der sich dadurch um den höchsten Genuß der Einbildungskraft gebracht sieht, er äußert auch seinen Einfluß auf die mehr oder minder starken Bande, die den Colonisten an den Boden fesseln, auf dem er wohnt, an die Gestalt der Felsen, die seine Hütte umgeben, an die Bäume, in deren Schatten seine Wiege gestanden.

Bei den Alten, z. B. bei Phöniziern und Griechen, gingen Ueberlieferungen und geschichtliches Bewußtseyn des Volks vom Mutterland auf die Colonien über, erbten dort von Geschlecht zu Geschlecht fort und äußerten fortwährend den besten Einfluß auf Geist, Sitten und Politik der Ansiedler. Das Klima in jenen ersten Niederlassungen über dem Meere war vom Klima des Mutterlandes nicht sehr verschieden. Die Griechen in Kleinasien und aus Sicilien entfremdeten sich nicht den Einwohnern von Argos, Athen und Corinth, von denen abzustammen ihr Stolz war. Große Uebereinstimmuug in Sitte und Brauch that das ihrige dazu, eine Verbindung zu befestigen, die sich auf religiöse und politische Interessen gründete. Häufig opferten die Colonien die Erstlinge ihrer Ernten in den Tempeln der Mutterstädte, und wenn durch einen unheilvollen Zufall das heilige Feuer auf den Altären von Hestia erloschen war, so schickte man von hinten in Jonien nach Griechenland und ließ es aus den Prytaneen wieder holen. Ueberall, in Cyrenaica wie an den Ufern des Sees Mäotis, erhielten sich die alten Ueberlieserungen des Mutterlandes. Andere Erinnerungen, die gleich mächtig zur Einbildungskraft sprechen, hafteten an den Colonien selbst. Sie hatten ihre heiligen Haine, ihre Schutzgottheiten, ihren lokalen Mythenkreis; sie hatten, was den Dichtungen der frühesten Zeitalter Leben und Dauer verleiht, ihre Dichter, deren Ruhm selbst über das Mutterland Glanz verbreitete.

Dieser und noch mancher andern Vortheile entbehren die heutigen Ansiedlungen. Die meisten wurden in einem Landstrich gegründet, wo Klima, Naturprodukte, der Anblick des Himmels und der Landschaft ganz anders sind als in Europa. Wenn auch der Ansiedler Bergen, Flüssen, Thälern Namen beilegt, die an vaterländische Landschaften erinnern, diese Namen verlieren bald ihren Reiz und sagen den nachkommenden Geschlechtern nichts mehr. In fremdartiger Naturumgebung erwachsen aus neuen Bedürfnissen andere Sitten; die geschichtlichen Erinnerungen verblassen allmählich, und die sich erhalten, knüpfen sich fortan gleich Phantasiegebilden weder an einen bestimmten Ort, noch an eine bestimmte Zeit. Der Ruhm Don Pelagio's und des Cid Campeador ist bis in die Gebirge und Wälder Amerikas gedrungen; dem Volk kommen je zuweilen diese glorreichen Namen auf die Zunge, aber sie schweben seiner Seele vor wie Wesen aus einer idealen Welt, aus dem Dämmer der Fabelzeit.

Der neue Himmel, das ganz veränderte Klima, die physische Beschaffenheit des Landes wirken weit stärker auf die gesellschaftlichen Zustände in den Colonien ein, als die gänzliche Trennung vom Mutterland. Die Schifffahrt hat im neuerer Zeit solche Fortschritte gemacht, daß die Mündungen des Orinoco und Rio de la Plata näher bei Spanien zu liegen scheinen, als einst der Phasis und Tartessus von den griechischen und phönicischen Küsten. Man kann auch die Bemerkung machen, daß sich in gleich weit von Europa entfernten Ländern Sitten und Ueberlieferungen desselben im gemäßigten Erdstrich und auf dem Rücken der Gebirge unter dem Aequator mehr erhalten haben, als in den Tiefländern der heißen Zone. Die Aehnlichkeit der Naturumgebung trägt in gewissem Grad dazu bei, innigere Beziehungen zwischen den Colonisten und dem Mutterland aufrecht zu erhalten. Dieser Einfluß physischer Ursachen auf die Zustände jugendlicher gesellschaftlicher Vereine tritt besonders auffallend hervor, wenn es sich von Gliedern desselben Volksstannnes handelt, die sich noch nicht lange getrennt haben. Durchreist man die neue Welt, so meint man überall da, wo das Klima den Anbau des Getreides gestattet, mehr Ueberlieferungen, einem lebendigeren Andenken an das Mutterlaud zu begegnen. In dieser Beziehung kommen Pennsylvanien, Neu-Mexico und Chili mit den hochgelegenen Plateaus von Quito und Neuspanien überein, die mit Eichen und Fichten bewachsen sind.

Bei den Alten waren die Geschichte, die religiösen Vorstellungen und die physische Beschaffenheit des Landes durch unauslösliche Bande verknüpft. Um die Landschaften und die alten bürgerlichen Stürme des Mutterlandes zu vergessen, hätte der Ansiedler auch dem von seinen Voreltern überlieferten Götterglauben entsagen müssen. Bei den neueren Völkern hat die Religion, so zu sagen, keine Localfarbe mehr. Das Christenthum hat den Kreis der Vorstellungen erweitert, es hat alle Völker darauf hingewiesen, daß sie Glieder Einer Familie sind, aber eben damit hat es das Nationalgefühl geschwächt; es hat in beiden Welten die uralten Ueberlieferungen des Morgenlandes verbreitet, neben denen, die ihm eigenthümlich angehören. Völker von ganz verschiedener Herkunft und völlig abweichender Mundart haben damit gemeinschaftliche Erinnerungen erhalten, und wenn durch die Missionen in einem großen Theil des neuen Festlandes die Grundlagen der Cultur gelegt worden sind, so haben eben damit die christlichen kosmogonischen und religiösen Vorstellungen ein merkbares Uebergewicht über die rein nationalen Erinnerungen erhalten.

Noch mehr: die amerikanischen Colonien sind fast durchaus in Ländern angelegt, wo die dahingegangenen Geschlechter kaum eine Spur ihres Daseyns hinterlassen haben. Nordwärts vom Rio Gila, an den Usern des Missouri, auf den Ebenen, die sich im Osten der Anden ausbreiten, gehen die Ueberlieferungen nicht über ein Jahrhundert hinauf. In Peru, in Guatimala und in Mexico sind allerdings Trümmer von Gebäuden, historische Malereien und Bildwerke Zeugen der alten Kultur der Eingeborenen; aber in einer ganzen Provinz findet man kaum ein paar Familien, die einen klaren Begriff von der Geschichte der Incas und der mexikanischen Fürsten haben. Der Eingeborene hat seine Sprache, seine Tracht und seinen Volkscharakter behalten; aber mit dem Aufhören des Gebrauches der Quippus und der symbolischen Malereien, durch die Einführung des Christentums und andere Umstände, die ich anderswo auseinander gesetzt, sind die geschichtlichen und religiösen Ueberlieferungen allmählich untergegangen. Andererseits sieht der Ansiedler von europäischer Abkunft verächtlich auf alles herab, was sich auf die unterworfenen Völker bezieht. Er sieht sich in die Mitte gestellt zwischen die frühere Geschichte des Mutterlandes und die seines Geburtslandes, und die eine ist ihm so gleichgültig wie die andere; in einem Klima, wo bei dem geringen Unterschied der Jahreszeiten der Ablauf der Jahre fast unmerklich wird, überläßt er sich ganz dem Genusses der Gegenwart und wirft selten einen Blick in Vergangene Zeiten.

Aber auch welch ein Abstand zwischen der eintönigen Geschichte neuerer Niederlassungen und dem lebenvollen Bilde, das Gesetzgebung, Sitten und politische Stürme der alten Colonien darbieten! Ihre durch abweichende Regierungsformen verschieden gefärbte geistige Bildung machte nicht selten die Eifersucht der Mutterländer rege. Durch diesen glücklichen Wetteifer gelangten Kunst und Literatur in Jonien, Großgriechenland und Sicilien zur herrlichsten Entwicklung. Heutzutage dagegen haben die Colonien weder eine eigene Geschichte noch eine eigene Literatur. Die in der neuen Welt haben fast nie mächtige Nachbarn gehabt, und die gesellschaftlichen Zustände haben sich immer nur allgemach umgewandelt. Des politischen Lebens bar, haben diese Handels- und Ackerbaustaaten an den großen Welthändeln immer nur passiven Antheil genommen.

Die Geschichte der neuen Kolonien hat nur zwei merkwürdige Ereignisse aufzuweisen, ihre Gründung und ihre Trennung vom Mutterlande. Da Erstere ist reich an Erinnerungen, die sich wesentlich an die von den Colonisten bewohnten Länder knüpfen; aber statt Bilder des friedlichen Fortschrittes des Gewerbefleißes und der Entwickelung der Gesetzgebung in den Kolonien vorzuführen, erzählt diese Geschichte nur von verübtem Unrecht und von Gewaltthaten. Welchen Reiz können jene außerordentlichen Zeiten haben, wo die Spanier unter Carls V. Regierung mehr Mut als sittliche Kraft entwickelten, und die ritterliche Ehre wie der kriegerische Ruhm durch Fanatismus und Golddurst befleckt wurden? Die Colonisten sind von sanfter Gemüthsart, sie sind durch ihre Lage den Nationalvorurtheilen enthoben, und so wissen sie die Thaten bei der

Eroberung nach ihrem wahren Werthe zu schätzen. Die Männer, die sich damals ausgezeichnet, sind Europäer, sind Krieger des Mutterlandes. In den Augen des Colonisten sind sie Fremde, denn drei Jahrhunderte haben hingereicht, die Bande des Blutes aufzulösen. Unter den "Konquistadoren" waren sicher rechtschaffene und edle Männer, aber sie verschwinden in der Masse und konnten der allgemeinen Verdammnis nicht entgehen.

Ich glaube hiermit die hauptsächlichsten Ursachen angegeben zu haben, aus denen in den heutigen Kolonien die Nationalerinnerungen sich verlieren, ohne daß andere, auf das nunmehr bewohnte Land sich beziehende, würdig in ihre Stelle träten. Dieser Umstand, wir können es nicht genug wiederholen, äußert einen bedeutenden Einfluß auf die ganze Lage der Ansiedler. In der stürmevollen Zeit einer staatlichen Wiedergeburt sehen sie sich auf sich selbst gestellt, und es ergeht ihnen, wie einem Volke, das es verschmähte, seine Geschichtsbücher zu befragen und aus den Unfällen vergangner Jahrhunderte Lehren der Weisheit zu schöpfen.

44.

Die Mannschaft der Schaluppe wurde häufig von den Wellen durchnäßt; wir wissen aber, daß unter dieser Breite die Temperatur des Meerwassers nicht unter 23° seyn kann, und daß die durch Verdunstung entstehende Abkühlung in Nächten, wo die Lufttemperaur selten über 25° steigt, nur unbeträchtlich ist.

45.

"Welche Eiseskälte. Ich friere, als wäre ich auf dem Rücken der Berge!" [Das provincielle Wort *emparamarse* läßt sich nur durch lange Umschreibung wiedergeben. ***Paramo***, peruanisch ***Puna*** ist ein Name, den man auf allen Karten des spanischen Amerikas findet. Er bedeutet in den Colonien weder eine Wüste noch eine »***lande***«, sondern einen gebirgigen, mit verkrüppelten Bäumen bewachsenen, den Winden ausgesetzten Landstrich, wo es beständig naßkalt ist. In der heißen Zone liegen die Paramos gewöhnlich 1600–2000 Toisen hoch. Es fällt häufig Schnee, der nur ein paar Stunden liegen bleibt; denn man darf die Worte ***Paramo*** und ***Puna*** nicht, wie es den Geographen häufig begegnet, mit dem Wort ***Nevado*** peruanisch

Ritticapa verwechseln, was einen zur Linie des ewigen Schnees emporragenden Berg bedeutet. Diese Begriffe sind für die Geologie und die Pflanzengeographie sehr wichtig, weil man in Ländern, wo noch kein Berggipfel gemessen ist, eine richtige Vorstellung von der **geringsten Höhe** erhält, zu der sich die Cordilleren erheben, wenn man die Worte ***Paramo*** und ***Nevado*** aussucht. Da die Paramos fast beständig in kalten, dichten Nebel gehüllt sind, so sagt das Volk in Santa Fe und Mexico: ***cae un paramito***, wenn ein feiner Regen fällt und die Lufttemperatur bedeutend abnimmt. Aus ***Paramo*** hat man ***emparamarse*** gemacht, d. h. frieren, als wäre man auf dem Rücken der Anden.

46.

Mit Ausnahme der Binnenmeere und der Länder, wo sich Polargletscher bilden. Dieses Sichgleichbleiben des Salzgehaltes des Meeres erinnert an die noch weit größere Gleichförmigkeit der Vertheilnng des Sauerstoffs im Luftmeer. In beiden Elementen wird das Gleichgewicht in der Lösung oder im Gemenge durch Strömungen hergestellt und erhalten.

47.

»*Insularum Cubaguae et Coches quondam fuit dignitos, quum unionum captura floreret, nunc, illa deficiente, obscura admodum fama*« Laet. Nov. Orbis, p. 669. Dieser sorgfältige Compilater sagt, wo er von der Punta Araya spricht, weiter, das Land sey dergestalt in Vergessenheit gerathen, »*ut vix ulla alia Americae meridionalis pars hodie obscurior sit*«

48.

Es wundert mich, auf unsern Reisen nirgends gehört zu haben, daß in Südamerika Perlen in Süßwassermuscheln gefunden worden wären, und doch kommen manche Arten der Gattung *Unio* in den peruanischen Flüssen in großer Menge vor.

Sechstes Kapitel

Die Berge von Neuandalusien — Das Tal von Cumanacoa — Der Gipfel des Cocollar — Missionen der Chaymasindianer

Unserem ersten Ausflug auf die Halbinsel Araya folgte bald ein zweiter und lehrreicherer ins Innere des Gebirges zu den Missionen der Chaymasindianer. Gegenstände von mannigfaltiger Anziehungskraft sollten uns dort in Anspruch nehmen. Wir betraten jetzt ein mit Wäldern bedecktes Land; wir sollten ein Kloster besuchen, das im Schatten von Palmen und Baumfarnen in einem engen Thale liegt, wo man, mitten im heißen Erdstrich, köstliche Kühle genießt. In den benachbarten Bergen gibt es dort Höhlen, welchen von Tausenden von Nachtvögeln bewohnt sind, und was noch lebendiger zur Einbildungskraft spricht als alle Wunder der physischen Welt, jenseits dieser Berge lebt ein vor Kurzem noch nomadisches Volk, kaum aus dem Naturzustande getreten, wild, jedoch nicht barbarisch, geistesbeschränkt, nicht weil es lange versunken war, sondern weil es eben nichts weiß. Zu diesen so mächtig anziehenden Gegenständen kamen noch geschichtliche Erinnerungen. Am Vorgebirge Paria sah Kolumbus zuerst das Festland; hier laufen die Täler aus, die bald von den kriegerischen, menschenfressenden Caraiben, bald von den zivilisierten Handelsvölkern Europas verwüstet wurden. Zu Anfang des sechzehnten Jahrhunderts wurden die unglücklichen Einwohner auf den Küsten von Carupano, Macarapas und Caracas behandelt, wie zu unsrer Zeit die Einwohner der Küste von Guinea. Bereits wurden die Antillen angebaut und man führte dort die Gewächse der Alten Welt ein; aber in Terra Firma kam es lange zu keienr ordentlichen und planmäßigen Niederlassung. Die Spanier besuchten die Küste nur, um sich mit Gewalt oder im Tauschhandel Sklaven, Perlen, Goldkörner und Farbholz zu verschaffen. Durch den Schein gewaltigen Religionseifers meinte man diese unersättliche Habsucht in eine höhere Sphäre zu heben. So hat jedes Jahrhundert seine eigene geistige und sittliche Farbe.

Der Handel mit den kupferfarbigen Eingebornen führte zu denselben Unmenschlichkeiten wie der Negerhandel; er hatte auch dieselben Folgen, Sieger und Unterworfene verwilderten dadurch. Von Stunde an wurden die Kriege unter den Eingeborenen häufiger; die Gefangenen wurden aus dem innern Lande an die Küste geschleppt und an die Weißen verkauft, die sie auf ihren Schiffen fesselten. Und doch waren die Spanier damals und noch lange nachher eines der civilisirtesten Völker Europas. Ein Abglanz der Herrlichkeit, in der in Italien Kunst und Literatur blühten, hatte sich über alle Völker verbreitet, deren Sprache dieselbe Quelle hat wie die Sprache Dantes und Petrarcas. Man sollte glauben, in dieser mächtigen geistigen Entwicklung, bei solch erhabenem Schwung der Einbildungskraft hätten sich die Sitten sänftigen müssen. Aber jenseits der Meere, überall, wo der Golddurst zum Mißbrauch der Gewalt führt, haben die europäischen Völker in allen Abschnitten der Geschichte denselben Charakter entwickelt. Das herrliche Jahrhundert Leos X. trat in der neuen Welt mit einer Grausamkeit auf, wie man sie nur den finstersten Jahrhunderten zutrauen sollte. Man wundert sich aber nicht so sehr über das entsetzliche Bild der Eroberung von Amerika, wenn man daran denkt, was trotz der Segnungen einer menschlicheren Gesetzgebung noch jetzt auf den Westküsten von Afrika vorgeht.

Der Sklavenhandel hatte dank den von Karl V. zur Geltung gebrachten Gundsätzen auf Terra Firma längst aufgehört; aber die Conquistadoren setzten ihre Streifzüge ins Land fort, und damit den kleinen Krieg, der die amerikanische Bevölkerung herabbrachte, dem Nationalhaß immer frische Nahrung gab, auf lange Zeit die Keime der Cultur erstickte. Es war Pflicht der Religion, daß sie der Menschheit einigen Trost brachte für die Greuel, die in iherem Namen verübt worden; sie führte für die Eingeborenen das Wort vor dem Richterstuhl der Könige, sie widersetzte sich den Gewalttätigkeiten der Pfründeninhaber, sie vereinigte umherziehende Stämme zu den kleinen Gemeinden, die man **Missionen** nennt und die der Entwickelung des Ackerbaues Vorschub leisten. So haben sich allmählich, aber in gleichförmiger, planmäßiger Entwicklung jene großen mönchischen Niederlassungen gebildet, jenes merkwürdige Regiment, das immer darauf hinausgeht, sich abzuschließen, und Länder, die vier und fünfmal größer sind als Frankreich, den Mönchsorden unterwirft.

Einrichtungen, die trefflich dazu dienten, dem Blutvergießen Einhalt zu thun und den ersten Grund zur gesellschaftlichen Entwicklung zu legen, sind in der Folge dem Fortschritt derselben hindelich geworden. Die Abschließung hatte zur Folge, daß die Indianer so ziemlich blieben, was sie waren, als ihre zerstreuten Hütten noch nicht um das Haus des Missionars beisammen lagen. Ihre Zahl hat ansehnlich zugenommen, keineswegs aber ihr geistiger Gesichtskreis.

Sie haben mehr und mehr von der Charakterstärke und der natürlichen Lebendigkeit eingebüßt, die aus allen Stufen menschlicher Entwicklung die edlen Früchte der Unabhängigkeit sind. Man hat Alles bei ihnen, sogar die unbedeutendsten Verrichtungen des häuslichen Lebens, der unabänderlichen Regel unterworfen, und so hat man sie gehorsam gemacht, zugleich aber auch dumm. Ihr Lebensunterhalt ist meist gesicherter, ihre Sitten sind milder geworden; aber der Zwang und das trübselige Einerlei des Missionsregiments lastet auf ihnen und ihr düsteres, verschlossenes Wesen verräth, wie ungern sie die Freiheit der Ruhe zum Opfer gebracht haben. Die Mönchszucht innerhalb der Klostermauern entzieht zwar dem Staate nützliche Bürger, indessen mag sie immerhin hie und da Leidenschaften zur Ruhe bringen, große Schmerzen lindern, der geistigen Vertiefung förderlich seyn; aber in die Wildnisse der neuen Welt verpflanzt, auf alle Beziehungen des bürgerlichen Lebens angewendet, muß sie desto verderblicher wirken, je länger sie andauert. Sie hält von Geschlecht zu Geschlecht die geistige Entwicklung nieder, sie hemmt den Verkehr unter den Völkern, sie weist Alles ab, was die Seele erhebt und den Vorstellungskreis erweitert. Aus allen diesen Ursachen zusammen verharren die Indianer in den Missionen in einem Zustand von Uncultur, der Stillstand heißen müßte, wenn nicht auch die menschlichen Vereine denselben Gesetzen gehorchten, wie die Entwicklung des menschlichen Geistes überhaupt, wenn sie nicht Rückschritte machten, eben weil sie nicht fortschreiten.

Am 4. September um 5 Uhr morgens brachen wir zu unserem Ausflug zu den Chaymas-Indianern und in die hohe Gebirgsgruppe von Neu-Andalusien auf. Man hatte uns geraten, wegen der sehr beschwerlichen Wege unser Gepäck möglichst zu beschränken. Zwei Lasttiere reichten auch hin, unseren Mundvorrat, unsere Instrumente und das nötige Papier zum Pflanzentrocknen zu tragen. In derselben Kiste waren ein Sextant, ein Inclinationscompaß, ein Apparat zur Ermittlung der magnetischen Declination, Thermometer und ein Saussure'scher Hygrometer. Auf diese Jnstrumente beschränkten wir uns bei kleineren Ausflügen immer. Mit dem Barometer mußte noch vorsichtiger umgegangen werden, als mit dem Chronometer, und ich bemerke hier, daß kein Instrument dem Reisenden mehr Last und Sorge macht. Wir ließen ihn in den fünf Jahren von einem Führer tragen, der uns zu Fuß begleitete, aber selbst diese ziemlich kostspielige Vorsicht schützte ihn nicht immer vor Beschädigung. Nachdem wir die Zeiten von Ebbe und Fluth im Luftmeere genau beobachtet, das heißt die Stunden, zu denen der Barometer unter den Tropen täglich regelmäßig steigt und fällt, sahen wir ein, daß wir das Relief des Landes mittelst des Barometers würden aufnehmen können, ohne correspondirende Beobachtungen in Cumana zu Hülfe zu nehmen. Die größten Schwankungen im Luftdruck betragen in diesem Klima an der Küste nur 1–1,3 Linien, und hat man ein einziges mal, an welchem Ort und zu welcher Stunde es sey, die Quecksilberhöhe beobachtet, so lassen sich mit ziemlicher Wahrscheinlichkeit die Abweichungen von diesem Stand das ganze Jahr hindurch und zu allen Stunden des Tages und der Nacht angeben. Es ergibt sich daraus, daß im heißen Erdstrich durch den Mangel an correspondirenden Beobachtungen nicht leicht Fehler entstehen können, die mehr als 12–15 Toisen ausmachen, was wenig zu bedeuten hat, wenn es sich von geologischen Aufnahmen, oder vom Einfluß der Höhe auf das Klima und die Vertheilung der Gewächse handelt.

Der Morgen war köstlich kühl. Der Weg oder vielmehr der Fußpfad nach Cumanacoa führt am rechten Ufer des Manzanares hin über das Kapuzinerhospiz, das in einem kleinen Gehölze von Gayacbäumen und baumartigen Capparis liegt. Nachdem wir von Cumana aufgebrochen, hatten wir auf dem Hügel von San Francisco in der kurzen Morgendämmerung eine weite Aussicht über die See, über die mit goldgelb blühender Bava [*Zygophyllum arboreum, Jacq.*] bedeckte Ebene und die Berge des Brigantin. Es fiel uns auf, wie nahe uns die Cordillere gerückt schien, bevor die Scheibe der ausgehenden Sonne den Horizont erreicht hatte. Das Blau der Berggipfel ist dunkler, ihre Umrisse erscheinen schärfer, ihre Massen treten deutlicher hervor, so lange nicht die Durchsichtigkeit der Luft durch die Dünste beeinträchtigt wird, die Nachts in den Thälern lagern und im Maaße, als die Luft sich zu erwärmen beginnt, in die Höhe steigen.

Beim Hospiz Divina Pastora wendet sich der Weg nach Nordost und läuft zwei Meilen über einen baumlosen Landstrich, der früher Seeboden war. Man findet hier nicht nur Cactus, Büsche des cistusblätterigen Tribulus und die schöne purpurfarbige Euphorbie, die in Havana unter dem seltsamen Namen *Dictamno real* gezogen wird, sondern auch *Aviceunia*, *Allionia*, *Peruvium*, *Thalinum* und die meisten Portulaceen, die am Golf von Cariaco vorkommen. Diese geographische Vertheilung der Gewächse weist, wie es scheint, auf den Umriß der alten Küste hin und spricht dafür, daß, wie oben bemerkt worden, die Hügel, an deren Südabhang wir hinzogen, einst eine durch einen Meeresarm vom Festland getrennte Insel bildeten.

Nach zwei Stunden Weges gelangten wir an den Fuß der hohen Bergkette im Inneren, die vom Brigantin bis zum Cerro de San Lorenzo von Ost nach West streicht. Hier beginnen neue Gebirgsarten und damit ein anderer Habitus des Pflanzenwuchses. Alles erhält einen großartigeren, malerischeren Charakter. Der quellenreiche Boden ist nach allen Richtungen von Wasserfäden durchzogen. Bäume von riesiger Höhe, mit Schlinggewächsen bedeckt, steigen aus den Schluchten empor; ihre schwarze, von der Sonnengluth und vom Sauerstoff der Luft verbrannte Rinde sticht ab vom frischen Grün der Pothos und der Dracontien, deren lederartige glänzende Blätter nicht selten mehrere Fuß lang sind. Es ist nicht anders, als ob unter den Tropen die parasitischen Monocotyledonen die Stelle des Mooses und der Flechten unserer nördlichen Landstriche verträten. Je weiter wir kamen, desto mehr erinnerten uns die Gesteinmassen sowohl nach Gestalt als Gruppierung an Schweizer und Tiroler Landschaften. In diesen amerikanischen Alpen wachsen noch in bedeutenden Höhen Helikonien, Cosstus, Maranta und andere Pflanzen aus der Familie der Canna-Arten, die in der Nähe der Küste nur niedrige, feuchte Orte aufsuchen. So kommt es, daß die heiße Erdzone und das nördliche Europa die interessante Eigentümlichkeit gemein haben, daß in einer beständig mit Wasserdampf erfüllten Luft, wie auf einem vom schmelzenden Schnee durchfeuchteten Boden die Vegetation in den Gebirgen ganz den Charakter einer Sumpfvegetation zeigt.

Wir kamen in der Schlucht los Frailes und zwischen Cuesta de Caneyes und dem Rio Guriental an Hütten vorbei, die von Mestizen bewohnt sind. Jede Hütte liegt mitten in einem Gehege, das Bananenbäume, Melonenbäume, Zuckerrohr und Mais einfriedigt. Man müßte sich wundern, wie klein diese Flecke urbar gemachten Landes sind, wenn man nicht bedächte, daß ein mit Pisang angepflanzter Morgen Landes gegen zwanzigmal mehr Nahrungsstoff liefert, als die gleiche mit Getreide bestellte Fläche. In Europa bedecken unsere nahrhaften Grasarten, Weizen, Gerste, Roggen, weite Landstrecken; überall, wo die Völker sich von Cerealien nähren, stoßen die bebauten Grundstücke nothwendig an einander. Anders in der heißen Zone, wo der Mensch sich Gewächse aneignen konnte, die ihm weit reichere und frühere Ernten liefern. In diesen gesegneten Landstrichen entspricht die unermeßliche Fruchtbarkeit des Bodens der Gluthhitze und der Feuchtigkeit der Lust. Ein kleines Stück Boden, auf dem Bananenbäume, Manioc, Yams und Mais stehen, ernährt reichlich eine zahlreiche Bevölkerung. Daß die Hütten einsam im Walde zerstreut liegen, wird für den Reisenden ein Merkmal der Ueberfülle der Natur; oft reicht ein ganz kleiner Fleck urbaren Landes für den Bedarf mehrerer Familien hin.

Diese Betrachtungen über den Ackerbau in heißen Landstrichen erinnern von selbst daran, welch inniger Verband zwischen dem Umfang des urbar gemachten Landes und dem gesellschaftlichen Fortschritt besteht. So groß die Fülle der Lebensmittel ist, die dieser Reichthum des Bodens, die strotzende Kraft der organischen Natur hervorbringt, dennoch wird die Culturentwicklung der Völker dadurch niedergehalten. In einem milden, gleichförmigen Klima kennt der Mensch kein anderes dringendes Bedürfniß als das der Nahrung. Nur wenn dieses Bedürfniß sich geltend macht, fühlt er sich zur Arbeit getrieben, und man sieht leicht ein, warum sich im Schooße des Ueberflusses, im Schatten von Bananen- und Brodfruchtbäumen, die Geistesfähigkeiten nicht so rasch entwickeln als unter einem strengen Himmel, in der Region der Getreidearten, wo unser Geschlecht in ewigem Kampf mit den Elementen liegt. Wirft man einen Blick auf die von ackerbautreibenden Völkern bewohnten Länder, so sieht man, daß die bebauten Grundstücke durch Wald von einander getrennt bleiben oder unmittelbar an einander stoßen, und daß solches nicht nur von der Höhe der Bevölkerung, sondern auch von der Wahl der Nahrungsgewächse bedingt wird. In Europa schätzen wir die Zahl der Einwohner nach der Ausdehnung des urbaren Landes; unter den Tropen dagegen, im heißesten und feuchtesten Striche von Südamerika, scheinen sehr stark bevölkerte

Provinzen beinahe wüste zu liegen, weil der Mensch zu seinem Lebensunterhalt nur wenige Morgen bebaut.

Diese Umstände, die alle Aufmerksamkeit verdienen, geben sowohl der physischen Gestaltung des Landes als dem Charakter der Bewohner ein eigenes Gepräge; beide erhalten dadurch in ihrem ganzen Wesen etwas Wildes, Rohes, wie es zu einer Natur paßt, deren ursprüngliche Physiognomie durch die Kunst noch nicht verwischt ist. Ohne Nachbarn, fast ohne allen Verkehr mit Menschen, erscheint jede Ansiederfamilie wie ein vereinzelter Volksstamm. Diese Vereinzelung hemmt den Fortschritt der Kultur, die sich nur in dem Maaß entwickeln kann, als der Menschenverein zahlreicher wird und die Bande zwischen den einzelnen sich fester knüpfen und vervielfältigen; die Einsamkeit entwickelt aber auch und stärkt im Menschen das Gefühl der Unabhängigkeit und Freiheit; sie nährt jenen Stolz, der von jeher die Völker von castilianischem Blute ausgezeichnet hat.

Dieselben Ursachen, deren mächtiger Einfluß uns weiterhin noch oft beschäftigen wird, haben zur Folge, daß dem Boden, selbst in den am stärksten bevölkerten Ländern des tropischen Amerika, der Anstrich von Wildheit erhalten bleibt, der in gemäßigten Klimaten sich durch den Getreidebau verliert. Unter den Tropen nehmen die ackerbauenden Völker weniger Raum ein; die Herrschaft des Menschen reicht nicht so weit; er tritt nicht als unumschränkter Gebieter auf, der die Bodenoberfläche nach Gefallen modelt, sondern wie ein flüchtiger Gast, der in Ruhe des Segens der Natur genießt. In der Umgegend der volkreichsten Städte starrt der Boden noch immer von Wäldern oder ist mit einem dichten Pflanzenfilz überzogen, den niemals eine Pflugschar zerrissen hat. Die wildwachsenden Pflanzen beherrschen noch durch ihre Masse die angebauten Gewächse und bestimmen allein den Charakter der Landschaft. Allem Vermuthen nach wird dieser Zustand nur äußerst langsam einem andern Platz machen. Wenn in unsern gemäßigten Landstrichen es besonders der Getreidebau ist, der dem urbaren Lande einen so trübselig eintönigen Anstrich gibt, so erhält sich, aller Wahrscheinlichkeit nach, in der heißen Zone selbst bei zunehmender Bevölkerung die Großartigkeit der Pflanzengestalten, das Gepräge einer jungfräulichen, ungezähmten Natur, wodurch diese so unendlich anziehend und malerisch wird. So werden denn, in Folge einer merkwürdigen Verknüpfung physischer und moralischer Ursachen, durch Wahl und Ertrag der Nahrungsgewächse drei wichtige Momente vorzugsweise bestimmt: das gesellige Beisammenleben der Familien oder ihre Vereinzelung, der raschere oder langsamere Fortschritt der Cultur, und die Physiognomie der Landschaft.

Je tiefer wir in den Wald hineinkamen, desto mehr zeigte uns das Barometer, daß der Boden mehr anstieg. Die Baumstämme boten uns hier einen ganz eigenen Anblick; eine Grasart mit quirlförmigen Zweigen klettert, gleich einer Liane, acht, zehn Fuß [2,6 bis 3,25 m hoch] und bildet über dem Wege Gewinde, die sich im Luftzuge schaukeln. Gegen drei Uhr nachmittags hielten wir auf einer kleinen Hochebene an, **Quetepe** genannt, die etwa 190 Toisen [370 m] über dem Meere liegt. Es stehen hier einige Hütten an einer Quelle, deren Wasser bei den Eingeborenen als sehr kühl und gesund berühmt ist. Wir fanden das Wasser wirklich ausgezeichnet; es zeigte 22,5° der hundertteiligen Scale (18° R.), während das Thermometer an der Luft auf 28,7° stand. Die Quellen, die von benachbarten höheren Bergen herabkommen, geben häufig eine zu rasche Abnahme der Luftwärme an. Nimmt man als mittlere Temperatur des Wassers an der Küste von Cumana 26° an, so folgt daraus, wenn nicht andere lokale Ursachen auf die Temperatur der Quellen Einfluß äußern, daß die Quelle von Quetepe sich erst in mehr als 350 Toifen absoluter Höhe so bedeutend abkühlt. Da hier von Quellen die Rede ist, die in der heißen Zone in der Ebene oder in unbedeutender Höhe zu Tage kommen, so sey bemerkt, daß nur in Ländern, wo die mittlere Sommertemperatur von der durchschnittlichen des ganzen Jahres bedeutend abweicht, die Einwohner in der heißesten Jahreszeit sehr kaltes Quellwasser trinken können. Die Lappen bei Umeo und Sörsele, unter dem 65. Breitegrad, erfrischen sich an Quellen, deren Temperatur im August kaum 2 bis 3 Grad über dem Frierpunkt steht, während bei Tage die Luftwärme im Schatten auf 26 oder 27 Grad steigt. In unsern gemäßigten Landstrichen, in Frankreich und Deutschland, ist der Abstand zwischen der Luft und den Quellen niemals über 16–17 Grad, und unter den Tropen steigt er selten auf 6–7 Grad. Man gibt sich leicht Rechenschaft von diesen Erscheinungen, wenn man weiß, daß die Temperatur in der Tiefe des Bodens und die der unterirdischen Quellen fast ganz übereinkonnnt mit der mittleren Jahrestemperatur der Luft, und daß diese von der mittleren Sommerwärme desto mehr abweicht, je mehr man sich vom Aequator entfernt. — Die magnetische Inclination war in Quetepe 40°,7 der hundertheiligen Scale, der Cyanometer gab das Blau des Himmels im Zenith nur zu 84° an, ohne Zweifel weil die Regenzeit seit mehreren Tagen begonnen und die Luft bereits Wasserdunst aufgenommen hatte.

Auf einem Sandsteinhügel über der Quelle hatten wir eine prachtvolle Aussicht auf das Meer, das Vorgebirge Macanao und die Halbinsel Maniquarez. Ein ungeheurer Wald breitete sich zu unseren Füßen bis zum Ocean hinab; die Baumwipfel, mit Lianen behangen, mit langen Blüthenbüscheln gekrönt, bildeten einen ungeheuren grünen Teppich, dessen tiefdunkle Färbung das Licht in der Luft noch glänzender erscheinen ließ. Dieser Anblick ergriff uns um so mehr, da uns hier zum erstenmal die Vegetation der Tropen in ihrer Massenhaftigkeit entgegentrat. Auf dem Hügel von Quetepe, unter den Stämmen von *Malpighia corolloboefolia* mit stark lederartigen Blättern, in Gebüschen von *Polygala montana*, brachen wir die ersten Melastomen, namentlich die schöne Art, die unter dem Namen

Melastoma rufescens beschrieben worden. Dieser Aussichtspunkt wird uns lange in Gedächtnis bleiben; der Reisende behält die Orte lieb, wo er zuerst ein Pflanzengeschlecht angetroffen, das er bis dahin nie wild wachsend gesehen.

Weiter gegen Südwest wird der Boden dürr und sandig; wir erstiegen eine ziemlich hohe Berggruppe, welche die Küste von den großen Ebenen oder Savannen an den Ufern des Orinoko trennt. Der Teil dieser Berggruppe, durch den der Weg nach Cumanacoa läuft, ist pflanzenlos und fällt gegen Nord und Süd steil ab. Er führt den Namen **Imposible**, weil man meint, bei einer feindlichen Landung würden die Einwohner von Cumana auf diesem Gebirgskamm eine Zufluchtsstätte finden. Wir kamen kurz vor Sonnenuntergang auf dem Gipfel an, und ich konnte eben noch ein paar Stundenwinkel aufnehmen, um mittelst des Chronometers die Länge des Orts zu bestimmen.

Die Aussicht auf dem Imposible ist noch schöner und weiter als auf der Ebene Quetepe. Deutlich konnten wir mit bloßem Auge den abgestutzten Gipfel des Brigantin, dessen geographische Lage genau zu kennen so wichtig wäre, den Landungsplatz und die Rhede von Cumana sehen. Die Felsenküste von Araya lag nach ihrer ganzen Länge vor uns. Besonders fiel uns die merkwürdige Bildung eines Hafens auf, den man *Laguna grande* oder *Laguna de Obispo* nennt. Ein weites, von hohen Bergen umgebenes Becken steht durch einen schmalen Canal, durch den nur Ein Schiff fahren kann, mit dem Meerbusen von Cariaco in Verbindung. In diesem Hafen, den Fidalgo genau aufgenommen hat, könnten mehrere Geschwader neben einander ankern. Es ist ein völlig einsamer Ort, den nur einmal im Jahr die Fahrzeuge besuchen, welche Maulthiere nach den Antillen bringen. Hinten in der Bucht liegen einige Weiden. Unser Blick verfolgte die Windungen des Meeresarms, der sich wie ein Fluß durch senkrechte, kahle Felsen sein Bett gegraben hat. Dieser merkwürdige Anblick erinnert an die phantastische Landschaft, die Leonardo da Vinci aus dem Hintergrund seines berühmten Bildnisses der Joconda [Mona Lisa, Gattin des Francesco del Gioconde] angebracht hat.

Wir konnten mit dem Chronometer den Moment beobachten, in dem die Sonnenscheibe den Meereshorizont berührte. Die erste Berührung fand statt um 6 Uhr 8 Minuten 13 Secunden, die zweite um 6 Uhr 10 Min. 26 Sec. mittlere Zeit. Diese Beobachtung, die für die Theorie der irdischen Strahlenbrechung nicht ohne Belang ist, wurde auf dem Gipfel des Berges in 296 Toisen absoluter Höhe angestellt. Mit dem Untergang der Sonne trat eine sehr rasche Abkühlung der Luft ein. Drei Minuten nach der letzten scheinbaren Berührung der Scheibe mit dem Meereshorizont fiel das Thermometer plötzlich von 25,2° auf 21,3°. Wurde diese auffallende Abkühlung etwa durch einen aufsteigenden Strom bewirkt? Die Luft war indessen ruhig und kein wagrechter Luftzug zu bemerken.

Die Nacht brachten wir in einem Hause zu, wo ein Militärposten von acht Mann unter einem spanischen Unteroffizier liegt. Es ist ein Hospiz, das neben einem Pulvermagazin liegt und wo der Reisende alle Bequemlichkeit findet. Dasselbe Commando bleibt fünf bis sechs Monate lang auf dem Berg. Man nimmt dazu vorzugsweise Soldaten, die **Chacras** oder Pflanzungen in der Gegend haben. Als nach der Einnahme der Insel Trinidad durch die Engländer im Jahr 1797 der Stadt Cumana ein Angriff drohte, flüchteten sich viele Einwohner nach Cumanacoa und brachten ihre werthvollste Habe in Schuppen unter, die man in der Eile auf dem Gipfel des Imposible aufgeschlagen. Man war entschlossen, bei einem plötzlichen feindlichen Ueberfall nach kurzem Widerstand das Schloß San Antonio aufzugeben und die ganze Kriegsmacht der Provinz um den Berg zusammenzuziehen, der als der Schlüssel der Llanos anzusehen ist. Die kriegerischen Ereignisse, deren Schauplatz nach der seitdem eingetretenen politischen Umwälzung diese Gegend wurde, haben bewiesen, wie richtig jener erste Plan berechnet war.

Der Gipfel des Imposible ist, soweit meine Beobachtung reicht, mit einem quarzigen, versteinerungslosen Sandstein bedeckt. Die Schichten desselben streichen hier wie auf dem Rücken der benachbarten Berge ziemlich regelmäßig von Nord-Nord-Ost nach Süd-Süd-West. Diese Richtung ist auch im Urgebirge der Halbinsel Araya und längs der Küste von Venezuela die häufigste. Am nördlichen Abhang des Imposible, bei Peñas Negras, kommt aus dem Sandstein, der mit Schieferthon wechsellagert, eine starke Quelle zu Tag. Man sieht an diesem Punkt von Nordwest nach Südost streichende, zerbrochene, fast senkrecht ausgerichtete Schichten.

Die Llaneros, das heißt die Bewohner der Ebenen, schicken ihre Produkte, namentlich Mais, Leder und Vieh über den Imposible in den Hafen von Cumana. Wir sahen rasch hintereinander Indianer oder Mulatten mit Maulthieren ankommen. Der einsame Ort erinnerte mich lebhaft an die Nächte, die ich oben auf dem St. Gotthard zugebracht. Es brannte an mehreren Stellen in den weiten Waldungen um den Berg. Die röthlichen, halb in ungeheure Rauchwolken gehüllten Flammen gewährten das großartigste Schauspiel. Die Einwohner zünden die Wälder an, um die Weiden zu verbessern und das Unterholz zu vertilgen, unter dem das Gras erstickt, das hierzulande schon selten genug ist. Häufig entstehen auch ungeheure Waldbrände durch die Unvorsichtigkeit der Indianer, die auf ihren Zügen die Feuer, an denen sie gekocht haben, nicht auslöschen. Durch diese Zufälle sind auf dem Wege von Cumana nach Cumanacoa die alten Bäume seltener geworden; und die Einwohner machen die richtige Bemerkung, daß an verschiedenen Orten der Provinz die Trockenheit zugenommen habe, nicht allein weil der Boden durch die vielen Erdbeben von Jahr zu Jahr mehr zerklüftet wird, sondern auch weil er nicht mehr so stark bewaldet ist wie zur Zeit der Eroberung.

Ich stand Nachts auf, um die Breite des Orts nach dem Durchgang Fomahaults durch den Meridian zu bestimmen. Es war Mitternacht; ich starrte vor Kälte, wie unser Führer, und doch stand der Thermometer noch auf 19°,7 (15° R.). In Cumana sah ich ihn nie unter 21° fallen; aber das Haus auf dem Imposible, in dem wir die Nacht zubrachten, lag auch 258 Toisen über dem Meeresspiegel. Bei der Casa de la Polvora beobachtete ich die Inclination der Magnetnadel; sie war gleich 40°,5. Die Zahl der Schwingungen in zehn Minuten Zeit betrug 233; die Intensität der magnetischen Kraft hatte somit zwischen der Küste und dem Berg zugenommen, was vielleicht von eisenschüssigem Gestein herrührte, das die auf dem Alpenkalk gelagerten Sandsteinschichten enthalten mochten.

Am 5. September vor Sonnenaufgang brachen wir vom Imposible auf. Der Weg abwärts ist für Lasttiere sehr gefährlich; der Pfad ist meist nur 15 Zoll [40 cm] breit und läuft beiderseits an Abgründen hin. Im Jahr 1797 hatte man sehr zweckmäßig beschlossen, von St. Fernando bis an den Berg eine gute Straße anzulegen. Die Straße war sogar zu einem Drittheil bereits fertig; leider hatte man damit in der Ebene am Fuß des Imposible begonnen, und das schwierigste Stück des Wegs wurde gar nicht in Angriff genommen. Die Arbeit gerieth aus einer der Ursachen ins Stocken, aus denen aus allen Fortschrittsprojekten in den spanischen Colonien nichts wird. Verschiedene Civilbehörden nahmen das Recht in Anspruch, die Arbeit mit zu leiten. Das Volk bezahlte geduldig den Zoll für einen Weg, der gar nicht da war, bis der Statthalter von Cumana den Mißbrauch abstellte.

Wenn man vom Imposible herabkommt, sieht man den Alpenkalk unter dem Sandstein wieder zum Vorschein kommen. Da die Schichten meist nach Süd und Südost fallen, so kommen am Südabhang des Berges sehr viele Quellen zu Tag. In der Regenzeit werden diese Quellen zu reißenden Bergströmen, die im Schatten von Hura, Cuspa und Cecropia mit silberglänzenden Blättern niederstürzen.

Die **Cuspa**, die in der Umgegend von Cumana und Bordones ziemlich häufig vorkommt, ist ein den europäischen Botanikern noch unbekannter Baum. Er diente lange nur als Bauholz uns seit dem Jahre 1797 unter dem Namen Cascarilla oder Quinquina von Neuandalusien berühmt geworden. Sein Stamm wird kaum 15 bis 20 Fuß [5 bis 6,5 m] hoch; seine wechselständigen Blätter sind glatt, ganzrandig, eiförmig. Seine sehr dünne, blaßgelbe Rinde ist ein ausgezeichnetes Fiebermittel; dieselbe hat sogar mehr Bitterkeit als die Rinden der echten Cinchonen, aber diese Bitterkeit ist nicht so unangenehm. Die Cuspa wird mit sehr guten Erfolg als weingeistiger Extrakt und als wässeriger Aufguß sowohl bei Wechselfiebern als bei bösartigen Fiebern gegeben. Emparan, der Statthalter von Cumana, hat den Aerztn in Cadiz einen ansehnlichen Vorrat davon geschickt, und nach den kürzlichen Mittheilungen Don Pedro Francos, Pharmaceuten am Militärspital zu Cumana, hat man in Europa die Cuspa für fast ebenso wirksam erklärt, als die Quinquina von Santa Fe. Man behauptet, in Pulverform gereicht, habe sie vor letzterer den Vorzug, da sie bei Kranken mit geschwächtem Unterleib den Magen weniger angreife.

Als wir aus der Schlucht, die sich am Imposible hinabzieht, herauskamen, betraten wir einen dichten Wald, durch den eine Menge kleiner Flüsse laufen, die man leicht durchwatet. Wir machten die Bemerkung, daß die Cecropia, die durch die Stellung ihrer Aeste und den schlanken Stamm an den Palmenhabitus erinnert, je nachdem der Boden dürr oder sumpfig ist, mehr oder weniger silberfarbige Blätter treibt. Wir sahen Stämme, deren Laub auf beiden Seiten ganz grün war. Die Wurzeln dieser Bäume waren unter Büschen von Dorstenia versteckt, die nur feuchte, schattige Orte liebt. Mitten im Wald, an den Ufern des Rio Erdeño, findet man, wie am Südabhang des Cocollar, Melonenbäume und Orangenbäume mit großen süßen Früchten wild wachsend. Es sind wahrscheinlich Ueberbleibsel einiger Conucas oder indianischer Pflanzungen; denn auch der Orangenbaum kann in diesen Landstrichen nicht zu den ursprünglich hier heimischen Gewächsen gerechnet werden, so wenig wie der Pisang, der Melonenbaum, der Mais, der Manioc und so viele andere nutzbare Gewächse, deren eigentliche Heimat wir nicht kennen, obgleich sie den Menschen seit uralter Zeit auf seinen Wanderungen begleitet haben.

Wenn ein eben aus Europa angekommener Reisender zum erstenmal die Wälder Südamerikas betritt, so hat er ein ganz unerwartetes Naturbild vor sich. Alles was er sieht, erinnert nur entfernt an die Schilderungen, welche berühmte Schriftsteller an den Ufern des Mississippi, in Florida und in andern gemäßigten Ländern der neuen Welt entworfen haben. Bei jedem Schritt fühlt er, daß er sich nicht an den Grenzen der heißen Zone befindet, sondern mitten darin, nicht auf einer der antillischen Inseln, sondern auf einem gewaltigen Continent, wo Alles riesenhaft ist, Berge, Ströme und Pflanzenmassen. Hat er Sinn für landschaftliche Schönheit, so weiß er sich von seinen mannigfaltigen Empfindungen kaum Rechenschaft zu geben. Er weiß nicht zu sagen, was mehr sein Staunen erregt, die feierliche Stille der Einsamkeit oder die Schönheit der einzelnen Gestalten und ihrer Kontraste oder die Kraft und die Fülle des vegetabilischen Lebens. Es ist als hätte der mit Gewächsen überladene Boden gar nicht Raum genug zu ihrer Entwicklung. Ueberall verstecken sich die Baumstämme hinter einen grünen Teppich, und wollte man all die Orchideen, die Pfeffer- und Pothosarten, die auf einem einzigen Heuschreckenbaum oder amerikanischen Feigenbaum [*Ficus gigantea.*] wachsen, sorgsam verpflanzen, so würde ein ganzes Stück Land damit bedeckt. Durch diese wunderliche Aufeinanderfolge erweitern die Wälder, wie die Fels und Gebirgswände, den Bereich der organischen Natur. — Dieselben Lianen, die am Boden kriechen, klettern zu den Baumwipfeln empor und schwingen sich, mehr als hundert Fuß [30 m] hoch, vom einen zum anderen. So kommt es, daß, da die Schmarotzergewächse sich überall durcheinander wirren, der Botaniker Gefahr läuft, Blüten, Früchte und Laub, die verschiedenen Arten gehören, zu verwechseln.

Wir wanderten einige Stunden im Schatten dieser Wölbungen, durch die man kaum hin und wieder den blauen Himmel sieht. Er schien mir um so tiefer indigoblau, da das Grün der tropischen Gewächse meist einen sehr kräftigen, ins Bräunliche spiegelnde Ton hat. Zerstreute Felsmassen waren mit einem großen Baumfarn bewachsen, der sich vom *Polypodium arboreum* der Antillen wesentlich unterscheidet. Hier sahen wir zum erstenmal jene Nester in Gestalt von Flaschen oder kleinen Taschen, die an den Aesten der niedrigsten Bäume aufgehängt sind. Es sind Werke des bewunderungswürdigen Bautriebes der Drosseln, deren Gesang sich mit dem heiseren Geschrei der Papageien und Aras mischte. Die letzteren, die wegen der lebhaften Farben ihres Gefieders allgemein bekannt sind, flogen nur paarweise, während die eigentlichen Papageien in Schwärmen von mehreren hundert Stück umherfliegen. Man muß in diesen Ländern, besonders in den heißen Thälern der Anden gelebt haben, um es für möglich zu halten, daß zuweilen das Geschrei dieser Vögel das Brausen der Bergströme, die von Fels zu Fels stürzen, übertönt.

Eine starke Meile vor dem Dorfe San Fernando kamen wir aus dem Walde heraus. Ein schmaler Fußpfad führt auf mehreren Umwegen in ein offenes, aber ausnehmend feuchtes Land. Unter dem gemäßigten Himmelsstrich hätten unter solchen Umständen Gräser und Riedgräser einen weiten Wiesenteppich gebildet; hier wimmelte der Boden von Wasserpflanzen mit pfeilförmigen Blättern, besonders von Canna-Arten, unter denen wir die prachtvollen Blüthen der Costus, der Thalien und Heliconien erkannten. Diese saftigen Gewächse werden acht bis zehn Fuß hoch, und wo sie dicht beisammen stehen, könnten sie in Europa für kleine Wälder gelten. Das herrliche Bild eines Wiesgrundes und eines mit Blumen durchwirkten Rasens ist den niedern Landstrichen der heißen Zone fast ganz fremd und findet sich nur auf den Hochebenen der Anden wieder.

Bei San Fernando war die Verdunstung unter den Strahlen der Sonne so stark, daß wir, da wir sehr leicht gekleidet waren, durchnäßt wurden, wie in einem Dampfbade. Am Wege wuchs eine Art Bambusrohr, das die Indianer Jagua oder Guadua nennen und das über vierzig Fuß [13 m] hoch wird. Nichts kann zierlicher sein als diese baumartige Grasart. Form und Stellung der Blätter geben ihr ein Ansehen von Leichtigkeit, das mit dem hohen Wuchs angenehm kontrastiert. Der glatte, glänzende Stamm der Jagua ist meist den Bauchufern zugeneigt und schwankt beim leisesten Luftzuge hin und her. So hoch auch das Rohr [*Arundo donax*] im mittäglichen Europa wächst, so gibt es doch keinen Begriff vom Aussehen der baumartigen Gräser, und wollte ich nur meine eigene Erfahrung sprechen lassen, so möchte ich behaupten, daß von allen Pflanzengestalten unter den Tropen keine die Einbildungskraft des Reisenden mehr anregt als der Bambus und der Baumfarn.

Die ostindischen Bambus, die *calumets des hauts* [*Bambusa*, oder vielmehr *Nestus alpina*] der Insel Bourbon, der Guaduas Südamerikas, vielleicht sogar die riesenhaften Arundinarien an den Ufern des Mississippi, gehören derselben Pflanzengruppe an. In Amerika sind aber die Bambusanen nicht so häufig, als man gewöhnlich glaubt. In den Sümpfen sind auf den großen unter Wasser stehenden Ebenen am untern Orinoco, am Apure und Atabapo fehlen sie fast ganz, wogegen sie im Nordwesten, in Neugrenada und im Königreich Quito mehrere Meilen lange dichte Wälder bilden. Der westliche Abhang der Anden erscheint als ihre eigentliche Heimath, und was ziemlich auffallend ist, wir haben sie nicht nur in tiefen, kaum über dem Meer gelegenen Landstrichen, sondern auch in den hohen Thälern der Cordilleren bis in 860 Toisen Meereshöhe angetroffen.

Der Weg mit dem Bambusgebüsch zu beiden Seiten führte uns zum kleinen Dorfe San Fernando, das auf einer schmalen, von sehr steilen Kalksteinwänden umgebenen Ebene liegt. Es war die erste Mision, die wir in Amerika betraten.[49] Die Häuser oder vielmehr Hütten der Chaymasindianer sind weit auseinander gerückt und nicht von Gärten umgeben. Die breiten geraden Straßen schneiden sich unter rechten Winkeln; die sehr dünnen, unsoliden Wände bestehen aus Letten oder Lianenzweigen. Die gleichförmige Bauart, das ernste schweigsame Wesen der Einwohner, die ausnehmende Reinlichkeit in den Häusern, alles erinnert an die Gemeinden der mährischen Brüder. Jede indianische Familie baut draußen vor dem Dorfe außer ihren eigenen Garten den **Conuco de la comunidad**. In diesem arbeiten die Erwachsenen beider Geschlechter morgens und abends je eine Stunde. In den Missionen, die der Küste zu liegen, ist der Gemeindegarten meist eine Zucker- oder Indigoplantage, welcher der Missionar vorsteht, und deren Ertrag, wenn das Gesetz streng befolgt wird, nur zur Erhaltung der Kirche und zur Anschaffung von Paramenten verwendet werden darf. Auf dem großen Platze mitten im Dorfe stehen die Kirche, die Wohnung des Missionars und das bescheidene Gebäude, das pomphaft **Case des Rey**, »königliches Haus«, betitelt wird. Es ist eine förmliche Karawanserei, wo die Reisenden Obdach finden, und, wie wir oft erfahren, eine wahre Wohltat in einem Lande, wo das Wort Wirtshaus noch unbekannt ist. Die *Casas des Rey* findet man in allen spanischen Kolonien, und man könnte meinen, sie seyen eine Nachahmung der nach dem Gesetze Manco-Capacs errichteten **Tambos** in Peru.

Wir waren an die Ordensleute, die den Missionen der Chaymas-Indianer vorstehen, durch ihren Syndicus in Cumana empfohlen. Diese Empfehlung kam uns desto mehr zu statten, als die Missionäre, sey es aus Besorgniß für die Sittlichkeit ihrer Pfarrkinder, oder um die mönchische Zucht der zudringlichen Neugier Fremder zu entziehen, oft an einer alten Verordnung festhalten, nach welcher kein Weißer weltlichen Standes sich länger als eine Nacht in einem indianischen Dorfe aufhalten darf. Will man in den spanischen Missionen angenehm reisen, so darf man sich meist nicht allein auf den Paß des Madrider Staatssecretariats oder der Civilbehörden verlassen, man muß sich mit Empfehlungen geistlicher Behörden versehen; am wirksamsten sind die der Gardians der Klöster und der in Rom residirenden Ordensgenerale, vor denen die Missionare weit mehr Respekt haben als vor den Bischöfen. Die Missionen bilden, ich sage nicht nach ihren ursprünglichen canonischen Satzungen, aber thatsächlich eine so ziemlich unabhängige Hierarchie für sich, die in ihren Ansichten selten mit der Weltgeistlichkeit übereinstimmt.

Der Missionar von San Fernando war ein sehr bejahrter, aber noch sehr kräftiger und munterer Kapuziner aus Aragon. Seine bedeutende Körperrundung, sein guter Humor, sein Interesse für Gefechte und Belagerungen stimmten schlecht zu der Vorstellung, die man sich im Norden vom schwärmerischen Trübsinn und dem beschaulichen Leben der Missionare macht. So viel ihm auch eine Kuh zu tun gab, die des anderen Tages geschlachtet werden sollte, empfing uns doch der alte Ordensmann ganz freundlich und erlaubte uns, unsere Hängematten in einem Gange seines Hauses zu befestigen. Er saß den größten Teil des Tages über in einem großen Armstuhle von rotem Holz und beklagte sich bitter über die Trägheit und Unwissenheit seiner Landsleute. Er richtete tausenderlei Fragen an uns über den eigentlichen Zweck unserer Reise, die ihm sehr gewagt und zum wenigsten ganz unnütz schien. Hier wie am Orinoco wurde es uns sehr beschwerlich, daß sich die Spanier mitten in den Wäldern Amerikas für die Kriege und politischer Stürme der alten Welt immer noch so lebhaft interessiren.

Unser Missionär schien übrigens mit seiner Stellung vollkommen zufrieden. Er behandelte die Indianer gut, er sah die Mission gedeihen, er pries in begeisterten Worten das Wasser, die Bananen, die Milch des Landes. Als er unsere Instrumente, unsere Bücher und getrockneten Pflanzen sah, konnte er sich eines boshaften Lächelns nicht enthalten, und er gestand mit der in diesem Klima landesüblichen Naivität, von allen Genüssen dieses Lebens, den Schlaf nicht ausgenommen, sey doch gutes Kuhfleisch, **carne de vaca**, der köstlichste; die Sinnlichkeit quillt eben überall über, wo es an geistiger Beschäftigung fehlt. Oft bat uns unser Wirth, mit ihm die Kuh zu besuchen, die er eben gekauft hatte, und am andern Tage bei Tagesanbruch mußten wir sie nach Landessitte schlachten sehen; man machte ihr einen Schnitt durch die Häckse, ehe man ihr das breite Messer in die Halswirbel stieß. So widrig dieses Geschäft war, so lernten wir dabei doch die ausnehmende Fertigkeit der Chaymas kennen, deren acht in weniger als zwanzig Minuten das Thier in kleine Stücke zerlegten. Die Kuh hatte nur sieben Piaster gekostet, und dieß galt für sehr viel. Am selben Tag hatte der Missionar einem Soldaten aus Cumana, der ihm nach mehreren vergeblichen Versuchen endlich am Fuß die Ader geschlagen, achtzehn Piaster bezahlt. Dieser Fall, so unbedeutend er scheint, zeigt recht auffallend, wie hoch in uncultivirten Ländern die Arbeit dem Werth der Naturprodukte gegenüber im Preise steht.

Die Mission San Fernando wurde zu Ende des siebzehnten Jahrhunderts an der Stelle gegründet, wo die kleinen Flüsse Manzanares und Lucasperez sich vereinigen. Eine Feuersbrunst, welche die Kirche und die Hütten der Indianer in Asche legte, gab den Anlaß, daß die Kapuziner das Dorf an dem schönen Punkt, wo es jetzt liegt, wieder aufbauten. Die Zahl der Familien ist auf hundert gestiegen, und der Missionar machte gegen uns die Bemerkung, daß der Brauch, die jungen Leute im dreizehnten oder vierzehnten Jahre zu verheirathen, zu dieser raschen Zunahme der Bevölkerung viel beitrage. Er zog in Abrede, daß die Chaymas-Indianer so früh altern, als die Europäer gewöhnlich glauben. Das Regierungswesen in diesen indianischen Gemeinden ist übrigens sehr verwickelt; sie haben ihren Gobernador, ihre Alguazils Majors und ihre Milizoffiziere, und diese Beamten sind lauter kupferfarbene Eingeborene. Die Schützencompagnie hat ihre Fahnen und übt sich mit Bogen und Pfeilen im Zielschießen; es ist die Bürgerwehr des Landes. Solch kriegerische Anstalten und einem rein mönchischen Regiment kamen uns sehr seltsam vor.

In der Nacht vom fünften September und am andern Morgen lag ein dicker Nebel, und doch waren wir nur hundert Toisen über dem Meeresspiegel. Bevor wir aufbrachen, maß ich geometrisch den großen Kalkberg, der achthundert Toisen südlich von San Fernando liegt und nach Norden steil abfällt. Sein Gipfel ist nur 215 Toisen höher als der große Dorfplatz, aber kahle Felsmassen, die sich aus der dichten Pflanzendecke erheben, geben ihm etwas sehr Großartiges.

Der Weg von San Fernando nach Cumana führt über kleine Pflanzungen durch ein offenes feuchtes Tal. Wir wateten durch viele Bäche. Im Schatten stand das Thermometer nicht über 30°, wir waren ab er unmittelbar den Sonnenstrahlen ausgesetzt, weil die Bambus am Wege nur wenig Schutz gewähren, und wir hatten stark von der Hitze zu leiden. Wir kamen durch das Dorf Arenas, das von Indianers desselben Stammes wie die von San Fernando bewohnt ist; aber Arenas ist keine Mission mehr; die Eingeborenen stehen unter einem Pfarrer und sind nicht so nackt und kultivierter als jene. Ihre Kirche ist im Lande wegen einiger rohen Malereien bekannt; auf einem schmalen Fries sind Gürteltiere, Kaimane, Jaguare und andere Tiere der Neuen Welt abgebildet.

In diesem Dorfe wohnt ein Landmann Namens Francisco Lozano, der eine physiologische Merkwürdigkeit ist, und der Fall macht Eindruck auf die Einbildungskraft, wenn er auch den bekannten Gesetzen der organischen Natur vollkommen entspricht. Der Mann hat einen Sohn mit seiner eigenen Milch aufgezogen. Die Mutter war krank geworden, da nahm der Vater das Kind, um es zu beruhigen, zu sich ins Bett und drückte es an die Brust. Lozano, damals zweiundreißig Jahre alt, hatte es bis dahin nicht bemerkt, daß er Milch gab, aber infolge der Reizung der Brustwarze, an der das Kind saugte, schoß die Milch ein. Dieselbe war fett und sehr süß. Der Vater war nicht wenig erstaunt, als seine Brust schwoll, und säugte fortan das Kind fünf Monate lang zwei-, dreimal des Tages. Seine Nachbarn wurden aufmerksam auf ihn, er dachte aber nicht daran, die Neugierde auszubeuten, wie er wohl in Europa getan hätte. Wir sahen das Protokoll, das über den merkwürdigen Fall aufgenommen worden. Augenzeugen desselben leben noch, und sie versicherten uns, der Knabe habe während des Stillens nichts bekommen als die Milch des Vaters. Lozano war nicht zu Hause, als wir die Missionen bereisten, besuchte uns aber in Cumana. Er kam mit seinem Sohne, der schon 13 bis 14 Jahre als war. Bonpland untersuchte die Brust des Vaters genau und fand sie runzlig, wie bei Weibern, die gesäugt haben. Er bemerkte, daß besonders die linke Brust sehr ausgedehnt war, und Lozano erklärte dies aus dem Umstande, daß niemals beide Brüste gleich viel Milch gegeben. Der Statthalter Don Vicente Emparan hat eine ausführliche Beschreibung des Falles nach Cadiz geschickt.

Es kommt bei Menschen und Thieren nicht gar selten vor, daß die Brust männlicher Individuen Milch enthält, und das Klima scheint auf diese mehr oder weniger reichliche Absonderung keinen merkbaren Einfluß zu äußern. Die Alten erzählen von der Milch der Böcke aus Lemnos und Corsica; Noch in neuester Zeit war in Hannover ein Bock, der jahrelang einen Tag um den anderen gemolken wurde und mehr Milch gab als die Ziegen. Unter den Merkmalen der vermeintlichen Schwächlichkeit der Amerikaner führen die Reisenden auch auf, daß die Männer Milch in den Brüsten haben [Man hat sogar alles Ernstes behauptet, in einem Teile Brasiliens werden die Kinder von den Männern, nicht von den Weibern gesäugt.]. Es ist indessen höchst unwahrscheinlich, daß solches bei einem ganzen Volksstamm in irgend einem der heutigen Reisenden unbekannten Landstriche Amerikas beobachtet worden sein sollte, und ich kann versichern, daß der Fall gegenwärtig in der Neuen Welt nicht häufiger vorkommt als in der Alten. Der Landmann in Arenas, dessen Geschichte wir soeben erzählt, ist nicht vom kupferfarbenen Stamm der Chaymas, er ist ein Weißer von europäischem Blut. Ferner haben Petersburger Anatomen die Beobachtung gemacht, daß Milch in den Brüsten der Männer beim niederen russischen Volke weit häufiger vorkommt, als bei südlicheren Völkern, und die Russen haben nie für schwächlich und weibisch gegolten.

Es gibt unter den mancherlei Spielarten unseres Geschlechts eine, bei der der Busen zur Zeit der Mannbarkeit einen ansehnlichen Umfang erhält. Lozano gehörte nicht dazu, und er versicherte uns wiederholt, erst durch die Reizung der Brust in Folge des Saugens sey bei ihm die Milch gekommen. Dadurch wird bestätigt, was die Alten beobachtet haben: »Männer, die etwas Milch haben, geben ihrer in Menge, sobald man an den Brüsten saugt.« [*Aristoteles, Historia animalium. Lib. III. c. 20*] Diese sonderbare Wirkung eines Nervenreizes war den griechischen Schäfern bekannt; die auf dem Berge Oeta rieben den Ziegen, die noch nicht geworfen hatten, die Euter mit Nesseln, um die Milch herbeizulocken.

Ueberblickt man die Lebenserscheinungen in ihrer Gesammtheit, so zeigt sich, daß keine ganz für sich allein steht. In allen Jahrhunderten werden Beispiele erzählt von jungen, nicht mannbaren Mädchen oder von bejahrten Weibern mit eingeschrumpften Brüsten, welche Kinder säugten. Bei Männern kommt solches weit seltener vor, und nach vielem Suchen habe ich kaum zwei oder drei Fälle finden können. Einer wird vom veronesischen Anatomen Alexander Benedictus angeführt, der am Ende des fünfzehnten Jahrhunderts lebte. Er erzählt, ein Syrier habe nach dem Tode der Mutter sein Kind, um es zu beschwichtigen, an die Brust gedrückt. Sofort schoß die Milch so stark ein, daß der Vater sein Kind allein säugen konnte. Andere Beispiele werden von Santorellus, Feria und Robert, Bischof von Cork, berichtet. Da die meisten dieser Fälle ziemlich entlegenen Zeiten angehören, ist es von Interesse für die Physiologie, daß die Erscheinung zu unserer Zeit bestätigt werden konnte. Sie hängt übrigens genau mit dem Streit über die Endursachen zusammen. Daß auch der Mann Brüste hat, ist den Philosophen lange ein Stein des Anstoßes gewesen, und noch neuerdings hat man geradezu behauptet: »Die Natur habe die Fähigkeit zu säugen dem einen Geschlecht versagt, weil diese Fähigkeit gegen die Würde des Mannes wäre.«

In der Nähe der Stadt Cumanacoa wird der Boden ebener und das Thal nach und nach weiter. Die kleine Stadt liegt auf einer kahlen, fast kreisrunden, von hohen Bergen umgebenen Ebene und nimmt sich von außen sehr trübselig aus. Die Bevölkerung ist kaum 2300 Seelen stark; zur Zeit des Vaters Caulin im Jahr 1753 betrug sie nur 600. Die Häuser sind sehr niedrig, unsolid und, drei oder vier ausgenommen, sämmtlich aus Holz. Wir brachten indessen unsere Instrumente ziemlich gut beim Verwalter der Tabaksregie, Don Juan Sanchez, unter, einem liebenswürdigen, geistig sehr regsamen Mann. Er hatte uns eine geräumige, bequeme Wohnung einrichten lassen; wir blieben vier Tage hier und er ließ sich nicht abhalten, uns auf allen unsern Ausflügen zu begleiten.

Cumanacoa wurde im Jahre 1717 von Domingo Arias gegründet, als er von einem Kriegszuge zurückkam, den er an die Mündung des Guarapiche unternommen, um eine von französischen Freibeutern begonnene Niederlassung zu zerstören. Die Stadt hieß anfangs San Baltazar de las Arias, aber der indische Name verdrängte jenen, wie der Name Caracas den Namen Santiago de Leon, den man noch häufig auf unseren Karten sieht, in Vergessenheit gebracht hat.

Als wir den Barometer öffneten, sahen wir zu unserer Ueberraschung das Quecksilber kaum 7,3 Linien tiefer stehen als an der Küste, und doch schien das Instrument in ganz gutem Stand. Die Ebene, oder vielmehr das Plateau, auf dem Cumanacoa steht; liegt nicht mehr als 104 Toisen über dem Meeresspiegel, und dieß ist drei oder viermal weniger, als man in Cumana glaubt, weil man dort von der Kälte in Cumanacoa die übertriebensten Vorstellungen hat. Aber der klimatische Unterschied zwischen zwei so nahen Orten rührt vielleicht weniger von der hohen Lage des letzteren her als von örtlichen Verhältnissen, wozu wir rechnen, daß die Wälder sehr nahe, die niedergehenden Luftströme, wie in allen eingeschlossenen Thälern, häufig, die Regenniederschläge und die Nebel sehr stark sind, wodurch einen großen Theil des Jahres hindurch die unmittelbare Wirkung der Sonnenstrahlen geschwächt wird. Da die Wärmeabnahme unter den Tropen und Sommers in der gemäßigten Zone ungefähr gleich ist, so sollte der geringe Höhenunterschied von 100 Toisen nur einen Unterschied in der mittleren Temperatur von 1 bis 1½ Grad verursachen; wir werden aber bald sehen, daß derselbe über vier Grad beträgt. Dieses kühle Klima fällt um so mehr auf, da es noch in der Stadt Carthago, in Tomependa am Ufer des Amazonenstroms und in den Thälern von Aragua, westwärts von Caracas, sehr heiß ist, lauter Orte, die in 200–480 Toisen absoluter Meereshöhe liegen. In der Ebene wie im Gebirge laufen die Linien gleicher Wärme (Isothermen) nicht immer dem Aequator oder der Erdoberfläche parallel, und darin besteht eben die große Aufgabe der Meteorologie, den Lauf dieser Linien zu ermitteln und durch alle von örtlichen Ursachen bedingte Abweichungen hindurch die constanten Gesetze der Wärmevertheilung zu erfassen.

Der Hafen von Cumana liegt von Cumanacoa nur etwa sieben Seemeilen. Am ersteren Orte regnet es fast nie, während an letzterem die Regenzeit sechs bis sieben Monate dauert. Die trockene Jahreszeit währt in Cumanacoa von der Winter- bis zur Sommer- Tag- und Nachtgleiche. Strichregen sind im April, Mai und Juni ziemlich häufig; später wird es wieder sehr trocken, vom Sommersolstitium bis Ende August; nunmehr tritt die eigentliche Regenzeit ein, die bis zum November anhält und in der das Wasser in

Strömen vom Himmel gießt. Nach der Breite von Cumanacoa geht die Sonne das einemal am 16. April, das anderemal am 27. August durch das Zenith, und aus dem eben Angeführten geht hervor, daß diese beiden Durchgänge mit dem Eintreten der großen Regenniederschläge und der starken elektrischen Entladungen zusammenfallen.

Unser erster Aufenthalt in den Missionen fiel in die Regenzeit. Jede Nacht war der Himmel mit schweren Wolken wie mit einem dichten Schleier umzogen, und nur durch Ritzen im Gewölk konnte ich ein paar Sternbeobachtungen anstellen. Das Thermometer stand auf 18,5–20° (14°,8–16° R.), und dies ist in der heißen Zone und für das Gefühl des Reisenden, der von der Küste herkommt, bedeutend kühl. In Cumana sah ich die Temperatur bei Nacht niemals unter 21° sinken. Der Delucsche Hygrometer zeigte in Cumanacoa 85°, und, was auffallend ist, sobald das Gewölk sich zerstreute und die Sterne in ihrer ganzen Pracht leuchteten, ging das Instrument aus 55° zurück. Gegen Morgen nahm die Temperatur wegen der starken Verdunstung nur langsam zu und noch um zehn Uhr war sie nicht über 21°. Am heißesten ist es von Mittag bis drei Uhr, wo dann der Thermometer auf 26–27° steht. Zur Zeit der größten Hitze, etwa zwei Stunden nach dem Durchgang der Sonne durch den Meridian, zog fast regelmäßig ein Gewitter auf, das auch zum Ausbruch kam. Dicke, schwarze, sehr niedrig ziehende Wolken lösten sich in Regen auf; diese Güsse dauerten zwei bis drei Stunden, und während derselben fiel der Thermometer um 5–6 Grad. Gegen fünf Uhr hörte der Regen ganz auf, die Sonne kam aber bis zum Untergang nicht leicht zum Vorschein und der Hygrometer ging dem Trockenpunkte zu; aber um acht oder neun Uhr Abends waren wir schon wieder in eine dicke Wolkenschicht gehüllt. Dieser Witterungswechsel erfolgt, wie man uns versicherte, durchaus gesetzmäßig Monate lang einen Tag wie den andern, und doch läßt sich nicht der geringste Luftzug spüren. Nach vergleichenden Beobachtungen muß ich annehmen, daß es in Cumanacoa bei Nacht um 2–3, bei Tag um 4–5 Grad kühler ist als in Cumana. Diese Unterschiede sind sehr bedeutend, und wenn man statt meteorologischer Instrumente nur sein Gefühl befragte, so würde man sie für noch bedeutender halten.

Die Vegetation auf der Ebene um die Stadt ist sehr einförmig, aber infolge der großen Feuchtigkeit der Luft ungemein frisch. Ihre Haupteigentümlichkeiten sind ein baumartiges Solanum, das 13 m hoch wird, die *Urtica baccifera* und eine neue Art der Gattung *Guettarda*. Der Boden ist sehr fruchtbar und er wäre auch leicht zu bewässern, wenn man von den vielen Bächen, deren Quellen das ganze Jahr nicht versiegen, Kanäle zöge. Das wichtigste Erzeugnis ist der Tabak, und nur diesem verdankt es die kleine, schlecht gebaute Stadt, wenn sie einen gewissen Ruf hat. Seit der Einführung der Pacht (*Estanco real de Tabaco*) im Jahre 1779 ist der Tabaksbau in der Provinz Cumana fast ganz auf Cumanacoa beschränkt. Die ganze Tabaksernte muß an die Regierung verkauft werden, und um dem Schmuggel zu steuern, oder vielmehr nur ihn einzuschränken, ließ man geradezu nur an einem Punkte Tabak bauen. Aufseher streifen durch das Land; sie zerstören jede Anpflanzung, die sie außerhalb der zum Bau angewiesenen Distrikte finden, und geben die Unglücklichen an, die es wagen, selbstgemachte Cigarren zu rauchen. Diese Aufseher sind meist Spanier und fast eben so grob wie die Menschen, die in Europa dieses Handwerk treiben. Diese Grobheit hat nicht wenig dazu beigetragen, den Haß zwischen den Colonien und dem Mutterland zu schüren.

Nach dem Tabak auf der Insel Cuba und dem vom Rio Negro hat der Cumana am meisten Arom. Er übertrifft allen aus Neuspanien und der Provinz Varinas. Wir theilen Einiges über den Bau desselben mit, weil er sich wesentlich vom Tabaksbau in Virginien unterscheidet. Schon der Umstand, daß im Thale von Cumanacoa die Gewächse aus der Familie der Solaneen so ausnehmend stark entwickelt sind, besonders die vielen Arten von *Solanum arborescens*, von *Aquartia* und *Cestrum* weisen darauf hin, daß hier der Boden für den Tabaksbau sehr geeignet seyn muß. Die Aussaat wird im September vorgenommen; zuweilen wartet man damit bis zum Dezember, was aber für den Ausfall der Ernte nicht so gut ist. Die Wurzelblätter zeigen sich am achten Tage; man bedeckt die jungen Pflanzen mit großen Heliconien- und Bananenblättern, um sie der unmittelbaren Einwirkung der Sonne zu entziehen, und reutet das Unkraut, das unter den Tropen furchtbar schnell aufschießt, sorgfältig aus. Der Tabak wird sofort einen und einen halben Monat, nachdem der Samen aufgegangen, in einen fetten, gut gelockerten Boden versetzt. Die Pflanzen werden in geraden Reihen drei, vier Fuß voneinander gesteckt; man jätet sie fleißig und köpft den Hauptstengel mehrmals, bis bläulich grüne Flecken auf den Blättern als Wahrzeichen der **Reife** sich zeigen. Im vierten Monat fängt man an sie abzunehmen, und diese erste Ernte ist in wenigen Tagen vorüber. Besser wäre es, die Blätter nacheinander abzunehmen, so wie sie trocken werden. In guten Jahren schneiden die Pflanzer den Stock, wenn der vier Fuß hoch ist, ab, und der Wurzelschoß treibt so rasch neue Blätter, daß sie schon am 13. oder 14. Tage geerntet werden können. Diese haben sehr lockeres Zellgewebe; sie enthalten mehr Wasser, mehr Eiweiß und weniger von dem scharfen, flüchtigen, im Wasser schwer löslichen Stoff, an den die eigenthümlich reizende Wirkung des Tabaks gebunden scheint.

Der Tabak wird in Cumanacoa nach dem Verfahren behandelt, das bei den Spaniern *de cura seca* heißt. Man hängt die Blätter an Cocuizafasern [*Agave americana*] auf, löst die Rippen ab und dreht sie zu Strängen. Der zubereitete Tabak sollte im Juni in die königlichen Magazine geschafft werden, aber aus Faulheit und weil sie dem Bau des Mais und des Maniok mehr

Aufmerksamkeit schenken, machen die Leute den Tabak selten vor August fertig. Begreiflich verlieren die Blätter an Arom, wenn sie zu lange der feuchten Luft ausgesetzt bleiben. Der Verwalter läßt den Tabak sechzig Tage unberührt in den königlichen Magazinen liegen; dann schneidet man die Bündel auf, um die Qualität zu prüfen. Findet der Verwalter den Tabak gut zubereitet, so bezahlt er dem Pflanzer für die Aroba von fünfundzwanzig Pfund drei Piaster. Dasselbe Gewicht wird auf Rechnung der Krone für zwölf einen halben Piaster wieder verkauft. Der faule (*potrido*) Tabak, d. h. der noch einmal gegährt hat, wird öffentlich verbrannt, und der Pflanzer, der von der königlichen Pacht Vorschüsse erhalten hat, kommt unwiderruflich um die Früchte seiner langen Arbeit. Wir sahen auf dem großen Platz Haufen von fünfhundert Arobas vernichten, aus denen man in Europa sicher Schnupftabak gemacht hätte.

Der Boden von Cumanacoa eignet sich für diesen Culturzweig so ausgezeichnet, daß der Tabak überall, wo der Same Feuchtigkeit findet, wildwächst. So kommt er beim Cerro del Cuchivano und bei der Höhle von Caripe vor. In Cumanacoa, wie in den benachbarten Distrikten von Aricagua und San Lorenzo, wird übrigens nur die Tabaksart mit großen sitzenden Blättern, der sogenannte virginische Tabak [*Nicotiana tabacum*] gebaut. Ganz unbekannt ist der Tabak mit gestielten Blättern [*Nicotiana rustica*], der eigentliche **Yetl** der alten Mexicaner, den man in Deutschland sonderbarerweise türkischen Tabak nennt.

Wäre der Tabaksbau frei, so könnte die Provinz Cumana einen großen Theil von Europa damit versehen; ja, andere Distrikte scheinen sich für die Erzeugung dieser Colonialwaare ganz so gut zu eignen wie das Thal von Cumanacoa, wo der übermäßige Regen nicht selten dem Arom der Blätter Eintrag thut. Gegenwärtig, wo der Tabaksbau auf ein paar Quadratmeilen beschränkt ist, beträgt der ganze Ertrag der Ernte nur 6000 Arobas. Die beiden Provinzen Cumana und Barcelona verbrauchen aber 12,000, und der Ausfall wird aus dem spanischen Guyana gedeckt. In der Gegend von Cumanacoa geben sich im Durchschnitt nur 1500 Personen mit dem Tabaksbau ab, lauter Weiße; die Eingeborenen vom Stamme der Chaymas lassen sich durch Aussicht auf Gewinn selten dazu verlocken, auch hält es die Pacht nicht für gerathen, denselben Vorschüsse zu machen.

Beschäftigt man sich mit der Geschichte unserer Culturpflanzen, so sieht man mit Ueberraschung, daß vor der Eroberung der Gebrauch des Tabaks über den größten Theil von Amerika verbreitet war, während man die Kartoffel weder in Mexico, noch auf den Antillen kannte, wo sie doch in gebirgigen Lagen sehr gut fortkommt. Ferner wurde in Portugal schon im Jahr 1559 Tabak gebaut, während die Kartoffel erst am Ende des siebzehnten und zu Anfang des achtzehnten Jahrhunderts in den europäischen Ackerbau überging. Letzteres Gewächs, das für das Wohl der menschlichen Gesellschaft so bedeutsam geworden ist, hat sich auf beiden Continenten weit langsamer verbreitet, als ein Produkt, das nur für einen Luxusartikel gelten kann.

Das wichtigste Produkt nach dem Tabak ist im Thale von Cumanacoa der Indigo. Die Pflanzungen in Cumanacoa, San Fernando und Arenas liefern eine Waare, die im Handel noch geschätzter ist als der Indigo von Caracas; er kommt an Glanz und Fülle der Farbe oft dem Indigo von Guatimala nahe. Aus letzterer Provinz ist der Samen von *Indigofera Anil* die neben *Indigofera tinctoria* gebaut wird, zuerst auf die Küste von Cumana gekommen. Da im Thale von Cumanacoa sehr viel Regen fällt, so gibt eine vier Fuß hohe Pflanze nicht mehr Farbstoff als eine dreimal kleinere in den trockenen Thälern von Aragua, westlich von der Stadt Caracas.

Alle Indigofabriken, die wir gesehen, sind nach demselben Plane eingerichtet. Zwei Weichküpen, in denen das Kraut »faulen« soll, stehen neben einander. Jede mißt fünfzehn Quadratfuß und ist zwei einen halben Fuß tief. Aus diesen obern Kufen läuft die Flüssigkeit in die Stampfkasten, zwischen denen die Wassermühle angebracht ist. Der Baum des großen Rades läuft zwischen diesen Kasten durch, und an ihm sitzen an langen Stielen die Löffel zum Stampfen. Aus einer weiten Abseiheküpe kommt der farbhaltige Bodensatz in die Trockenkasten und wird daselbst auf Brettern aus Brasilholz ausgebreitet, die mittelst kleiner Rollen unter Dach gebracht werden können, wenn unerwartet Regen eintritt. Diese geneigten, sehr niedrigen Dächer geben den Trockenkasten von weitem das Ansehen von Treibhäusern. Im Thale von Cumanacoa verläuft die Gährung des Krauts, das man »faulen« läßt, ungemein rasch. Sie währt meist nicht länger als vier bis fünf Stunden. Dieß kann nur von der Feuchtigkeit des Klimas herrühren und daher, daß während der Entwicklung der Pflanze die Sonne nicht scheint. Ich glaube auf meinen Reisen die Bemerkung gemacht zu haben, daß je trockener das Klima ist, die Kufe um so langsamer arbeitet und die Stengel zugleich desto mehr Indigo aus der niedersten Oxydationsstufe enthalten. In der Provinz Caracas, wo 562 Cubikfuß locker aufgeschichteten Krautes 35 bis 40 Pfund trockenen Indigo geben, kommt die Flüssigkeit erst nach zwanzig, dreißig oder fünfunddreißig Stunden in die Stampfe. Wahrscheinlich erhielten die Einwohner von Cumanacoa mehr Farbestoff aus dem Kraut, wenn sie dasselbe länger in der ersten Kufe weichen ließen. Ich habe während meines Aufenthalts in Cumana den etwas schweren kupferfarbigen Indigo von Cumanacoa und den von Caracas zur Vergleichung in Schwefelsäure aufgelöst, und die Auflösung des ersteren schien mir weit satter blau.

Trotz der ausgezeichneten Beschaffenheit der Produkte und der Fruchtbarkeit des Bodens ist der Landbau in Cumanacoa noch völlig in der

Kindheit. Arenas, San Fernando und Cumanacoa bringen in den Handel nur 3000 Pfund Indigo, der im Lande 4500 Piaster werth ist. Es fehlt an Menschenhänden und die schwache Bevölkerung nimmt durch die Auswanderung in die Llanos täglich ab. Diese unermeßlichen Savanen nähren den Menschen reichlich, weil sich das Vieh dort so leicht vermehrt, während der Indigo- und Tabaksbau viel Sorge und Mühe macht. Der Ertrag des letzteren ist desto unsicherer, da die Regenzeit bald länger, bald kürzer dauert. Die Pflanzer sind von der königlichen Pacht, die ihnen Vorschüsse macht, völlig abhängig, und hier, wie in Georgien und Virginien, baut man lieber Nahrungsgewächse als Tabak. Man hatte neuerdings der Regierung den Vorschlag gemacht, auf königliche Kosten fünfhundert Neger anzuschaffen und sie den Pflanzern abzugeben, die im Stande wären, in zwei oder drei Jahren den Ankaufspreis abzutragen. Dadurch hoffte man die jährliche Tabaksernte auf 15,000 Arobas zu bringen. Zu meiner Freude habe ich viele Grundeigenthümer sich gegen dieses Projekt aussprechen hören. Es stand nicht zu hoffen, daß man, nach dem Vorgang mancher Provinzen der Vereinigten Staaten, nach einer gewissen Reihe von Jahren den Schwarzen oder ihren Nachkommen die Freiheit schenken würde; desto bedenklicher schien es, zumal nach den entsetzlichen Vorgängen auf St. Domingo, die Sklavenbevölkerung in Terra Firma zu vermehren. Weise Politik hat nicht selten dieselben Folgen, wie die edelsten und seltensten Regungen der Gerechtigkeit und Menschenliebe.

Die mit Höfen und Indigo- und Tabakspflanzungen bedeckte Ebene von Cumanacoa ist von Bergen umgeben, die besonders gegen Süd höher ansteigen und für den Physiker und den Geologen gleich interessant sind. Alles weist darauf hin, daß das Thal ein alter Seeboden ist; auch fallen die Berge, welche einst das Ufer desselben bildeten, dem See zu senkrecht ab. Der See hatte nur Arenas zu einen Abfluß. Beim Graben von Hausfundamenten stieß man bei Cumanacoa auf Schichten von Geschieben, mit kleinen zweischaligen Muscheln darunter. Nach der Angabe mehrerer glaubwürdiger Personen sind sogar vor mehr als dreißig Jahren hinten in der Schlucht San Juanillo zwei ungeheure Schenkelknochen gefunden worden, die vier Fuß lang waren und über dreißig Pfund wogen. Die Indianer hielten sie, wie noch heute das Volk in Europa, für Riesenknochen, während die Halbgelehrten im Lande, die das Privilegium haben, Alles zu erklären, alles Ernstes versicherten, es seyen Naturspiele und keiner großen Beachtung werth. Diese Leute beriefen sich bei ihrer Behauptung auf den Umstand, daß menschliche Gebeine im Boden von Cumanacoa sehr rasch vermodern. Zum Schmuck der Kirchen am Allerseelentag läßt man Schädel aus den Kirchhöfen an der Küste kommen, wo der Boden mit Salzen geschwängert ist. Die vermeintlichen Riesenknochen wurden nach Cumana gebracht. Ich habe mich dort vergeblich darnach umgesehen; aber nach den fossilen Knochen, die ich aus andern Strichen Südamerikas heimgebracht und die von Cuvier genau untersucht worden, gehörten die riesigen Schenkelknochen von Cumanacoa wahrscheinlich einer ausgestorbenen Elephantenart an. Es kann befremden, daß dieselben in so geringer Höhe über dem gegenwärtigen Wasserspiegel gefunden worden; denn es ist sehr merkwürdig, daß die fossilen Reste von Mastodonten und Elephanten, die ich aus den tropischen Ländern von Mexico, Neugrenada, Quito und Peru mitgebracht, nicht in tief gelegenen Strichen (wo in gemäßigten Zonen Megatherien am Rio Luxan[50] und in Virginien, große Mastodonten am Ohio und fossile Elephanten am Susquehanna vorkommen), sondern auf den in sechshundert bis vierzehnhundert Fuß Höhe gelegenen Hochebenen erhoben wurden.

Als wir dem südlichen Rand des Beckens von Cumanacoa zugingen, sahen wir den Turimiquiri vor uns liegen. Eine ungeheure Felswand, das Ueberbleibsel eines alten Küstenstrichs, steigt mitten im Walde empor. Weiter nach West, beim Cerro del Cuchivano, erscheint die Bergkette wie durch ein Erdbeben aus einander gerissen. Die Spalte ist über hundert fünfzig Toisen breit und von senkrechten Felsen umgeben. Tief beschattet von den Bäumen, deren verschlungene Zweige nicht Raum haben sich auszubreiten, nahm sich die Spalte aus wie eine durch einen Erdfall entstandene Grube. Ein Bach, der Rio Juagua, läuft durch die Spalte, die ungemein malerisch ist und Risco del Cuchivano heißt. Der kleine Fluß entspringt sieben Meilen weit gegen Südwest am Fuße des Brigantin und bildet schöne Fälle, ehe er in die Ebene von Cumanacoa ausläuft.

Wir besuchten öfters einen kleinen Hof, Conuco de Bermudez, dem Erdspalt von Cuchivano gegenüber. Man baut hier auf feuchtem Boden Bananen, Tabak und mehrere Arten von Baumwollenbäumen, besonders die, deren Wolle nanking-gelb ist und die auf der Insel Margarita so häufig vorkommt. Der Eigenthümer sagte uns, der Erdspalt sey von Jaguars bewohnt. Diese Thiere bringen den Tag in Höhlen zu und schleichen bei Nacht um die Wohnungen. Da sie reichliche Nahrung haben, werden sie bis sechs Fuß lang. Ein solcher Tiger hatte im verflossenen Jahr ein zum Hof gehöriges Pferd verzehrt. Er schleppte seine Beute bei hellem Mondschein über die Savane unter einen ungeheur dicken Ceibabaum. Vom Winseln des verendenden Pferdes erwachten die Sklaven im Hofe. Sie rückten mitten in der Nacht aus, bewaffnet mit Spießen und **Machetes**[51]. Der Tiger lag auf seiner Beute und ließ sie ruhig herankommen; er erlag erst nach langem hartnäckigem Widerstand. Dieser Fall und viele andere, von denen wir an Ort und Stelle Kunde erhielten, zeigt, daß der große Jaguar [*Felis Onca, Linné*, die Buffon *panthère oillée* nennt und in Afrika zu Hause glaubt. Wir werden später Gelegenheit haben, auf diesen für die Zoologie und Thiergeographie wichtigen Punkt zurückzukommen.] von Terra Firma, wie der Jaguarete in

Paraguay und der eigentliche asiatische Tiger, vor dem Menschen nicht fliehen, wenn ihm dieser zu Leibe geht und die Zahl der Angreifenden ihn nicht scheu macht. Die Zoologen wissen jetzt, daß Buffon die größte amerikanische Katzenart ganz falsch beurtheilt hat. Was der berühmte Schriftsteller von der Feigheit der Tiger der neuen Welt sagt, gilt nur von den kleinen Ocelots, oder Pantherkatzen, und wir werden bald sehen, daß am Orinoco der ächte amerikanische Jaguar sich zuweilen ins Wasser stürzt, um die Indianer in ihren Piroguen anzugreifen.

Dem Hofe Bermudez gegenüber liegen die Oeffnungen zweier geräumigen Höhlen im Erdspalt des Cuchivano; von Zeit zu Zeit schlagen Flammen daraus empor, die man bei Nacht sehr weit sieht. Die benachbarten Berge sind dann davon beleuchtet, und nach der Höhe der Felsen, über welche diese brennenden Dünste hinanfreichen, wäre man versucht zu glauben, daß sie mehrere hundert Fuß hoch werden. Beim letzten großen Erdbeben in Cumana war diese Erscheinung von einem unterirdischen dumpfen, anhaltenden Getöse begleitet. Sie kommt vorzüglich in der Regenzeit vor, und die Besitzer der dem Berge Cuchivano gegenüber liegenden Pflanzungen versichern, die Flammen zeigen sich seit dem December 1797 häufiger.

Auf einer botanischen Excursion nach Rinconada versuchten wir vergeblich in die Spalte einzudringen. Wir hätten die Felsen, die in ihrem Schoße die Ursachen dieses merkwürdigen Feuers zu bergen schienen, gerne näher untersucht; aber die üppige Vegetation, die in einander geschlungenen Lianen und Dornsträucher ließen uns nicht vorwärts kommen. Zum Glück nahmen die Bewohner des Thals lebhaften Antheil an unsern Forschungen, nicht sowohl weil sie sich vor einem vulkanischen Ausbruch fürchteten, als weil sie sich in den Kopf gesetzt hatten, der Risco del Cuchivano enthalte eine Goldgrube. Es half nichts, daß wir ihnen auseinandersetzten, warum wir an Gold im Muschelkalk nicht glauben könnten; sie wollten einmal wissen, »was der deutsche Bergmann vom Reichthum des Erzgangs halte.« Seit Karls des Fünften Zeit und seit die Welser, die Alsinger und Sailer in Coro und Caracas als Statthalter gesessen, hat sich in Terra Firma im Volk der Glaube an das besondere bergmännische Geschick der Deutschen erhalten. Wohin ich in Südamerika kam, überall, sobald man erfuhr, wo ich hersey, zeigte man mir Muster von Erzen. In den Colonien ist jeder Franzose ein Arzt, jeder Deutsche ein Bergmann.

Die Pflanzer bahnten mit ihren Sklaven einen Weg durch den Wald bis zum ersten Fall des Rio Juagua, und am 10. September machten wir unsern Ausflug nach dem Risco del Cuchivano. Kaum hatten wir die Schlucht betreten, so merkten wir, daß Tiger in der Nähe waren, sowohl an einem frisch zerrissenen Stachelschwein, als am Gestank ihres Kothes, der dem der europäischen Katze gleicht. Zur Vorsicht gingen die Indianer nach dem Hof zurück und brachten Hunde von sehr kleiner Race mit. Man behauptet, wenn man dem Jaguar auf schmalem Pfad begegne, springe er zuerst auf den Hund los, nicht auf den Menschen. Wir stiegen nicht am Ufer des Baches, sondern an der Felswand über dem Wasser hinauf. Man geht an einem zwei-, dreihundert Fuß tiefen Abgrund hin auf einem ganz schmalen Vorsprung, wie auf dem Wege von Grindelwald am Mettenberg hin zum großen Gletscher. Wird der Vorsprung so schmal, daß man nicht mehr weiß, wohin man den Fuß setzen soll, so steigt man zum Bach hinunter, watet durch oder läßt sich von einem Sklaven hinüber tragen, und klimmt an der andern Bergwand weiter. Das Niederklettern ist ziemlich mühselig, und man darf sich nicht auf die Lianen verlassen, die wie große Stricke von den Baumgipfeln niederhängen. Die Ranken- und Schmarotzergewächse hängen nur locker an den Aesten, die sie umschlingen; ihre Stengel haben zusammen ein ganz ansehnliches Gewicht, und wenn man auf abschüssigem Boden sich mit dem Körper an Lianen hängt, läuft man Gefahr eine ganze grüne Laube niederzureißen. Je weiter wir kamen, desto dichter wurde die Vegetation. An mehreren Stellen hatten die Baumwurzeln, die in die Spalten zwischen den Schichten hineingewachsen waren, das Kalkgestein zersprengt. Wir konnten kaum die Pflanzen fortbringen, die wir bei jedem Schritte aufnahmen. Die Cannas, die Heliconien mit schönen purpurnen Blüthen, die Costus und andere Gewächse aus der Familie der Amomeen werden hier acht bis zehn Fuß hoch. Ihr helles frisches Grün, ihr Seidenglanz und ihr strotzendes Fleisch stechen grell ab vom bräunlichen Ton der Baumfarn mit dem zartgefiederten Laub. Die Indianer hieben mit ihren großen Messern Kerben in die Baumstämme und machten uns auf die Schönheit der rothen und goldgelben Hölzer aufmerksam, die einst bei unsern Möbelschreinern und Drehern sehr gesucht seyn werden. Sie zeigten uns ein Gewächs mit zusammengesetzter Blüthe, das zwanzig Fuß hoch ist (*Eupatorium laevigatum, Lamarck*), die sogenannte **Rose von Belveria** (*Brownea racemosa*), berühmt wegen ihrer herrlichen purpurrothen Blüthen, und das einheimische **Drachenblut**, eine noch nicht beschriebene Art Croton, deren rother adstringirender Saft zur Stärkung des Zahnfleisches gebraucht wird. Sie unterschieden die Arten durch den Geruch, besonders aber durch Kauen der Holzfasern. Zwei Eingeborene, denen man dasselbe Holz zu kauen gibt, sprechen, meist ohne sich zu besinnen, denselben Namen aus. Wir konnten übrigens von den scharfen Sinnen unserer Führer nicht viel Nutzen ziehen; denn wie soll man zu Blättern, Blüthen oder Früchten gelangen, die auf Stämmen wachsen, deren ersten Aeste fünfzig, sechzig Fuß über dem Boden sind? Mit Ueberraschung sieht man in dieser Schlucht die Baumrinde, sogar den Boden mit Moosen und Flechten überzogen. Diese Cryptogamen sind hier so häufig wie im Norden. Die feuchte Luft und der Mangel an direktem Sonnenlicht begünstigen ihre Entwicklung, und doch beträgt die Temperatur bei Tag 25, bei Nacht 19 Grad.

Die angebliche Goldgrube von Cuchivano, die wir untersuchen sollten, ist nichts als ein Loch, das man in eine der schwarzen, an Schwefelkies reichen Mergelschichten im Kalk zu graben angefangen. Das Loch liegt auf der rechten Seite des Rio Inagua an einem Punkt, wohin man vorsichtig klettern muß, weil der Bach hier über acht Fuß tief ist. Der Schwefelkies ist hell goldgelb und man sieht ihm nicht an, daß er Kupfer enthält. Die Mergelschicht, in der er vorkommt, streicht über den Bach hinüber. Das Wasser spült die metallisch glänzenden Körner aus, und deßhalb glaubt das Volk, der Bach führe Gold. Man erzählt, nach dem großen Erdbeben im Jahr 1766 habe das Wasser des Inagua so viel Gold geführt, daß Männer, »die weit her gekommen, und von denen man nicht gewußt, wo sie zu Hause seyen,« Goldwäschen angelegt hätten; sie seyen aber bei Nacht und Nebel verschwunden, nachdem sie eine Menge Gold gesammelt. Es braucht keines Beweises, daß dieß ein Mährchen ist; die Kiese in den Quarzgängen des Glimmerschiefers sind allerdings sehr oft goldhaltig; aber nichts berechtigt bis jetzt zur Annahme, daß der Schwefelkies im Mergelschiefer des Alpenkalks gleichfalls Gold enthalte. Einige direkte Versuche auf nassem Weg, die ich während meines Aufenthalts in Caracas angestellt, thun dar, daß der Schwefelkies von Cuchivano durchaus nicht goldhaltig ist. Unsern Führern behagte mein Unglaube sehr schlecht; ich hatte gut sagen, aus dieser angeblichen Goldgrube könnte man höchstens Alaun und Eisenvitriol gewinnen; sie lasen nichtsdestoweniger heimlich jedes Stückchen Schwefelkies auf, das sie im Wasser glänzen sahen. Je ärmer ein Land an Erzgruben ist, desto leichter wird es in der Einbildung der Einwohner, die Schätze aus dem Schoße der Erde zu holen. Wie viele Zeit haben wir auf unserer fünfjährigen Reise verloren, um auf das dringende Verlangen unserer Wirthe Schluchten zu untersuchen, in denen schwefelkieshaltige Schichten seit Jahrhunderten den stolzen Namen *Minas de Oro* führen! Wie oft sahen wir lächelnd zu, wenn Leute aller Stände, Beamte, Dorfgeistliche, ernste Missionäre mit unermüdlicher Geduld Hornblende oder gelben Glimmer zerstießen, um mittelst Quecksilbers das Gold auszuziehen! Die leidenschaftliche Gier, mit der man nach Erzen sucht, erscheint doppelt auffallend in einem Lande, wo man den Boden kaum umzuwenden braucht, um ihm reiche Ernten zu entlocken.

Nachdem wir den Schwefelkies am Rio Juagua untersucht, gingen wir weiter in der Schlucht hinauf, die sich wie ein enger, von sehr hohen Bäumen beschatteter Kanal fortzieht. Nach sehr beschwerlichem Marsch und ganz durchnäßt, weil wir so oft über den Bach gegangen waren, langten wir am Fuß der Höhlen des Cuchivano an, aus denen man vor einigen Jahren die Flammen hatte brechen sehen. Achthundert Toisen hoch steigt senkrecht eine Felswand auf. In einem Landstrich, wo der üppige Pflanzenwuchs überall den Boden und das Gestein bedeckt, kommt es selten vor, daß ein großer Berg in senkrechtem Durchschnitt seine Schichten zeigt. Mitten in diesem Durchschnitt, leider dem Menschen unzugänglich, liegen die Spalten, die zu zwei Höhlen führen. Sie sollen von denselben Nachtvögeln bewohnt seyn, die wir bald in der Cueva del Guacharo bei Caripe werden kennen lernen.

Wir ruhten am Fuß der Höhlen aus. Hier sah man die Flammen hervorkommen, welche in den letzten Jahren häufiger geworden sind. Unsere Führer und der Pächter, ein verständiger, mit den Oertlichkeiten der Provinz wohl bekannter Mann, verhandelten nach der Weise der Creolen über die Gefahr, der die Stadt Cumanacoa ausgesetzt wäre, wenn der Cuchivano ein thätiger Vulkan würde, *se veniesse a reventar*. Es schien ihnen unzweifelhast, daß seit dem großen Erdbeben von Quito und Cumana im Jahr 1797 Neu-Andalusien vom unterirdischen Feuer immer mehr unterhöhlt werde. Sie brachten die Flammen zur Sprache, die man in Cumana hatte aus dem Boden schlagen sehen, und die Stöße, die man jetzt an Orten empfindet, wo man früher nichts von Erdbeben wußte. Sie erinnerten daran, daß man in Macarapan seit einigen Monaten öfters Schwefelgeruch spüre. Auf diese und ähnliche Erscheinungen, die uns damals in ihrem Munde auffielen, gründeten sie Prophezeiungen, die fast sämmtlich in Erfüllung gegangen sind. Entsetzliche Zerstörungen haben im Jahr 1812 in Caracas stattgefunden, zum Beweis, welch gewaltige Unruhe im Nordosten von Terra Firma in der Natur herrscht.

Was ist wohl aber die Ursache der feurigen Erscheinungen, die man am Cuchivano beobachtet? Ich weiß wohl, daß man zuweilen die Luftsäule, die über der Mündung brennender Vulkane aufsteigt, in hellem Lichte glänzen sieht. Dieser Lichtschein, den man von brennendem Wasserstoffgas herleitet, wurde von Chillo aus auf dem Gipfel des Cotopaxi zu einer Zeit beobachtet, wo der Berg ziemlich ruhig schien. Ich weiß, daß die Alten erzählen, auf dem *Mons Albanus* bei Rom, dem heutigen *Monte cavo* sey zuweilen bei Nacht Feuer gesehen worden; aber der *Mons albanus* ist ein erst in neuerer Zeit erloschener Vulkan, der noch zu Catos Zeit Rapilli auswarf [*Albano monte biduum continenter lapidibus pluit. Livius XXV. 7.*], während der Cuchivano ein Kalkberg ist in einer Gegend, wo weit und breit keine Trappbildungen vorkommen. Kann man jene Flammen etwa daraus erklären, daß das Wasser, wenn es mit den Kiesen im Mergelschiefer in Berührung kommt, zersetzt wird? Ist das Feuer, das aus den Höhlen des Cuchivano kommt, brennendes Wasserstoffgas? Das Wasser, das durch den Kalkstein sickert und durch die Schwefelschichten zersetzt wird, und die Erdbeben von Cumana, die Lager gediegenen Schwefels bei Carupano und die schwefligt sauren Dämpfe, die man zuweilen in den Savanen spürt: zwischen all dem ließe sich leicht ein Zusammenhang denken; es ist auch nicht zu bezweifeln, daß, wenn sich bei der starken Affinität zwischen dem Eisenoxyd und den Erden bei hoher Temperatur Wasser über

Schwefelkiesen zersetzt, die Entbindung von Wasserstoffgas erfolgen kann, welche mehrere neuere Geologen eine so wichtige Rolle spielen lassen. Aber bei vulkanischen Ausbrüchen tritt weit constanter schwefligte Säure auf als Wasserstoff, und der Geruch, den man zuweilen bei starken Erdstößen verspürt, ist vorzugsweise der Geruch von schwefligter Säure. Ueberblickt man die vulkanischen Erscheinungen und die Erdbeben im Ganzen, bedenkt man, in welch ungeheuren Entfernungen sich die Stöße unter dem Meeresboden fortpflanzen, so läßt man bald Erklärungen fallen, die von unbedeutenden Schichten von Schwefelkies und bituminösem Mergel ausgehen. Nach meiner Ansicht können die Stöße, die man in der Provinz Cunana so häufig spürt, so wenig den zu Tag ausgehenden Gebirgsarten zugeschrieben werden, als die Stöße, welche die Apenninen erschüttern, Asphaltadern oder brennenden Erdölquellen. Alle diese Erscheinungen hängen von allgemeineren, fast hätte ich gesagt, tiefer liegenden Ursachen her, und der Herd der vulkanischen Wirkungen ist nicht in den secundären Gebirgsbildungen, aus denen die äußere Erdrinde besteht, sondern in sehr bedeutender Tiefe unter der Oberfläche in den Urgebirgsarten zu suchen. Je weiter die Geologie fortschreitet, desto mehr sieht man ein, wie wenig man mit den Theorien ausrichtet, die sich auf wenige, rein örtliche Beobachtungen gründen.

Nach Meridianhöhen des südlichen Fisches, die ich in der Nacht vom 7. September beobachtet, liegt Cumanacoa unter 10° 16' 11" der Breite; die Angabe der geschätztesten Karten ist also um ¼ Grad unrichtig. Die Neigung der Magnetnadel fand ich gleich 42°,60 und die Intensität der magnetischen Kraft gleich 228 Schwingungen in zehn Zeitminuten; die Intensität war demnach um neun Schwingungen oder 1/25 geringer als in Ferrol.

Am zwölften setzten wir unsere Reise nach dem Kloster Caripe, dem Hauptort der Chaymas-Missionen, fort. Wir zogen der geraden Straße den Umweg über die Berge Cocollar und Turimiquiri vor, die nicht viel höher sind als der Jura. Der Weg läuft zuerst ostwärts drei Meilen über die Hochebene von Cumanacoa, den alten Seeboden, und biegt dann nach Süd ab. Wir kamen durch das kleine indianische Dorf Aricagua, das von bewaldeten Hügeln umgeben sehr freundlich daliegt. Von hier an ging es bergauf und wir hatten über vier Stunden zu steigen. Dieses Stück des Weges ist sehr angreifend; man setzt zweiundzwanzigmal über den Pututucuar, ein reißendes Bergwasser voll Kalksteinblöcken. Hat man auf der ***Cuesta del Cocollar*** zweitausend Fuß Meereshöhe erreicht, so sieht man zu seiner Ueberraschung fast keine Wälder, oder auch nur große Bäume mehr. Man geht über eine ungeheure, mit Gräsern bewachsene Hochebene. Nur Mimosen mit halbkugeliger Krone und drei bis vier Fuß hohem Stamm unterbrechen die öde Einförmigkeit der Savanen. Ihre Aeste sind gegen den

Boden geneigt oder breiten sich schirmartig aus. Ueberall, wo Abhänge oder halb mit Erde bedeckte Gesteinmassen sich zeigen, breitet die Clusia oder der Cupey mit den großen Nymphäenblüthen sein herrliches Grün aus. Die Wurzeln dieses Baums haben zuweilen acht Zoll Durchmesser und gehen oft schon fünfzehn Fuß über dem Boden vom Stamme ab.

Nachdem wir noch lange bergan gestiegen waren, kamen wir auf einer kleinen Ebene zum ***Hato del Cocollar***. Es ist dieß ein Hof, der 408 Toisen hoch ganz allein auf dem Plateau liegt. In dieser Einsamkeit blieben wir drei Tage, vortrefflich verpflegt von dem Eigenthümer [Don Mathias Yturburi, ein geborener Biscayer], der vom Hafen von Cumana an unser Begleiter gewesen war. Wir fanden daselbst bei der reichen Weide Milch, vortreffliches Fleisch und vor allem ein herrliches Klima. Bei Tag stieg der hunderttheilige Thermometer nicht über 22 oder 23 Grad, kurz vor Sonnenuntergang fiel er auf 19 und bei Nacht zeigte er kaum 14. Bei Nacht war es daher um sieben Grad kühler als an der Küste, was, da die Hochebene des Cocollar nicht so hoch liegt, als die Stadt Caracas, wiederum auf eine ausnehmend rasche Wärmeabnahme hinweist.

So weit das Auge reicht, sieht man auf dem hohen Punkt nichts als kahle Savanen; nur hin und wieder tauchen aus den Schluchten kleine Baumgruppen auf, und trotz der scheinbaren Einförmigkeit der Vegetation findet man ausnehmend viele sehr interessante Pflanzen. Wir führen hier nur an eine prachtvolle Lobelia mit purpurnen Blüthen, die *Brownea coccinea* die über hundert Fuß hoch wird, und vor allen den **Pejoa**, der im Lande berühmt ist, weil seine Blätter, wenn man sie zwischen den Fingern zerreibt, einen köstlichen aromatischen Geruch von sich geben. Was uns aber am meisten am einsamen Ort entzückte, das war die Schönheit und Stille der Nächte. Der Eigenthümer des Hofes blieb mit uns wach. Er schien sich daran zu weiden, wie Europäer, die eben erst unter die Tropen gekommen, sich nicht genug wundern konnten über die frische Frühlingsluft, deren man nach Sonnenuntergang hier aus den Bergen genießt. In jenen fernen Ländern, wo der Mensch die Gaben der Natur noch voll zu schätzen weiß, preist der Grundeigenthümer das Wasser seiner Quelle, den gesunden Wind, der um den Hügel weht, und daß es keine schädlichen Insekten gibt, wie wir in Europa uns der Vorzüge unseres Wohnhauses oder des malerischen Effekts unserer Pflanzungen rühmen.

Unser Wirth war mit einer Mannschaft, die an der Küste des Meerbusens von Paria Holzschläge für die spanische Marine einrichten sollte, in die neue Welt gekommen. In den großen Mahagoni-, Cedrela- und Brasilholzwäldern, die um das Meer der Antillen her liegen, dachte man die größten Stämme auszusuchen, sie im Groben so zuzuhauen, wie man sie zum Schiffsbau braucht, und sie jährlich auf die Werfte von Caraques bei Cadix zu schicken. Aber weiße, nicht acclimatisirte Männer mußten der anstrengenden Arbeit, der Sonnengluth und der ungesunden Luft der Wälder erliegen. Dieselben Lüfte, welche mit den Wohlgerüchen der Blüthen, Blätter und Hölzer geschwängert sind, führen auch den Keim der Auflösung in die Organe. Bösartige Fieber rafften mit den Zimmerleuten der königlichen Marine die Aufseher der neuen Anstalt weg, und die Bucht, der die ersten Spanier wegen des trübseligen, wilden Aussehens der Küste den Namen *»Golfo triste«* gegeben, wurde das Grab der europäischen Seeleute. Unser Wirth hatte das seltene Glück, diesen Gefahren zu entgehen; nachdem er den größten Theil der Seinigen hatte hinsterben sehen, zog er weit weg von der Küste auf die Berge des Cocollar. Ohne Nachbarschaft, im ungestörten Besitz eines Savanenstrichs von fünf Meilen, genießt er hier der Unabhängigkeit, wie die Vereinzelung sie gewährt, und der Heiterkeit des Gemüths, wie sie schlichten Menschen eigen ist, die in reiner, stärkender Luft leben.

Nichts ist dem Eindruck majestätischer Ruhe zu vergleichen, den der Anblick des gestirnten Himmels an diesem einsamen Ort in einem hinterläßt. Blickten wir bei Einbruch der Nacht hinaus über die Prairien, die bis zunm Horizont fortstreichen, über die grün bewachsene, sanft gewellte Hochebene, so war es uns, gerade wie in den Steppen am Orinoco, als sähen wir weit weg das gestirnte Himmelsgewölbe auf dem Ocean ruhen. Der Baum, unter dem wir saßen, die leuchtenden Insekten, die in der Luft tanzten, die glänzenden Sternbilder im Süden, Alles mahnte uns daran, wie weit wir von der Heimatherde waren. Und wenn nun, inmitten dieser fremdartigen Natur, aus einer Schlucht heraus das Schellengeläute einer Kuh oder das Brüllen des Stieres zu unsern Ohren drang, dann sprang mit einemmal der Gedanke an die Heimath ins uns auf. Es war, als hörten wir aus weiter, weiter Ferne Stimmen, die über das Weltmeer herüber riefen und uns mit Zauberkraft aus einer Hemisphäre in die andere versetzten. So wunderbar beweglich ist die Einbildungskraft des Menschen, die ewige Quelle seiner Freuden und seiner Schmerzen!

In der Morgenkühle machten wir uns auf, den Turimiquiri zu besteigen. So heißt der Gipfel des Cocollar, der mit dem Brigantin nur Einen Gebirgsstock bildet, welcher bei den Eingeborenen früher Sierra de los Tageres hieß. Man macht einen Theil des Wegs auf Pferden, die frei in den Savanen laufen, zum Theil aber an den Sattel gewöhnt sind. So plump ihr Aussehen ist, klettern sie doch ganz flink den schlüpfrigsten Rasen hinaus. Wir machten zuerst bei einer Quelle Halt, die nicht aus dem Kalkstein, sondern noch aus einer Schichte quarzigen Sandsteins kommt. Ihre Temperatur war 21°, also um 1°,5 geringer als die der Quelle von Quetepe; der Höhenunterschied beträgt aber auch gegen 220 Toisen. Ueberall, wo der Sandstein zu Tage kommt, ist der Boden eben und bildet gleichsam kleine Plateaus, die wie Stufen über einander liegen. Bis zu 700 Toisen und sogar darüber ist der Berg, wie alle in der Nachbarschaft, nur mit Gräsern bewachsen. In Cumana schreibt man den Umstand, daß keine Bäume mehr vorkommen, der großen Höhe zu; vergegenwärtigt man sich aber die Vertheilung dör Gewächse in den Cordilleren der heißen Zone, so sieht man, daß die Berggipfel in Neu-Andalusien lange nicht zu der obern Baumgrenze hinaufreichen, die in dieser Breite mindestens 1600 Toisen hoch liegt. Ja der kurze Rasen zeigt sich auf dem Cocollar stellenweise sogar schon bei 350 Toisen über dem Meer und man kann auf demselben bis zu 1000 Toisen Höhe gehen; weiter hinauf, über diesem mit Gräsern bedeckten Gürtel, befindet sich auf dem Menschen fast unzugänglichen Gipfeln ein Wäldchen von Cedrela, Javillos[52] und Mahagonibäumen. Nach diesen lokalen Verhältnissen muß man annehmen, daß die Bergsavanen des Cocollar und Turimiquiri ihre Entstehung nur der verderblichen Sitte der Eingeborenen verdanken, die Wälder anzuzünden, die sie in Weideland verwandeln wollen. Jetzt, da Gräser und Alppflanzen seit dreihundert Jahren den Boden mit einem dicken Filz überzogen haben, können die Baumsamen sich nicht mehr im Boden befestigen und keimen, obgleich Wind und Vögel sie fortwährend von entlegenen Wäldern in die Savanen herübertragen.

Das Klima auf diesen Bergen ist so mild, daß beim Hofe auf dem Cocollar der Baumwollenbaum, der Kaffeebaum, sogar das Zuckerrohr gut fortkommen. Trotz aller Behauptungen der Einwohner an der Küste ist unter dem 10. Grad der Breite auf Bergen, die kaum höher sind als der Mont d'Or und der Puy de Dome, niemals Reif gesehen worden. Die Weiden auf dem Turimiquiri nehmen an Güte ab, je höher sie liegen. Ueberall, wo zerstreute Felsmassen Schatten bieten, kommen Flechten und verschiedene europäische Moose vor. *Melastoma xanthostachis* und ein Strauch (*Palicourea rigida*), dessen große lederartige Blätter im Wind wie Pergament rauschen, wachsen hie und da in der Savane. Aber die Hauptzierde des Rasens ist ein Liliengewächs mit goldgelber Blüthe, die *Marica martinicensis*. Man findet sie in den Provinzen Cumana und Caracas meist erst in 400 bis 500 Toisen Höhe. Die Gebirgsarten des Turimiquiri sind ein Alpenkalk, ähnlich dem bei Cumanacoa, und ziemlich dünne Schichten Mergel und quarziger Sandstein. Im Kalkstein sind Klumpen von braunem Eisenoxyd und Spatheisen eingesprengt. An mehreren Stellen habe ich ganz deutlich beobachtet, daß der Sandstein dem Kalk nicht nur aufgelagert ist, sondern daß beide nicht selten in Wechsellagerung vorkommen.

Man unterscheidet im Lande den abgerundeten Gipfel des Turimiquiri und die spitzen Pics oder **Cucuruchos**, die dicht bewaldet sind und wo es viele Tiger gibt, auf die man wegen des großen und schönen Fells Jagd macht. Den runden begrasten Gipfel fanden wir 707 Toisen hoch. Von diesem Gipfel läuft nun nach West ein steiler Felskamm aus, der eine Seemeile von jenem durch eine ungeheure Spalte unterbrochen ist, die gegen den Meerbusen von Cariaco hinunterläuft. An der Stelle, wo der Kamm hätte weiter laufen sollen, erheben sich zwei Bergspitzen aus Kalkstein, von denen die nördliche die höhere ist. Dieß ist der eigentliche Cucurucho de Turimiquiri, der für höher gilt als der Brigantin, der den Schiffern, die der Küste von Cumana zusteuern, so wohl bekannt ist. Nach Höhenwinkeln und einer ziemlich kurzen Standlinie, die wir auf dem abgerundeten kahlen Gipfel zogen, maßen wir den Spitzberg oder Cucurucho und fanden ihn 350 Toisen höher als unsern Standort, so daß seine absolute Höhe über 1050 Toisen beträgt.

Man genießt auf dem Turimiquiri einer der weitesten und malerischsten Aussichten. Vom Gipfel bis hinunter zum Meer liegen Bergketten vor einem, die parallel von Ost nach West streichen und Längenthäler zwischen sich haben. Da in letztere eine Menge kleiner, von den Bergwassern ausgespülter Thäler unter rechtem Winkel münden, so stellen sich die Seitenketten als Reihen gleich vieler bald abgerundeter, bald kegelförmiger Höhen dar. Bis zum Imposible sind die Berghänge meist ziemlich sanft; weiterhin werden die Abfälle sehr steil und streichen hinter einander fort bis zum Ufer des Meerbusens von Cariaco. Die Umrisse dieser Gebirgsmassen erinnern an die Ketten des Jura, und die einzige Ebene, die sich darin findet, ist das Thal von Cumanacoa. Es ist als sähe man in einen Trichter hinunter, auf dessen Boden unter zerstreuten Baumgruppen das indianische Dorf Aricagua erscheint. Gegen Nord hob sich eine schmale Landzunge, die Halbinsel Araya, braun vom Meere ab, das, von den ersten Sonnenstrahlen beleuchtet, ein glänzendes Licht zurückwarf. Jenseits der Halbinsel begrenzte den Horizont das Vorgebirge Macanao, dessen schwarzes Gestein gleich einem ungeheuren Bollwerk aus dem Wasser aufsteigt.

Der Hof auf dem Cocollar am Fuße des Turimiquiri liegt unter 10° 9' 32" der Breite. Die Inclination der Magnetnadel fand ich gleich 42° 10'. Die Nadel schwang 220mal in zehn Zeitminuten. Die im Kalk liegenden Brauneisensteinmassen mögen die Intensität der magnetischen Kraft um ein Weniges steigern.

Am 14. September gingen wir vom Cocollar zur Mission San Antonio hinunter. Der Weg führt Anfangs über Savanen, die mit großen Kalksteinblöcken übersäet sind, und dann betritt man dichten Wald. Nachdem man zwei sehr steile Berggräte überstiegen, hat man ein schönes Thal vor sich, das fünf Meilen lang fast durchaus von Ost nach West streicht. In diesem Thale liegen die Missionen San Antonio und Guanaguana. Erstere ist berühmt wegen einer kleinen Kirche aus Backsteinen, in erträglichem Styl, mit zwei Thürmen und dorischen Säulen. Sie gilt in der Umgegend für ein Wunder. Der Gardian der Kapuziner wurde mit diesem Kirchenbau in nicht ganz zwei Sommern fertig, obgleich er nur Indianer aus seinem Dorfe dabei verwendet hatte. Die Säulencapitäle, die Gesimse und ein mit Sonnen und Arabesken gezierter Fries wurden aus mit Ziegelmehl vermischtem Thon modellirt. Wundert man sich, an der Grenze Lapplands Kirchen im reinsten griechischen Styl [In Skelestar bei Torneo. S. Buch, Reise in Norwegen] anzutreffen, so überraschen einen dergleichen erste Kunstversuche noch mehr in einem Erdstrich, wo noch Alles den Stempel menschlicher Urzustände trägt und von den Europäern erst seit etwa vierzig Jahren der Grund zu künftiger Cultur gelegt wurde. Der Statthalter der Provinz mißbilligte es, daß in Missionen mit solchem Luxus gebaut werde, und zum großen Leidwesen der Mönche wurde die Kirche nicht ausgebaut. Die Indianer von San Antonio sind weit entfernt, solches gleichfalls zu beklagen; sie sind insgeheim mit dem Spruche des Statthalters vollkommen einverstanden, weil er ihrer natürlichen Trägheit behagt. Sie machen sich eben so wenig aus architektonischen Ornamenten als einst die Eingeborenen in den Jesuitenmissionen in Paraguay.

Ich hielt mich in der Mission San Antonio nur auf, um auf den Barometer zu sehen und ein paar Sonnenhöhen zu nehmen. Der große Platz liegt 216 Toisen über Cumana. Jenseits des Dorfs durchwateten wir die Flüsse Colorado und Guarapiche, die beide in den Bergen des Cocollar entspringen und weiter unten, ostwärts, sich vereinigen. Der Colorado hat eine sehr starke Strönnmg und wird bei seiner Mündung breiter als der Rhein; der Guarapiche ist, nachdem er den Rio Areo aufgenommen, über fünf und zwanzig Faden tief. An seinen Ufern wächst eine ausnehmend schöne Grasart, die ich zwei Jahre später, als ich den Magdalenenstrom hinausfuhr, gezeichnet habe. Der Halm mit zweizeiligen Blättern wird 15 bis 20 Fuß hoch. Unsere Maulthiere konnten sich durch den dicken Morast auf dem schmalen ebenen Weg kaum durcharbeiten. Es goß in Strömen vom Himmel; der ganze Wald erschien in Folge des starken anhaltenden Regens wie Ein Sumpf.

Gegen Abend langten wir in der Mission Guanaguana an, die so ziemlich in derselben Höhe liegt, wie das Dorf San Antonio. Es that sehr noth, daß wir uns trockneten. Der Missionär nahm uns sehr herzlich auf. Es war ein alter Mann, der, wie es schien, seine Indianer sehr verständig behandelte. Das Dorf steht erst seit dreißig Jahren am jetzigen Fleck, früher lag es weiter nach Süden und lehnte sich an einen Hügel. Man wundert sich, mit welcher Leichtigkeit man die Wohnsitze der Indianer verlegt. Es gibt in Südamerika Dörfer, die in weniger als einem halben Jahrhundert dreimal den Ort gewechselt haben. Den Eingeborenen knüpfen so schwache Bande an den Boden, auf dem er wohnt, daß er den Befehl, sein Haus abzureißen und es anderswo wieder aufzubauen, gleichmüthig aufnimmt. Ein Dorf wechselt seinen Platz wie ein Lager. Wo es nur Thon, Rohr, Palmblätter und Heliconienblätter gibt, ist die Hütte in wenigen Tagen wieder fertig. Diesen gewaltsamen Aenderungen liegt oft nichts zu Grunde als die Laune eines frisch aus Spanien angekommenen Missionärs, der meint, die Mission sey dem Fieber ausgesetzt oder liege nicht luftig genug. Es ist vorgekommen, daß ganze Dörfer mehrere Stunden weit verlegt wurden, bloß weil der Mönch die Aussicht aus seinem Hause nicht schön oder weit genug fand.

Guanaguana hat noch keine Kirche. Der alte Geistliche, der schon seit dreißig Jahren in den Wäldern Amerikas lebte, äußerte gegen uns, die Gemeindegelder, d. h. der Ertrag der Arbeit der Indianer, müßten zuerst zum Bau des Missionshauses, dann zum Kirchenbau und endlich für die Kleidung der Indianer verwendet werden. Er versicherte in wichtigem Ton, von dieser Ordnung dürfe unter keinem Vorwand abgegangen werden. Nun, die Indianer, die lieber ganz nackt gehen als die leichtesten Kleider tragen, können gut warten, bis die Reihe an sie kommt. Die geräumige Wohnung des **Padre** war eben fertig geworden, und wir bemerkten zu unserer Ueberraschung, daß das Haus, das ein plattes Dach hatte, mit einer Menge Kaminen wie mit Thürmchen geziert war. Sie sollten, belehrte uns unser Wirth, ihn an sein geliebtes Heimathland, und in der tropischen Hitze an die aragonesischen Winter erinnern. Die Indianer in Guanaguana bauen Baumwolle für sich, für die Kirche und für den Missionär. Der Ertrag gilt als Gemeindeeigenthum und mit den Gemeindegeldern werden die Bedürfnisse des Geistlichen und die Kosten des Gottesdienstes bestritten. Die Eingeborenen haben höchst einfache Vorrichtungen, um den Samen von der Baumwolle zu trennen. Es sind hölzerne Cylinder von sehr kleinem Durchmesser, zwischen denen die Baumwolle durchläuft und die man wie Spinnräder mit dem Fuße umtreibt. Diese höchst mangelhaften Maschinen leisten indessen gute Dienste und man fängt in den andern Missionen an sie nachzuahmen. Ich habe anderswo, in meinem Werke über Mexico, auseinander gesetzt, wie sehr die Sitte, die Baumwolle mit dem Samen zu verkaufen, den Transport in den spanischen Colonien erschwert, wo alle Waaren auf Maulthieren in die Seehäfen kommen. Der Boden ist in Guanaguana eben so fruchtbar wie im benachbarten Dorfe Aricagua, das gleichfalls seinen indianischen Namen behalten hat. Eine **Almuda** (1850 Quadrattoisen) trägt in guten Jahren 25–30 Fanegas Mais, die Fanega zu hundert Pfund. Aber hier wie überall, wo der Segen der Natur die Entwicklung der Industrie hemmt, macht man nur ganz wenige Morgen Landes urbar, und kein Mensch denkt daran, mit dem Anbau der Nahrungspflanzen zu wechseln. Die Indianer in Guanaguana erzählten mir als etwas Ungewöhnliches, im verflossenen Jahr seyen sie, ihre Weiber und Kinder drei Monate lang *al monte* gewesen, das heißt, sie seyen in den benachbarten Wäldern umhergezogen, um sich von saftigen Pflanzen, von Palmkohl, von Farnwurzeln und wilden Baumfrüchten zu nähren. Sie sprachen von diesem Nomadenleben keineswegs wie von einem Nothstand. Nur der Missionär hatte dabei zu leiden gehabt, weil das Dorf ganz verlassen stand und die Gemeindegenossen, als sie aus den Wäldern wieder heim kamen, weniger lenksam waren als zuvor.

Das schöne Thal von Guanaguana läuft gegen Ost in die Ebenen von Punzere und Terecen aus. Gerne hätten wir diese Ebenen besucht, um die Quellen von Bergöl zwischen den Flüssen Guarapiche und Areo zu untersuchen; aber die Regenzeit war förmlich eingetreten, und wir hatten täglich vollauf zu thun, um die gesammelten Pflanzen zu trocknen und aufzubewahren. Der Weg von Guanaguana nach dem Dorfe Punzere führt entweder über San Felix, oder über Caycara und Guahuta, wo sich ein **Hato** (Hof für Viehzucht) der Missionäre befindet. An letzterem Orte findet man, nach dem Bericht der Indianer, große Schwefelmassen, nicht in Gips oder Kalkstein, sondern in geringer Tiefe unter der Fläche des Bodens in Thonschichten. Dieses auffallende Vorkommen scheint Amerika eigenthümlich; wir werden demselben im Königreich Quito und in Neugrenada wieder begegnen. Vor Punzere sieht man in den Savanen Säckchen von Seidengewebe an den niedrigsten Baumästen hängen. Es ist dieß die *seda silvestre* oder einheimische wilde Seide, die einen schönen Glanz hat, aber sich sehr rauh anfühlt. Der Nachtschmetterling, der sie spinnt, kommt vielleicht mit denen in den Provinzen Gnanaxuato und Antioquia überein, die gleichfalls wilde Seide liefern. Im schönen Walde von Punzere kommen zwei Bäume vor, die unter den Namen Curucay und Canela bekannt sind; ersterer liefert ein von den **Pinches** oder indianischen Zauberern sehr gesuchtes Harz, der zweite hat Blätter, die nach ächtem Ceylonzimmt riechen. Von Punzere läuft der Weg über Terecen und Neu-Palencia, das eine neue Niederlassung von Canariern ist, nach dem Hafen San Juan, der am rechten Ufer des Rio Areo liegt, und man muß in einer Pirogue über diesen Fluß setzen, wenn man zu den berühmten Bergölquellen von Buen Pastor gehen will. Man beschrieb sie uns als kleine Schachte oder Trichter, die sich von selbst im sumpfigen Boden gebildet haben. Diese Erscheinung erinnert an den Asphaltsee oder **Chapapote** auf der Insel Trinidad, der in gerader Linie von Buen Pastor nur 35 Seemeilen entfernt ist.

Nachdem wir eine Weile mit dem Verlangen gekämpft, den Guarapiche hinunter in den *Golfo triste* zu fahren, wandten wir uns gerade den Bergen zu. Die Thäler von Guanaguana und Caripe sind durch eine Art Damm oder Grat aus Kalkstein, der unter dem Namen *Cuchilla de Guanaguana* weit und breit berühmt ist, von einander getrennt [Im ganzen spanischen Amerika bedeutet *cuchilla* Messerklinge, einen Bergkamm mit sehr steilen Abhängen.]. Wir fanden den Uebergang beschwerlich, weil wir damals noch nicht in den Cordilleren gereist waren, aber so gefährlich, als man ihn in Cumana schildert, ist er keineswegs. Allerdings ist der Weg an mehreren Stellen nur 14 oder 15 Zoll breit; der Bergsattel, über den er wegläuft, ist mit kurzem, sehr glattem Rasen bedeckt, die Abhänge zu beiden Seiten sind ziemlich jäh, und wenn der Reisende fiele, könnte er auf dem Grase sieben, achthundert Fuß hinunterrollen. Indessen sind die Bergseiten vielmehr nur starke Böschungen als eigentliche Abgründe, und die Maulthiere hier zu Lande haben einen so sichern Gang, daß man sich ihnen ruhig anvertrauen kann. Ihr Benehmen ist ganz wie das der Saumthiere in der Schweiz und in den Pyrenäen. Je wilder ein Land ist, desto feinfühliger und schärfer witternd wird der Instinkt der Hausthiere. Spüren die Maulthiere eine Gefahr, so bleiben sie stehen und wenden den Kopf hin und her, bewegen die Ohren auf und ab; man sieht, sie überlegen, was zu thun sey. Sie kommen langsam zum Entschluß, aber derselbe fällt immer richtig aus, wenn er frei ist, das heißt, wenn ihn der Reisende nicht unvorsichtigerweise stört oder übereilt. Wenn man in den Anden sechs, sieben Monate auf entsetzlichen Wegen durch die von den Bergwassern zerrissenen Gebirge zieht, da entwickelt sich die Intelligenz der Reitpferde und Lastthiere auf wahrhaft erstaunliche Weise. Man kann auch die Gebirgsbewohner sagen hören: »Ich gebe Ihnen nicht das Maulthier, das den bequemsten Schritt hat, sondern das vernünftigste, *la mas racional.*« Dieses Wort aus dem Munde des Volks, die Frucht langer Erfahrung, widerlegt das System, das in den Thieren nur belebte Maschinen sieht, wohl besser als alle Beweisführung der speculativen Philosophie.

Auf dem höchsten Punkt des Kammes oder der Cuchilla von Guanaguana angelangt, hatten wir eine interessante Fernsicht. Wir übersahen mit Einem Blick die weiten Prairien oder Savanen von Maturin und am Rio Tigre, den Spitzberg Turimiquiri und zahllose parallel streichende Bergketten, die von weitem einer wogenden See gleichen. Gegen Nordost öffnet sich das Thal, in dem das Kloster Caripe liegt. Sein Anblick ist um so einladender, als es bewaldet ist und so von den kahlen, nur mit Gras bewachsenen Bergen umher freundlich absticht. Wir fanden die absolute Höhe der Cuchilla gleich 548 Toisen; sie liegt also 329 Toisen über dem Missionshaus von Guanaguana.

Steigt man auf sehr krummem Pfade vom Bergkamme nieder, so betritt man bald ein ganz bewaldetes Land. Der Boden ist mit Moos und einer neuen Art Drosera bedeckt, die im Wuchs der Drosera unserer Alpen gleicht. Je näher man dem Kloster Caripe kommt, desto dichter wird der Wald, desto üppiger die Vegetation. Alles bekommt einen andern Charakter, sogar die Gebirgsart, in der wir von Punta Delgada an gewesen waren. Die Kalksteinschichten werden dünner; sie bilden Mauern, Gesimse und Thürme wie in Peru, im Pappenheimschen und bei Dicow in Gallizien. Es ist nicht mehr Alpenkalk, sondern eine Formation, welche jenem übergelagert ist, analog dem Jurakalk.

Der Weg von der Cuchilla herab ist bei weitem nicht so lang als der hinaus. Wir fanden, daß das Thal von Caripe 200 Toisen höher liegt als das Thal von Guanaguana. Ein Bergzug von unbedeutender Breite trennt zwei Becken; das eine ist köstlich kühl, das andere als furchtbar heiß verrufen. Solchen Contrasten begegnet man in Mexico, in Neu-Grenada und Peru häufig, aber im Nordosten von Südamerika sind sie selten. Unter allen hochgelegenen Thälern in Neu-Andalusien ist auch nur das von Caripe [absolute Höhe des Klosters 412 Toisen] sehr stark bewohnt. In einer Provinz mit schwacher Bevölkerung, wo die Gebirge weder eine sehr bedeutende Masse, noch ausgedehnte Hochebenen haben, findet der Mensch wenig Anlaß, aus den Ebenen wegzuziehen und sich in gemäßigteren Gebirgsstrichen niederzulassen.

49.

In den spanischen Kolonien heißt **Mision** oder **Pueblo de Mision** ein Anzahl Wohnungen um eine Kirche herum, wo ein Missionar, der Ordensgeistlicher ist, den Gottesdienst versieht. Die indianischen Dörfer, die unter der Obhut von Pfarrers stehen, heißen **Pueblos de Doctrina**. Man unterscheidet noch weiter den **Cura doctrinero**, den Pfarrer einer indianischen Gemeinde, und den **Cura rector**, den Pfarrer eines von Weißen oder Farbigen bewohnten Dorfes.

50.

Das virginische Megatherium ist der Megalonyx Jeffersons. Alle diese ungeheuren Knochen, die man **auf den Ebenen** der neuen Welt, nördlich oder südlich vom Aequator gefunden, gehören nicht der heißen, sondern der gemäßigten Zone an. Andererseits macht Pallas die Bemerkung, daß in Sibirien, also auch nördlich vom Wendekreis, fossile Knochen in den gebirgigen Landestheilen gar nicht vorkommen. Diese eng mit einander verknüpften Thatsachen scheinen den Weg zur Auffindung eines wichtigen geologischen Gesetzes zu bahnen.

51.

Große Messer mit sehr langen Klingen, ähnlich den Jagdmessern. In der heißen Zone geht man nicht ohne **Machete** in den Wald, sowohl um die Lianen und Baumäste abzuhauen, die einem den Weg sperren, als um sich gegen wilde Thiere zu vertheidigen.

52.

Hura crepitans, aus der Familie der Euphorbien. Dieser Baum wird ungeheuer dick; im Thal von Curiepe zwischen Cap Codera und Caracas maß Bonpland Kufen aus Javilloholz, die vierzehn Fuß lang und acht breit waren. Diese Kufen aus Einem Stück dienen zur Aufbewahrung des Guarapo oder Zuckerrohrsasts und der Melasse. Die Samen des Javillo sind ein starkes Gift, und die Milch, die aus dem Blüthenstengel quillt, wenn man ihn abbricht, hat uns oft Augenschmerz verursacht, wenn zufällig auch nur ein ganz klein wenig davon zwischen die Augenlider kam.

Siebentes Kapitel

Das Kloster Caripe — Die Höhle des Guacharo — Nachtvögel

Eine Allee von Perseabäumen führte uns zum Hospiz der aragonesischen Kapuziner. Bei einem Kreuz aus Brasilholz mitten auf einem großen Platz machten wir Halt. Das Kreuz ist von Bänken umgeben, wo die kranken und schwachen Mönche ihren Rosenkranz beten. Das Kloster lehnt sich an eine ungeheure, senkrechte, dicht bewachsene Felswand. Das blendend weiße Gestein blickt nur hin und wieder hinter dem Laube vor. Man kann sich kaum eine malerischere Lage denken; sie erinnerte mich lebhaft an die Thäler der Grafschaft Derby und an die höhlenreichen Berge bei Muggendorf in Franken. An die Stelle der europäischen Buchen und Ahorne treten hier die großartigeren Gestalten der Ceiba und der Praga- und Irassepalmen. Unzählige Quellen brechen aus den Bergwänden, die das Becken von Caripe kreisförmig umgeben und deren gegen Süd steil abfallende Hänge tausend Fuß hohe Profile bilden. Diese Quellen kommen meist aus Spalten oder engen Schluchten hervor. Die Feuchtigkeit, die sie verbreiten, befördert das Wachsthum der großen Bäume, und die Eingeborenen, welche einsame Orte lieben, legen ihre **Conucos** längs dieser Schluchten an. Bananen und Melonenbäume stehen hier um Gebüsche von Baumfarn. Dieses Durcheinander von cultivirten und wilden Gewächsen gibt diesen Punkten einen eigenthümlichen Reiz. An den nackten Bergseiten erkennt man die Stellen, wo Quellen zu Tage kommen, schon von weitem an den dichten Massen von Grün, die anfangs am Gestein zu hängen scheinen und sich dann den Windungen der Bäche nach ins Thal hinunter ziehen.

Wir wurden von den Mönchen im Hospiz mit der größten Zuvorkommenheit aufgenommen. Der Pater Gardian war nicht zu Hause; aber er war von unserem Abgang von Cumana in Kenntniß gesetzt und hatte Alles aufgeboten, um uns den Aufenthalt angenehm zu machen. Das Hospiz hat einen innern Hof mit einem Kreuzgang, wie die spanischen Klöster. Dieser geschlossene Raum war sehr bequem für uns, um unsere Instrumente unterzubringen und zu beobachten. Wir trafen im Kloster zahlreiche Gesellschaft: junge, vor Kurzem aus Europa angekommene Mönche sollten eben in die Missionen vertheilt werden, während alte kränkliche Missionäre in der scharfen gesunden Gebirgsluft von Caripe Genesung suchten. Ich wohnte in der Zelle des Gardians, in der sich eine ziemlich ansehnliche Büchersammlung befand. Ich fand hier zu meiner Ueberraschung neben Feijos *teatro critico* und den »erbaulichen Briefen« auch Abbé Nollets »*traité d'électricité*.« Der Fortschritt in der geistigen Entwicklung ist, sollte man da meinen, sogar in den Wäldern Amerikas zu spüren. Der jüngste Kapuziner von der letzten Mission[53] hatte eine spanische Uebersetzung von Chaptals Chemie mitgebracht. Er gedachte dieses Werk in der Einsamkeit zu studiren, in der er fortan für seine übrige Lebenszeit sich selbst überlassen seyn sollte. Ich glaube kaum, daß bei einem jungen Mönche, der einsam am Ufer des Rio Tigre lebt, der Wissenstrieb wach und rege bleibt; aber so viel ist sicher und gereicht dem Geist des Jahrhunderts zur Ehre, daß wir bei unserern Aufenthalt in den Klöstern und Missionen Amerikas nie eine Spur von Unduldsamkeit wahrgenommen haben. Die Mönche in Caripe wußten wohl, daß ich im protestantischen Deutschland zu Hause war. Mit den Befehlen des Madrider Hofes in der Hand, hatte ich keinen Grund, ihnen ein Geheimniß daraus zu machen; aber niemals that irgend ein Zeichen von Mißtrauen, irgend eine unbescheidene Frage, irgend ein Versuch, eine Controverse anzuknüpfen, dem wohlthuenden Eindruck der Gastfreundschaft, welche die Mönche mit so viel Herzlichkeit und Offenheit übten, auch nur den geringsten Eintrag. Wir werden weiterhin untersuchen, woher diese Duldsamkeit der Missionare rührt und wie weit sie geht.

Das Kloster liegt an einem Orte, der in alter Zeit Areocuar hieß. Seine Meereshöhe ist ungefähr dieselbe wie die der Stadt Caracas oder des bewohnten Strichs in den blauen Bergen von Jamaica. Auch ist die mittlere Temperatur dieser drei Punkte, die alle unter den Tropen liegen, so ziemlich dieselbe. In Caripe fühlt man das Bedürfniß, sich Nachts zuzudecken, besonders bei Sonnenaufgang. Wir sahen den hunderttheiligen Thermometer um Mitternacht zwischen 16 und 17½ Grad (12°,8–14 R.) stehen, Morgens zwischen 19 und 20. Gegen ein Uhr Nachmittags stand er nur auf 21° bis 22°,5. Es ist dieß eine Temperatur, bei der die Gewächse der heißen Zone noch wohl gedeihen; gegenüber der übermäßigen Hitze auf den Ebenen bei Cumana könnte man sie eine Frühlingstemperatur nennen. Das Wasser, das man in porösen Thongesäßen dem Luftzug aussetzt, kühlt sich in Caripe während der Nacht auf 13° ab. Ich brauche nicht zu bemerken, daß solches Wasser einem fast eiskalt vorkommt, wenn man in Einem Tage entweder von der Küste oder von den glühenden Savanen von Terezen ins Kloster kommt und daher gewöhnt ist, Flußwasser zu trinken, das meist 25–26° (20–20°,8 R.) warm ist.

Die mittlere Temperatur des Thals von Caripe scheint, nach der des Monats September zu schließen, 18°,5 zu seyn. Nach den Beobachtungen, die man in Cumana gemacht, weicht unter dieser Zone die Temperatur des Septembers von der des ganzen Jahres kaum um einen halben Grad ab. Die mittlere Temperatur von Caripe ist gleich der des Monats Juni zu Paris, wo übrigens die größte Hitze 10 Grad mehr beträgt als an den heißesten Tagen in Caripe. Da das Kloster nur 400 Toisen über dem Meere liegt, so fällt es auf, wie rasch die Wärme von der Küste an abnimmt. Wegen der dichten

Wälder können die Sonnenstrahlen nicht vom Boden abprallen, und dieser ist feucht und mit einem dicken Gras- und Moosfilz bedeckt. Bei anhaltend nebligter Witterung ist von Sonnenwirkung ganze Tage lang nichts zu spüren und gegen Einbruch der Nacht wehen frische Winde von der Sierra del Guacharo ins Thal herunter.

Die Erfahrung hat ausgewiesen, daß das gemäßigte Klima und die leichte Luft des Orts dem Anbau des Kaffeebaums, der bekanntlich hohe Lagen liebt, sehr förderlich sind. Der Superior der Kapuziner, ein thätiger, aufgeklärter Mann, hat in seiner Provinz diesen neuen Kulturzweig eingeführt. Man baute früher Indigo in Caripe, aber die Pflanze, die starke Hitze verlangt, lieferte hier so wenig Farbstoff, daß man es aufgab. Wir fanden im Gemeinde-Conuco viele Küchenkräuter, Mais, Zuckerrohr und fünftausend Kaffeestämme, die eine reiche Ernte versprachen. Die Mönche hofften in wenigen Jahren ihrer dreimal so viel zu haben. Man sieht auch hier wieder, wie die geistliche Hierarchie überall, wo sie es mit den Anfängen der Cultur zu thun hat, in derselben Richtung ihre Thätigkeit entwickelt. Wo die Klöster es noch nicht zum Reichthum gebracht haben, auf dem neuen Continent wie in Gallien, in Syrien wie im nördlichen Europa, überall wirken sie höchst vortheilhaft auf die Urbarmachung des Bodens und die Einführung fremdländischer Gewächse. In Caripe stellt sich der Gemeinde-Conuco als ein großer schöner Garten dar. Die Eingeborenen sind gehalten, jeden Morgen von sechs bis zehn Uhr darin zu arbeiten. Die Alcaden und Alguazils von indianischem Blut führen dabei die Aufsicht. Es sind das die hohen Staatsbeamten, die allein einen Stock tragen dürfen und vom Superior des Klosters angestellt werden. Sie legen auf jenes Recht sehr großes Gewicht. Ihr pedantischer, schweigsamer Ernst, ihre kalte, geheimnißvolle Miene, der Eifer, mit dem sie in der Kirche und bei den Gemeindeversammlungen repräsentiren, kommt den Europäern höchst lustig vor. Wir waren an diese Züge im Charakter des Indianers noch nicht gewöhnt, fanden sie aber später gerade so am Orinoco, in Mexico und Peru bei Völkern von sehr verschiedenen Sitten und Sprachen. Die Alcaden kamen alle Tage ins Kloster, nicht sowohl um mit den Mönchen über Angelegenheiten der Mission zu verhandeln, als unter dem Vorwand, sich nach dem Befinden der kürzlich angekommenen Reisenden zu erkundigen. Da wir ihnen Branntwein gaben, wurden die Besuche häufiger, als die Geistlichen gerne sahen.

So lange wir uns in Caripe und in den andern Missionen der Chaymas aufhielten, sahen wir die Indianer überall milde behandeln. Im Allgemeinen schien uns in den Missionen der aragonesischen Kapuziner grundsätzlich eine Ordnung und eine Zucht zu herrschen, wie sie leider in der neuen Welt selten zu finden sind. Mißbräuche, die mit dem allgemeinen Geist aller klösterlichen Anstalten zusammenhängen, dürfen dem einzelnen Orden nicht zur Last gelegt werden. Der Gardian des Klosters Verkauft den Ertrag des Gemeinde-Conuco, und da alle Indianer darin arbeiten, so haben auch alle gleichen Theil am Gewinn. Mais, Kleidungsstücke, Ackergeräthe, und, wie man versichert, zuweilen auch Geld werden unter ihnen vertheilt. Diese Mönchsanstalten haben, wie ich schon oben bemerkt, Aehnlichkeit mit den Gemeinden der mährischen Brüder; sie fördern die Entwicklung in der Bildung begriffener Menschenvereine, und in den katholischen Gemeinden, die man Missionen nennt, wird die Unabhängigkeit der Familien und die Selbstständigkeit der Genossenschaftsglieder mehr geachtet, als in den protestantischen Gemeinden nach Zinzendorfs Regel.

Am berühmtesten ist das Thal von Caripe, neben der ausnehmenden Kühle des Klimas, durch die große **Cueva** oder Höhle des **Guacharo**. In einem Lande, wo man so großen Hang zum Wunderbaren hat, ist eine Höhle, aus der ein Strom entspringt und in der Tausende von Nachtvögeln leben, mit deren Fett man in den Missionen kocht, natürlich ein unerschöpflicher Gegenstand der Unterhaltung und des Streits. Kaum hat daher der Fremde in Cumana den Fuß ans Land gesetzt, so hört er zum Ueberdruß vom Augenstein von Araya, vom Landmann in Arenas, der sein Kind gesäugt, und von der Höhle des Guacharo, die mehrere Meilen lang seyn soll. Lebhafte Theilnahme an Naturmerkwürdigkeiten erhält sich überall, wo in der Gesellschaft kein Leben ist, wo in trübseliger Eintönigkeit die alltäglichen Vorkommnisse sich ablösen, bei denen die Neugierde keine Nahrung findet.

Die Höhle, welche die Einwohner eine »Fettgrube« nennen, liegt nicht im Thal von Caripe selbst, sondern drei kleine Meilen vom Kloster gegen West-Süd-West. Sie mündet in einem Seitenthale aus, das der **Sierra des Guacharo** zuläuft. Am 18. September brachen wir nach der Sierra auf, begleitet von den indianischen Alcaden und den meisten Ordensmännern des Klosters. Ein schmaler Pfad führte zuerst anderthalb Stunden lang südwärts über eine lachende, schön beraste Ebene, dann wandten wir uns westwärts an einem kleinen Flusse hinauf, der aus der Höhle hervorkommt. Man geht drei Viertelstunden lang aufwärts bald im Wasser, das nicht tief ist, bald zwischen dem Fluß und einer Felswand, auf sehr schlüpfrigem, morastigem Boden. Zahlreiche Erdfälle, umherliegende Baumstämme, über welche die Maulthiere nur schwer hinüber kommen, die Rankengewächse am Boden machen dieses Stück des Weges sehr ermüdend. Wir waren überrascht, hier, kaum 500 Toisen über dem Meere, eine Kreuzblüthe zu finden, den *Raphanus pinnatus*. Man weiß, wie selten Arten dieser Familie unter den Tropen sind; sie haben gleichsam einen **nordischen Typus**, und auf diesen waren wir hier auf dem Plateau von Caripe, in so geringer Meereshöhe, nicht gefaßt.

Wenn man am Fuß des hohen Guacharoberges nur noch vierhundert Schritte von der Höhle entfernt ist, sieht man den Eingang noch nicht. Der Bach läuft durch eine Schlucht, die das Wasser eingegraben, und man geht unter einem Felsenüberhang, so daß man den Himmel gar nicht sieht. Der Weg schlängelt sich mit dem Fluß und bei der letzten Biegung steht man auf einmal vor der ungeheuren Mündung der Höhle. Der Anblick hat etwas Großartiges selbst für Augen, die mit der malerischen Scenerie der Hochalpen vertraut sind. Ich hatte damals die Höhlen am Pic von Derbyshire gesehen, wo man, in einem Rachen ausgestreckt, unter einem zwei Fuß hohen Gewölbe über einen unterirdischen Fluß setzt. Ich hatte die schöne Höhle von Treshemienshiz in den Karpathen befahren, ferner die Höhlen im Harz und in Franken, die große Grabstätten sind für die Gebeine von Tigern, Hyänen und Bären, die so groß waren, wie unsere Pferde. Die Natur gehorcht unter allen Zonen unabänderlichen Gesetzen in der Vertheilung der Gebirgsarten, in der äußeren Gestaltung der Berge, selbst in den gewaltsamen Veränderungen, welche die äußere Rinde unseres Planeten erlitten hat. Nach dieser großen Einförmigkeit konnte ich glauben, die Höhle von Caripe werde im Aussehen von dem, was ich der Art auf meinen früheren Reisen beobachtet, eben nicht sehr abweichen; aber die Wirklichkeit übertraf meine Erwartung weit. Wenn einerseits alle Höhlen nach ihrer ganzen Bildung, durch den Glanz der Stalaktiten, in allem, was die unorganisches Natur betrifft, auffallende Aehnlichkeit mit einander haben, so gibt andererseits der großartige tropische Pflanzenwuchs der Mündung eines solchen Erdlochs einen ganz eigenen Charakter.

Die Cueva del Guacharo öffnet sich im senkrechten Profil eines Felsen. Der Eingang ist nach Süd gekehrt; es ist eine Wölbung achtzig Fuß breit und siebzig hoch, also bis auf ein Fünftheil so hoch als die Colonnade des Louvre. Auf dem Fels über der Grotte stehen riesenhafte Bäume. Der Mamei und der Genipabaum mit breiten glänzenden Blättern strecken ihre Aeste gerade gen Himmel, während die des Courbaril und der Erythrina sich ausbreiten und ein dichtes grünes Gewölbe bilden. Pothos mit saftigen Stengeln, Oxalis und Orchideen von seltsamem Bau [Ein *Dendrobium* mit goldgelber, schwarzgefleckter, drei Zoll langer Blüthe] wachsen in den dürrsten Felsspalten, während vom Winde geschaukelte Rankengewächse sich vor dem Eingang der Höhle zu Gewinden verschlingen. Wir sahen in diesen Blumengewinden eine violette Bignonie, das purpurfarbige Dolichos und zum erstenmal die prachtvolle Solandra, deren orangegelbe Blüthe eine über vier Zoll lange fleischige Röhre hat. Es ist mit dem Eingang der Höhlen, wie mit der Ansicht der Wasserfälle; der Hauptreiz besteht in der mehr oder weniger großartigen Umgebung, die den Charakter der Landschaft bestimmt. Welcher Contrast zwischen der Cueva de Caripe und den Höhlen im Norden, die von Eichen und düstern Lerchen beschattet sind!

Aber diese Pflanzenpracht schmückt nicht allein die Außenseite des Gewölbes, sie dringt sogar in den Vorhof der Höhle ein. Mit Erstaunen sahen wir, daß achtzehn Fuß hohe prächtige Heliconien mit Pisangblättern, Pragapalmen und baumartige Arumarten die Ufer des Baches bis unter die Erde säumten. Die Vegetation zieht sich in die Höhle von Caripe hinein, wie in die tiefen Felsspalten in den Anden, in denen nur ein Dämmerlicht herrscht, und sie hört erst 30–40 Schritte vom Eingang auf. Wir maßen den Weg mittelst eines Stricks und waren gegen vier hundert dreißig Fuß weit gegangen, ehe wir nöthig hatten die Fackeln anzuzünden. Das Tageslicht dringt so weit ein, weil die Höhle nur Einen Gang bildet, der sich in derselben Richtung von Südost nach Nordwest hineinzieht. Da wo das Licht zu verschwinden anfängt, hört man das heisere Geschrei der Nachtvögel, die, wie die Eingeborenen glauben, nur in diesen unterirdischen Räumen zu Hause sind.

Der Guacharo hat die Größe unserer Hühner, die Stimme der Ziegenmelker und Procnias, die Gestalt der geierartigen Vögel mit Büscheln steifer Seide um den krummen Schnabel. Streicht man nach Cuvier die Ordnung der ***Picae*** (Spechte), so ist dieser merkwürdige Vogel unter die ***Passeres*** stellen, deren Gattungen fast unmerklich in einander übergehen. Ich habe ihn im zweiten Band meiner *Observations de zoologie et d'anatomie comparée* in einer eigenen Abhandlung unter dem Namen *Steatornis* (Fettvogel) beschrieben. Er bildet eine neue Gattung, die sich von *Caprimulgus* durch den Umfang der Stimme, durch den ausnehmend starken mit einem doppelten Zahn versehenen Schnabel, durch den Mangel der Haut zwischen den vorderen Zehengliedern wesentlich unterscheidet. In der Lebensweise kommt er sowohl den Ziegenmelkern als den Alpenkrähen [*Corvus Pyrrhocorax*] nahe. Sein Gefieder ist dunkel graublau, mit kleinen schwarzen Streifen und Tupfen; Kopf, Flügel und Schwanz zeigen große, weiße, herzförmige, schwarz gesäumte Flecken. Die Augen des Vogels können das Tageslicht nicht ertragen, sie sind blau und kleiner als bei den Ziegenmelkern. Die Flügel haben 17–18 Schwungfedern und ihre Spannung beträgt 3½ Fuß. Der Guacharo verläßt die Höhle bei Einbruch der Nacht, besonders bei Mondschein. Es ist so ziemlich der einzige körnerfressende Nachtvogel, den wir bis jetzt kennen; schon der Bau seiner Füße zeigt, daß er nicht jagt wie unsere Eulen. Er frißt sehr harte Samen, wie der Nußheher (*Corvus cariocatactes*) und der *Pyrrhocorax*. Letzterer nistet auch in Felsspalten und heißt der »Nachtrabe.« Die Indianer behaupten, der Guacharo gehe weder Insekten aus der Ordnung der Lamellicornia (Käfern), noch Nachtschmetterlingen nach, von denen die Ziegenmelker sich nähren. Man darf nur die Schnäbel des Guacharo und des Ziegenmelkers vergleichen, um zu sehen, daß ihre Lebensweise ganz verschieden seyn muß.

Schwer macht man sich einen Begriff vom furchtbaren Lärm, den Tausende dieser Vögel im dunkeln Innern der Höhle machen. Er läßt sich nur mit dem Geschrei unserer Krähen vergleichen, die in den nordischen Tannenwäldern gesellig leben und auf Bäumen nisten, deren Gipfel einander berühren. Das gellende durchdringende Geschrei der Guacharos hallt wider vom Felsgewölbe und aus der Tiefe der Höhle kommt es als Echo zurück. Die Indianer zeigten uns die Nester der Vögel, indem sie Fackeln an eine lange Stange banden. Sie stacken 60–70 Fuß hoch über unsern Köpfen in trichterförmigen Löchern, von denen die Decke wimmelt. Je tiefer man in die Höhle hinein kommt, je mehr Vögel das Licht der Copalfackeln aufscheucht, desto stärker wird der Lärm. Wurde es ein paar Minuten ruhiger um uns her, so erschallte von weither das Klaggeschrei der Vögel, die in andern Zweigen der Höhle nisteten. Die Banden lösten einander im Schreien ordentlich ab.

Jedes Jahr um Johannistag gehen die Indianer mit Stangen in die Cueva del Guacharo und zerstören die meisten Nester. Man schlägt jedesmal mehrere tausend Vögel todt, wobei die Alten, als wollten sie ihre Brut vertheidigen, mit furchtbarem Geschrei den Indianern um die Köpfe fliegen. Die Jungen, die zu Boden fallen, werden auf der Stelle ausgeweidet. Ihr Bauchfell ist stark mit Fett durchwachsen, und eine Fettschicht läuft vom Unterleib zum After und bildet zwischen den Beinen des Vogels eine Art Knopf. Daß körnerfressende Vögel, die dem Tageslicht nicht ausgesetzt sind und ihre Muskeln wenig brauchen, so fett werden, erinnert an die uralten Erfahrungen beim Mästen der Gänse und des Viehs. Man weiß, wie sehr dasselbe durch Dunkelheit und Ruhe befördert wird. Die europäischen Nachtvögel sind mager, weil sie nicht wie der Guacharo von Früchten, sondern vom dürftigen Ertrag ihrer Jagd leben. Zur Zeit der »Fetternte« (*cosecha de la manteca*), wie man es in Caripe nennt, bauen sich die Indianer aus Palmblättern Hütten am Eingang und im Vorhof der Höhle. Wir sahen noch Ueberbleibsel derselben. Hier läßt man das Fett der jungen, frisch getödteten Vögel am Feuer aus und gießt es in Thongefässe. Dieses Fett ist unter dem Namen Guacharoschmalz oder Oel (*manteca* oder *aceite*) bekannt; es ist halbflüssig, hell und geruchlos. Es ist so rein, daß man es länger als ein Jahr aufbewahren kann, ohne daß es ranzig wird. In der Klösterküche zu Caripe wurde kein anderes Fett gebraucht als das aus der Höhle, und wir haben nicht bemerkt, daß die Speisen irgend einen unangenehmen Geruch oder Geschmack davon bekämen.

Die Menge des gewonnenen Oels steht mit dem Gemetzel, das die Indianer alle Jahre in der Höhle anrichten, in keinem Verhältniß. Man bekommt, scheint es, nicht mehr als 150 bis 160 Flaschen (zu 44 Kubikzoll) ganz reine Manteca; das übrige weniger helle wird in großen irdenen Gefässen aufbewahrt. Dieser Industriezweig der Eingeborenen erinnert an das Sammeln des Taubenfetts [Das *pigeon oil* kommt von der Wandertaube, *Columba migratoria.*] in Carolina, von dem früher mehrere tausend Fässer gewonnen wurden. Der Gebrauch des Guacharofetts ist in Caripe uralt und die Missionare haben nur die Gewinnungsart geregelt. Die Mitglieder einer indianischen Familie Namens Morocoymas behaupten von den ersten Ansiedlern im Thale abzustammen und als solche rechtmäßige Eigenthümer der Höhle zu seyn; sie beanspruchen das Monopol des Fetts, aber in Folge der Klosterzucht sind ihre Rechte gegenwärtig nur noch Ehrenrechte. Nach dem System der Missionare haben die Indianer Guacharoöl für das ewige Kirchenlicht zu liefern; das Uebrige, so behauptet man, wird ihnen abgekauft. Wir erlauben uns kein Urtheil weder über die Rechtsansprüche der Morocoymas, noch über den Ursprung der von den Mönchen den Indianern auferlegten Verpflichtung. Es erschiene natürlich, daß der Ertrag der Jagd denen gehörte, die sie anstellen; aber in den Wäldern der neuen Welt, wie im Schooße der europäischen Cultur, bestimmt sich das öffentliche Recht darnach, wie sich das Verhaltniß zwischen dem Starken und dem Schwachen, zwischen dem Eroberer und dem Unterworfenen gestaltet.

Das Geschlecht der Guacharos ware längst ausgerottet, wenn nicht mehrere Umstände zur Erhaltung desselben zusammenwirkten. Aus Aberglauben wagen sich die Indianer selten weit in die Höhle hinein. Auch scheint derselbe Vogel in benachbarten, aber dem Menschen unzugänglichen Höhlen zu nisten. Vielleicht bevölkert sich die große Höhle immer wieder mit Colonien, welche aus jenen kleinen Erdlöchern ausziehen; denn die Missionäre versicherten uns, bis jetzt habe die Menge der Vögel nicht merkbar abgenommen. Man hat junge Guacharos in den Hafen von Cumana gebracht; sie lebten da mehrere Tage, ohne zu fressen, da die Körner, die man ihnen gab, ihnen nicht zusagten. Wenn man in der Höhle den jungen Vögeln Kropf und Magen ausschneidet, findet man mancherlei harte, trockene Samen darin, die unter dem seltsamen Namen »Guacharosamen« (*semilla del Guacharo*) ein vielberufenes Mittel gegen Wechselfieber sind. Die Alten bringen diese Samen den Jungen zu. Man sammelt sie sorgfältig und läßt sie den Kranken in Cariaco und andern tief gelegenen Fieberstrichen zukommen.

Wir gingen in die Höhle hinein und am Bache fort, der daraus entspringt. Derselbe ist 28–30 Fuß breit. Man verfolgt das Ufer, so lange die Hügel aus Kalkincrustationen dieß gestatten; oft, wenn sich der Bach zwischen sehr hohen Stalaktitenmassen durchschlängelt, muß man in das Bette selbst hinunter, das nur zwei Fuß tief ist. Wir hörten zu unserer Ueberraschung, diese unterirdische Wasserader sey die Quelle des Rio Caripe, der wenige Meilen davon, nach seiner Vereinigung mit dem kleinen Rio de Santa Maria, für Piroguen schiffbar wird. Am Ufer des unterirdischen Baches fanden wir eine Menge Palmholz; es sind Ueberbleibsel der Stämme, auf denen die Indianer zu den Vogelnestern an der Decke der Höhle hinaufsteigen. Die von den Narben der alten Blattstiele gebildeten Ringe dienen gleichsam als Sprossen einer aufrecht stehenden Leiter.

Die Höhle von Caripe behält, genau gemessen, auf 472 Meter oder 1458 Fuß dieselbe Richtung, dieselbe Breite und die anfängliche Höhe von 60–70 Fuß. Ich kenne auf beiden Continenten keine zweite Höhle von so gleichförmiger, regelmäßiger Gestalt. Wir hatten viele Mühe, die Indianer zu bewegen, daß sie über das vordere Stück hinausgingen, das sie allein jährlich zum Fettsammeln besuchen. Es brauchte das ganze Ansehen der Patres, um sie bis zu der Stelle zu bringen, wo der Boden rasch unter einem Winkel von 60 Grad ansteigt und der Bach einen kleinen unterirdischen Fall bildet. Diese von Nachtvögeln bewohnte Höhle ist für die Indianer ein schauerlich geheimnißvoller Ort; sie glauben, tief hinten wohnen die Seelen ihrer Vorfahren. Der Mensch, sagen sie, soll Scheu tragen vor Orten, die weder von der Sonne, **Zis**, noch vom Monde, **Nuna**, beschienen sind. Zu den Guacharos gehen, heißt so viel, als zu den Vätern versammelt werden, sterben. Daher nahmen auch die Zauberer, **Piaches**, und die Giftmischer, **Imorons**, ihre nächtlichen Gaukeleien am Eingang der Höhle vor, um den Obersten der bösen Geister, **Ivorokiamo**, zu beschwören. So gleichen sich unter allen Himmelsstrichen die ältesten Mythen der Völker, vor allen solche, die sich aus zwei die Welt regierende Kräfte, auf den Aufenthalt der Seelen nach dem Tod, auf den Lohn der Gerechten und die Strafe der Bösen beziehen. Die verschiedensten und darunter die rohesten Sprachen haben gewisse Bilder mit einander gemein, weil diese unmittelbar aus dem Wesen unseres Denk- und Empfindungsvermögens fließen. Finsterniß wird aller Orten mit der Vorstellung des Todes in Verbindung gebracht. Die Höhle von Caripe ist der Tartarus der Griechen, und die Guacharos, die unter kläglichem Geschrei über dem Wasser flattern, mahnen an die stygischen Vögel.

Da wo der Bach den unterirdischen Fall bildet, stellt sich das dem Höhleneingang gegenüber liegende, grün bewachsene Gelände ungemein malerisch dar. Man sieht vom Ende eines geraden, 240 Toisen langen Ganges daraus hinaus. Die Stalaktiten, die von der Decke herabhängen und in der Luft schwebenden Säulen gleichen, heben sich von einem grünen Hintergrunde ab. Die Oeffnung der Höhle erscheint um die Mitte des Tages auffallend enger als sonst, und wir sahen sie vor uns im glänzenden Lichte, das Himmel, Gewächse und Gestein zumal widerstrahlen. Das ferne Tageslicht stach grell ab von der Finsterniß, die uns in diesen unterirdischen Räumen umgab. Wir hatten unsere Gewehre fast auf Gerathewohl abgeschossen, so oft wir aus dem Geschrei und dem Flügelschlagen der

Nachtvögel schließen konnten, daß irgendwo recht viele Nester beisammen seyen. Nach mehreren fruchtlosen Versuchen gelang es Bonpland, zwei Guacharos zu schießen, die, vom Fackelschein geblendet, uns nachflatterten. Damit fand ich Gelegenheit, den Vogel zu zeichnen, der bis dahin den Zoologen ganz unbekannt gewesen war. Wir erkletterten nicht ohne Beschwerde die Erhöhung, über die der unterirdische Bach herunter kommt. Wir sahen da, daß die Höhle sich weiterhin bedeutend verengert, nur noch 40 Fuß hoch ist und nordostwärts in ihrer ursprünglichen Richtung, parallel mit dem großen Thale des Caripe, fortstreicht.

In dieser Gegend der Höhle setzt der Bach eine schwärzlichte Erde ab, die große Aehnlichkeit hat mit dem Stoff, der in der Muggendorfer Höhle in Franken »Opfererde« heißt. Wir konnten nicht ausfindig machen, ob diese feine, schwammigte Erde durch Spalten im Gestein, die mit dem Erdreich außerhalb in Verbindung stehen, hereinfällt, oder ob sie durch das Regenwasser, das in die Höhle dringt, hereingeflötzt wird. Es war ein Gemisch von Kieselerde, Thonerde und vegetabilischem Detritus. Wir gingen in dickem Koth bis zu einer Stelle, wo uns zu unserer Ueberraschung, eine unterirdische Vegetation entgegentrat. Die Samen, welche die Vögel zum Futter für ihre Jungen in die Höhle bringen, keimen überall, wo sie auf die Dammerde fallen, welche die Kalkincrustationen bedeckt. Vergeilte Stengel mit ein paar Blattrudimenten waren zum Theil zwei Fuß hoch. Es war unmöglich, Gewächse, die sich durch den Mangel an Licht nach Form, Farbe und ganzem Habitus völlig umgewandelt hatten, specifisch zu unterscheiden. Diese Spuren von Organisation im Schoße der Finsterniß reizten gewaltig die Neugier der Eingeborenen, die sonst so stumpf und schwer anzuregen sind. Sie betrachteten sie mit stillem, nachdenklichem Ernst, wie er sich an einem Orte ziemte, der für sie solche Schauer hat. Diese unterirdischen bleichen, formlosen Gewächse mochten ihnen wie Gespenster erscheinen, die vom Erdboden hieher gebannt waren. Mich aber erinnerten sie an eine der glücklichsten Zeiten meiner frühen Jugend, an einen langen Aufenthalt in den Freiberger Erzgruben, wo ich über das Vergeilen der Pflanzen Versuche anstellte, die sehr verschieden ausfielen, je nachdem die Luft rein war oder viel Wasserstoff und Stickstoff enthielt.

Mit aller ihrer Autorität konnten die Missionäre die Indianer nicht vermögen, noch weiter in die Höhle hinein zu gehen. Je mehr die Decke sich senkte, desto gellender wurde das Geschrei der Guacharos. Wir mußten uns der Feigheit unserer Führer gefangen geben und umkehren. Man sah auch überall so ziemlich das Nämliche. Ein Bischof von St. Thomas in Guyana scheint weiter gekommen zu seyn als wir; er hatte vom Eingang bis zum Punkt, wo er Halt machte, 2500 Fuß gemessen, und die Höhle lief noch weiter sort. Die Erinnerung an diesen Vorfall hat sich im Kloster Caripe erhalten, nur weiß man den Zeitpunkt nicht genau. Der Bischof hatte sich mit dicken Kerzen aus weißem spanischem Wachs versehen; wir hatten nur Fackeln aus Baumrinde und einheimischem Harz. Der dicke Rauch solcher Fackeln in engem unterirdischem Raum thut den Augen weh und macht das Athmen beschwerlich.

Wir gingen dem Bache nach wieder zur Höhle hinaus. Ehe unsere Augen vom Tageslicht geblendet wurden, sahen wir vor der Höhle draußen das Wasser durch das Laub der Bäume glänzen. Es war, als stünde weit weg ein Gemälde vor uns und die Oeffnung der Höhle wäre der Rahmen dazu. Als wir endlich heraus waren, setzten wir uns am Bache nieder und ruhten von der Anstrengung aus. Wir waren froh, daß wir das heisere Geschrei der Vögel nicht mehr hörten und einen Ort hinter uns hatten, wo sich mit der Dunkelheit nicht der wohlthuende Eindruck der Ruhe und Stille paart. Wir konnten es kaum glauben, daß der Name der Höhle von Caripe bis jetzt in Europa völlig unbekannt gewesen seyn sollte. Schon wegen der Guacharos hätte sie berühmt werden sollen; denn außer den Bergen von Caripe und Cumanacoa hat man diese Nachtvögel bis jetzt nirgends angetroffen.

Die Missionäre hatten am Eingang der Höhle ein Mahl zurichten lassen. Pisang- und Bijaoblätter, die seidenartig glänzen, dienten uns, nach Landessitte als Tischtuch. Wir wurden trefflich bewirthet, sogar mit geschichtlichen Erinnerungen die so selten sind in Ländern, wo die Geschlechter einander ablösten, ohne eine Spur ihres Daseyns zu hinterlassen. Wohlgefällig erzählten uns unsere Wirthe, die ersten Ordensleute, die in diese Berge gekommen, um das kleine Dorf Santa Maria zu gründen, haben einen Monat lang in der Höhle hier gelebt und auf einem Stein bei Fackellicht das heilige Meßopfer gefeiert. Die Missionäre hatten am einsamen Orte Schutz gefunden vor der Verfolgung eines Häuptlings der Tuapocans, der am Ufer des Rio Caripe sein Lager aufgeschlagen.

So viel wir uns auch bei den Einwohnern von Caripe, Cumanacoa und Cariaco erkundigten, wir hörten nie, daß man in der Höhle des Guacharo je Knochen von Fleischfressern oder Knochenbreccien mit Pflanzenfressern gefunden hätte, wie sie in den Höhlen Deutschlands und Ungarns oder in den Spalten des Kalksteins bei Gibraltar vorkommen. Die fossilen Knochen der Megatherien, Elephanten und Mastodonten, welche Reisende aus Südamerika mitgebracht, gehören sämmtlich dem ausgeschwemmten Land in den Thälern und auf hohen Plateans an. Mit Ausnahme des Megalonyx,[54] eines Faulthiers von der Größe eines Ochsen, das Jefferson beschrieben, kenne ich bis jetzt auch nicht Einen Fall, daß in einer Höhle der neuen Welt ein Thierskelett gefunden worden wäre. Daß diese zoologische Erscheinung hier so ausnehmend selten ist, erscheint weniger auffallend, wenn man bedenkt, daß es in Frankreich, England und Italien auch eine Menge Höhlen gibt, in denen man nie eine Spur von fossilen Knochen entdeckt hat.

Die interessanteste Beobachtung, welche der Physiker in den Höhlen anstellen kann, ist die genaue Bestimmung ihrer Temperatur. Die Höhle von Caripe liegt ungefähr unter 10° 10' der Breite, also mitten im heißen Erdgürtel, und 506 Toisen über dem Spiegel des Wassers im Meerbusen von Cariaco. Wir fanden im September die Temperatur der Luft im Innern durchaus zwischen 18°,4 und 18°,9 der hunderttheiligen Scale. Die äußere Luft hatte 16°,2. Beim Eingang der Höhle zeigte der Thermometer an der Luft 17°,6, aber im Wasser des unterirdischen Bachs bis hinten in der Höhle 16°,8. Diese Beobachtungen sind von großer Bedeutung, wenn man ins Auge faßt, wie sich zwischen Wasser, Luft und Boden die Wärme ins Gleichgewicht zu setzen strebt. Ehe ich Europa verließ, beklagten sich die Physiker noch, daß man so wenig Anhaltspunkte habe, um zu bestimmen, was man ein wenig hochtrabend **die Temperatur des Erdinnern** heißt, und erst in neuerer Zeit hat man mit einigem Erfolg an der Lösung dieses großen Problems der unterirdischen Meteorologie gearbeitet. Nur die Steinschichten, welche die Rinde unseres Planeten bilden, sind der unmittelbaren Forschung zugänglich, und man weiß jetzt, daß die mittlere Temperatur dieser Schichten sich nicht nur nach der Breite und der Meereshöhe verändert, sondern daß sie auch je nach der Lage des Orts im Verlauf des Jahrs regelmäßige Schwingungen um die mittlere Temperatur der benachbarten Luft beschreibt. Die Zeit ist schon fern, wo man sich wunderte, wenn man in andern Himmelsstrichen in Höhlen und Brunnen eine andere Temperatur beobachtete, als in den Kellern der Pariser Sternwarte. Dasselbe Instrument, das in diesen Kellern 12 Grad zeigt, steigt in unterirdischen Räumen auf Madera bei Funchal aus 16°,2, im St. Josephsbrunnen in Cairo auf 21°,2, in den Grotten der Insel Cuba auf 22–23 Grad. Diese Zunahme ist ungefähr proportional der Zunahme der mittleren Lufttemperaturen vom 48. Grad der Breite bis zum Wendekreis.

Wir haben eben gesehen, daß in der Höhle des Guacharo das Wasser des Baches gegen 2 Grad kühler ist als die umgebende Luft im unterirdischen Raum. Das Wasser, ob es nun durch das Gestein sickert oder über ein steinigtes Bette fließt, nimmt unzweifelhaft die Temperatur des Gesteins oder des Bettes an. Die Luft in der Höhle dagegen steht nicht still, sie communicirt mit der Atmosphäre draußen. Und wenn nun auch in der heißen Zone die Schwankungen in der äußern Temperatur sehr unbedeutend sind, so bilden sich dennoch Strömungen, durch welche die Luftwärme im Innern periodische Veränderungen erleidet. Demnach könnte man die Temperatur des Wassers, also 16°,8, als die Bodentemperatur in diesen Bergen betrachten, wenn man sicher wäre, daß das Wasser nicht rasch von benachbarten höheren Bergen herabkommt.

Aus diesen Betrachtungen folgt, daß, wenn man auch keine ganz genauen Resultate erhält, sich doch in jeder Zone **Grenzzahlen** auffinden lassen. In Caripe, unter den Tropen, ist in 500 Toisen Meereshöhe die mittlere Temperatur der Erde nicht unter 16°,8; dieß geht aus der Messung der Temperatur des unterirdischen Wassers hervor. So läßt sich nun aber auch beweisen, daß diese Temperatur des Bodens nicht höher seyn kann als 19°, weil die Luft in der Höhle im September 18°,7 zeigt. Da die mittlere Luftwärme im heißesten Monat 19°,5 nicht übersteigt, so würde man sehr wahrscheinlich zu keiner Zeit des Jahres den Thermometer in der Luft der Höhle über 19° steigen sehen. Diese Ergebnisse, wie so manche andere, die wir in dieser Reisebeschreibung mittheilen, mögen für sich betrachtet von geringem Belang scheinen; vergleicht man sie aber mit den kürzlich von Leopold von Buch und Wahlenberg unter dem Polarcirkel angestellten Beobachtungen, so verbreiten sie Licht über den Haushalt der Natur im Großen und über den beständigen Wärmeaustausch zwischen Luft und Boden zu Herstellung des Gleichgewichts. Es ist kein Zweifel mehr, daß in Lappland die feste Erdrinde eine um 3 bis 4 Grad **höhere** mittlere Temperatur hat als die Luft. Bringt die Kälte, welche in den Tiefen des tropischen Meeres in Folge der Polarströme fortwährend herrscht, im heißen Erdstrich eine merkbare Verminderung der Temperatur des Bodens hervor? Ist diese Temperatur dort **niedriger** als die der Luft? Das wollen wir in der Folge untersuchen, wenn wir in den hohen Regionen der Cordilleren mehr Beobachtungen zusammengebracht haben werden.

53.

Außer den Dörfern, in denen Eingeborene unter der Obhut eines Geistlichen stehen, nennt man in den spanischen Colonien **Mission** auch die jungen Mönche, die mit einander aus einem spanischen Hafen abgehen, um in der neuen Welt oder auf den Philippinen die Niederlassungen der Ordensgeistlichen zu ergänzen. Daher der Ausdruck: »in Cadix eine neue **Mission** holen.«

54.

Der Megalonyx wurde in den Höhlen von Green-Briar in Virginien gefunden, 1500 Meilen vom Megatherium, dem er sehr nahe steht und das so groß war wie ein Nashorn.

Achtes Kapitel

Abreise von Caripe. — Berg und Wald Santa Maria. —
Die Mission Catuaro. — Hafen von Cariaco.

Rasch verflossen uns die Tage, die wir im Kapuzinerkloster in den Bergen von Caripe zubrachten, und doch war unser Leben so einfach als einförmig. Von Sonnenaufgang bis Einbruch der Nacht streiften wir durch die benachbarten Wälder und Berge, um Pflanzen zu sammeln, deren wir nie genug beisammen haben konnten. Konnten wir des starken Regens wegen nicht weit hinaus, so besuchten wir die Hütten der Indianer, den Gemeinde-Conuco oder die Versammlungen, in denen die Alcaden jeden Abend die Arbeiten für den folgenden Tag austheilen. Wir kehrten erst ins Kloster zurück, wenn uns die Glocke ins Refectorium an den Tisch der Missionäre rief. Zuweilen gingen wir mit ihnen früh Morgens in die Kirche, um der »*Doctrina*« beizuwohnen, das heißt dem Religionsunterricht der Eingeborenen. Es ist ein zum wenigsten sehr gewagtes Unternehmen, mit Neubekehrten über Dogmen zu verhandeln, zumal wenn sie des Spanischen nur in geringem Grade mächtig sind. Andererseits verstehen gegenwärtig die Ordensleute von der Sprache der Chaymas so gut wie nichts, und die Aehnlichkeit gewisser Laute verwirrt den armen Indianern die Köpfe so sehr, daß sie sich die wunderlichsten Vorstellungen machen. Ich gebe nur Ein Beispiel. Wir sahen eines Tags, wie sich der Missionär große Mühe gab, darzuthun, daß *infierno* die Hölle, und *invierno* der Winter, nicht dasselbe Ding seyen, sondern so verschieden wie Hitze und Frost. Die Chaymas kennen keinen andern Winter als die Regenzeit, und unter der »Hölle der Weißen« dachten sie sich einen Ort, wo die Bösen furchtbaren Regengüssen ausgesetzt seyen. Der Missionär verlor die Geduld, aber es half Alles nichts: der erste Eindruck, den zwei ähnliche Consonanten hervorgebracht, war nicht mehr zu verwischen; im Kopfe der Neophyten waren die Vorstellungen Regen und Hölle, *invierno* und *infierno*, nicht mehr aus einander zu bringen.

Nachdem wir fast den ganzen Tag im Freien zugebracht, schrieben wir Abends im Kloster unsere Beobachtungen und Bemerkungen nieder, trockneten unsere Pflanzen und zeichneten die, welche nach unserer Ansicht neue Gattungen bildeten. Die Mönche ließen uns volle Freiheit und wir denken mit Vergnügen an einen Aufenthalt zurück, der so angenehm als für unser Unternehmen förderlich war. Leider war der bedeckte Himmel in einem Thal, wo die Wälder ungeheure Wassermassen an die Luft abgeben, astronomischen Beobachtungen nicht günstig. Ich blieb Nachts oft lange auf, um den Augenblick zu benützen, wo sich ein Stern vor seinem Durchgang durch den Meridian zwischen den Wolken zeigen würde. Oft zitterte ich vor

Frost, obgleich der Thermometer nie unter 16 Grad fiel. Es ist dieß in unserem Klima die Tagestemperatur gegen Ende Septembers. Die Instrumente blieben mehrere Stunden im Klosterhof aufgestellt, und fast immer harrte ich vergebens. Ein paar gute Beobachtungen Fomahaults und Denebs im Schwan ergaben für Caripe 10° 10' 14" Breite, wornach es auf der Karte von Caulin um 18', auf der von Arrowsmith um 14' unrichtig eingezeichnet ist.

Der Verdruß, daß der bedeckte Himmel uns die Sterne entzog, war der einzige, den wir im Thal von Caripe erlebt. Wildheit und Friedlichkeit, Schwermuth und Lieblichkeit, beides zusammen ist der Charakter der Landschaft. Inmitten einer so gewaltigen Natur herrscht in unserm Innern nur Friede und Ruhe. Ja noch mehr, in der Einsamkeit dieser Berge wundert man sich weniger über die neuen Eindrücke, die man bei jedem Schritte erhält, als darüber, daß die verschiedensten Klimate so viele Züge mit einander gemein haben. Auf den Hügeln, an die das Kloster sich lehnt, stehen Palmen und Baumfarn; Abends, wenn der Himmel auf Regen deutet, schallt das eintönige Geheul der rothen Brüllaffen durch die Luft, das dem fernen Brausen des Windes im Walde gleicht. Aber trotz dieser unbekannten Töne, dieser fremdartigen Gestalten der Gewächse, all dieser Wunder einer neuen Welt, läßt doch die Natur den Menschen aller Orten eine Stimme hören, die in vertrauten Lauten zu ihm spricht. Der Rasen am Boden, das alte Moos und das Farnkraut auf den Baumwurzeln, der Bach, der über die geneigten Kalksteinschichten niederstürzt, das harmonische Farbenspiel von Wasser, Grün und Himmel, Alles ruft dem Reisenden wohlbekannte Empfindungen zurück.

Die Naturschönheiten dieser Berge nahmen uns völlig in Anspruch, und so wurden wir erst am Ende gewahr, daß wir den guten gastfreundlichen Mönchen zur Last fielen. Ihr Vorrath von Wein und Weizenbrod war nur gering, und wenn auch der eine wie das andere dort zu Lande bei Tisch nur als Luxusartikel gelten, so machte es uns doch sehr verlegen, daß unsere Wirthe sie sich selbst versagten. Bereits war unsere Brodration auf ein Viertheil herabgekommen, und doch nöthigte uns der furchtbare Regen, unsere Abreise noch einige Tage zu verschieben. Wie unendlich lang kam uns dieser Aufschub vor! wie bange war uns vor der Glocke, die uns ins Refectorium rief! Das Zartgefühl der Mönche ließ uns recht lebhaft empfinden, wie ganz anders wir hier daran waren als die Reisenden, die darüber zu klagen haben, daß man ihnen in den coptischen Klöstern Ober-Egyptens ihren Mundvorrath entwendet.

Endlich am 22. September brachen wir auf mit vier Maulthieren, die unsere Instrumente und Pflanzen trugen. Wir mußten den nordöstlichen Abhang der Kalkalpen von Neu-Andalusien, die wir als die große Kette des Brigantin und Cocollar bezeichnet, hinunter. Die mittlere Höhe dieser Kette beträgt nicht leicht über 6–700 Toisen, und sie läßt sich in dieser wie in geologischer Hinsicht mit dem Jura vergleichen. Obgleich die Berge von Cumana nicht sehr hoch sind, so ist der Weg hinunter gegen Cariaco zu doch sehr beschwerlich, ja sogar gefährlich. Besonders berüchtigt ist in dieser Beziehung der Cerro de Santa Maria, an dem die Missionäre hinauf müssen, wenn sie sich von Cumana in ihr Kloster Caripe begeben. Oft, wenn wir diese Berge, die Anden von Peru, die Pyrenäen und die Alpen, dir wir nach einander besucht, verglichen, wurden wir inne, daß die Berggipfel von der geringsten Meereshöhe nicht selten die unzugänglichsten sind.

Als das Thal von Caripe hinter uns lag, kamen wir zuerst über eine Hügelkette, die nordostwärts vom Kloster liegt. Der Weg führte immer bergan über eine weite Savane auf die Hochebene **Guardia de San Augustin**. Hier hielten wir an, um auf den Indianer zu warten, der den Barometer trug; wir befanden uns in 533 Toisen absoluter Höhe, etwas höher als der Hintergrund der Höhle des Guacharo. Die Savanen oder natürlichen Wiesen, die den Klosterkühen eine treffliche Weide bieten, sind völlig ohne Baum und Buschwerk. Es ist dieß das eigentliche Bereich der Monocothyledonen, denn aus dem Grase erhebt sich nur da und dort eine Agave [*Agave americana*] (Maguey), deren Blüthenschaft über 26 Fuß hoch wird. Auf der Hochebene von Guardia sahen wir uns wie auf einen alten, vom langen Aufenthalt des Wassers wagrecht geebneten Seeboden versetzt, Man meint noch die Krümmungen des alten Ufers zu erkennen, die vorspringenden Landzungen, die steilen Klippen, welche Eilande gebildet. Auf diesen früheren Zustand scheint selbst die Vertheilung der Gewächse hinzudeuten. Der Boden des Beckens ist eine Savane, während die Ränder mit hochstämmigen Bäumen bewachsen sind. Es ist wahrscheinlich das höchst gelegene Thal in den Provinzen Cumana und Venezuela. Man kann bedauern, daß ein Landstrich, wo man eines gemäßigten Klimas genießt, und der sich ohne Zweifel zum Getreidebau eignete, völlig unbewohnt ist.

Von dieser Ebene geht es fortwährend abwärts bis zum indianischen Dorf Santa Cruz. Man kommt zuerst über einen jähen, glatten Abhang, den die Missionäre seltsamerweise das **Fegefeuer** nennen. Er besteht aus verwittertem, mit Thon bedecktem Schiefersandstein und die Böschung scheint furchtbar steil; denn in Folge einer sehr gewöhnlichen optischen Täuschung scheint der Weg, wenn man oben auf der Anhöhe hinunter sieht, unter einem Winkel von mehr als 60 Grad geneigt. Beim Hinabsteigen nähern die Maulthiere die Hinterbeine den Vorderbeinen, senken das Kreuz und rutschen auf Gerathewohl hinab. Der Reiter hat nichts zu befahren, wenn er nur den Zügel fahren läßt und dem Thiere keinerlei Zwang anthut. An diesem Punkte sieht man zur Linken die große Pyramide des Guacharo. Dieser Kalksteinkegel nimmt sich sehr malerisch aus, man verliert ihn aber bald wieder aus dem Gesicht, wenn man den dicken Wald betritt, der unter dem Namen **Montana de Santa Maria** bekannt ist. Es geht nun sieben Stunden lang in einem fort abwärts, und kaum kann man sich einen entsetzlicheren Weg denken; es ist ein eigentlicher *chemin des échelles,* eine Art Schlucht, in der während der Regenzeit die wilden Wasser von Fels zu Fels abwärts stürzen. Die Stufen sind zwei bis drei Fuß hoch, und die armen Lastthiere messen erst den Raum ab, der erforderlich ist, um die Ladung zwischen den Baumstämmen durchzubringen, und springen dann von einem Felsblock auf den andern. Aus Besorgniß, einen Fehltritt zu thun, bleiben sie eine Weile stehen, als wollten sie die Stelle untersuchen, und schieben die vier Beine zusammen wie die wilden Ziegen. Verfehlt das Thier den nächsten Steinblock, so sinkt es bis zum halben Leib in den weichen, ockerhaltigen Thon, der die Zwischenräume der Steine ausfüllt. Wo diese fehlen, finden Menschen- und Thierbeine Halt an ungeheuren Baumwurzeln. Dieselben sind oft zwanzig Zoll dick und gehen nicht selten hoch über dem Boden vom Stamme ab. Die Creolen vertrauen der Gewandtheit und dem glücklichen Instinkt der Maulthiere so sehr, daß sie auf dem langen, gefährlichen Wege abwärts im Sattel bleiben. Wir stiegen lieber ab, da wir Anstrengung weniger scheuten, als jene, und gewöhnt waren langsam vorwärts zu kommen, weil wir immer Pflanzen sammelten und die Gebirgsarten untersuchten. Da unser Chronometer so schonend behandelt werden mußte, blieb uns nicht einmal eine Wahl.

Der Wald, der den steilen Abhang des Berges von Santa Maria bedeckt, ist einer der dichtesten, die ich je gesehen. Die Bäume sind wirklich ungeheuer hoch und dick. Unter ihrem dichten, dunkelgrünen Laub herrscht beständig ein Dämmerlicht, ein Dunkel, weit tiefer als in unsern Tannen-, Eichen- und Buchenwäldern. Es ist als könnte die Luft trotz der hohen Temperatur nicht all das Wasser aufnehmen, das der Boden, das Laub der Bäume, ihre mit einem uralten Filz von Orchideen, Peperomien und andern Saftpflanzen bedeckten Stämme ausdünsten. Zu den aromatischen Gerüchen, welche Blüthen, Früchte, sogar das Holz verbreiten, kommt ein anderer, wie man ihn bei uns im Herbst bei nebligtem Wetter spürt. Wie in den Wäldern am Orinoco sieht man auch hier, wenn man die Baumwipfel ins Auge faßt, häufig Dunststreifen an den Stellen, wo ein paar Sonnenstrahlen durch die dicke Lust dringen. Unter den majestätischen Bäumen, die 120 bis 130 Fuß hoch werden, machten uns die Führer auf den **Curucay** von Terecen aufmerksam, der ein weißlichtes, flüssiges, starkriechendes Harz gibt. Die indianischen Völkerschaften der Cumanagotas und Tagires räucherten einst damit vor ihren Götzen. Die jungen Zweige haben einen angenehmen, aber etwas zusammenziehenden Geschmack. Nach dem Curucay und ungeheuren, über 9 und 10 Fuß dicken Hymenäastämmen nahmen unsere Aufmerksamkeit am meisten in Anspruch: das Drachenblut (*Croton sanguifluum*), dessen purpurbrauner Saft an der weißen Rinde herabfließt; der Farn **Calahuala**, der nicht derselbe ist wie der in Peru, aber fast eben so heilkräftig, und die Irasse-, Macanilla-, Corozo- und Pragapalmen. Letztere gibt einen sehr schmackhaften »Palmkohl,« den wir im Kloster Caripe zuweilen gegessen. Von diesen Palmen mit gefiederten, stachligten Blättern stachen die Baumfarn äußerst angenehm ab. Einer derselben, *Cyathea speciosa* wird über 35 Fuß hoch, eine ungeheure Größe für ein Gewächs aus dieser Familie. Wir fanden hier und im Thal von Caripe fünf neue Arten Baumfarn; zu Linnés Zeit kannten die Botaniker ihrer nicht vier auf beiden Continenten.

Man bemerkt, daß die Baumfarn im Allgemeinen weit seltener sind als die Palmen. Die Natur hat ihnen gemäßigte, feuchte, schattige Standorte angewiesen. Sie scheuen den unmittelbaren Sonnenstrahl, und während der Pumos, die Corypha der Steppen und andere amerikanische Palmenarten die kahlen, glühend heißen Ebenen aussuchen, bleiben die Farn mit Baumstämmen, die von weitem wie Palmen aussehen, dem ganzen Wesen cryptogamer Gewächse treu. Sie lieben versteckte Plätze, das Dämmerlicht, eine feuchte, gemäßigte, stockende Luft. Wohl gehen sie hie und da bis zur Küste hinab, aber dann nur im Schutze dichten Schattens.

Dem Fuße des Berges von Santa Maria zu wurden die Baumfarn immer seltener, die Palmen häufiger. Die schönen Schmetterlinge mit großen Flügeln, die Nymphalen, die ungeheuer hoch fliegen, mehrten sich: Alles deutete darauf, daß wir nicht mehr weit von der Küste und einem Landstrich waren, wo die mittlere Tagestemperatur 28–30 Grad der hunderttheiligen Scale beträgt.

Der Himmel war bedeckt und drohte mit einem der Güsse, bei denen zuweilen 1 bis 1,3 Zoll Regen an Einem Tage fällt. Die Sonne beschien hin und wieder die Baumwipfel, und obgleich wir vor ihrem Strahl geschützt waren, erstickten wir beinahe vor Hitze. Schon rollte der Donner in der Ferne, die Wolken hingen am Gipfel des hohen Guacharogebirgs, und das klägliche Geheul der Araguatos, das wir in Caripe bei Sonnenuntergang so oft gehört hatten, verkündete den nahen Ausbruch des Gewitters. Wir hatten hier zum erstenmal Gelegenheit, diese Heulaffen in der Nähe zu sehen. Sie gehören zur Gattung *Alouate* (*Stentor*, Geoffroy), deren verschiedene Arten von den Zoologen lange verwechselt worden sind. Während die kleinen amerikanischen Sapajus, die wie Sperlinge pfeifen, ein einfaches, dünnes Zungenbein haben, liegt die Zunge bei den großen Affen, den Alouaten und Marimondas, ans einer großen Knochentrommel. Ihr oberer Kehlkopf hat sechs Taschen, in denen sich die Stimme fängt, und wovon zwei, taubennestförmige, große Aehnlichkeit mit dem untern Kehlkopf der Vögel haben. Der den Araguatos eigene klägliche Ton entsteht, wenn die Luft gewaltsam in die knöcherne Trommel einströmt. Ich habe diese den Anatomen nur sehr unvollständig bekannten Organe an Ort und Stelle gezeichnet und die Beschreibung nach meiner Rückkehr nach Europa bekannt gemacht [*Observations de zoologie*]. Bedenkt man, wie groß bei den Alouatos die Knochenschachtel ist und wie viele Heulaffen in den Wäldern von Cumana und Guyana auf einem einzigen Baum beisammensitzen, so wundert man sich nicht mehr so sehr über die Stärke und den Umfang ihrer vereinigten Stimmen.

Der Araguato, bei den Tamanacas-Indianern Aravata, bei den Maypures Marave genannt, gleicht einem jungen Bären. Er ist vom Scheitel des kleinen, stark zugespitzten Kopfes bis zum Anfang des Wickelschwanzes drei Fuß lang; sein Pelz ist dicht und rothbraun von Farbe; auch Brust und Bauch sind schön behaart, nicht nackt wie beim *Mono colorado* oder Büffons *Alouate roux* den wir auf dem Wege von Carthagena nach Santa-Fe de Bogota genau beobachtet haben. Das Gesicht des Araguato ist blauschwarz, die Haut desselben fein und gefaltet. Der Bart ist ziemlich lang, und trotz seines kleinen Gesichtswinkels von nur 30 Grad hat er in Blick und Gesichtsausdruck so viel Menschenähnliches als die Marimonda (*Simia Belzebuth*) und der Kapuziner am Orinoco (*S. chiropotes*). Bei den Tausenden von Araguatos, die uns in den Provinzen Cumana, Caracas und Guyana zu Gesicht gekommen, haben wir nie weder an einzelnen Exemplaren, noch an ganzen Banden einen Wechsel im Rothbraun des Pelzes an Rücken und Schultern wahrgenommen. Durch die Farbe unterschiedene Spielarten schienen mir überhaupt bei den Affen nicht so häufig zu seyn, als die Zoologen annehmen, und bei den gesellig lebenden Arten sind sie vollends sehr selten.

Der Araguato bei Caripe ist eine neue Art der Gattung *Stentor*, die ich unter dem Namen *Simia ursina* bekannt gemacht habe. Ich habe ihn lieber so benannt als nach der Farbe des Pelzes, und zwar desto mehr, da die Griechen bereits einen stark behaarten Affen unter dem Namen *Arctopithekos* kannten. Derselbe unterscheidet sich sowohl vom Uarino (*Simia Guariba*) als vom *Alouate roux* (*S. Seniculus*). Blick, Stimme, Gang, Alles an ihm ist trübselig. Ich habe ganz junge Araguatos gesehen, die in den Hütten der Indianer aufgezogen wurden; sie spielen nie wie die kleinen Sagoins, und Lopez del Gomara schildert zu Anfang des sechzehnten Jahrhunderts ihr ernstes Wesen sehr naiv, wenn er sagt: »**Der Aranata de los Cumaneses** hat ein Menschengesicht, einen Ziegenbart und eine gravitätische Haltung (*honrado gesto*).« Ich habe anderswo die Bemerkung gemacht, daß die Affen desto trübseliger sind, je mehr Menschenähnlichkeit sie haben. Ihre Munterkeit und Beweglichkeit nimmt ab, je mehr sich die Geisteskräfte bei ihnen zu entwickeln scheinen.

Wir hatten Halt gemacht, um den Heulaffen zuzusehen, wie sie zu dreißig, vierzig in einer Reihe von Baum zu Baum auf den verschlungenen wagrechten Aesten über den Weg zogen. Während dieses neue Schauspiel uns ganz in Anspruch nahm, kam uns ein Trupp Indianer entgegen, die den Bergen von Caripe zuzogen. Sie waren völlig nackt, wie meistens die Eingeborenen hier zu Lande. Die ziemlich schwer beladenen Weiber schlossen den Zug; die Männer, sogar die kleinsten Jungen, waren alle mit Bogen und Pfeilen bewaffnet. Sie zogen still, die Augen am Boden, ihres Wegs. Wir hätten gerne von ihnen erfahren, ob es noch weit nach der Mission Santa Cruz sey, wo wir übernachten wollten. Wir waren völlig erschöpft und der Durst quälte uns furchtbar. Die Hitze wurde drückender, je näher das Gewitter kam, und wir hatten auf unserem Weg keine Quelle gefunden, um den Durst zu löschen. Da die Indianer uns immer *si Padre, no Padre* zur Antwort gaben, meinten wir, sie verstehen ein wenig Spanisch. In den Augen der Eingeborenen ist jeder Weiße ein Mönch, ein Pater; denn in den Missionen zeichnet sich der Geistliche mehr durch die Hautfarbe als durch die Farbe des Gewandes aus. Wie wir auch den Indianern mit Fragen, wie weit es noch sey, zusetzten, sie erwiederten offenbar auf gerathewohl *si* oder *no*, und wir konnten aus ihren Antworten nicht klug werden. Dieß war uns um so verdrießlicher, da ihr Lächeln und ihr Geberdenspiel verriethen, daß sie uns gerne gefällig gewesen wären, und der Wald immer dichter zu werden schien. Wir mußten uns trennen; die indianischen Führer, welche die Chaymassprache verstanden, waren noch weit zurück, da die beladenen Maulthiere bei jedem Schritt in den Schluchten stürzten.

Nach mehreren Stunden beständig abwärts über zerstreute Felsblöcke sahen wir uns unerwartet am Ende des Waldes von Santa Maria. So weit das Auge reichte, lag eine Grasflur vor uns, die sich in der Regenzeit frisch begrünt hatte. Links sahen wir in ein enges Thal hinein, das sich dem Guacharogebirge zuzieht und im Hintergrunde mit dichtem Walde bedeckt ist. Der Blick streifte über die Baumwipfel weg, die 800 Fuß tief unter dem Weg sich wie ein hingebreiteter, dunkelgrüner Teppich ausnahmen. Die Lichtungen im Walde glichen großen Trichtern, in denen wir an der zierlichen Gestalt und den gefiederten Blättern Praga- und Irassepalmen erkannten. Vollends malerisch wird die Landschaft dadurch, daß die Sierra del Guacharo vor einem liegt. Ihr nördlicher, dem Meerbusen von Cariaco zugekehrter Abhang ist steil und bildet eine Felsmauer, ein fast senkrechtes Profil, über dreitausend Fuß hoch. Diese Wand ist so schwach bewachsen, daß man die Linien der Kalkschichten mit dem Auge verfolgen kann. Der Gipfel der Sierra ist abgeplattet und nur am Ostende erhebt sich, gleich einer geneigten Pyramide, der majestätische Pic Guacharo. Seine Gestalt erinnert an die Aiguilles und Hörner der Schweizer Alpen (Schreckhörner, Finsteraarhorn). Da die meisten Berge mit steilem Abhang höher scheinen, als sie wirklich sind, so ist es nicht zu verwundern, daß man in den Missionen der Meinung ist, der Guacharo überrage den Turimiquiri und den Brigantin.

Die Savane, über die wir zum indianischen Dorfe Santa Cruz zogen, besteht aus mehreren sehr ebenen Plateaus, die wie Stockwerke über einander liegen. Diese geologische Erscheinung, die in allen Erdstrichen vorkommt, scheint darauf hinzudeuten, daß hier lange Zeit Wasserbecken übereinander lagen und sich in einander ergossen. Der Kalkstein geht nicht mehr zu Tage aus; er ist mit einer dicken Schicht Dammerde bedeckt. Wo wir ihn im Walde von Santa Maria zum letztenmale sahen, fanden wir Nester von Eisenerz darin, und, wenn wir recht gesehen haben, ein Ammonshorn; es gelang uns aber nicht, es loszubrechen. Es maß sieben Zoll im Durchmesser. Diese Beobachtung ist um so interessanter, als wir sonst in diesem Theile von Südamerika nirgends einen Ammoniten gesehen haben. Die Mission Santa Cruz liegt mitten in der Ebene. Wir kamen gegen Abend daselbst an, halb verdurstet, da wir fast acht Stunden kein Wasser gehabt hatten. Der Thermometer zeigte 26 Grad; wir waren auch nur noch 190 Toisen über dem Meer. Wir brachten die Nacht in einer der Ajupas zu, die man »Häuser des Königs« nennt, und die, wie schon oben bemerkt, den Reisenden als **Tombo** oder Caravanserai dienen. Wegen des Regens war an keine Sternbeobachtung zu denken, und wir setzten des andern Tags, 23. September, unsern Weg zum Meerbusen von Cariaco hinunter fort. Jenseits Santa Cruz fängt der dichte Wald von Neuem an. Wir fanden daselbst unter Melastomenbüschen einen schönen Farn mit Blättern gleich denen der Osmunda, die in der Ordnung der Polypodiaceen eine neue Gattung (*Polybotria*) bildet.

Von der Mission Catuaro aus wollten wir ostwärts über Santa Rosalia, Casanay, San Josef, Carupano, Rio-Carives und den Berg Paria gehen, erfuhren aber zu unserern großen Verdruß, daß der starke Regen die Wege bereits ungangbar gemacht habe und wir Gefahr laufen, unsere frisch gesammelten Pflanzen zu verlieren. Ein reicher Cacaopflanzer sollte uns von Santa Rosalia in den Hafen von Carupano begleiten. Wir hatten noch zu rechter Zeit gehört, daß er in Geschäften nach Cumana müsse. So beschlossen wir denn, uns in Cariaco einzuschiffen und gerade über den Meerbusen, statt zwischen der Insel Margarita und der Landenge Araya durch, nach Cumana zurückzufahren.

Die Mission Catuaro liegt in ungemein wilder Umgebung. Hochstämmige Bäume stehen noch um die Kirche her und die Tiger fressen bei Nacht den Indianern ihre Hühner und Schweine. Wir wohnten beim Geistlichen, einem Mönche von der Congregation der Observanten, dem die Kapuziner die Mission übergeben hatten, weil es ihrem eigenen Orden an Leuten fehlte. Er war ein Doktor der Theologie, ein kleiner, magerer, fast übertrieben lebhafter Mann; er unterhielt uns beständig von dem Proceß, den er mit dem Gardian seines Klosters führte, von der Feindschaft seiner Ordensbrüder, von der

Ungerechtigkeit der Alcaden, die ihn ohne Rücksicht auf seine Standesvorrechte ins Gefängniß geworfen. Trotz dieser Abenteuer war ihm leider die Liebhaberei geblieben, sich mit metaphysischen Fragen, wie er es nannte, zu befassen. Er wollte meine Ansicht hören über den freien Willen, über die Mittel, die Geister von ihren Körperbanden frei zu machen, besonders aber über die Thierseelen, lauter Dinge, über die er die seltsamsten Ideen hatte. Wenn man in der Regenzeit sich durch Wälder durchgearbeitet hat, ist man zu Spekulationen der Art wenig aufgelegt. Uebrigens war in der kleinen Mission Catuaro Alles ungewöhnlich, sogar das Pfarrhaus. Es hatte zwei Stockwerke und hatte dadurch zu einem hitzigen Streit zwischen den weltlichen und geistlichen Behörden Anlaß gegeben. Dem Gardian der Kapuziner schien es zu vornehm für einen Missionär und er hatte die Indianer zwingen wollen, es niederzureißen; der Statthalter hatte kräftige Einsprache gethan und auch seinen Willen gegen die Mönche durchgesetzt. Ich erwähne dergleichen an sich unbedeutende Vorfälle nur, weil sie einen Blick in die innere Verwaltung der Missionen werfen lassen, die keineswegs immer so friedlich ist, als man in Europa glaubt.

Wir trafen in der Mission Catuaro den Corregidor des Distrikts, einen liebenswürdigen, gebildeten Mann. Er gab uns drei Indianer mit, die mit ihren Machetes vor uns her einen Weg durch den Wald bahnen sollten. In diesem wenig betretenen Lande ist die Vegetation in der Regenzeit so üppig, daß ein Mann zu Pferd auf den schmalen, mit Schlingpflanzen und verschlungenen Baumästen bedeckten Fußsteigen fast nicht durchkommt. Zu unserem großen Verdruß wollte der Missionär von Catuaro uns durchaus nach Cariaco begleiten. Wir konnten es nicht ablehnen; er ließ uns jetzt mit seinen Faseleien über die Thierseelen und den menschlichen freien Willen in Ruhe, er hatte uns aber nunmehr von einem ganz andern, traurigeren Gegenstand zu unterhalten. Den Unabhängigkeitsbestrebungen, die im Jahr 1798 in Caracas beinahe zu einem Ausbruch geführt hätten, war eine große Aufregung unter den Negern zu Coro, Maracaybo und Cariaco vorangegangen und gefolgt. In letzterer Stadt war ein armer Neger zum Tod verurtheilt worden, und unser Wirth, der Seelsorger von Catuaro, ging jetzt hin, um ihm seinen geistlichen Beistand anzubieten. Wie lang kam uns der Weg vor, auf dem wir uns in Verhandlungen einlassen mußten »über die Nothwendigkeit des Sklavenhandels, über die angeborene Bösartigkeit der Schwarzen, über die Segnungen, welche der Race daraus erwachsen, daß sie als Sklaven unter Christen leben!«

Gegenüber dem »Code noir« der meisten andern Völker, welche Besitzungen in beiden Indien haben, ist die spanische Gesetzgebung unstreitig sehr mild. Aber vereinzelt, auf kaum urbar gemachtem Boden leben die Neger in Verhältnissen, daß die Gerechtigkeit, weit entfernt sie im Leben kräftig schützen zu können, nicht einmal im Stande ist die Barbareien zu bestrafen, durch die sie ums Leben kommen. Leitet man eine Untersuchung ein, so schreibt man den Tod des Sklaven seiner Kränklichkeit zu, dem heißen, nassen Klima, den Wunden, die man ihm allerdings beigebracht, die aber gar nicht tief und durchaus nicht gefährlich gewesen. Die bürgerliche Behörde ist in Allem, was die Haussklaverei angeht, machtlos, und wenn man rühmt, wie günstig die Gesetze wirken, nach denen die Peitsche die und die Form haben muß und nur so und so viel Streiche **auf einmal** gegeben werden dürfen, so ist das reine Täuschung. Leute, die nicht in den Colonien oder doch nur auf den Antillen gelebt haben, sind meist der Meinung, da es im Interesse des Herrn liege, daß seine Sklaven ihm erhalten bleiben, müssen sie desto besser behandelt werden, je weniger ihrer seyen. Aber in Cariaco selbst, wenige Wochen bevor ich in die Provinz kam, tödtete ein Pflanzer, der nur acht Neger hatte, ihrer sechs durch unmenschliche Hiebe. Er zerstörte muthwillig den größten Theil seines Vermögens. Zwei der Sklaven blieben auf der Stelle todt, mit den vier andern, die kräftiger schienen, schiffte er sich nach dem Hafen von Cumana ein, aber sie starben auf der Ueberfahrt. Vor dieser abscheulichen That war im selben Jahr eine ähnliche unter gleich empörenden Umständen begangen worden. Solche furchtbare Unthaten blieben so gut wie unbestraft; der Geist, der die Gesetze macht, und der, der sie vollzieht, haben nichts mit einander gemein. Der Statthalter von Cumana war ein gerechter, menschenfreundlicher Mann; aber die Rechtsformen sind streng vorgeschrieben und die Gewalt des Statthalters geht nicht so weit, um Mißbräuche abzustellen, die nun einmal von jedem europäischen Colonisationssystem untrennbar sind.

Der Weg durch den Wald von Catuaro ist nicht viel anders als der vom Berge Santa Maria herab; auch sind die schlimmsten Stellen hier eben so sonderbar getauft wie dort. Man geht wie in einer engen, durch die Bergwasser ausgespülten, mit feinem, zähem Thon gefüllten Furche dahin. Bei den jähsten Abhängen senken die Maulthiere das Kreuz und rutschen hinunter; das nennt man nun **Saca-Manteca**, weil der Koth so weich ist wie **Butter**. Bei der großen Gewandtheit der einheimischen Maulthiere ist dieses Hinabgleiten ohne alle Gefahr. Der Weg führt über die Felsschichten herab, die am Ausgehenden Stufen von verschiedener Höhe bilden, und so ist es auch hier ein wahrer »chemin des échelles.« Weiterhin, wenn man zum Wald heraus ist, kommt man zum Berge **Buenavista**. Er verdient den Namen, denn von hier sieht man die Stadt Cariaco in einer weiten, mit Pflanzungen, Hütten und Gruppen von Cocospalmen bedeckten Ebene. Westwärts von Cariaco breitet sich der weite Meerbusen aus, den eine Felsmauer vom Ocean trennt; gegen Ost zeigen sich, gleich blauen Wolken, die hohen Gebirge von Areo und Paria. Es ist eine der weitesten, prachtvollsten Aussichten an der Küste von Neu-Andalusien.

Wir fanden in Cariaco einen großen Theil der Einwohner in ihren Hängematten krank am Wechselfieber. Diese Fieber werden im Herbst bösartig und gehen in Ruhren über. Bedenkt man, wie außerordentlich fruchtbar und feucht die Ebene ist, und welch ungeheure Masse von Pflanzenstoff hier zersetzt wird, so sieht man leicht, warum die Luft hier nicht so gesund seyn kann wie über dem dürren Boden von Cumana. Nicht leicht finden sich in der heißen Zone große Fruchtbarkeit des Bodens, häufige, lange dauernde Wasserniederschläge, eine ungemein üppige Vegetation beisammen, ohne daß diese Vortheile durch ein Klima ausgewogen würden, das der Gesundheit der Weißen mehr oder weniger gefährlich wird. Aus denselben Ursachen, welche den Boden so fruchtbar machen und die Entwicklung der Gewächse beschleunigen, entwickeln sich auch Gase aus dem Boden, die sich mit der Luft mischen und sie ungesund machen. Wir werden oft Gelegenheit haben, auf die Verknüpfung dieser Erscheinungen zurückzukommen, wenn wir den Cacaobau und die Ufer des Orinoco beschreiben, wo es Flecke gibt, an denen sich sogar die Eingeborenen nur schwer acclimatisiren. Im Thale von Cariaco hängt übrigens die Ungesundheit der Luft nicht allein von den eben erwähnten allgemeinen Ursachen ab; es machen sich dabei auch lokale Verhältnisse geltend. Es wird nicht ohne Interesse seyn, den Landstrich, der die Meerbusen von Cariaco und von Paria von einander trennt, näher zu betrachten.

Vom Kalkgebirge des Brigantin und Cocollar läuft ein starker Ast nach Nord und hängt mit dem Urgebirg an der Küste zusammen. Dieser Ast heißt *Sierra de Meapire*; der Stadt Cariaco zu führt er den Namen *Cerro grande de Cariaco*. Er schien mir im Durchschnitt nicht über 150–200 Toisen hoch; wo ich ihn untersuchen konnte, besteht er aus dem Kalkstein des Uferstrichs. Mergel- und Kalkschichten wechseln mit andern, welche Quarzkörner enthalten. Wer die Reliefbildung des Landes zu seinem besondern Studium macht, muß es auffallend finden, daß ein quergelegter Gebirgskamm unter rechtem Winkel zwei Ketten verbindet, deren eine, südliche, aus secundären Gebirgsbildungen besteht, während die andere, nördliche, Urgebirge ist. Auf dem Gipfel des Cerro de Meapire sieht man das Gebirge einerseits nach dem Meerbusen von Paria, andererseits nach dem von Cariaco sich abdachen. Ostwärts und westwärts vom Kamm liegt ein niedriger, sumpfiger Boden, der ohne Unterbrechung fortstreicht, und nimmt man an, daß die beiden Meerbusen dadurch entstanden sind, daß der Boden durch Erdbeben zerrissen worden ist und sich gesenkt hat, so muß man voraussetzen, daß der Cerro de Meapire diesen gewaltsamen Erschütterungen widerstanden hat, so daß der Meerbusen von Paria und der von Cariaco nicht zu Einem verschmelzen konnten. Wäre dieser Felsdamm nicht da, so bestünde wahrscheinlich auch die Landenge nicht. Vom Schlosse Araya bis zum Cap Paria würde die ganze Gebirgsmasse an der Küste eine schmale, Margarita parallel laufende, viermal längere Insel bilden. Diese Ansichten gründen sich nicht nur auf unmittelbare Untersuchung des Bodens und die Schlüsse aus der Reliefbildung desselben; schon ein Blick auf die Umrisse der Küsten und die geognostische Karte des Landes muß auf dieselben Gedanken bringen. Die Insel Margarita hat, wie es scheint, früher mit der Küstenkette von Araya durch die Halbinsel Chacopata und die caraibischen Inseln Lobo und Coche zusammengehangen, wie die Kette noch jetzt mit den Gebirgen des Cocollar und von Caripe durch den Gebirgskamm Meapire zusammenhängt.

Im gegenwärtigen Zustand der Dinge sieht man die feuchten Ebenen, die ost- und westwärts vom Kamm streichen und uneigentlich die Thäler von San Bonifacio und Cariaco heißen, sich fortwährend in das Meer hinaus verlängern. Das Meer zieht sich zurück, und diese Verrückung der Küste ist besonders bei Cumana auffallend. Wenn die Höhenverhältnisse des Bodens darauf hinweisen, daß die Meerbusen von Cariaco und Paria früher einen weit größeren Umfang hatten, so läßt sich auch nicht in Zweifel ziehen, daß gegenwärtig das Land sich allmählich vergrößert. Bei Cumana wurde im Jahr 1791 eine Batterie, die sogenannte Bocca, dicht am Meer gebaut, im Jahr 1799 sahen wir sie weit im Lande liegen. An der Mündung des Rio Nevari, beim Morro de Nueva Barcelona, zieht sich das Meer noch rascher zurück. Diese lokale Erscheinung rührt wahrscheinlich von Anschwemmungen her, deren Zunahmeverhältnisse noch nicht gehörig beobachtet sind.

Geht man von der Sierra de Meapire, welche die Landenge zwischen den Ebenen von San Bonifacio und von Cariaco bildet, herab, so kommt man gegen Ost an den großen Putacuao, der mit dem Rio Areo in Verbindung steht und 4–5 Meilen breit ist. Das Gebirgsland um dieses Becken ist nur den Eingeborenen bekannt. Hier kommen die großen Boas vor, welche die Chaymas-Indianer **Guainas** nennen, und denen sie einen Stachel unter dem Schwanz andichten. Geht man von der Sierra Meapire nach West hinunter, so betritt man zuerst einen »hohlen Boden« (*tierra hueca*), der bei dem großen Erdbeben des Jahres 1766 in zähes Erdöl gehüllten Asphalt auswarf; weiterhin sieht man eine Unzahl warmer, schwefelwasserstoffhaltiger Quellen aus dem Boden brechen, und endlich kommt man zum See Campoma, dessen Ausdünstungen zum Theil die Ungesundheit des Klimas von Cariaco veranlassen. Die Eingeborenen glauben, der Boden sey deßhalb hohl, weil die warmen Wasser sich hier aufgestaut haben, und nach dem Schall des Hufschlags scheinen sich die unterirdischen Höhlungen von West nach Ost bis Casanay, drei bis viertausend Toisen weit zu erstrecken. Ein Flüßchen, der Rio Azul, läuft durch diese Ebenen. Sie sind zerklüftet in Folge von Erdbeben, die hier einen besondern Herd haben und sich selten bis Cumana fortpflanzen. Das Wasser des Rio Azul ist kalt und hell; er entspringt am westlichen Abhang des Meapire, und man glaubt, er sey deßhalb so stark, weil das Gewässer des Putacuao-Sees auf der andern Seite des Gebirgszugs durchsickere. Das Flüßchen und die schwefelwasserstoffhaltigen Quellen ergießen sich zusammen in die Laguna de Campoma. So heißt ein weites Sumpfland, das in der trockenen Jahreszeit in drei Becken zerfällt, die nordwestlich von der Stadt Cariaco am Ende des Meerbusens liegen. Uebelriechende Dünste steigen fortwährend vom stehenden Sumpfwasser auf. Sie riechen nach Schwefelwasserstoff und zugleich nach faulen Fischen und zersetzten Vegetabilien.

Die Miasmen bilden sich im Thale von Cariaco gerade wie in der römischen Campagna; aber durch die tropische Hitze wird ihre verderbliche Kraft gesteigert. Durch die Lage der Laguna von Campoma wird der Nordwest, der sehr oft nach Sonnenuntergang weht, den Einwohnern der kleinen Stadt Cariaco höchst gefährlich. Sein Einfluß unterliegt desto weniger einem Zweifel, da die Wechselfieber dem Sumpfe zu, der der Hauptherd der faulen Miasmen ist, immer häufiger in Nervenfieber übergehen. Ganze Familien freier Neger, die an der Nordküste des Meerbusens von Cariaco kleine Pflanzungen besitzen, liegen mit Eintritt der Regenzeit siech in ihren Hängematten. Diese Fieber nehmen den Charakter remittirender bösartiger Fieber an, wenn man sich, erschöpft von langer Arbeit und starker Hautansdünstung, dem feinen Regen aussetzt, der gegen Abend häufig fällt. Die Farbigen, besonders aber die Creolenneger, widerstehen den klimatischen Einflüssen mehr als irgend ein anderer Menschenschlag. Man behandelt die Kranken mit Limonade, mit dem Aufguß von *Scoparia dulcis*, selten mit Euspare, das heißt mit der Chinarinde von Angostura.

Im Ganzen ist bei den Epidemien in Cariaco die Sterblichkeit geringer, als man erwarten sollte. Wenn das Wechselfieber mehrere Jahre hinter einander einen Menschen befällt, so greift es den Körper stark an und bringt ihn herunter; aber dieser Schwächezustand, der in ungesunden Gegenden so häufig vorkommt, führt nicht zum Tode. Auch ist es merkwürdig, daß hier, wie in der römischen Campagna, der Glaube herrscht, die Luft sey in dem Maße ungesunder geworden, je mehr Morgen Landes man urbar gemacht. Die Miasmen, die diesen Ebenen entsteigen, haben indessen nichts gemein mit jenen, die sich bilden, wenn man einen Wald niederschlägt und nun die Sonne eine dicke Schicht abgestorbenen Laubs erhitzt; bei Cariaco ist das Land kahl und sehr sparsam bewaldet. Soll man glauben, daß frisch ausgewählte und vom Regen durchfeuchtete Dammerde die Luft mehr verderbt als der dichte Pflanzenfilz, der einen nicht bebauten Boden bedeckt? Zu diesen örtlichen Ursachen kommen andere, weniger zweifelhafte. Das nahe Meeresufer ist mit Manglebäumen, Avicennien und andern Baumarten mit adstringirender Rinde bedeckt. Alle Tropenbewohner sind mit den schädlichen Ausdünstungen dieser Gewächse bekannt, und man fürchtet sie desto mehr, wenn Wurzeln und Stamm nicht immer unter Wasser stehen, sondern abwechselnd naß und von der Sonne erhitzt werden. Die Manglebäume erzeugen Miasmen, weil sie, wie ich anderswo gezeigt habe, einen thierisch-vegetabilischen, an Gerbstoff gebundenen Stoff enthalten. Man behauptet, der Kanal, durch den die Laguna de Campoma mit dem Meer zusammenhängt, ließe sich leicht erweitern und so dem stehenden Wasser ein Abfluß verschaffen. Die freien Neger, die das Sumpfland häufig betreten, versichern sogar, der Durchstich brauchte gar nicht tief zu seyn, da das kalte, klare Wasser des Rio Azul sich auf dem Boden des Sees befindet und man beim Nachgraben aus den untern Schichten trinkbares, geruchloses Wasser erhält.

Die Stadt Cariaco ist mehreremale von den Caraiben verheert worden. Die Bevölkerung hat rasch zugenommen, seit die Provinzialbehörden, den Verboten des Madrider Hofs zuwider, nicht selten dem Handel mit fremden Colonien Vorschub geleistet haben. Sie hat sich in zehn Jahren verdoppelt und betrug im Jahr 1800 über 6000 Seelen. Die Einwohner treiben sehr fleißig Baumwollenbau; die Baumwolle ist sehr schön und es werden mehr als 10,000 Centner erzeugt. Die leeren Hülsen der Baumwolle werden sorgsam verbrannt; wirft man sie in den Fluß, wo sie faulen, so erzeugen sie Ausdünstungen, die man für schädlich hält. Der Bau des Cacaobaums hat in letzter Zeit sehr abgenommen. Dieser köstliche Baum trägt erst im achten bis zehnten Jahr. Die Frucht ist schwer in Magazinen aufzubewahren, und nach Jahresfrist »geht sie an,« wenn sie noch so sorgfältig getrocknet worden ist. Dieser Nachtheil ist für den Colonisten von großem Belang. Auf diesen Küsten ist je nach der Laune eines Ministeriums und dem mehr oder minder kräftigen Widerstand der Statthalter der Handel mit den Neutralen bald verboten, bald mit gewissen Beschränkungen gestattet. Die Nachfrage nach einer Waare und die Preise, die sich nach der Nachfrage bestimmen, unterliegen daher dem raschesten Wechsel. Der Colonist kann sich diese Schwankungen nicht zu Nutze machen, weil sich der Cacao in den Magazinen nicht hält. Die alten Cacaostämme, die meist nur bis zum vierzigsten Jahre tragen, sind daher nicht durch junge ersetzt worden. Im Jahr 1792 zählte man ihrer noch 254,000 im Thal von Cariaco und am Ufer des Meerbusens. Gegenwärtig zieht man andere Culturzweige vor, welche gleich im ersten Jahr einen Ertrag liefern, und deren Produkte nicht nur nicht so lange aus sich warten lassen, sondern auch leichter aufzubewahren sind. Solche sind Baumwolle und Zucker, die nicht der Verderbniß unterliegen wie der Cacao und sich aufbewahren lassen, so daß man sie im günstigsten Zeitpunkt losschlagen kann. Die Umwandlungen, die in Folge der fortschreitenden Cultur und des Verkehrs mit Fremden Sitten und Charakter der Küstenbewohner erlitten, haben anuch bestimmend mitgewirkt, wenn sie jetzt diesem und jenem Culturzweig den Vorzug geben. Jenes Maß in der sinnlichen Begierde, jene Geduld, die lange warten kann, jene Gemüthsruhe, welche die trübselige Eintönigkeit des einsamen Lebens ertragen läßt, verschwinden nach und nach aus dem Charakter der Hispano-Amerikaner. Sie werden unternehmender, leichtsinniger, beweglicher und werfen sich mehr auf Unternehmungen, die einen raschen Ertrag geben.

Nur im Innern der Provinz, ostwärts von der Sierra de Meapire, auf dem unbebauten Boden von Carupano an durch das Thal San Bonifacio bis zum Meerbusen von Paria entstehen neue Cacaopflanzungen. Sie werden dort desto einträglicher, je mehr die Luft über dem frisch urbar gemachten, von Wäldern umgebenen Land stockt, je mehr sie mit Wasser und mephitischen Dünsten geschwängert ist. Hier leben Familienväter, welche, treu den alten Sitten der Colonisten, sich und ihren Kindern langsam, aber sicher Wohlstand erarbeiten. Sie behelfen sich bei ihrer mühsamen Arbeit mit einem einzigen Sklaven; sie brechen mit eigener Hand den Boden um, ziehen die jungen Cacaobäume im Schatten der Erythrina und der Bananenbäume, beschneiden den erwachsenen Baum, vertilgen die Massen von Würmern und Insekten, welche Rinde, Blätter und Blüthen anfallen, legen Abzugsgräben an, und unterziehen sich sieben, acht Jahre lang einem elenden Leben, bis der Cacaobaum anfängt Ernten zu liefern. Dreißig tausend Stämme sichern den Wohlstand einer Familie auf anderthalb Generationen. Wenn durch die Baumwolle und den Kaffee der Bau des Cacao in der Provinz Caracas und im kleinen Thale von Cariaco beschränkt worden ist, so hat dagegen letzterer Zweig der Colonialindustrie im Innern der Provinzen Neubarcelona und Cumana zugenommen. Warum die Cacaopflanzungen sich von West nach Ost mehr und mehr ausbreiten, ist leicht einzusehen. Die Provinz Caracas ist die am frühesten bebaute; je länger aber ein Land urbar gemacht ist, desto baumloser wird es in der heißen Zone, desto dürrer, desto mehr den Winden ausgesetzt. Dieser Wechsel in der äußern Natur ist dem Gedeihen des Cacaobaums hinderlich, und deßhalb gehen die Pflanzungen in der Provinz Caracas ein und häufen sich dafür westwärts auf unberührtem, erst kürzlich urbar gemachtem Boden. Die Provinz Neu-Andalusien allein erzeugte im Jahr 1799 18,000–20,000 Fanegas Cacao (zu 40 Piastern die Fanega in Friedenszeiten), wovon 5000 nach der Insel Trinidad geschmuggelt wurden. Der Cacao von Cumana ist ohne allen Vergleich besser als der von Guayaquil.

Die in Cariaco herrschenden Fieber nöthigten uns zu unserem Bedauern, unsern Aufenthalt daselbst abzukürzen. Da wir noch nicht recht acclimatisirt waren, so riethen uns selbst die Colonisten, an die wir empfohlen waren, uns auf den Weg zu machen. Wir lernten in der Stadt viele Leute kennen, die durch eine gewisse Leichtigkeit des Benehmens, durch umfassenderen Ideenkreis und, darf ich hinzusetzen, durch entschiedene Vorliebe für die Regierungssorm der Vereinigten Staaten verriethen, daß sie viel mit dem Ausland in Verkehr gestanden. Hier hörten wir zum erstenmal in diesem

Himmelsstriche die Namen Franklin und Washington mit Begeisterung aussprechen. Neben dem Ausdruck dieser Begeisterung bekamen wir Klagen zu hören über den gegenwärtigen Zustand von Neu-Andalusien, Schilderungen, oft übertriebene, des natürlichen Reichthums des Landes, leidenschaftliche, ungeduldige Wünsche für eine bessere Zukunft. Diese Stimmung mußte einem Reisenden ausfallen, der unmittelbarer Zeuge der großen politischen Erschütterungen in Europa gewesen war. Noch gab sich darin nichts Feindseliges, Gewaltsames, keine bestimmte Richtung zu erkennen. Gedanken und Ausdruck hatten die Unsicherheit, die, bei den Völkern wie beim Einzelnen, als ein Merkmal der halben Bildung, der voreilig sich entwickeln den Kultur erscheint. Seit die Insel Trinidad eine englische Colonie geworden ist, hat das ganze östliche Ende der Provinz Cumana, zumal die Küste von Paria und der Meerbusen dieses Namens ein ganz anderes Gesicht bekommen. Fremde haben sich da niedergelassen und den Bau des Kaffeebaums, des Baumwollenstrauchs, des otaheitischen Zuckerrohrs eingeführt. In Carupano, im schönen Thal des Rio Caribe, in Guire und im neuen Flecken Punta de Pietro gegenüber dem Puerto d'Espana auf Trinidad hat die Bevölkerung sehr stark zugenommen. Im *Golfo triste* ist der Boden so fruchtbar, daß der Mais jährlich zwei Ernten und das 380ste Korn gibt. Die Vereinzelung der Niederlassungen hat dem Handel mit fremden Colonien Vorschub geleistet, und seit dem Jahr 1797 ist eine geistige Umwälzung eingetreten, die in ihren Folgen dem Mutterland noch lange nicht verderblich geworden wäre, hätte nicht das Ministerium fort und fort alle Interessen gekränkt, alle Wünsche mißachtet, Es gibt in den Streitigkeiten der Colonien mit dem Mutterland, wie fast in allen Volksbewegnngen, einen Moment, wo die Regierungen, wenn sie nicht über den Gang der menschlichen Dinge völlig verblendet sind, durch kluge, fürsichtige Mäßigung das Gleichgewicht herstellen und den Sturm beschwören können. Lassen sie diesen Zeitpunkt vorübergehen, glauben sie durch physische Gewalt eine moralische Bewegung niederschlagen zu können, so gehen die Ereignisse unaufhaltsam ihren Gang und die Trennung der Colonien erfolgt mit desto verderblicherer Gewaltsamkeit, wenn das Mutterland während des Streits seine Monopole und seine frühere Gewalt wieder eine Zeitlang hatte aufrecht erhalten können.

Wir schifften uns Morgens sehr früh ein, in der Hoffnung, die Ueberfahrt über den Meerbusen von Cariaco in Einem Tage machen zu können. Das Meer ist hier nicht unruhiger als unsere großen Landseen, wenn sie vom Winde sanft bewegt werden. Es sind vom Landungsplatz nach Cumana nur zwölf Seemeilen. Als wir die kleine Stadt Cariaco im Rücken hatten, gingen wir westwärts am Flusse Carenicuar hin, der schnurgerade wie ein künstlicher Kanal durch Gärten und Baumwollenpflanzungen läuft. Der ganze, etwas sumpfige Boden ist aufs sorgsamste angebaut. Während unseres Aufenthalts in Peru wurde hier auf trockeneren Stellen der Kaffeebau eingeführt. Wir sahen am Flusse indianische Weiber ihr Zeug mit der Frucht des **Parapara** (*Sapindus saponaria*) waschen. Feine Wäsche soll dadurch sehr mitgenommen werden. Die Schale der Frucht gibt einen starken Schaum und die Frucht ist so elastisch, daß sie, wenn man sie auf einen Stein wirft, drei, viermal sieben bis acht Fuß hoch aufspringt. Da sie kugeligt ist, verfertigt man Rosenkränze daraus.

Kaum waren wir zu Schiffe, so hatten wir mit widrigen Winden zu kämpfen. Es regnete in Strömen und ein Gewitter brach in der Nähe aus. Schaaren von Flamingos, Reihern und Cormorans zogen dem Ufer zu. Nur der Alcatras, eine große Pelicanart, fischte ruhig mitten im Meerbusen weiter. Wir waren unser achtzehn Passagiere, und auf der engen, mit Rohzucker, Pisangbüscheln und Cocosnüssen überladenen Pirogue (Fancha) konnten wir unsere Instrumente und Sammlungen kaum unterbringen. Der Rand des Fahrzeugs stand kaum über Wasser. Der Meerbusen ist fast überall 45–50 Faden tief, aber am östlichen Ende bei Curaguaca findet das Senkblei fünf Meilen weit nur 3–4 Faden. Hier liegt der Baxo de la Cotua, eine Sandbank, die bei der Ebbe als Eiland über Wasser kommt. Die Piroguen, die Lebensmittel nach Cumana bringeng stranden manchmal daran, aber immer ohne Gefahr, weil die See hier niemals hoch geht und scholkt. Wir fuhren über den Strich des Meerbusens, wo auf dem Boden der See heiße Quellen entspringen. Es war gerade Fluth und daher der Temperaturwechsel weniger merkbar; auch fuhr unsere Pirogue zu nahe an der Südküste hin. Man sieht leicht, daß man Wasserschichten von verschiedener Temperatur antreffen muß, je nachdem die See mehr oder minder tief ist, oder je nachdem die Strömungen und der Wind die Mischung des warmen Quellwassers und des Wassers des Golfs befördern. Diese heißen Quellen, die, wie behauptet wird, auf 10,000–12,000 Quadrattoisen die Temperatur der See erhöhen, sind eine sehr merkwürdige Erscheinung. Geht man vom Vorgebirge Paria westwärts über Irapa, *Aguas calientes*, den Meerbusen von Cariaco, den Brigantin und die Thäler von Aragua bis zu den Schneegebirgen von Merida, so findet man auf einer Strecke von mehr als 150 Meilen eine ununterbrochene Reihe von warmen Quellen.

Der widrige Wind und der Regen nöthigten uns bei Pericantral, einem kleinen Hofe aus der Südküste des Meerbusens, zu landen. Diese ganze, schön bewachsene Küste ist fast ganz unbebaut; man zählt kaum 700 Einwohner und außer dem Dorfe Mariguitar sieht man nichts als Pflanzungen von Cocosbäumen, die die Oelbäume des Landes sind. Diese Palme wächst in beiden Continenten in einer Zone, wo die mittlere Jahrestemperatur nicht unter 20° beträgt. Sie ist, wie der Chamärops im Becken des Mittelmeers, eine wahre »Küstenpalme.« Sie zieht Salzwasser dem süßen Wasser vor und kommt im Innern des Landes, wo die Luft nicht mit Salztheilchen geschwängert ist, lange nicht so gut fort als auf den Küsten.

Wenn man in Terra Firma oder in den Missionen am Orinoco Cocosnußbäume weit von der See pflanzt, wirft man ein starkes Quantum Salz, oft einen halben Scheffel, in das Loch, in das die Cocosnüsse gelegt werden. Unter den Culturgewächsen haben nur noch das Zuckerrohr, der Bananenbaum, der Mammei und der Avocatier, gleich dem Cocosnußbaum, die Eigenschaft, daß sie mit süßem oder mit Salzwasser begossen werden können. Dieser Umstand begünstigt ihre Verpflanzung, und das Zuckerrohr von der Küste gibt zwar einen etwas salzigten Saft, derselbe eignet sich aber, wie man glaubt, besser zur Branntweindestillation als der Saft aus dem Binnenlande.

Im übrigen Amerika wird der Cocosnußbaum meist nur um die Höfe gepflanzt, und zwar um der eßbaren Frucht willen; am Meerbusen von Cariaco dagegen sieht man eigentliche Pflanzungen davon. Man spricht in Cumana von einer *hacienda de coco*, wie von einer *hacienda de caña* oder *cacao.* Auf fruchtbarem, feuchtem Boden fängt der Cocosbaum im vierten Jahre an reichlich Früchte zu tragen; auf dürrem Lande dagegen erhält man vor dem zehnten Jahre keine Ernte. Der Baum dauert nicht über 80–100 Jahre aus, und er ist dann im Durchschnitt 70–80 Fuß hoch. Dieses rasche Wachsthum ist desto ausfallender, da andere Palmen, z. B. der Moriche (*Mauritia flexuosa*) und die *Palma de Sombrero* (*Coripha tectorum*), die sehr lange leben, im sechzigsten Jahr oft erst 14–18 Fuß hoch sind. In den ersten dreißig bis vierzig Jahren trägt am Meerbusen von Cariaco ein Cocosbaum jeden Monat einen Büschel mit 10–14 Früchten, von denen jedoch nicht alle reif werden. Man kann im Durchschnitt jährlich auf den Baum 100 Nüsse rechnen, die acht Flascos [Der Flasco zu 70–80 Pariser Cubikzoll] Oel geben. Der Flasco gilt zwei einen halben Silberrealen oder 32 Sous. In der Provence gibt ein dreißigjähriger Oelbaum zwanzig Pfund oder sieben Flascos Oel, also etwas weniger als der Cocosbaum. Es gibt im Meerbusen von Cariaco Haciendas mit 8000–9000 Cocosbäumen; ihr malerischer Anblick erinnert an die herrlichen Dattelpflanzungen bei Elche in Murcia, wo auf einer Quadratmeile über 70,000 Palmstämme bei einander stehen. Der Cocosbaum trägt nur bis zum dreißigsten bis vierzigsten Jahr reichlich, dann nimmt der Ertrag ab und ein hundertjähriger Stamm ist zwar nicht ganz unfruchtbar, bringt aber sehr wenig mehr ein. In der Stadt Cumana wird sehr viel Cocosnußöl geschlagen; es ist klar, geruchlos und ein gutes Brennmaterial. Der Handel damit ist so lebhaft als auf der Westküste von Afrika der Handel mit Palmöl, das von *Elays guinneensis* kommt. Dieses ist ein Speiseöl. In Cumana sah ich mehr als einmal Piroguen ankommen, die mit 3000 Cocosnüssen beladen waren. Ein Baum von gutem Ertrag gibt ein jährliches Einkommen von 2½ Piastern (14 Francs 5 Sous), da aber auf den *Haciendas de Coco* Stämme von verschiedenem Alter durch einander stehen, so wird bei Schätzungen durch Sachverständige das Kapital nur zu 4 Piastern angenommen.

Wir verließen den Hof Pericantral erst nach Sonnenuntergang. Die Südküste des Meerbusens in ihrem reichen Pflanzenschmuck bietet den lachendsten Anblick, die Nordküste dagegen ist felsigt, nackt und dürr. Trotz des dürren Bodens und des seltenen Regens, der zuweilen fünfzehn Monate ausbleibt, wachsen auf der Halbinsel Araya (wie in der Wüste Canound in Indien) 30–50 Pfund schwere **Patillas** oder Wassermelonen. In der heißen Zone ist die Luft etwa zu 9/10 mit Wasserdunst gesättigt und die Vegetation erhält sich dadurch, daß die Blätter die wunderbare Eigenschaft haben, das in der Luft aufgelöste Wasser einzusaugen. Wir hatten auf der engen, überladenen Pirogue eine recht schlechte Nacht und befanden uns um drei Uhr Morgens an der Mündung des Rio Manzanares. Wir waren seit mehreren Wochen an den Anblick der Gebirge, an Gewitterhimmel und finstere Wälder gewöhnt, und so fielen uns jetzt die Naturverhältnisse von Cumana, der ewig heitere Himmel, der kahle Boden, die Masse des überall zurückgeworfenen Lichtes doppelt auf.

Bei Sonnenaufgang sahen wir Tamurosgeier (*Vultur aura*) zu Vierzigen und Fünfzigen auf den Cocosnußbäumen sitzen. Diese Vögel hocken zum Schlafen in Reihen zusammen, wie die Hühner, und sie sind so träge, daß sie, lange ehe die Sonne untergeht, aufsitzen und erst wieder erwachen, wenn ihre Scheibe bereits über dem Horizont steht. Es ist, als ob die Bäume mit gefiederten Blättern nicht minder träge wären. Die Mimosen und Tamarinden schließen bei heiterem Himmel ihre Blätter 25–30 Minuten vor Sonnenuntergang, und sie öffnen sie am Morgen erst, wenn die Scheibe bereits eben so lang am Himmel steht. Da ich Sonnen-Auf- und Untergang ziemlich regelmäßig beobachtete, um das Spiel der Luftspiegelung und der irdischen Refraction zu verfolgen, so konnte ich auch die Erscheinungen des Pflanzenschlafs fortwährend im Auge behalten. Ich fand sie gerade so in den Steppen, wo der Blick aus den Horizont durch keine Unebenheit des Bodens unterbrochen wird. Die sogenannten Sinnpflanzen und andere Schotengewächse mit seinen, zarten Blättern empfinden, scheint es, da sie den Tag über an ein sehr starkes Licht gewöhnt sind, Abends die geringste Abnahme in der Stärke der Lichtstrahlen, so daß für diese Gewächse, dort wie bei uns, die Nacht eintritt, bevor die Sonnenscheibe ganz verschwunden ist. Aber wie kommt es, daß in einem Erdstriche, wo es fast keine Dämmerung gibt, die ersten Sonnenstrahlen die Blätter nicht um so stärker aufregen, da durch die Abwesenheit des Lichts ihre Reizbarkeit gesteigert worden seyn muß? Läßt sich vielleicht annehmen, daß die Feuchtigkeit, die sich durch die Erkaltung der Blätter in Folge der nächtlichen Strahlung auf dem Parenchym niederschlägt, die Wirkung der ersten Sonnenstrahlen hindert? In unsern Himmelsstrichen erwachen die Schotengewächse mit reizbaren Blättern schon ehe die Sonne sich zeigt, in der Morgendämmerung..